“十四五”职业教育国家规划教材

“十三五”江苏省高等学校重点教材（2017－1－142）
高职高专电子信息系列技能型规划教材

全新修订

单片机应用项目化教程

主　编　顾亚文　朱千锋　聂莉娟
副主编　李永成　杨　娟
主　审　关振红　陈道林

内容简介

本书利用5个基础项目、6个实例项目向读者介绍了常用单片机的基本功能，最后通过1个综合项目，帮助学生进行综合训练。本书主要内容包括单片机系统初识，单片机开发环境，汇编语言及指令，C51程序设计基础知识，数字电路基础知识，流水灯的设计与调试，开关电路的设计与调试，4×4键盘的设计与调试，码表的设计与调试，双机通信的设计与调试，显示屏的设计与调试，综合项目训练。在这些项目中，前5个项目主要涉及单片机学习的理论基础及开发环境，后6个项目与单片机的理论系统相互对应，分别为输出口、输入口、I/O口的高级应用、串行口、定时和中断，最后1个项目主要涉及了单片机最常规的综合应用。

本书将每一个基础项目分成4~6个子任务，每一个任务的内容都有详细的功能原理、电路图、元器件选择的说明，包括元器件在Proteus软件中的名称。为了适应不同读者的需求，本书在每个项目最后的参考程序中既编写了汇编指令，又附加了对应的C代码。本书实例众多，难度不断递进，并在每个项目的后面详细介绍了任务中涉及的理论知识，让读者以最快的速度掌握单片机的核心功能。

本书适合高职高专院校电子信息类相关专业使用，也适合各类电子爱好者阅读。

图书在版编目(CIP)数据

单片机应用项目化教程/顾亚文，朱千锋，聂莉娟主编．—北京：北京大学出版社，2012.8
(21世纪全国高职高专电子信息系列技能型规划教材)
ISBN 978-7-301-21055-0

Ⅰ.①单… Ⅱ.①顾…②朱…③聂… Ⅲ.①单片微型计算机—高等职业教育—教材 Ⅳ.①TP368.1

中国版本图书馆CIP数据核字（2012）第176960号

书　　名　单片机应用项目化教程
DANPIANJI YINGYONG XIANGMUHUA JIAOCHENG
著作责任者　顾亚文　朱千锋　聂莉娟　主编
策划编辑　于成成
责任编辑　于成成　刘健军
数字编辑　金常伟
标准书号　ISBN 978-7-301-21055-0
出版发行　北京大学出版社
地　　址　北京市海淀区成府路205号　100871
网　　址　http://www.pup.cn　新浪微博：@北京大学出版社
电子信箱　编辑部：pup6@pup.cn　总编室：zpup@pup.cn
电　　话　邮购部010－62752015　发行部010－62750672　编辑部010－62750667
印 刷 者　北京虎彩文化传播有限公司
经 销 者　新华书店
787毫米×1092毫米　16开本　22.75印张　546千字
2012年8月第1版
2023年8月修订　2024年9月第12次印刷
定　　价　55.00元

修订版前言

目前，单片机知识应用广泛。例如，各种仪器仪表的控制，计算机网络通信与数据传输，工业自动化过程的实时控制和数据传输，各类机器人、玩具、电子宠物等，这些都离不开单片机。因此，学习和使用单片机是适应社会发展的必然要求。

在我国各类院校中，机电一体化技术、电气自动化技术、应用电子技术、汽车电子技术、智能仪表控制等各类工科专业都开设了“单片机应用”这门课程。本课程实践性、理论性都很强，它需要电工电子技术、电力电子技术、传感器技术等基础课程的支撑，是一门计算机软、硬件有机结合的课程。

本书在具体的任务上，以51系列单片机的AT89C51标准型为控制主体，结合传统的知识体系，将理论融入项目中，融实训教学和理论教学于一体，适合“做—学—教”的教学方法，真正实现“理实一体，学做合一”的目标。本书既注重实践为主导的思想，又不打破传统知识体系，使理论仍具有系统性。本书每个任务的硬件电路和软件代码，都经过成功的调试，具有很强的实际操作性。每个项目的习题，全部是相关知识的衍生，且每个习题都是一个具体的课题设计，有很强的趣味性和实用性。另外，为了配合本书的学习，编者制作了和任务相配套的实物电路板。此外，本书在修订时融入了党的二十大报告内容，突出职业素养的培养，全面贯彻党的二十大精神。

本书建议学时见下表。

<table>
<tr><th>序号</th><th>内　　容</th><th>总学时</th><th>授课学时</th><th>上机学时</th><th>实验学时</th><th>实验/上机地点</th><th>考核形式</th></tr>
<tr><td>项目1</td><td>单片机系统初识</td><td>3</td><td>2</td><td>1</td><td></td><td rowspan="12">配有计算机的单片机实验室</td><td rowspan="11">上机和实验；项目报告+上机仿真+实物调试</td></tr>
<tr><td>项目2</td><td>单片机开发环境</td><td>3</td><td></td><td>3</td><td></td></tr>
<tr><td>项目3</td><td>汇编语言及指令</td><td>4</td><td>2</td><td>2</td><td></td></tr>
<tr><td>项目4</td><td>C51程序设计基础知识</td><td>4</td><td>2</td><td>2</td><td></td></tr>
<tr><td>项目5</td><td>数字电路基础知识</td><td>2</td><td>2</td><td></td><td></td></tr>
<tr><td>项目6</td><td>流水灯的设计与调试</td><td>12</td><td>6</td><td>4</td><td>2</td></tr>
<tr><td>项目7</td><td>开关电路的设计与调试</td><td>6</td><td>2</td><td>2</td><td>2</td></tr>
<tr><td>项目8</td><td>4×4键盘的设计与调试</td><td>8</td><td>4</td><td>2</td><td>2</td></tr>
<tr><td>项目9</td><td>码表的设计与调试</td><td>10</td><td>4</td><td>4</td><td>2</td></tr>
<tr><td>项目10</td><td>双机通信的设计与调试</td><td>6</td><td>2</td><td>2</td><td>2</td></tr>
<tr><td>项目11</td><td>显示屏的设计与调试</td><td>8</td><td>2</td><td>4</td><td>2</td></tr>
<tr><td>项目12</td><td>综合项目训练</td><td>14</td><td>4</td><td>6</td><td>4</td><td>建议作为课程设计进行整周训练</td></tr>
<tr><td colspan="2">总计</td><td>80</td><td>32</td><td>32</td><td>16</td><td></td><td></td></tr>
</table>

本书由顾亚文、朱千锋、聂莉娟主编，李永成、杨娟副主编，关振红、陈道林主审。其中，顾亚文编写了项目1、项目6~8，朱千锋编写了项目4、项目9、项目10，聂莉娟编写了项目2、项目3、项目12，李永成编写了项目5、项目11，杨娟编写了所有的C代码。

本书由校企合作编写。在硬件制作方面，中国人民解放军总参谋部第六十研究所廖武华工程师给予了很大的帮助；在软件调试方面，南京百敖软件股份有限公司的陈道林工程师也做了很多的工作。在此，编者一并表示感谢。

由于编者水平有限，加之时间仓促，书中难免有疏漏之处，请读者提出宝贵意见。

【资源索引】

编　者

目　　录

第一篇　基　础　篇

第二篇　实　战　篇

第一篇

基　础　篇

项目1

单片机系统初识

知识目标

(1) 熟悉单片机基本定义。
(2) 熟悉单片机基本结构。
(3) 掌握单片机的引脚及功能。
(4) 掌握单片机的基本电路。

能力目标

能力目标	相关知识	权重	自测分数
熟悉单片机基本定义	单片机的历史、发展、特点及应用	25%	
熟悉单片机基本结构	单片机的硬件结构、存储器	25%	
掌握单片机的引脚及功能	通用I/O接口、时钟引脚、复位引脚、电源引脚等	25%	
掌握单片机的基本电路	电源电路、复位电路、时钟电路、存储器选择电路	25%	

1.1　单片机的概述

微电脑实际上是商家为了便于大众理解而给单片机起的别名，微电脑实际上就是单片机（Single- Chip Microcomputer），目前国际上统称为微控制器（Micro controller Unit，MCU）。

单片机是一种集成电路芯片，是采用超大规模集成电路技术把具有数据处理能力的中央处理器（CPU）、随机存储器（RAM）、只读存储器（ROM）、多种输入/输出（I/O）口和中断系统、定时器/计时器等功能（可能还包括显示驱动电路、脉宽调制电路、A/D转换器等电路）集成到一块硅片上构成的一个小而完善的计算机系统。

1. 单片机的历史

【单片机的发展史】

在计算机的发展史上，运算和控制一直是计算机功能实施的两条主线。运算功能主要体现在巨型机、大型机、服务器和个人电脑上，承担高速、海量技术数据的处理和分析，一般以计算能力（即运算速度）为重要标志。而控制功能则主要体现在单片机中，通过单片机与控制对象的耦合，可以实现与控制对象的互动和对控制对象进行实时控制。单片机以低成本、小体积、高可靠、功能强等优点脱颖而出，极大地丰富了该项研究领域新的内涵。自从美国英特尔（Intel）公司出品了4位逻辑控制器4004以后，各大半导体公司纷纷投入对单片机的研发，各类单片机如雨后春笋般相继出现，其功能也在不断改善，以适应不同的应用领域。一般而言，其发展经历了下面几代。

第一代：20世纪70年代后期，4位逻辑控制器发展到8位，使用NMOS工艺（速度低、功耗大、集成度低）。代表产品有摩托罗拉（Motorola）公司的MC6800、英特尔（Intel）公司的Intel 8048、齐格洛（Zilog）公司的Z80。

第二代：20世纪80年代初，采用CMOS工艺，并逐渐被高速低功耗的HMOS工艺所代替。代表产品有Motorola公司的MC146805、Intel公司的Intel 8051。

第三代：20世纪90年代初，单片机由可扩展总线型向纯单片型发展，通过内置存储器使外围电路更加简洁，即系统只工作在单片方式。单片机的扩展方式从并行总线型发展出各种串行总线，其外部表现形式与个人计算机差别越来越大。同时单片机的功耗也越来越低，其工作电压已降至3.3V。代表产品有德州仪器（TI）公司的MSP430。

第四代：Flash的使用使MCU技术进入了第四代。代表产品有微芯（Microchip）公司的PIC16F877、爱特梅尔（Atmel）公司的AT89C52。

2. 单片机的发展现状

自单片机技术诞生至今，已经走过近50年的发展历程。从这50年的发展历程来看，单片机技术的发展以微处理器技术及超大规模集成电路技术的发展为先导，以广泛的应用为动力，从而表现出比微处理器更具个性的发展趋势。

单片机的发展大致经历了以下3个阶段。

第一阶段（1974—1978年）：低性能单片机阶段。此阶段以Intel公司的MCS－48系列单片机为代表，其是计算机发展历史上重要的里程碑，自此开始了工业控制领域的智能化控制时代。这一系列的单片机在片内集成了8位CPU、并行I/O接口、8位定时器/计数器、RAM和ROM等，无串行I/O口，中断处理较简单，片内RAM、ROM容量较小，且寻址范围不大于4KB。

第二阶段（1978—1982年）：高性能单片机阶段。此阶段以Intel公司的MCS－51系列单片机为代表，其结构和性能都在不断的改进和发展。这一系列的单片机均带有串行I/O口，具有多级中断处理系统，定时器/计数器为16位，片内RAM、ROM容量相对增大，有的片内还带有A/D转换接口。

第三阶段（1982年以后）：16位单片机阶段。此阶段的主要特征是一方面不断完善高档8位单片机，改善性能、结构，以满足不同用户的需要；另一方面发展16位专用单片机。16位单片机除了CPU为16位外，片内RAM、ROM容量都进一步增大，片内RAM为512B、ROM为32KB，且片内带有高速I/O部件、多通道10位A/D转换部件、8级中断处理功能，其实时处理能力更强。近年来，32位单片机也已进入实用阶段。

【单片机的存储器】

（1）片内存储器的发展。

①扩大存储容量。以往单片机内ROM为1～4KB，RAM为64～128B。因此，在某些复杂的应用上，存储器容量不够，不得不外接扩充。为了适应这种领域的要求，所以运用新的工艺，使片内存储器大容量化。目前，单片机的片内ROM多达16KB，RAM为256B。单片机中各参数的发展见表1－1。

表1－1　单片机中各参数的发展

片内存储器	早期单片机	新型单片机
RAM	64～128B	256B
ROM	1～2KB	8～16KB
寻址范围	1～4KB	64KB

②片内EPROM开始E^2PROM化。早期单片机内ROM有的采用可擦除的只读存储器EPROM，然而EPROM必须要高压编程，紫外线擦除，给使用带来不便。而近年来，推出的电擦除可编程只读存储器E^2PROM可在正常工作电压下进行读写，并能在断电的情况下，保护信息不丢失。使用E^2PROM或FLASH RAM的单片机采用在系统可编程（In-System Programming，ISP）技术，大大方便了系统的调试及应用程序的升级。

③片内程序的保密措施加强。

随着单片机技术的发展，现已可以向芯片中加入一定的保密措施。

（2）片内输入输出功能的发展。

对于最初的单片机，片内只有并行输入/输出接口、定时器/计数器。在实际应用中，往往还要外接特殊的接口来扩展系统功能，增加了应用系统结构的复杂性。随着集成度的不断提高，有可能把更多的各种外围功能器件集成在片内，这不仅大大提高了单片机的功能，并使应用系统的总体结构得到简化，而且提高了系统的可靠性，降低了系统的成本。例如，有些单片机的并行I/O口，能直接输出大电流和高电压，可用以驱动真空荧光显示屏（VFD）、液晶显示器（LCD）和七段LED显示器等，这样就减少了应

用系统中的驱动器。再如，有些单片机内含有 A/D 转换器，则在实时控制系统中可省掉外部 A/D 转换器。目前，在单片机中已出现的各类新颖接口有数十种，如 A/D 转换器、D/A 转换器、DMA 控制器、CRT 控制器、LCD 驱动器、LED 驱动器、正弦波发生器、声音发生器、字符发生器、波特率发生器、锁相环、频率合成器、脉宽调制器等。

（3）单片机在工艺上的提高。

单片机的制造工艺直接影响其性能。早期的单片机采用 PMOS 工艺，随后逐渐采用 NMOS、HMOS 和 CMOS 工艺。目前，8 位单片机中有一半产品已 CMOS 化，16 位单片机也已开始推出 CMOS 型产品。

3. 单片机的特点

单片机主要是用来嵌入到具体设备中的计算机，所以其特点与个人计算机截然不同，单片机的主要特点表现在以下几个方面。

（1）集成度高、体积小、可靠性高。

单片机将各功能部件集成在一块晶体芯片上，集成度很高，体积自然也是最小的。芯片本身是按工业测控环境要求设计的，内部布线很短，其抗工业噪音性能优于一般通用的 CPU。单片机程序指令、常数及表格等固化在 ROM 中不易破坏，许多信号通道均在一个芯片内，故可靠性高。

（2）控制功能强。

单片机内部往往有专用的数字 I/O 口，通过指令可以进行丰富的逻辑操作和位处理，非常适用于专门的控制功能。单片机还集成了各种接口，这样可以使其方便与各种设备通信，达到控制的目的。

（3）电压低、功耗低、便于生产便携式产品。

为了满足单片机广泛使用于便携式系统，许多单片机内的工作电压仅为 1.8～3.6V，而工作电流仅为数百微安乃至更低。合理的设计可使其在某些应用下待机时间达几年。

（4）优异的性能价格比。

为了提高执行速度和运行效率，单片机已开始使用 RISC 流水线和 DSP 等技术。单片机的寻址能力也已突破 64KB 的限制，有的已达到 4GB，片内的 ROM、RAM 容量可达 64MB。由于单片机的广泛使用，销量极大，各大公司的商业竞争使其价格十分低廉，因此其性能价格比较高。

4. 单片机的基本定义

一般来说，微电脑系统包括中央处理器（CPU）、存储器（Memory）以及输入/输出（I/O）单元三大部分。CPU 就像人的大脑，主宰着整个系统的运行。Memory 存放系统运行时所需的程序及数据，包括只读存储器（ROM）和随机存储器（RAM）。通常 ROM 用来存储程序或永久性的数据，称之为程序存储器；RAM 用来存储程序执行时的临时数据，称之为数据存储器。I/O 单元是微型计算机与外部沟通的管道，其包括输入端口与输出端口。在个人计算机中，这三部分分别由不同的部件（如 CPU、内存、硬盘、PCI 插槽等）组成，将其组装在电路板（主板）上，即可形成一个微型计算机。

【单片机的典型应用】

5. 单片机的应用领域

目前单片机渗透到日常生活的各个领域，几乎很难找到哪个领域没有单片机的踪迹。导弹的导航装置、飞机上各种仪表的控制、计算机的网络通信与数据传输、工业自动化过程的实时控制和数据处理、广泛使用的各种智能IC卡、民用豪华轿车的安全保障系统、全自动洗衣机的控制系统以及程控玩具、电子宠物等，这些都离不开单片机，更不用说自动控制领域的机器人、智能仪表、医疗器械了。因此，单片机的学习、开发与应用将造就一批计算机应用与智能化控制领域的科学家、工程师。

【以单片机为控制核心的电子产品】

(1) 在智能仪器仪表上的应用。

单片机具有体积小、功耗低、控制功能强、扩展灵活、微型化和使用方便等优点，广泛应用于仪器仪表中，结合不同类型的传感器，可实现诸如电压、功率、频率、湿度、温度、流量、速度、厚度、角度、长度、硬度、元素、压力等物理量的测量。采用单片机控制使得仪器仪表数字化、智能化、微型化，且功能比采用电子或数字的电路更加强大，例如精密的测量设备(功率计、示波器等)。

(2) 在工业控制中的应用。

用单片机可以构成形式多样的控制系统、数据采集系统。例如工厂流水线的智能化管理、电梯智能化控制、各种报警系统、与计算机联网构成二级控制系统等。

(3) 在家用电器中的应用。

现在的家用电器基本上都采用了单片机控制，从电饭煲、洗衣机、电冰箱、空调机、电视机、其他音响视频器材再到电子称量设备，单片机无所不在。

(4) 在计算机网络和通信领域中的应用。

现代的单片机普遍具备通信接口，可以很方便地与计算机进行数据通信，为计算机网络和通信设备间的应用提供了极好的物质条件。现在的通信设备基本上都实现了单片机智能控制，如手机、小型程控交换机、楼宇自动通信呼叫系统、列车无线通信、无线电对讲机等。

(5) 在医用设备领域中的应用。

单片机在医用设备中的用途也相当广泛，如医用呼吸机、分析仪、监护仪、超声诊断设备及病床呼叫系统等。

(6) 在其他方面的应用。

单片机在工商、金融、科研、教育、航空航天等领域都有着十分广泛的用途。

6. 典型单片机系列介绍

单片机发展迅猛，目前已有众多系列、几百种产品，而且还在不断推出新的性能更高的产品。从国内使用情况来看，MCS－51型系列单片机的应用最为广泛。下面介绍几个著名的单片机产品型号及其功能。

【单片机的主要类别】

(1) 8051类单片机。

最早由Intel公司推出的8051类单片机是世界上使用量最大的几种单片机之一，后来8051类单片机主要由飞利浦（Philips）、三星、华邦和

Atmel 等公司生产。这些公司都在保持 8051 类单片机与其他设备兼容的基础上对其特性进行改善，提高了速度、放慢了时钟频率、放宽了电源电压的动态范围、降低了产品价格。

（2）Motorola 单片机。

Motorola 是世界上最大的单片机厂商，其产品有 200 多个品种，选择余地大。8 位单片机有 68HC05 和升级产品 68HC08 两种，其中 68HC05 有 30 多个系列，产品已经超过 20 亿片；8 位增强型单片机有 68HC11 和 68HC12；16 位单片机 68HC16 有 10 多个产品；32 位单片机的 683 × ×系列也有几十个品种。近年来，将 DSP 作为辅助模块集成电路的单片机纷纷推出。

（3）Microship 单片机。

Microship 单片机是市场增长最快的单片机。其主要产品是 16C 系列 8 位单片机，CPU 采用 RISC 结构，仅 33 条指令，运行速度快，价格低。Microship 单片机强调节约成本设计，适用于用量大、档次低、价格敏感的产品。

（4）华邦单片机。

华邦单片机属于 8051 类单片机，其 W78 系列与标准 8051 兼容，属于增强型 51 系列，并对 8051 的时序做了改进。在同样时钟频率的条件下，速度提高了 2.5 倍，FLASH 容量从 4KB 提高到 6KB，有 ISP 功能。

本书主要以 Atmel 公司 AT89C51 单片机为例，介绍单片机的各种应用。AT89C51 是一种带 4KB 闪烁可擦除可编程只读存储器（Fperom- Falsh Erasable and Programmable Read-Only Memory）的低电压、高性能 CMOS 型 8 位微控制器。该器件采用 Atmel 高密度非易失存储器制造技术制造，与工业标准的 MCS－51 指令集和输出管脚相兼容。由于将多功能 8 位 CPU 和闪烁存储器组合在单个芯片中，故 Atmel 的 AT89C51 是一种高效微控制器，为很多嵌入式控制系统提供了一种灵活性高且价廉的方案。

1.2　单片机的基本结构

1. 硬件结构

图 1.1 为 MCS－51 系列单片机的内部结构图，主要由 CPU、内部 ROM、内部 RAM、定时器/计数器、并行 I/O 口、扩展外部存储器、串行口、中断控制系统 8 个部分构成。

1）8 位 CPU

CPU 是单片机的核心，完成运算和控制功能。MCS－51 的 CPU 能处理 8 位二进制数或代码，由运算器、程序计数器、若干寄存器以及定时和控制部件等构成。

（1）运算器。

其可以进行算术和逻辑运算，如加、减、乘、除、加 1、减 1、比较等算术运算，与、或、异或、求补、循环等逻辑运算，此外还可以作为布尔处理器使用。

与运算器有关的寄存器包括 ACC、B、PSW 等。

（2）程序计数器 PC。

PC 是一个 16 位的寄存器，PC 中的内容是下一条将要执行的指令代码的起始存放地址。当单片机复位之后，PC＝0000H，引导 CPU 到 0000H 地址读取指令代码，CPU 每读

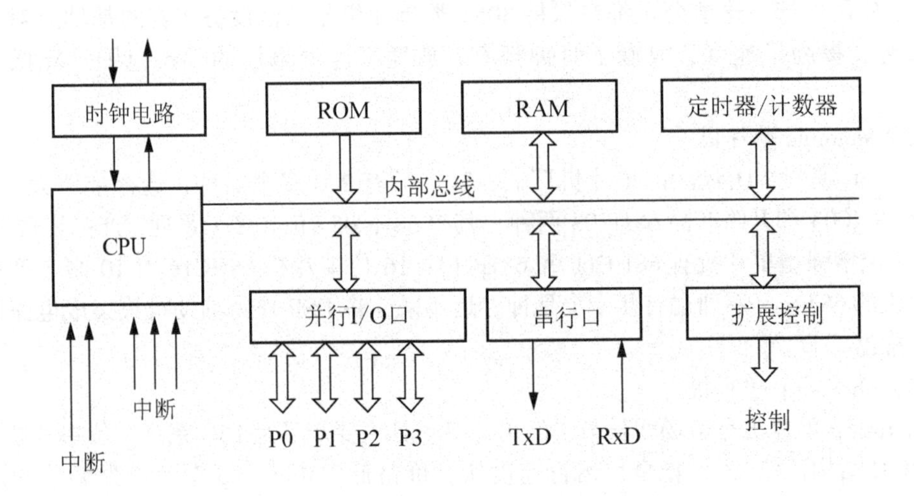

图 1.1 MCS-51 系列单片机的内部结构图

取一个字节的指令，PC 的内容会自动加 1，指向下一个地址，使 CPU 按顺序去读取后面的指令，从而引导 CPU 按顺序执行程序。

(3) 指令寄存器。

指令寄存器用于存放指令代码，可以从 CPU 执行过程理解指令寄存器的作用。ROM 读取指令代码送入指令寄存器中，经过译码后与控制电路发出相应的控制信号。用户程序不能访问指令寄存器。

(4) 定时和控制部件。

MCS-51 芯片内部有一个高增益反相放大器，其输入端为 XTAL1，输出端为 XTAL2，可以外接定时反馈元器件组成振荡器，产生时钟脉冲送至单片机内部各部件。

2) 内部 ROM

MCS-51 系列单片机的 ROM 用于存放程序、原始数据或表格，因此称为程序存储器，简称内部 ROM。其中 51 系列单片机的内部 ROM 为 4KB，52 系列单片机的内部 ROM 为 8KB。

3) 内部 RAM

MCS-51 系列单片机共有 256 个 RAM 单元，但其中后 128 个单元被专用寄存器占用，能作为寄存器供用户使用的只有前 128 个单元，用于存放可读写的数据。因此，通常所说的内部数据存储器就是指前 128 个单元，简称内部 RAM。在 MCS-51 系列单片机中，51 系列的内部 RAM 有 128B，52 系列的内部 RAM 有 256B。

4) 定时器/计数器

MCS-51 系列单片机中的定时器/计数器的作用是实现定时或计数功能，并以其定时或计数结果对计算机进行控制。在 MCS-51 系列单片机中，51 系列有两个 16 位定时器/计数器，52 系列有 3 个 16 位定时器/计数器。

5) 并行 I/O 口

MCS-51 系列单片机共有 4 个 8 位的并行 I/O 口（P0、P1、P2、P3），用以实现数据的并行输入/输出。

6）扩展外部存储器

MCS－51 系列单片机可以通过外接的方法扩展 ROM 和 RAM，它可寻址 64KB 外部 RAM 和 64KB 外部 ROM。

7）串行口

【串行口】

MCS－51 系列单片机有一个全双工的串行口，以实现单片机和其他设备之间的串行数据传送。该串行口功能较强，既可作为全双工异步通信收发器使用，又可作为同步移位器使用。

8）中断控制系统

【中断系统】

MCS－51 系列单片机的中断功能较强，以满足控制应用的需要。其中 AT89C51 共有 5 个中断源，即外部中断两个、定时/计数中断两个、串行中断一个。全部中断分为高级和低级两个优先级别。

2. *存储结构*

MCS－51 系列单片机除了无 ROM 型的 8031 及 8032 外，其他类型的存储器包括 ROM 和 RAM 两部分，这两部分一般是独立的。各子系列中 ROM 和 RAM 的大小见表 1－1。

1）ROM

【程序存储器】

顾名思义，ROM 就是存放程序的地方，CPU 将自动从 ROM 中读取所要执行的指令代码。MCS－51 系列单片机可以选择使用内部 ROM 或外部 ROM，如图 1.2 所示，内、外 ROM 的选择可以通过对$\overline{EA}$的设定来判定。

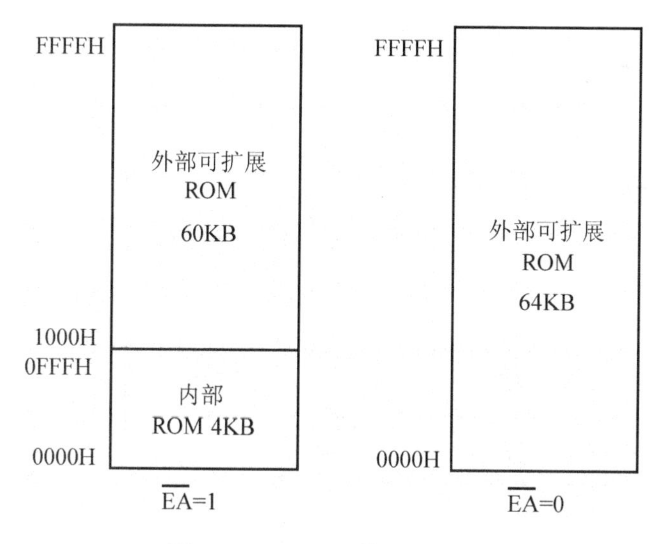

【程序存储器的扩展】

图 1.2　MCS－51 的 ROM 结构

当$\overline{EA}=1$时，表示$\overline{EA}$接高电平（V_{CC}）；当$\overline{EA}=0$时，表示$\overline{EA}$接低电平（V_{SS}）。若使用 8031 或者 8032，由于内部没有 ROM，一定要使用外部 ROM，因此$\overline{EA}$引脚必须接地。

当$\overline{EA}$引脚接高电平时，CPU 将使用内部 ROM，若程序超过 4KB，CPU 会自动从外部

ROM 中读取超过部分的程序代码。当$\overline{EA}$引脚接地时，CPU 将从外部 ROM 中读取所要执行的指令代码，而 CPU 内部 ROM 形同虚设。

当 CPU 复位以后，程序将从 ROM 的 0000H 地址开始执行，如果没有遇到跳转指令，则按 ROM 顺序执行。

【数据存储器】

2）RAM

MCS－51 系列单片机的 RAM 和 ROM 是分开的独立区块，所以当访问 RAM 时，所使用的地址并不会与 ROM 冲突。相对于 ROM 而言，RAM 更为复杂。

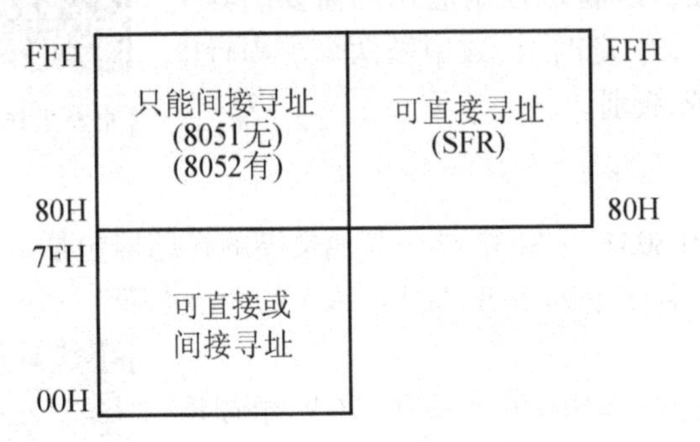

图 1.3　MCS－51 的 RAM 结构

在 MCS－51 系列单片机中，RAM 也可以扩展外部 RAM。这两部分可以并存，但所采用的指令不同，访问内部数据时使用 MOV，访问外部数据时使用 MOVX。

内部数据在结构上可以分为两个不同的存储区域，即低 128 位（00H～7FH）和高 128 位（80H～FFH），如图 1.3 所示。

（1）直接或间接寻址区。

低 128 位空间为 00H～7FH，共 128 个单元，为可直接或间接寻址的存储器。这一区域又可以分为 3 个部分，如图 1.4 所示。

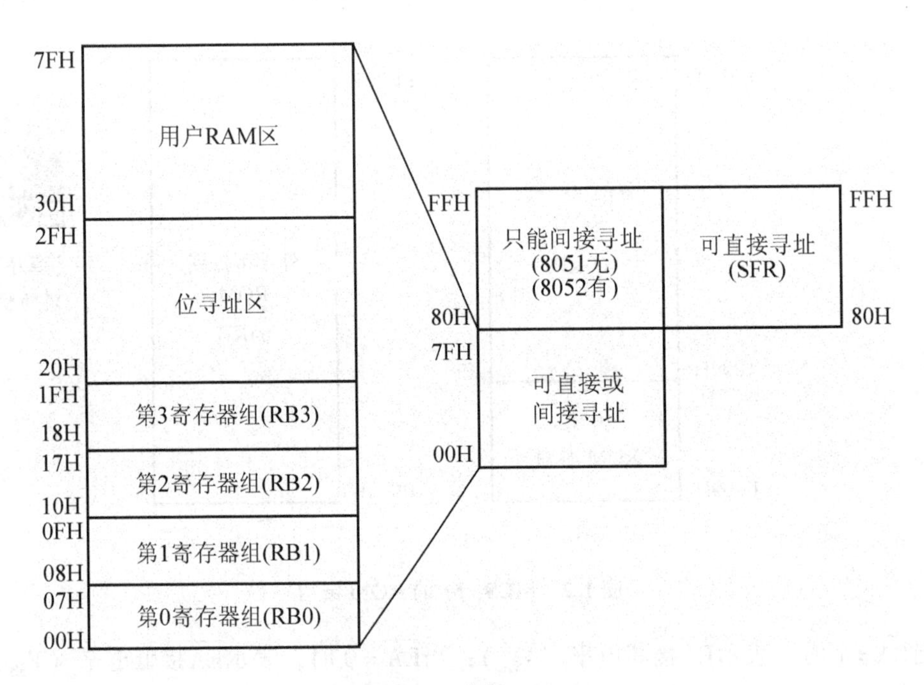

图 1.4　内部 RAM

① 寄存器组区（00H～1FH）。低 32 位区域被分成 4 个寄存器组（每组分别用 R0～R7 来表示），使用哪一组由状态控制字 PSW（如图 1.5 所示）来决定。

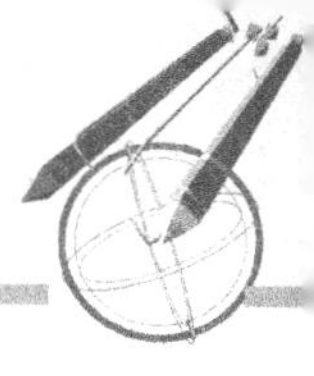

	7	6	5	4	3	2	1	0
PSW	CY	AC	F0	RS1	RS0	OV		P

图1.5　PSW中的位

其中使用哪个寄存器组由PSW的RS1（D4）和RS0（D3）来决定，见表1-2和表1-3。

表1-2　PSW与工作寄存器组的关系

RS1	RS0	当前工作寄存器组
0	0	0组
0	1	1组
1	0	2组
1	1	3组

表1-3　工作寄存器组和RAM地址映照

工作寄存器组	工作寄存器							
	R0	R1	R2	R3	R4	R5	R6	R7
RB0（0组）	00H	01H	02H	03H	04H	05H	06H	07H
RB1（1组）	08H	09H	0AH	0BH	0CH	0DH	0EH	0FH
RB2（2组）	10H	11H	12H	13H	14H	15H	16H	17H
RB3（3组）	18H	19H	1AH	1BH	1CH	1DH	1EH	1FH

当CPU复位时，系统的堆栈指针（SP）指向地址07H，所以当数据存入堆栈时，将从08H开始，也就是RB1中R0的地址。为了避免冲突，通常会把堆栈指针移到30H之后。

② 位寻址区（20H～2FH）。20H～2FH的16B存储器为可寻址区，通常访问存储器以B为单位，所谓可以“位寻址”是指可以指定访问某个位（Bit）。在MCS-51系列单片机中，只要使用布尔运算指令，即可进行位操作。例如，只要把20H存储器地址的Bit 5设定为1，就可使用以下命令。

```
SETB  20H.5
```

另外，20H～2FH的16B共128位（16×8=128），也可以将其直接指定为0～127，对刚才的20H存储器地址的Bit 5而言，可以指定为5，命令如下。

```
SETB 5
```

同理，若将25H存储器地址的Bit 2清0，则执行以下命令。

```
CLR  25H.2    或    CLR  42
```

③ 用户RAM区。用户RAM区也称“一般数据与堆栈区”，地址为从30H～7FH的

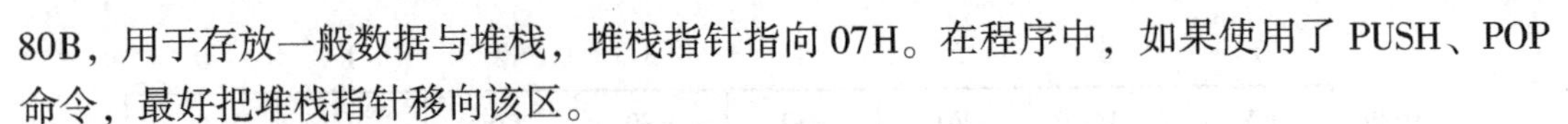

80B，用于存放一般数据与堆栈，堆栈指针指向07H。在程序中，如果使用了PUSH、POP命令，最好把堆栈指针移向该区。

例如，若将SP移向0030H地址，则执行以下命令。

```
MOV  SP,#30H
```

（2）专用寄存器区。

80H～FFH之间的128B为专用功能寄存器（SFR）区。这128B的地址分配见表1－4。

表1－4　128B的地址分配

	0	1	2	3	4	5	6	7	
F8									FF
F0	B								F7
E8									EF
E0	ACC								E7
D8									DF
D0	PSW								D7
C8	T2CON	T2MOD	RCAP2L	RCAP2H	TL2	TH2			CF
C0									C7
B8	IP	SADEN							BF
B0	P3								B7
A8	IE	SADDR							AF
A0	P2								A7
98	SCON	SBUF							9F
90	P1								97
88	TCON	TMOD	TL0	TL1	TH0	TH1			8F
80	P0	SP	DPL	DPH				PCON	87

① P0、P1、P2、P3。P0、P1、P2、P3为MCS－51系列单片机的4个I/O口，其地址分别是80H、90H、A0H及B0H，稍后再详细介绍这4个I/O口。

② SP。SP为8位堆栈指针寄存器，其地址为81H。堆栈是一种特殊的数据保存方式，其数据的操作是先进后出（FILO）。当数据以PUSH命令送入堆栈时，SP自动加1；若以POP命令从堆栈中取出数据时，SP自动减1。

③ DPL和DPH。DPL和DPH均为8位数据指针寄存器，其地址分别为82H、83H。若以DPL为低8位，DPH为高8位，即可组成一个16位数据指针寄存器，简称DPTR，从而可以寻址64KB。

④ PCON。PCON是电源控制寄存器，其地址为87H，功能是设定CPU的电源方式。

⑤ TCON。TCON 是定时器/计数器控制寄存器，地址为 88H，功能是设定定时器/计数器的启动、记录定时器/计数器溢出位以及选择外部中断的触发方式。

⑥ TMOD。TMOD 是计数器/计数方式控制寄存器，地址为 89H，功能是设定计数器计数的方式。

⑦ TL0、TL1、TH0、TH1。TL0 和 TH0 是第一组定时器/计数器（Timer0）的计量寄存器，其地址是 8AH 和 8CH，将二者结合即可进行 16 位的定时/计数；TL1 和 TH1 是第二组定时器/计数器（Timer1）的计量寄存器，其地址是 8BH 和 8DH，将二者结合即可进行 16 位的定时/计数。

⑧ SCON。SCON 是串行端口控制寄存器，地址为 98H，功能是设定串行端口控制方式与标志。

⑨ SBUF。SBUF 是串行端口缓冲器，其地址为 99H，由使用同一个地址的两个寄存器所构成，其中一个寄存器作为传送数据用的缓存器，另一个寄存器作为接收数据用的缓存器，视指令来区分这两个缓冲器。

⑩ IE。IE 是中断使能寄存器，其地址是 A8H，功能是启用中断功能。

⑪ IP。IP 是中断优先级寄存器，功能是设定中断的优先级。

⑫ T2CON、RCAP2L、RCAP2H、TL2、TH2。这些均为 8032/8052 的 T2 功能所特有。

⑬ PSW。PSW 是 CPU 的程序状态字寄存器，其地址是 D0H，其内容如下。

	7	6	5	4	3	2	1	0
PSW	CY	AC	F0	RS1	RS0	OV		P

PSW.7：进位标志位（CY），当进行加法（减法）运算时，若最左边（MSB，即 Bit7）产生进位（借位），则本位将自动设定为 1，即 CY = 1，否则 CY = 0。

PSW.6：辅助进位（AC），当进行加法（减法）运算时，若 Bit 3 产生进位（借位），则本位将自动设定为 1，即 AC = 1，否则 AC = 0。

PSW.5：用户标志位（F0），可由用户自行设定。

PSW.4 与 PSW.3：这两位为寄存器组选择位（RS1、RS0）。

PSW.2：溢出标志位（OV），进行算术运算时，若发生溢出，则 OV = 1，否则 OV = 0。

PSW.1：保留位，没有提供任何服务。

PSW.0：奇偶位（P），8051 采用偶同位，即若 ACC 中有奇数个 1，则 P = 1，若 ACC 中有偶数个 1，则 P = 0。

⑭ ACC。ACC 累加器又称为 A 寄存器，其地址是 E0H，这个寄存器是 CPU 主要操作位置，可以说是最常用的寄存器。

⑮ B。B 寄存器的地址是 F0H，主要功能是配合 A 寄存器进行乘法或除法运算。当进行乘法运算时，乘数放在 B 寄存器，而运算结果的高 8 位放在 B 寄存器；当进行除法运算时，除数放在 B 寄存器，而运算结果的余数放在 B 寄存器。若不进行乘法、除法运算，B 寄存器也可当成一般寄存器使用。

1.3 单片机的引脚及功能

在本书的内容中，以 MCS－51 系列单片机 AT89C51 为具体控制器，进行实例介绍。

【单片机引脚及功能】

1. 封装结构

AT89C51 的封装形式有 3 种，说明如下。

1）QFP 封装

AT89C51 的 PQFP 或 TQFP 封装为扁平的 44 引脚封装，这种封装的芯片体积小、成本较低，为目前商品的主流，但是在学校或培训机构中，很少使用。如图 1.6(a) 所示，在俯视图中，左下方有记号者为 1 号脚，然后逆时针排序，分别是 2、3、…、44 号脚，其中包括 4 个空引脚，相邻的两个引脚之间的间距为 0.8mm。

2）PLCC 封装

PLCC 封装也是 AT89C51 常见的封装形式，这也是 44 个引脚的封装，其中包括 4 个空引脚，如图 1.6(b) 所示，其引脚编号与 QFP 封装类似。在俯视图中，标有记号者为 1 号脚，然后逆时针排序，分别是 2、3、…、44 号脚，相邻的两只引脚之间的间距为 1.27mm（0.05 英寸）。

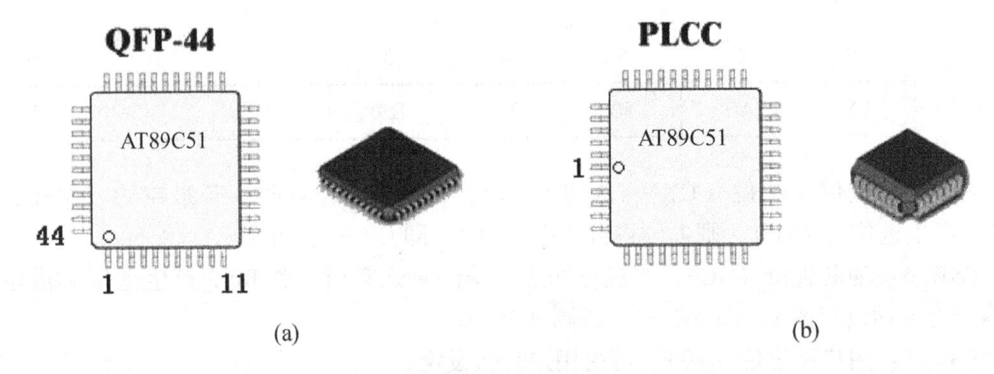

图 1.6 QFP 封装和 PLCC 封装

3）双列直插式封装

双列直插式封装是 40 个引脚双并列的封装形式，简称 DIP 40。由于现在都是采用较便宜的塑料封装，所以又叫做 PDIP。如图 1.7 所示，在 DIP 40 封装里，俯视图左上方有记号者为 1 号脚，然后逆时针排序，分别是 2、3、…、40 号脚。相邻的两只引脚之间的间距为 15.24mm（0.6 英寸），刚好可以插在面包板或 40pin 的插座上，特别适合于学校、培训机构使用。不过，由于针脚封装体积较大、印制电路板制作成本较高，已经很少用在商品中了。

2. 引脚功能（DIP 40 封装的 AT89C51 单片机引脚的记忆窍门）

1）电源引脚

几乎所有的 IC 都需要接用电源，而 AT89C51 的电源引脚与大部分数字 IC 的电源引脚类似，右上角接 V_{CC}，左下角接 V_{SS}。所以，AT89C51 的 40 号脚为 V_{CC} 引脚，连接 5V ± 10%，20 号脚为 V_{SS} 接地，必须接地。

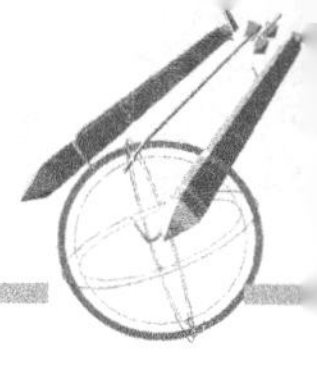

（a）实物

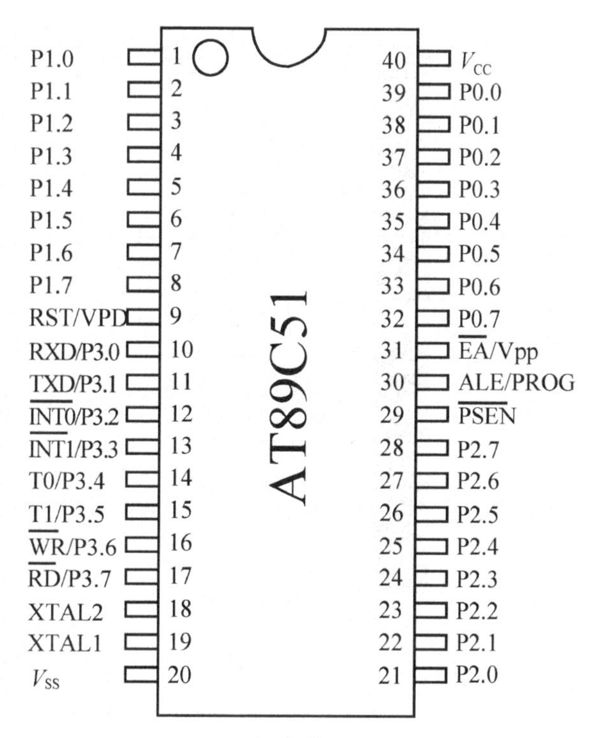

（b）电路

图 1.7　DIP 40 封装

2）I/O 口

有了电源之后，再来看看 AT89C51 的主角，也就是 I/O 口。紧接着刚才介绍的 V_{CC}引脚下面，也就是 39 号脚，为 P0 的开始引脚，即 32～39 号脚 8 只引脚为 P0。P0 的对面就是 P1，也就是 1～8 号脚为 P1。P1 从 1 号脚开始，所以 P2 从其斜对面对角 21 号脚开始，也就在右下方，21～28 号脚为 P2。同样，P2 的对面就是 P3，10～17 号脚为 P3。39、1、21 和 10 号脚就是这 4 个 I/O 口的开始引脚，可以通过图 1.8 来辅助记忆这 4 个 I/O 口。

【单片机的 I/O 口】

3）复位引脚

几乎所有的微控制器都需要复位（Reset）操作。对 AT89C51 而言，只要复位脚接高电平超过两个机器周期（约 2μs），即可产生复位操作。而 AT89C51 的 Reset 在 P1 和 P3 之间，即 9 脚。辅助的记忆方法是“系统久久不动，就需要 Reset”。其中“久久”即为“9”号脚的谐音。

4）频率引脚

微控制器都需要时钟脉冲，接地引脚（V_{SS}）上方的两只脚就是时钟脉冲引脚，即 18、19 号脚，分别是 XTAL2 和 XTAL1。

5）存储器引脚

AT89C51 单片机既有 RAM，也可以扩展 ROM，具体使用哪个存储器，需视 31 号脚而定。31 号脚为$\overline{EA}$，是使能引脚。当$\overline{EA}=1$ 时，系统使用 RAM；当$\overline{EA}=0$ 时，系统使

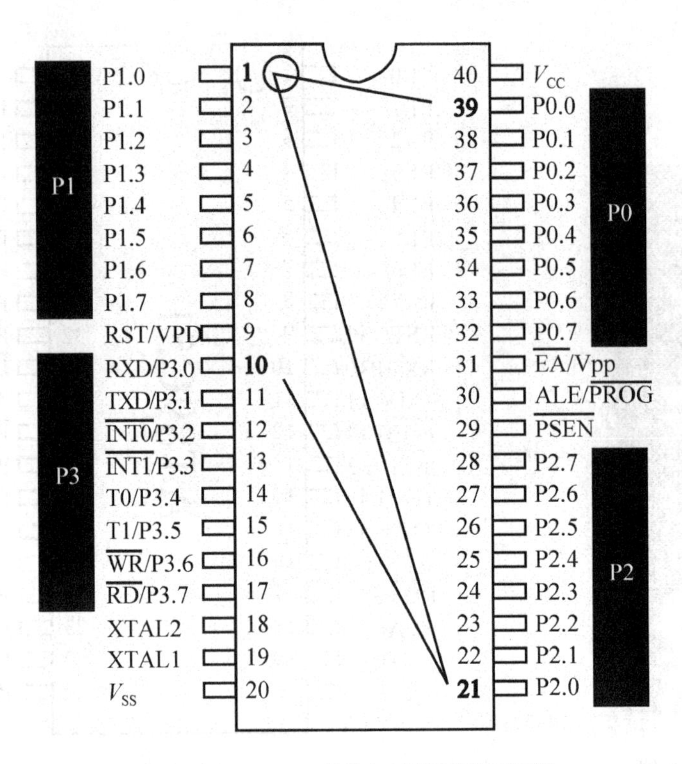

图 1.8　AT89C51 单片机引脚辅助记忆图

用 ROM。

6）外部存储器控制引脚

通过上述分析，只剩下$\overline{EA}$引脚下的两只引脚，这两只引脚与$\overline{EA}$引脚有点类似，都是控制存储器的，具体说明如下。

30 号脚为地址锁存允许信号 ALE（Address Latch Enable），其功能是在访问 ROM 时，下降沿用于控制外接的地址锁存器锁存从 PO 口输出的低 8 位地址。在没有接外部存储器时，可以将该引脚的输出作为时钟信号使用。

29 号脚为程序存储器允许输出端$\overline{PSEN}$。通常将此脚连接到 ROM 的$\overline{OE}$脚，当 AT89C51 单片机需要读取 ROM 的数据时，此引脚就会输出一个低电平信号。

相对于前面的 38 个引脚，29、30 号脚比较难理解，但是只要不用到 ROM，这两只引脚就可以当做不存在。这两个引脚的具体功能将在 ROM 的内容中详细讲解。

1.4　单片机的基本电路

所谓“基本电路”就是指 AT89C51 正常工作时所必不可少的基本连接线路。一般可以由以下 4 个部分组成，说明如下。

1. 电源电路

没有电路是不需要连接电源的。首先将 V_{CC}(40）接 +5V 电源，V_{SS}(20）接地。

1）USB 或 5V 直流电源供电

可以选择 USB 供电，或者外接 5V 直流电源供电，如果有仿真器，在调试模式下也可以直接用仿真器供电，如图 1.9 所示。

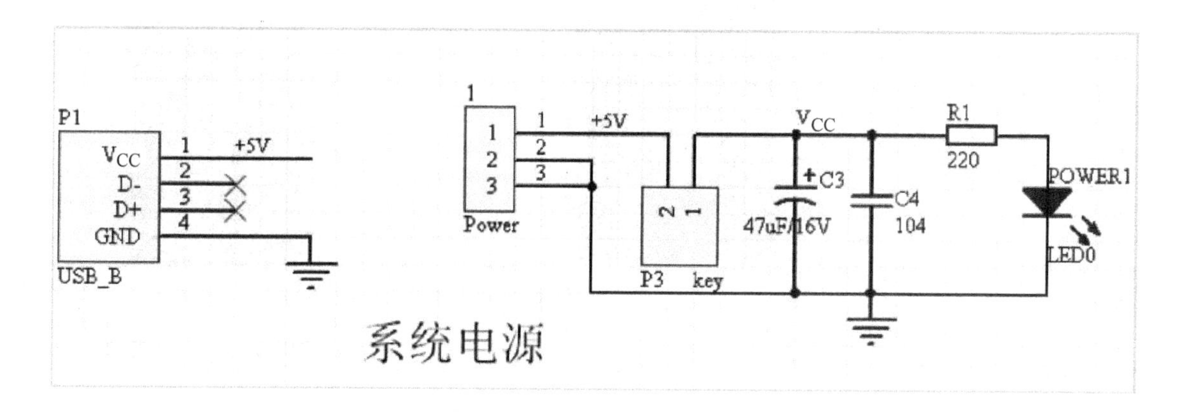

图 1.9 单片机的 USB 供电电路图

2）7805 稳压模块供电

直流稳压模块采用线性稳压器件 lm7805 得到电路需要的 5V 电源，如图 1.10 所示，7805 前级串入 in4148 实现防反接功能。

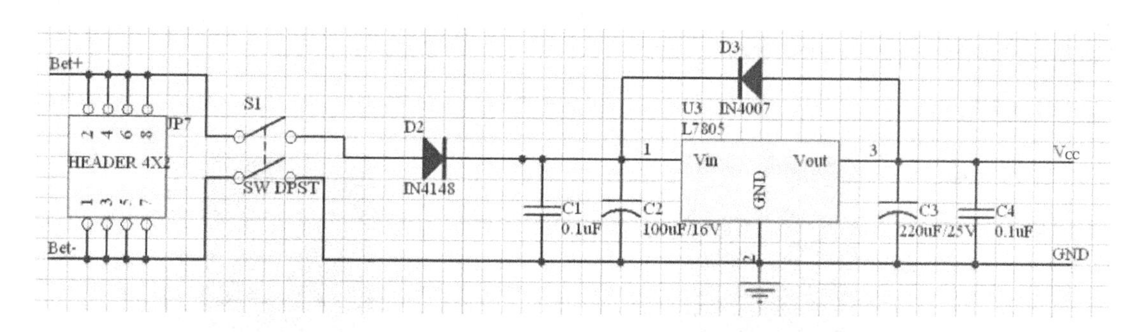

图 1.10 单片机的稳压供电电路图

图 1.10 中 Bet +、Bet − 接输入电源，电压不要超过 12V，V_{CC}、GND 为电源正极和电源负极。

2. 时钟脉冲电路

【单片机的时钟电路】

AT89C51 内部已经具备振荡电路，只要在 XTAL1（19）和 XTAL2（18）连接简单的石英振荡晶体即可完成时钟脉冲电路，如图 1.11 所示。AT89C51 的时钟脉冲频率一般为 12MHz，当然也可能更高。

如果非得自行设计一个振荡电路，可以用图 1.12 所示的方法连接。

3. 复位电路

以 12MHz 的时钟脉冲为例，每个时钟脉冲 1μs，两个机器周期为 2μs，因此在 9 号脚上连接一个 2μs 以上的高电平脉冲，即可产生复位动作。

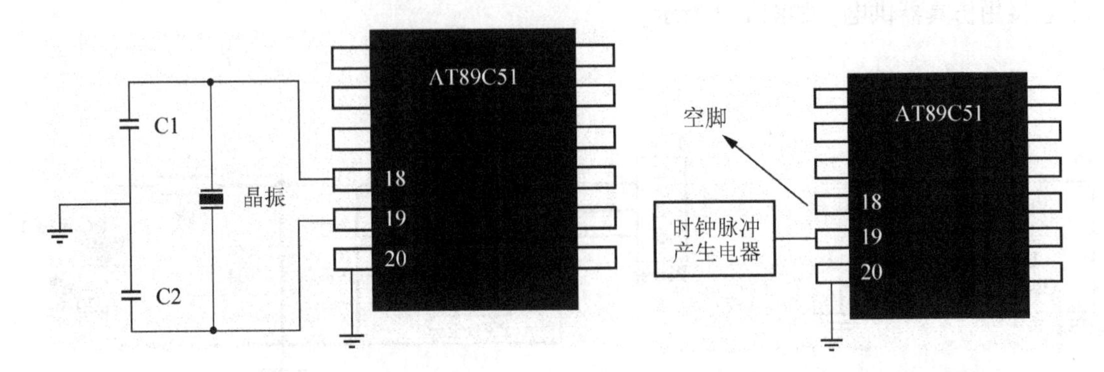

图 1.11　内部振荡电路　　　　**图 1.12　使用外部时钟脉冲产生电路**

【单片机的复位操作与电路】

电源接上瞬间，电容 C 没有电荷，相当于短路，所以 9 号脚直接接到 V_{CC}，即 AT89C51 执行复位动作。随着时间的增加，电容上的电压逐渐增加，而 9 号脚上的电压逐渐下降，当 9 号脚上的电压降到低电平时，AT89C51 恢复正常状态，如图 1.13(a) 所示。在此使用 10kΩ 电阻、10μF 电容，其时间常数为 1ms，足以使系统复位，在约 1ms 的时间内，系统处于复位状态。

通常，还会在电容两端并联一个按钮开关，如图 1.13(b) 所示，此开关是手动的复位开关（强制复位）。

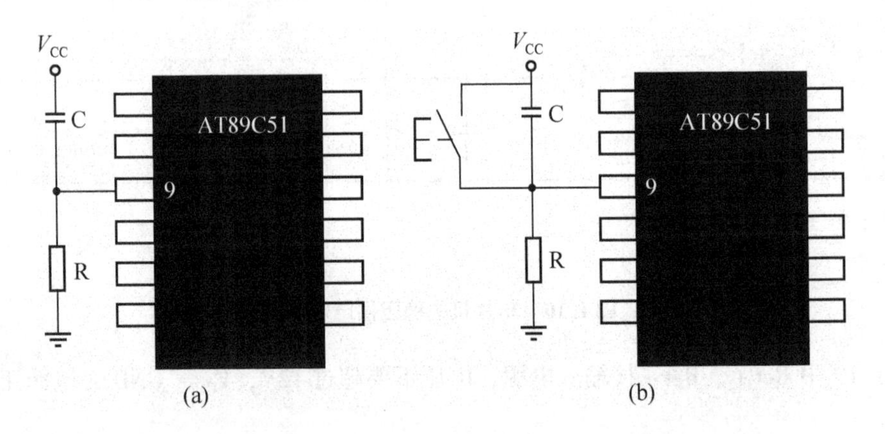

图 1.13　两种复位电路

4. 存储器设定电路

最后要对基本电路的存储器进行设定，如果把$\overline{EA}$(31) 接地，则采用 ROM，如果把$\overline{EA}$接 V_{CC}，则采用 RAM。

5. 单片机最小系统设计

单片机最小系统，或者称为最小应用系统，是指用最少元件组成的单片机可以工作的系统。

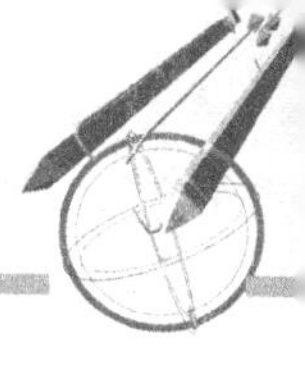

对51系列单片机来说，最小系统一般应该包括：单片机、晶振电路、复位电路。下面给出一个51系列单片机的最小系统电路图，如图1.14所示。

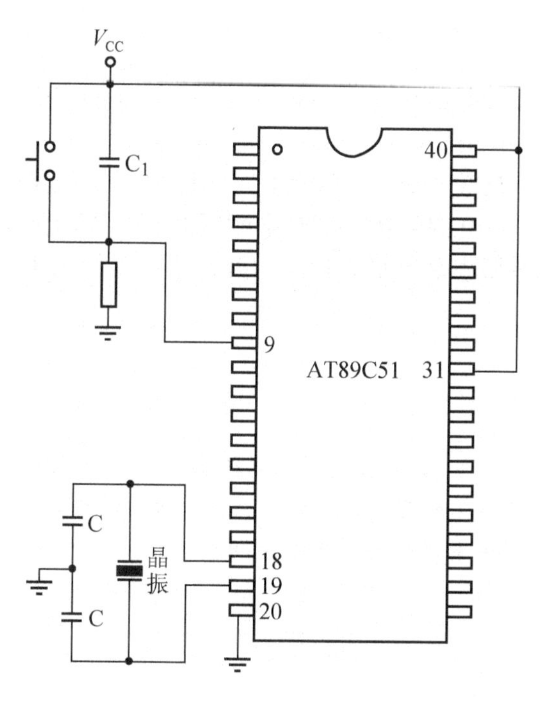

图1.14　最小系统电路图

图1.14中所需要用到的元器件见表1－5。

表1－5　基本电路所需元器件

项　次	名　称	规　格	数　量	备　注
1	AT89C51	12MHz	1个	
2	石英振荡晶体	12MHz	1个	
3	电解电容	10μF/25V	1个	
4	陶瓷电容	30pF	2个	
5	电阻	10kΩ	1个	
6	按钮开关		1个	TACK SW

51系列单片机最小系统电路介绍如下。

①51系列单片机最小系统复位电路的极性电容 C_1 的大小直接影响单片机的复位时间，一般采用10～30uF，51系列单片机最小系统容值越大需要的复位时间越短。

②51系列单片机最小系统晶振Y1也可以采用6MHz或者11.0592MHz，在正常工作的情况下可以采用更高频率的晶振，51系列单片机最小系统晶振的振荡频率直接影响单片机的处理速度，频率越大处理速度越快。

③51系列单片机最小系统起振电容C一般采用15～33pF，并且电容离晶振越近越好，晶振也是离单片机越近越好，P0口为开漏输出，其作为输出口时需加上拉电阻，阻

值一般为10k。

电路设置为定时器模式时，加1计数器是对内部机器周期进行计数（一个机器周期等于12个振荡周期，即计数频率为晶振频率的1/12）。计数值N乘以机器周期Tcy就是定时时间t。

电路设置为计数器模式时，外部事件计数脉冲由T0或T1引脚输入到计数器。在每个机器周期的S5P2期间采样T0、T1引脚电平。当某周期采样到一高电平输入，而下一周期又采样到一低电平时，则计数器加1，更新的计数值在下一个机器周期的S3P1期间装入计数器。由于检测一个从1到0的下降沿需要两个机器周期，因此要求被采样的电平至少要维持一个机器周期。当晶振频率为12MHz时，最高计数频率不超过1/2MHz，即计数脉冲的周期要大于2ms。

拓展讨论

1. 党的二十大报告提出，建设现代化产业体系，坚持把发展经济的着力点放在实体经济上，推进新型工业化，加快建设制造强国。我国哪些工业领域应用了单片机技术？

2. 你认为未来单片机会有哪些新的发展方向？

项目小结

本模块详细介绍了单片机的基本结构，主要是硬件结构和存储器结构。在此基础上，重点学习单片机的引脚及功能，并要掌握单片机基本电路及最小系统的设计，为后续项目的学习奠定坚实的基础。

习　题

1. 根据本模块的知识要点，探讨对单片机的初步认识，撰写约300字的小论文，题目为“我眼中的单片机”。

2. 仔细分析MCS－51系列单片机的内部组成，用框图表示单片机的硬件结构。

3. 根据单片机的存储容量，画出MCS－51系列单片机的程序存储器和数据存储器的结构空间。

4. 简述MCS－51系列单片机的引脚结构。

5. 画出MCS－51系列单片机的基本电路。

项目2

单片机开发环境

知识目标

(1) 熟悉单片机编译软件 Keil 的操作方法。
(2) 掌握单片机仿真软件 Proteus 的操作方法。
(3) 熟悉单片机烧录软件的使用。
(4) 了解单片机开发板的选择与使用。

能力目标

能力目标	相关知识	权重	自测分数
掌握单片机编译软件 Keil 的操作方法	新建工程、新建文件、加载文件、编写程序、编译和调试	30%	
掌握单片机仿真软件 Proteus 的操作方法	元件库的调用、绘制电路、加载程序、仿真调试	30%	
熟悉单片机烧录软件的使用	加载 HEX 文件、烧录程序、调试	20%	
了解单片机开发板的选择与使用	选择性价比最适合的开发板	20%	

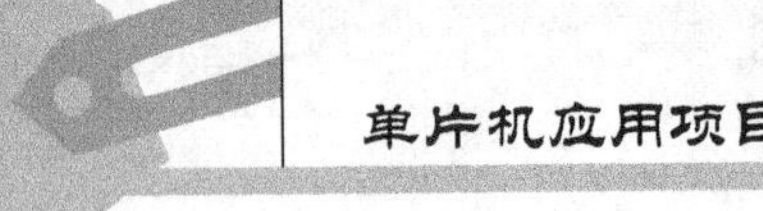

2.1 单片机开发软件 keil

1. 软件 Keil 简介

单片机的开发过程离不开软件支持，工程师开发的程序要变为 CPU 可以执行的机器码有两种方法，一种是手工汇编，另一种是机器汇编，目前已极少使用手工汇编了。机器汇编是通过汇编软件将源程序变为机器码，用于 MCS-51 系列单片机的汇编软件有早期的 A51，随着单片机开发技术的不断发展，单片机已从普遍使用汇编语言到逐渐使用高级语言开发，Keil 软件是目前最流行的 MCS-51 系列单片机开发软件，这从近年来各仿真机厂商纷纷宣布全面支持 Keil 即可看出。

Keil 是德国 Keil 公司开发的单片机编译器，虽然市场上的单片机编译器有很多种，但是 Keil 无疑是其中使用最为普遍、最好用的 51 系列单片机开发工具，它可以用来编译 C 程序代码和汇编程序代码、链接到目标文件和库文件、生成 HEX 文件、调试目标程序等，是一种集成化的文件管理编译环境。它可以和随后要讲到的 Proteus 进行联调，进而实现对所设计电路的验证。

运行软件 Keil 需要 Pentium 或以上版本的 CPU，16MB 或容量更大的 RAM，20MB 以上空闲的硬盘空间，Windows 98、Windows NT、Windows 2000、Windows XP 等操作系统。

2. 软件 Keil 的编译过程

Keil 的使用看起来比较复杂，但是其创建过程有一定的连续性，只要把握其中的原理，掌握起来就非常容易了，通常可以按照以下步骤来使用 Keil 编译和生成 HEX 文件。

（1）运行 Keil 程序。

（2）创建工程文件，包括保存文件和选择芯片等。

（3）建立 ASM 文件并添加到工程中。

（4）编写程序。

（5）编译和调试程序。

（6）生成 HEX 文件。

其具体过程可参考项目 1 中的具体内容，此处不再赘述。

3. HEX 文件

Intel HEX 文件是由一行行符合 Intel HEX 文件格式的文本所构成的 ASCII 文本文件。在 Intel HEX 文件中，每一行包含一个 HEX 记录。这些记录由对应机器码的常量数据十六进制编码数字组成。Intel HEX 文件通常用于传输存于 ROM 或者 EPROM 中的程序和数据，且大多数 EPROM 编程器或模拟器使用 Intel HEX 文件。

从某个角度来讲，HEX 文件可以看成是单片机中的运行数据，只有将这些数据烧录进单片机，单片机才能够按照所编写程序的意图去执行。除此之外，BIN 文件也是可以被单片机识别的，因此也可以用 Keil 生成 BIN 文件进行烧录。

4. 单片机编译软件 Keil 的学习与使用

1）任务要求

（1）利用 Keil 编译指定的程序。

（2）利用 Keil 生成 HEX 文件。

2）操作步骤

（1）双击 Keil 图标，运行 Keil 程序，进入编辑界面。

（2）新建工程文件，可以用“Project”→“New Project…”命令新建，如图 2.1 所示。按提示将工程文件保存为后缀名为 . uv2 的文件，如图 2.2 所示。

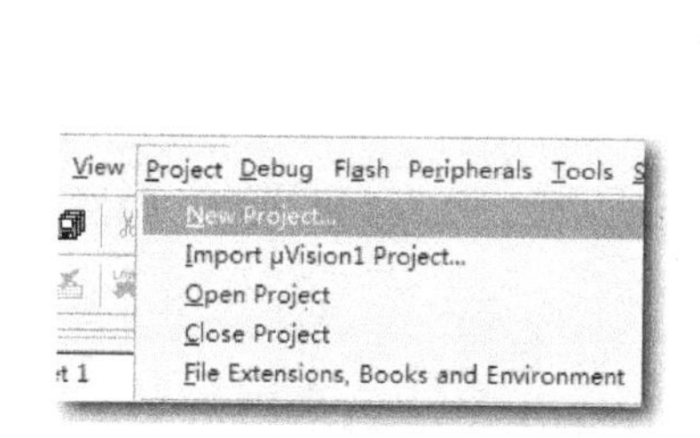

图 2.1 新建工程文件

图 2.2 保存工程文件

单击“保存”按钮后，弹出选择芯片对话框，本书使用 89C51 系列芯片，故可以选择 Atmel 公司的 AT89C51 芯片，如图 2.3 所示。

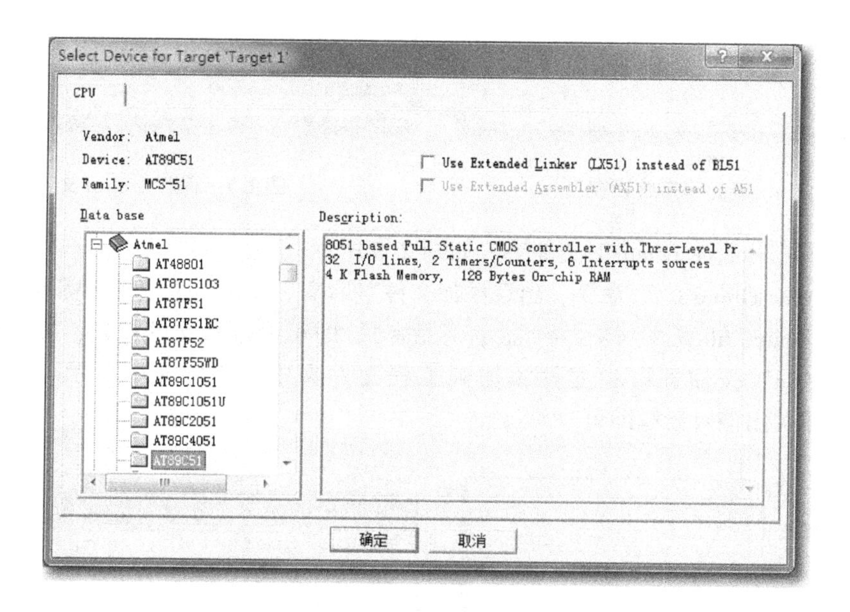

图 2.3 确定芯片类型

单击“确定”按钮后，弹出对话框，提示是否添加 8051 启动代码，此处单击“否”按钮，如图 2.4 所示。

至此，新建工程文件完毕，此时在 file 状态栏里多出了 Target1 及 Source Group 1 文件夹，如图 2.5 所示。这说明，工程文件已建立，但还没有具体文件加入。

图 2.4　询问是否添加启动代码对话框

图 2.5　file 状态栏

(3) 加入文件。单击“ ”按钮新建一个程序编辑页面，标题为 Text1，如图 2.6 所示。

然后，单击“ ”按钮将其另存为后缀名为 . asm 的文件，如 ceshi. asm，如图 2.7 所示。

图 2.6　新建程序编辑窗口

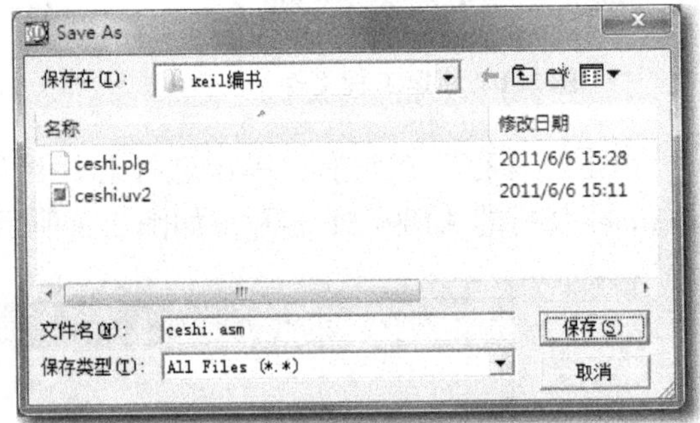

图 2.7　保存为 asm 文件

最后，右击 Source Group 1 文件夹，如图 2.8 所示。在其快捷菜单中选择“Add Files to Group ‘Source Group 1’”命令，出现添加文件对话框。在该对话框中，需要将文件类型选择为 Asm Source file（*.s*；*.src；*.a*），即汇编语言文件格式，并找到相应文件，单击“Add”按钮即可将文件添加到工程文件夹中，如图 2.9 所示。随后，单击“Close”按钮关闭该对话框即可。

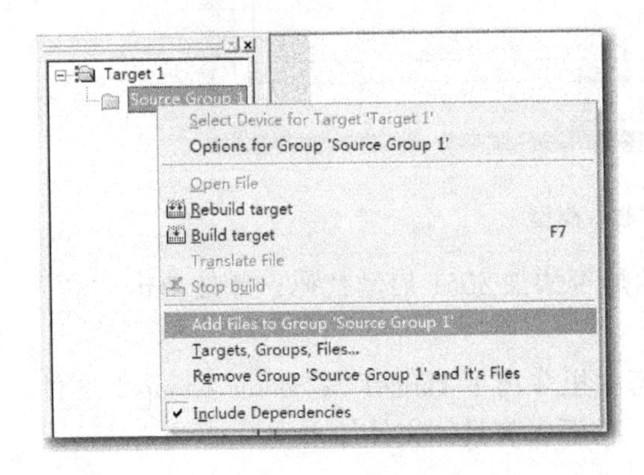

图 2.8　添加文件到工程文件夹

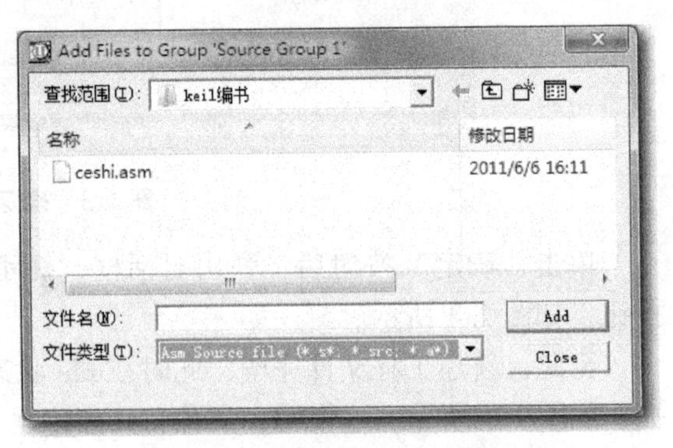

图 2.9　选择需要添加的文件

特别提示

文件类型若默认为 *.C，则为C语言文件。

“Add”按钮只需单击一次，若单击多次会提示文件已添加，如图2.10所示。解决方法为顺次单击图2.10中的“确定”按钮以及图2.9中的“Close”按钮。

此时，可以观察到ceshi.asm文件已经添加到Source Group 1文件夹中了，如图2.11所示，且可以与图2.5做比较。

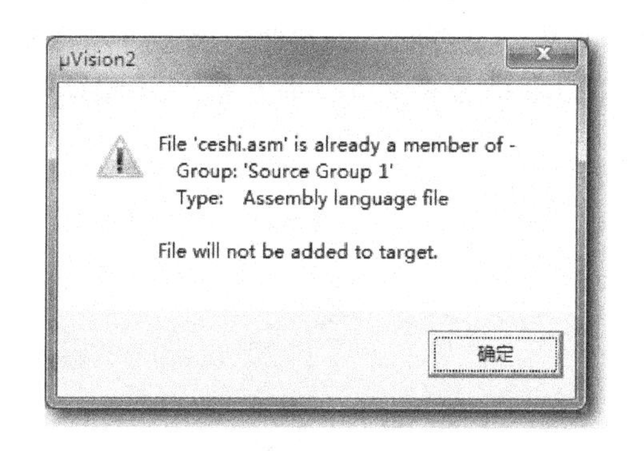

图2.10 重复添加文件错误提示

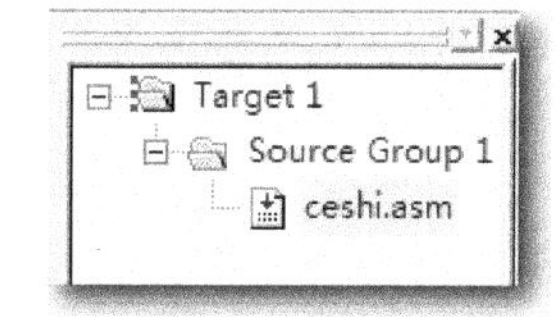

图2.11 文件已添加

(4) 编写程序。在刚刚建立的ceshi.asm文件中编写程序，本次可以测试以下程序。

```
        ORG     0
START:  MOV     A,#0FH
LOOP:   MOV     P2,A
        CPL     A
        CALL    DELAY
        JMP     LOOP
DELAY:  MOV     R7,#200
D1:     MOV     R6,#250
        DJNZ    R6,$
        DJNZ    R7,D1
        RET
        END
```

特别提示

需要将输入法切换为英文半角输入状态，大小写不区分，但通常为大写。为排版美观，可以使用键盘上的Tab键。

(5) 编译和调试。当编写完程序且检查无误后，可以用“ ”按钮编译程序，如果Build信息栏提示有error，如图2.12所示，说明程序存在错误。双击该error提示行，即可定位到程序中进行修改。

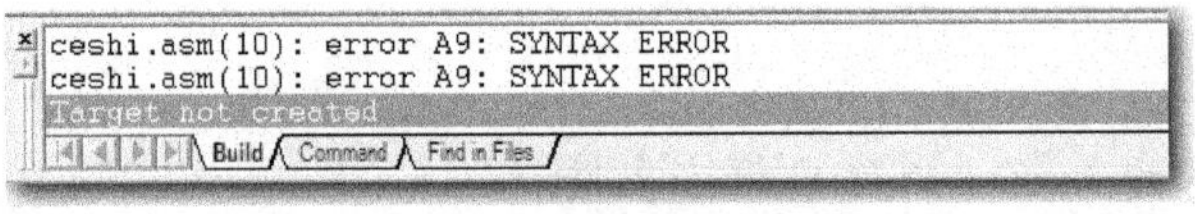

ceshi.asm(10): error A9: SYNTAX ERROR
ceshi.asm(10): error A9: SYNTAX ERROR
Target not created
Build Command Find in Files

图 2.12　程序错误提示

如果程序无错误，则 Build 信息栏中会提示 0 Error（s），0 Warning（s），如图 2.13 所示。

(6) 生成 HEX 文件。以上操作只能验证程序在语法和逻辑上无错误，但是在实际应用中还需要利用仿真机或者开发板来实际验证程序是否能达到预期效果，所以需要将程序烧录到单片机中，而烧录到单片机中的程序并不是 asm 文件，而是经 Keil 编译过的 HEX 文件，其具体生成方法如下。

右击 Target 1 文件夹弹出快捷菜单如图 2.14 所示。

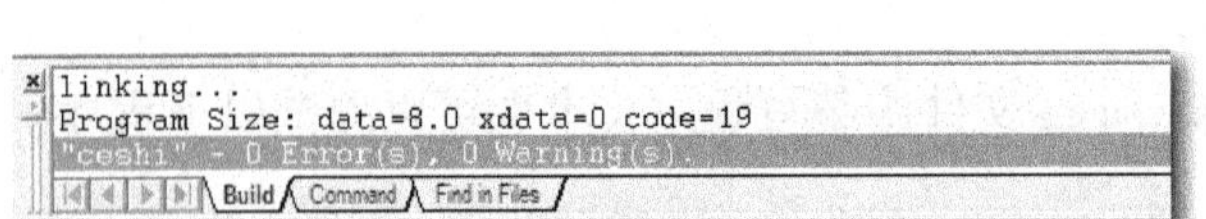

图 2.13　程序正确提示

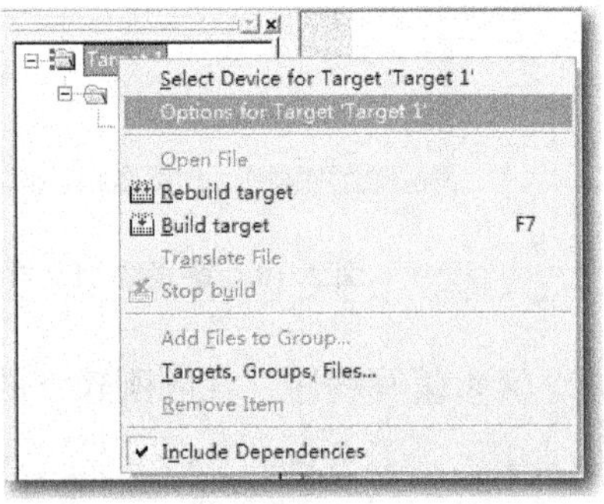

Select Device for Target 'Target 1'
Options for Target 'Target 1'
Open File
Rebuild target
Build target　F7
Translate File
Stop build
Add Files to Group...
Targets, Groups, Files...
Remove Item
Include Dependencies

图 2.14　弹出快捷菜单

选择“Options for Target‘Target 1’”命令，弹出 Target 1 的选项卡对话框，如图 2.15 所示。选中“Output”标签，在“Create HEX File”前打钩后单击“确定”按钮即可。

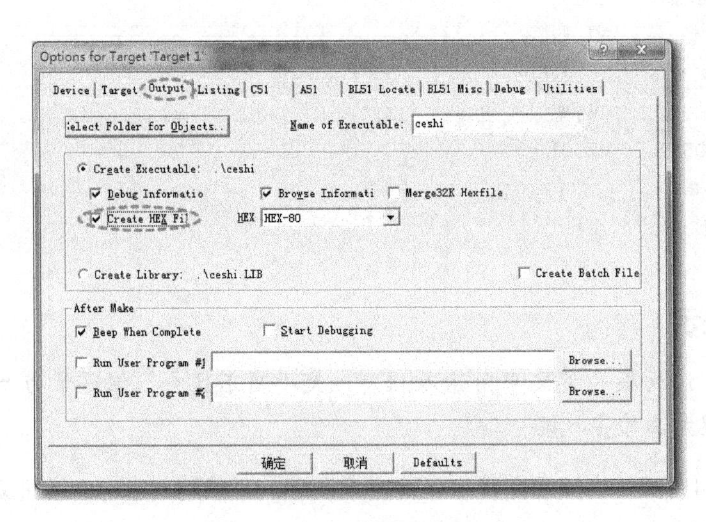

图 2.15　Target 1 选项卡设置

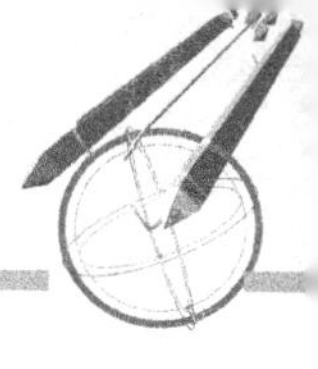

特别提示

此处除了修改是否生成 HEX 文件外，还可以修改生成 HEX 文件的路径（默认为工程文件所在文件夹)、HEX 文件的名称、HEX 类型等，平时使用默认设置即可。

修改完毕后再次编译程序，观察 Build 信息栏，会发现比之前多了一行：creating hex file from “ceshi…”，如图 2.16 所示。这说明已经有 HEX 文件生成了。

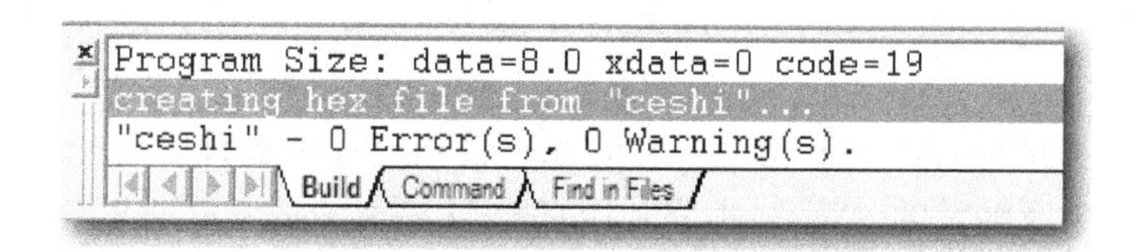

图 2.16　生成 HEX 文件提示

在工程文件所在文件夹下即可找到该 HEX 文件，如图 2.17 所示。

ceshi.asm	2011/6/6 20:35	ASM 文件	1 KB
ceshi.hex	2011/6/6 20:54	HEX 文件	1 KB
ceshi.LST	2011/6/6 20:54	LST 文件	2 KB

图 2.17　生成的 HEX 文件

至此，利用 Keil 编译并生成 HEX 文件的工作已全部完成。

2.2　单片机仿真系统 Proteus

想要学好单片机，必须多做实验，而单片机初学者在面对市场上开发板价格普遍较高、针对性不强、自己动手焊接费时费力、需要的技巧要求较高等问题时，容易出现畏难情绪，从而形成一定的学习壁垒。Proteus 是一款功能强大的软件，其特色之一是对 51 系列单片机及外围电路的可视化仿真，从而可以很好地解决这些问题。只需要一台计算机，装上 Proteus 软件，就可以在电脑上做实验，非常方便、快捷。

1. Proteus 简介

Proteus 是一款优秀的 EDA（电子设计自动化，Electronic Design Automation）软件，于 1989 年由英国 LabCenter Electronics 公司研发成功，经过多年的发展，现在已经成为市场上性能最强、最具性价比的 EDA 软件。它可供高校大学生和研究生进行电子电路、单片机的教学和实验，也可以用于企业实际电路的设计与生产。目前，已经在全球 50 多个国家和地区的企业和高校中得到应用。在我国，Proteus 由风标电子技术有限公司引入，已被上百所大学采用，应用面十分广泛。

Proteus 运行在 Windows 操作系统下，目前较新的 Proteus 版本已经可以支持 Windows 最新操作系统。它具有电路分析、单片机仿真、PCB 制图等功能。它的主要特点如下。

（1）实现了单片机仿真和SPICE电路仿真的结合。它具有模拟电路仿真、数字电路仿真、单片机及其外围电路组成的系统的仿真、RS232动态仿真、SPI调试器、键盘和LCD系统仿真的功能，有各种虚拟仪器，如示波器、逻辑分析仪、信号发生器等。

（2）支持主流单片机系统的仿真。目前支持的单片机类型有ARM7（LPC21××）、8051/52系列、AVR系列、PIC10/12/16/18系列、HC11系列以及多种外围芯片。

（3）提供软件调试功能。Preteus软件具有全速、单步、设置断点等调试功能，同时可以观察各个变量、寄存器等的当前状态，因此在该软件仿真系统中，也必须具有这些功能。此外，该软件还支持第三方软件的程序编译和调试环境，如Keil C51 μVision2、MPLAB等软件。

（4）具有强大的原理图绘制功能。它能够完成PCB图的设计。

因此，本书中所涉及的Proteus主要利用它对51系列单片机优秀的仿真功能。

尽管Proteus有诸多的优点，但也应看到它的不足之处。毕竟Proteus是仿真，它不是具体实物，有些实验Proteus是无法完全仿真的。因此，作为入门、初步设计，Proteus完全可以胜任，但是想要真正弄懂单片机，还是要自己耐心地做实物的实验，这是笔者对初学者的一个忠告。

2. Proteus的运行环境

本书所用Proteus版本为Proteus 7.5 SP3，它可以在以下操作系统中使用。

（1）Windows 2000。

（2）Windows XP。

（3）Windows VISTA。

（4）Windows 7。

特别提示

Proteus虽然能在Windows操作系统下使用，但是LabCenter和Microsoft都已不再对此提供技术支持服务。

Proteus对硬件的要求不高，目前主流的计算机配置都可以流畅运行Proteus，当然，计算机配置越高，仿真效果越好。Proteus 7对计算机的最低配置要求如下。

（1）处理器：1GHz。

（2）内存：256MB。

（3）硬盘：150MB。

3. 运行Proteus

迫不及待地想使用Proteus了吧？当打开Proteus安装目录时，若没有同其他软件一样有Proteus.exe这个应用程序，不要着急，首先分析一下Proteus这款软件的构成，它主要由两大部分组成。

（1）ISIS：原理图设计、仿真系统。其主要用于电路原理图的设计及交互式仿真。

（2）ARES：PCB设计系统。其主要用于PCB的设计、生成PCB文件。

本书主要使用Proteus的原理图设计功能，利用其搭建单片机仿真电路以及观察此

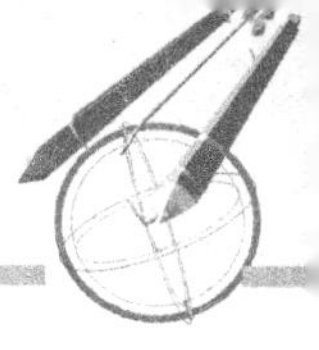

电路的仿真效果，因此只对 ISIS 部分进行介绍，ARES 部分请读者自行阅读相关参考资料。

1）启动 ISIS

下面列举了启动 ISIS 的 3 种方法。

（1）双击桌面 ISIS 的图标 ISIS 即可启动 ISIS。

（2）在 C:\Program Files\Labcenter Electronics\Proteus 7 Professional\BIN 文件夹中找到该图标，双击即可运行。

（3）选择"开始"→"所有程序"→"Proteus 7 Professional"→"ISIS 7 Professional" 即可运行，如图 2.18 所示。

启动 ISIS 时会有欢迎页面如图 2.19 所示，提示版本和版权信息等。几秒钟后，欢迎页面消失，进入 ISIS 的操作界面。

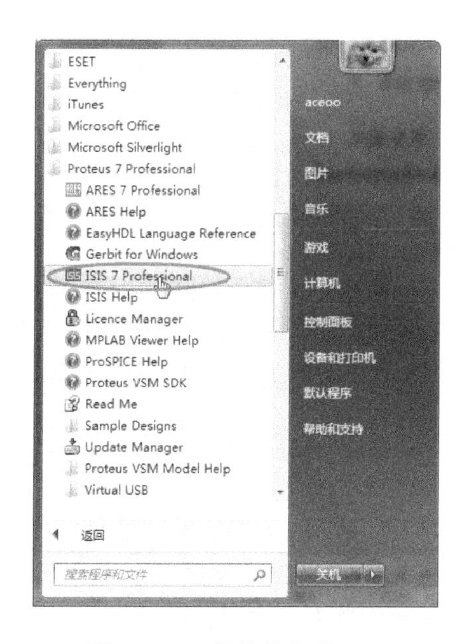

图 2.18　开始菜单启动 ISIS

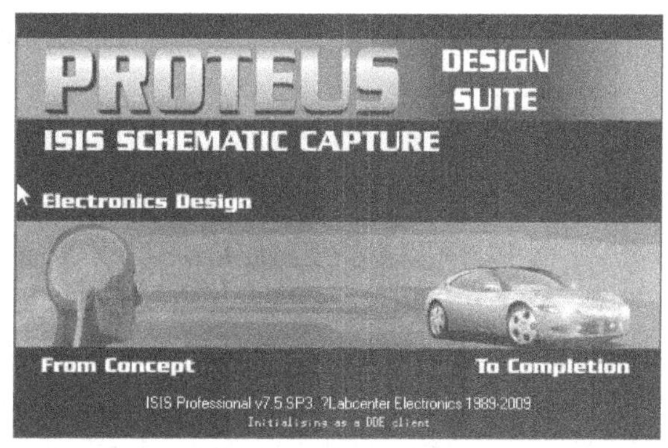

图 2.19　ISIS 欢迎界面

2）ISIS 操作界面简介

图 2.20 为 ISIS 的操作界面，主要包括标题栏、工具栏、菜单栏、状态栏、仿真进程控制栏、对象选择窗口、原理图编辑界面和预览窗口等。

标题栏显示当前设计的文件名；状态栏显示编辑界面鼠标的坐标；原理图编辑界面用于绘制原理图；预览窗口显示预览对象或快速显示原理图。

3）ISIS 中的常用基本操作

（1）缩放。在 Proteus 中，可以利用鼠标来进行缩放操作，因此，鼠标的使用和通常的使用习惯有所不同，除此之外，还有其他一些可以缩放的快捷键，如下所示。

① 鼠标光标移动到需要缩放的地方，滚动鼠标滚轮进行缩放。

② 鼠标光标移动到需要缩放的地方，按键盘的 F6 键放大、F7 键缩小。

③ 按住 Shift 键、鼠标左键拖曳出需要放大的区域。

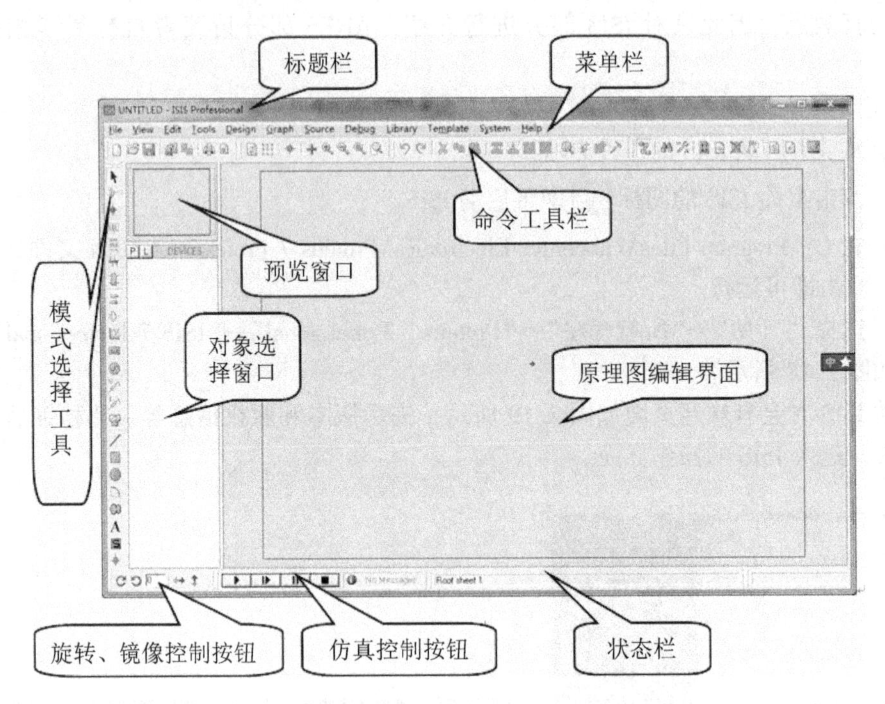

图 2.20　ISIS 的操作界面

④ 使用工具条中的（Zoom in）放大、（Zoom Out）缩小、（Zoom All）查看全图、（Zoom Area）放大区域。

⑤ 按 F8 键，可以在任何时候显示整张图纸。

在预览窗口中使用以上操作时，编辑窗口也将有相应变化。

（2）移动。在 Proteus 中，掌握移动操作可以大大提高绘图的工作效率，平时训练时应注意鼠标滚轮、快捷键和快捷窗口的配合使用。以下方式可以进行移动操作。

① 按下鼠标滚轮，出现十字光标，表示图纸已处于提起状态，可以移动。

② 鼠标光标置于要移动到的地方，按 F5 键进行移动。

③ 按住 Shift 键，在编辑界面移动鼠标，进行移动。

④ 如果想要移动至相距比较远的地方，最快捷的方式是在预览窗口单击显示该区域。

（3）旋转。元器件默认的摆放方向可能不利于绘图，所以有必要掌握元器件的旋转、镜像等操作。

① 右击对象，弹出快捷菜单，如图 2.21 所示。

② 选择“Rotate Clockwise”则对象顺时针旋转 90°；选择“Rotate Anti-Clockwise”则对象逆时针旋转 90°；选择“Rotate 180 degrees”则对象顺时针旋转 180°；选择“X-Mirror”则对象以 X 轴镜像；选择“Y-Mirror”则对象以 Y 轴镜像。

当然也可以在选中元器件后，单击编辑界面的旋转镜像按钮进行控制。

（4）块操作。Proteus 提供了选中块后的块操作，有块复制（Block Copy）、块移动（Block Move）、块旋转（Block Rotate）、块删除（Block Delete）。

（5）连线。在 ISIS 中，光标是白色笔形的，当笔形光标落在元器件端点上时，光标

变成绿色笔形，元器件端点有红色方框，单击该处，可以将导线延伸出去，到终点端后再次单击，则结束连线，如图2.22所示。

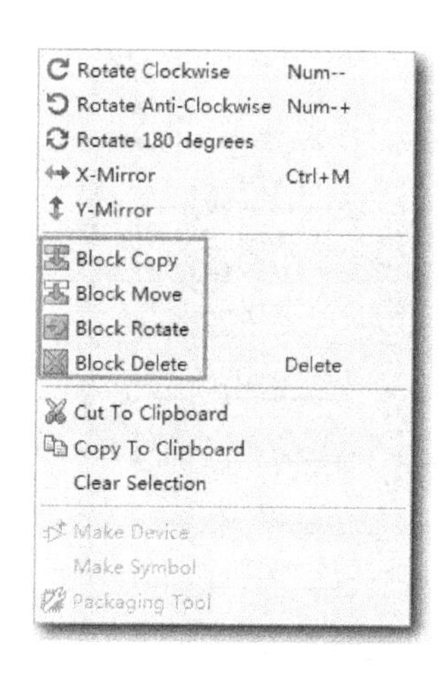

图2.21　选中块后的鼠标右键菜单

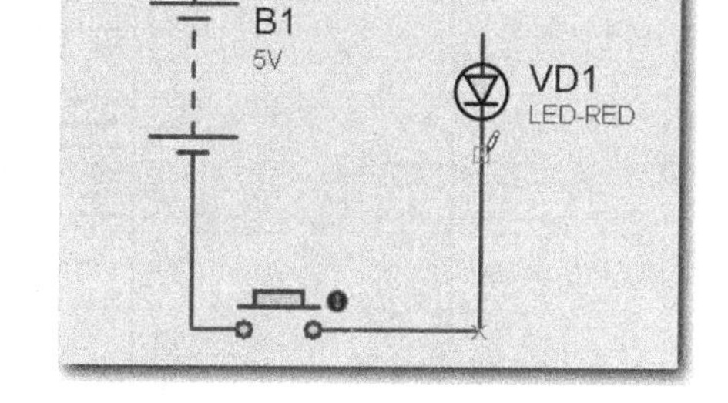

图2.22　端点连接示意图

特别提示

为了美观、规范，在连线时通常不是将两个端点直接连接起来，而是采取横平竖直的连线方式连接。若导线需要转角，则在连线过程中单击，定点后即可改变导线方向，右击则可取消定点。

（6）仿真控制。交互式可视化仿真是ISIS的一个特色，使用者可以通过仿真控制按钮控制电路的仿真，从而观测电路的实时输出。仿真控制按钮类似于音乐播放器的控制按钮，其功能如下所示。

① ▶："开始仿真"按钮。单击该按钮，即可开始仿真。

② ▶|："单步仿真"按钮。单击该按钮，使仿真按照预设的时间步长进行；若按住该按钮不放，仿真将连续运行，直到释放该按钮。合理利用该功能，可以更好地把握电路的运行过程。

特别提示

若要设置单步仿真的步长，可以通过菜单命令设置，"System"→"Set Animation Options"，然后在弹出的对话框中通过Single Step Time项来设置，默认单步步长为50ms。

③ ||："暂停仿真"按钮。单击该按钮，仿真暂停，再次单击，仿真恢复运行状态。

④ ■："停止仿真"按钮。单击该按钮，停止Proteus的仿真，所有元器件复位，模拟器不占用系统内存。

4. 单片机仿真软件Proteus的学习与使用

1）任务要求

（1）利用 Proteus 完成图 2.23 所示电路图的绘制。

（2）利用 Keil 生成的 HEX 文件在 Proteus 中进行仿真并观察实验现象。

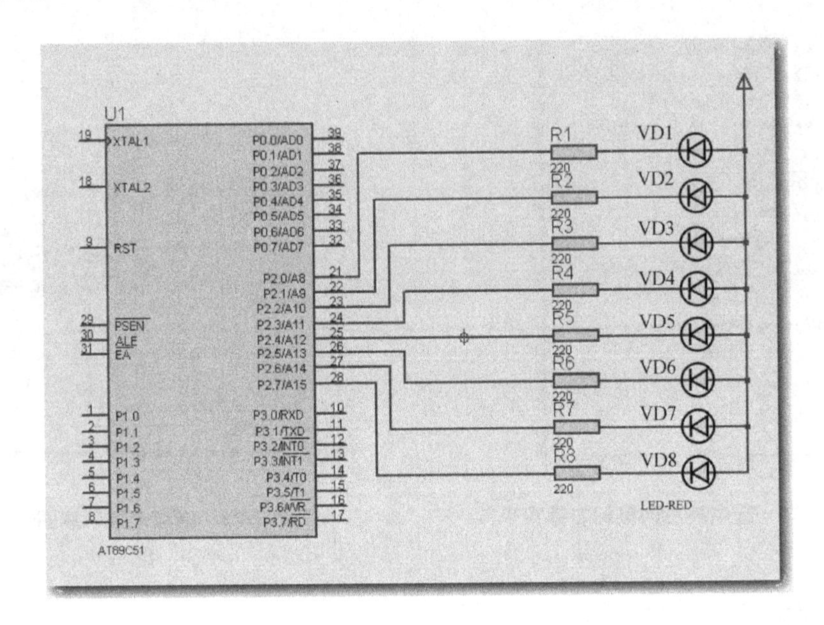

图 2.23　电路图

2）操作步骤

结合图 2.23，介绍该软件的操作步骤。

（1）根据图 2.23，列出所需元器件清单，见表 2－1。

表 2－1　电路所需元器件清单

编　　号	元器件	Proteus 中名称	型　　号	数　　量	备　　注
1	单片机	AT89C51		1	
2	电阻	RES	220Ω	8	
3	LED	LED-RED		8	

图 2.24　选择元器件

（2）双击 ISIS 图标，运行 ISIS 程序，进入编辑界面。如需新建设计文档，可以用“File”→“New Design”命令新建，也可以单击“”按钮新建。文件新建好后，记得随时单击“”按钮保存。

（3）左侧工具栏单击“”按钮，然后在预览窗口下单击“P”按钮，如图 2.24 所示。此时，弹出 Pick Devices 对话框，如图 2.25 所示。

在图 2.25 所示对话框的 Keywords 框中分别输入表 2－1 中的 Proteus 元器件名称，即可找到相应元器件，双击将其添加到对象选择窗口中，如图 2.26 所示。

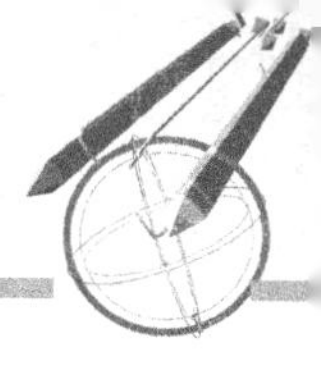

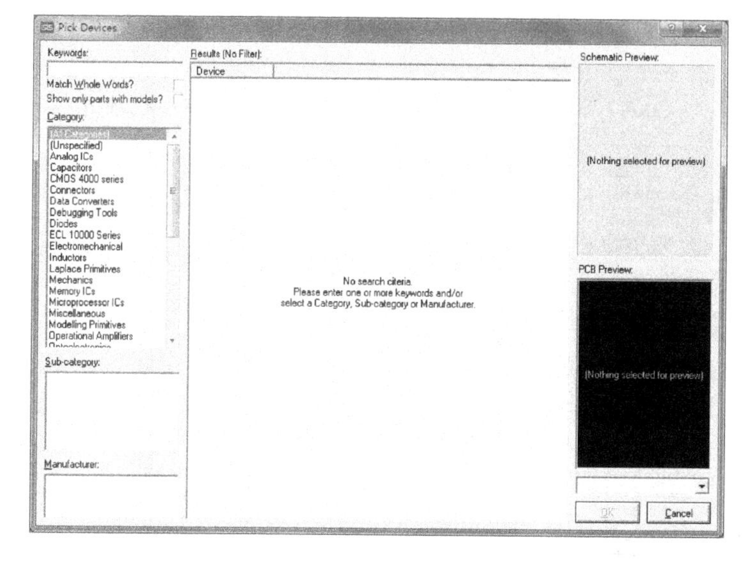

图 2.25　Pick Devices 对话框

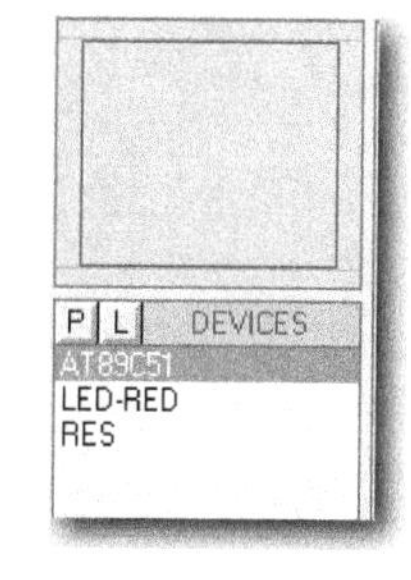

图 2.26　选择元器件

特别提示

当输入元器件名称时，合理利用 Keywords 框下的“Match Whole Words?（是否完全匹配关键词?）”复选框可以大大提高查找效率。

（4）放置元器件。在对象选择窗口中选中某个需要放置的元器件（以 AT89C51 为例），选中的元器件为蓝底白字。然后将鼠标光标移动到编辑界面并单击，即可发现该元器件的虚影。当鼠标光标带着该虚影移动到合适的位置后，再次单击，即可将该元器件放置到图纸上，如图 2.27 所示。

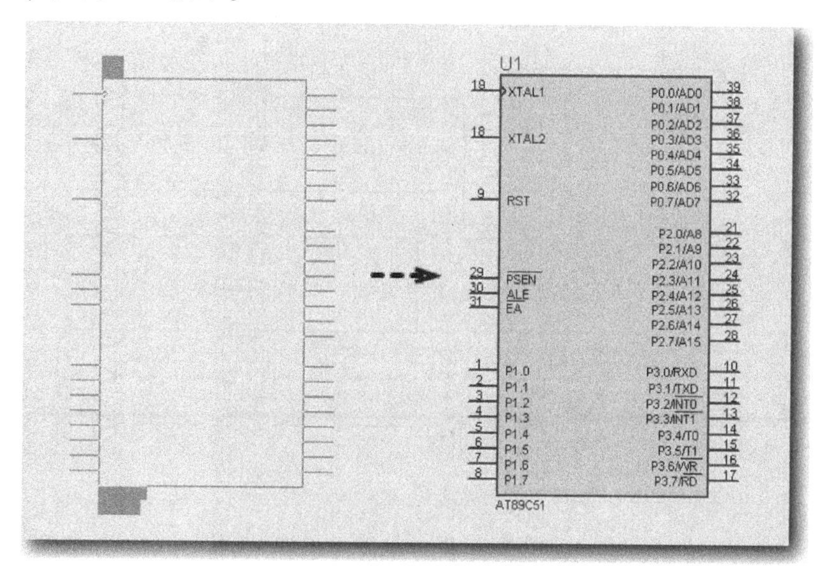

图 2.27　放置元器件

（5）放置其余元器件，步骤同上，并根据需要对摆放位置微调，如图 2.28 所示。

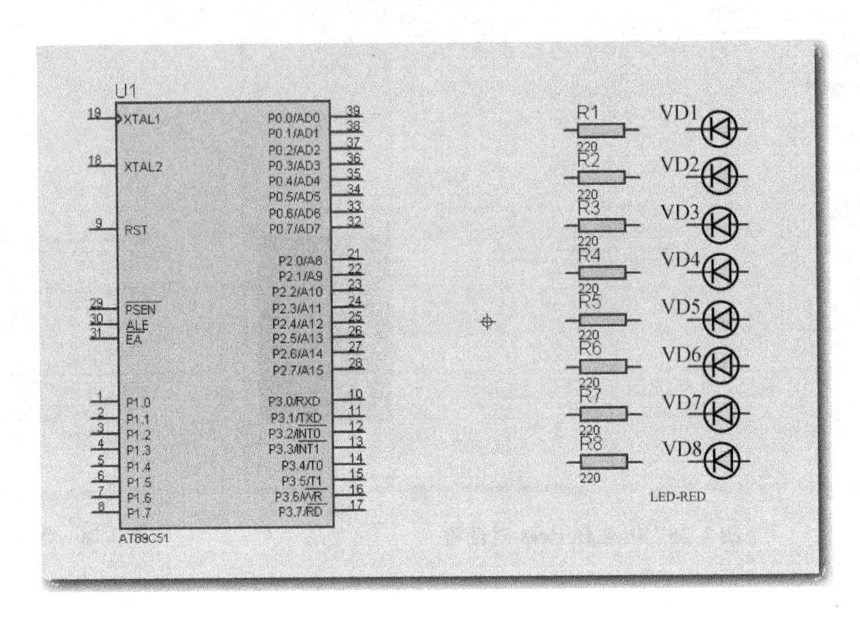

图 2.28　放置其余元器件

特别提示

电阻的大小系统默认为 10kΩ，需要改成 220Ω。在绘图过程中，可以采取“块复制”的方法迅速绘制 8 个电阻和 8 个 LED。另外，注意 LED 的方向不要画错。

（6）连线，如图 2.29 所示。

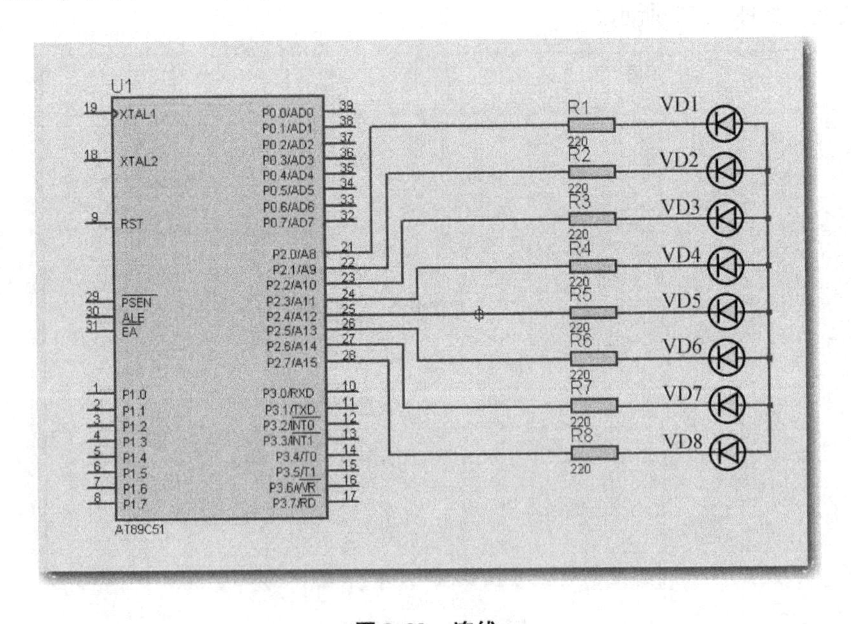

图 2.29　连线

(7) 放置电源。在工具栏中单击"▭"按钮，在对象选择窗口中选择"POWER"命令，如图 2.30 所示。然后，如(4)、(5)、(6) 一样放置元器件并连线，最终完成电路图的绘制。

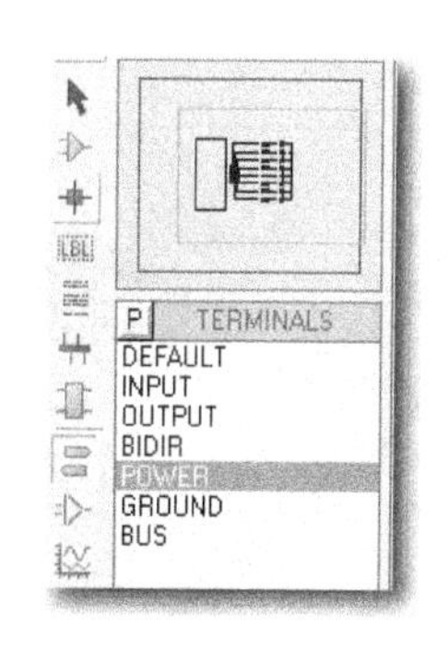

图 2.30　选择 POWER 命令

(8) 调试运行。双击 AT89C51 芯片，弹出编辑元器件属性对话框，如图 2.31 所示。

单击 Program File 所在行的"▭"按钮，打开查找对话框，找到之前 Keil 生成的 HEX 文件 (本例中为 ceshi. hex)，将其选中后单击"确定"按钮，此时再单击图 2.31 中的"OK"按钮，即相当于将程序烧录到单片机中了。

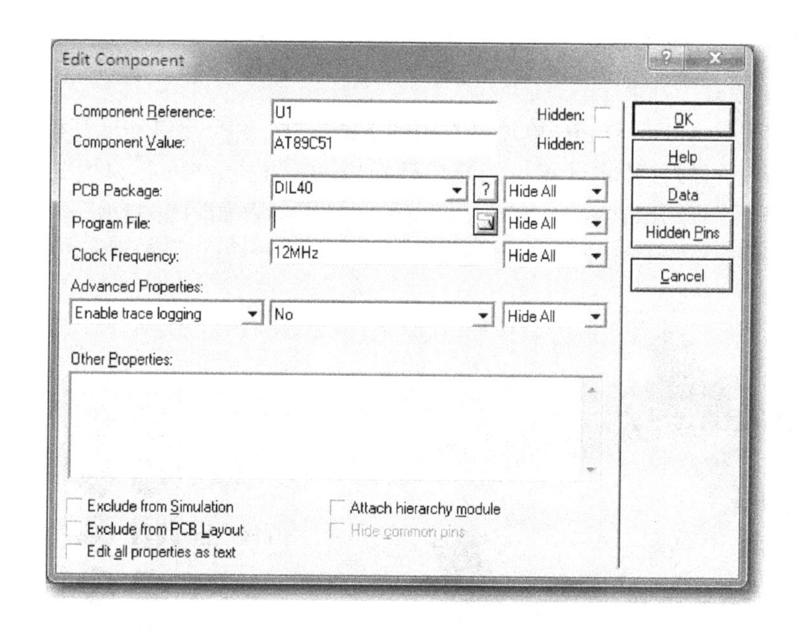

图 2.31　编辑元器件属性对话框

在编辑界面单击"仿真运行"按钮，当这个按钮中的三角形变为绿色的时候，就说明 Proteus 已经开始对程序进行仿真了。用户可以通过 Proteus 的可视化仿真效果，实时观察实验现象是否满足用户的需求。如需单步运行、暂停或者停止仿真，只需单击仿真控制按钮中相应的按钮。

2.3　单片机编程器

把单片机开发软件编译好的代码下载 (烧录) 到单片机芯片中，需要用到一种叫编程器的设备，此外，还需要用到与之配套的烧录软件。

编程器也叫烧写器、烧录器，是代码烧写设备。它既可将代码写进单片机内，也可将代码从单片机内读出 (加密情况除外)。使用时，通过下载线将它与计算机相连，打开烧录软件，按烧录步骤进行操作。单片机编程器硬件如图 2.32 所示。

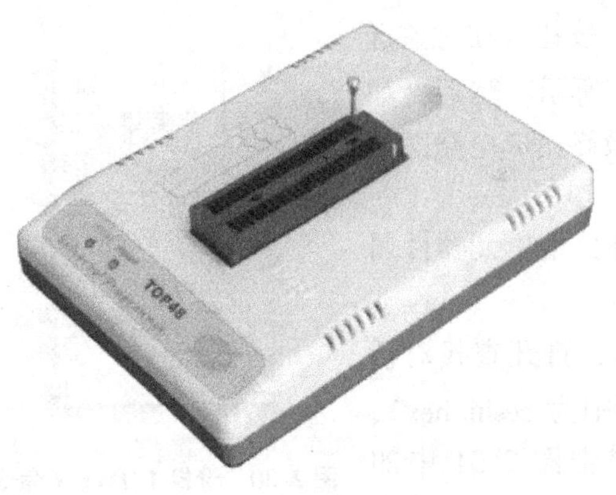

图 2.32 单片机编程器硬件

1. 编程器的类型

编程器在功能上可分为专用型编程器、通用型编程器、量产型编程器。专用型编程器价格较低，支持的芯片类型较少，仅适合某一种或某一类专用芯片编程的需要。通用型编程器一般能够支持大部分类型的芯片，但价格较高。量产型编程器适合批量生产，效率高，一次可烧录大量的芯片，因此为大多数厂家生产所用。

2. 编程器的下载接口

1）SPI 接口模式

SPI 接口模式是 Atmel 和 PIC 单片机常用的下载方式。SPI 接口和计算机现有的通讯口都不兼容，需要通过转换器将计算机的端口转换成 SPI 方式。SPI 接口模式的优点是下载比较可靠和稳定，与单片机的接口简单。USB 转 SPI 下载器如图 2.33 所示，SPI 接口图如图 2.34 所示。

图 2.33 USB 转 SPI 下载器

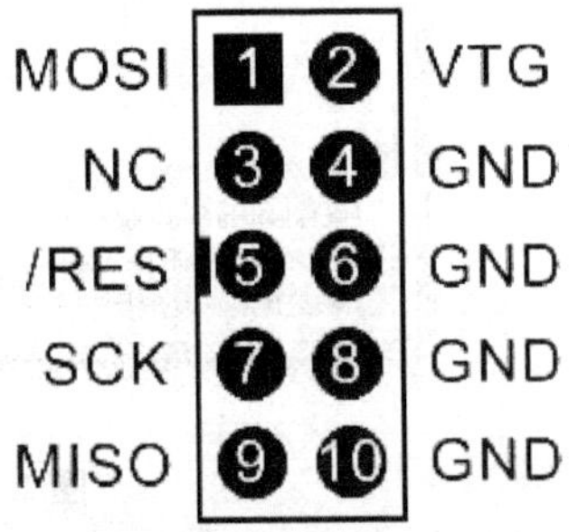

图 2.34 SPI 接口图

2）串口模式

程序可以直接利用串口，也可以使用 USB 转串口的连接线下载。无论是否使用 USB 转串口，这种下载方式都需要单片机冷启动，因此稳定性不如 SPI 接口模式，因为冷启动并不那么可靠，所以有时会出现无法下载的现象，需要重复下载几次才能成功。USB 转串口的编程器和下载板如图 2.35 和图 2.36 所示。

3）JTAG 接口模式

JTAG 接口模式的下载速度较慢，但它除了可以下载程序外，还可以进行在线调试，所以在程序调试中被广泛使用。

USB 转 JTAG 的仿真器如图 2.37 所示，ARM9 的 USB 和网络口如图 2.38 所示。

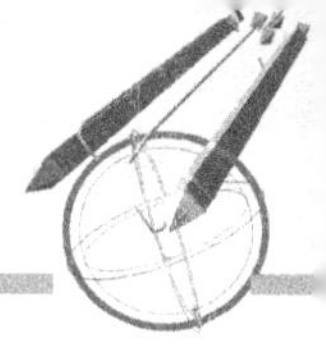

图 2.35　USB 转串口的编程器

图 2.36　USB 转串口的下载板

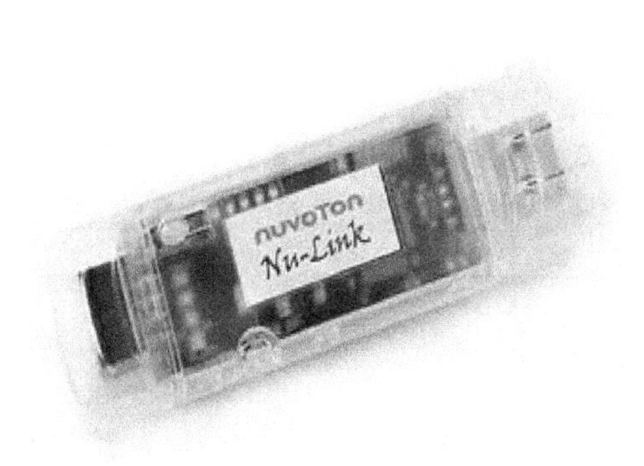

图 2.37　USB 转 JTAG 的仿真器

图 2.38　ARM9 的 USB 和网络口

4）在应用下载模式

在应用下载也称为在升级下载，是通过已经写入到单片机的程序来改写自身的 FLASH 内容，常用于远程方式烧录。

3. 单片机烧录软件的学习与使用

1）任务要求

（1）掌握利用单片机的编程器及烧录软件烧录程序到单片机中的方法。

（2）掌握 STC 系列芯片的 ISP 烧录的硬件制作及烧录方法。

2）操作步骤

（1）编程器烧录方法。

① 连接编程器。本书所使用的编程器型号为 G540，采用 USB 供电和通信，使用方便。连接时只要将编程器自带的 USB 线插接到编程器和计算机上即可（计算机端需按要求安装 USB 驱动程序）。

② 安插芯片。根据编程器外壳提示方向，正确插入芯片。

③ 打开 G540 配套烧录软件，如图 2. 39 所示，再“三步走”就可以了。

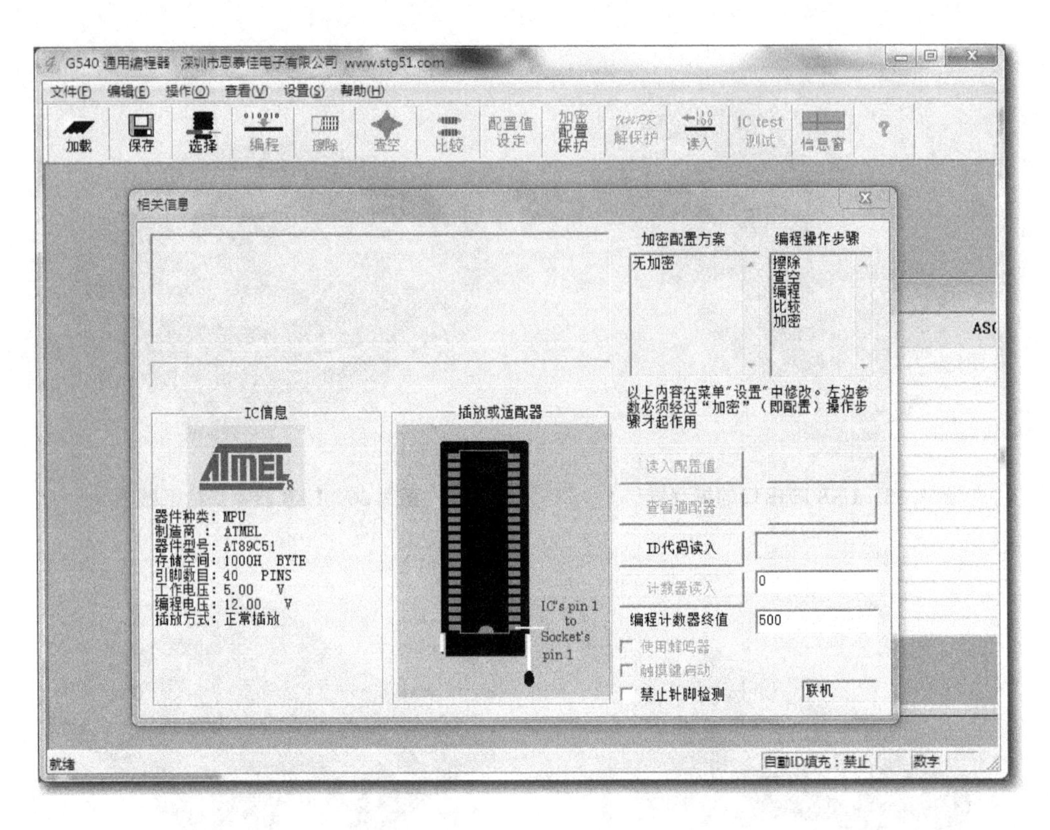

图 2.39 烧录软件主界面

a. 单击“”按钮，在弹出的对话框中选择所需烧录的 HEX 文件（本例中为 ceshi. hex），然后弹出“文件格式及加载方式”对话框，如图 2.40 所示，并根据需要进行选择，一般直接单击“确定”按钮即可。

b. 单击“”按钮，在弹出的对话框中选择单片机类型（本例中为 Atmel 公司的 AT89C51），如图 2.41 所示。

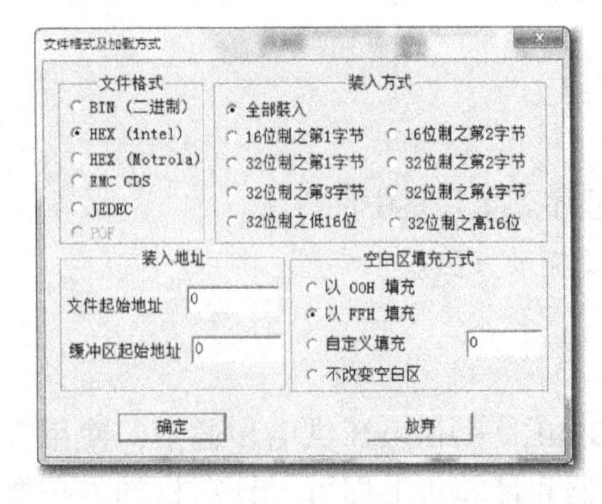

图 2.40 选择文件格式及加载方式

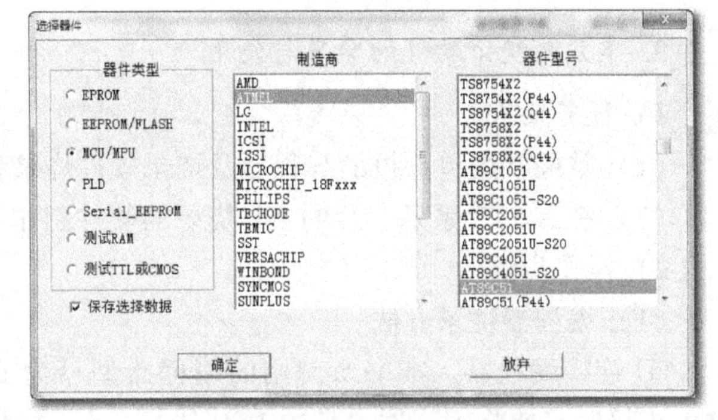

图 2.41 选择单片机类型

c. 单击“”按钮，在主界面即可观察到当前的编程状态，如图 2.42 所示，并默认为 5 个步骤完成该过程：擦除—查空—编程—比较—加密。待加密操作显示为“完成”状

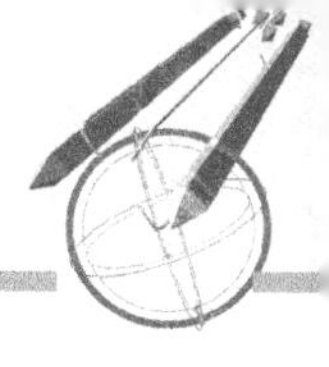

态后，即说明编程结束，此时可以拔掉 USB 接线并取出单片机芯片使用了。

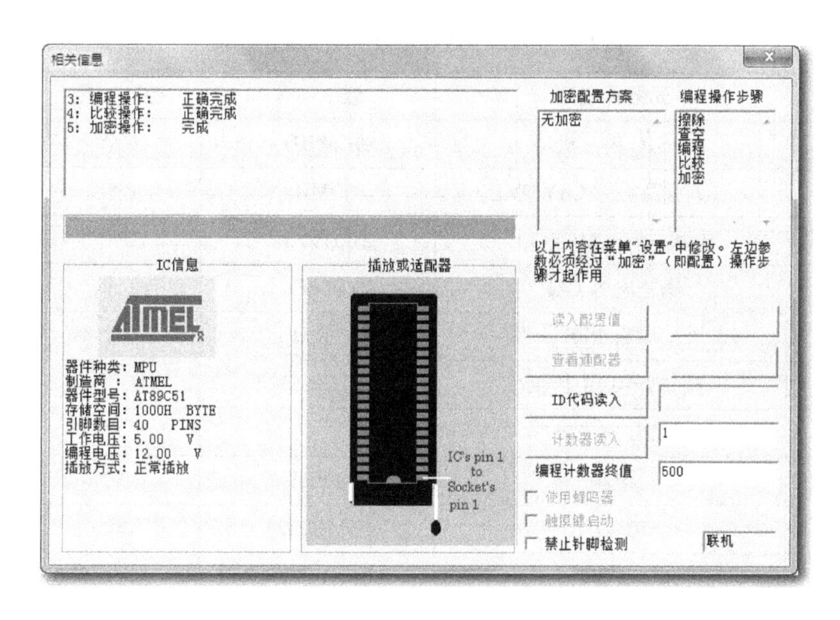

图 2.42　选择 HEX 文件并编程

(2) STC 系列芯片烧录法。

① STC 系列单片机烧录设备 ISP 的硬件原理图。最简单的 STC 系列单片机烧录设备用到的主要芯片只有 MAX232，它与通用型编程器相比价格便宜，使用方便，但也存在着只能对 STC 这一系列单片机编程而无法对其他单片机编程的缺点。作为单片机初学者，接触的芯片类型较少，如果选择 STC 系列单片机，并制作一个 STC 的 ISP 下载板，还是比较合适的。

该套 ISP 下载板的原理图可以在 STC 的官方数据手册中找到，现绘制如图 2.43 所示。

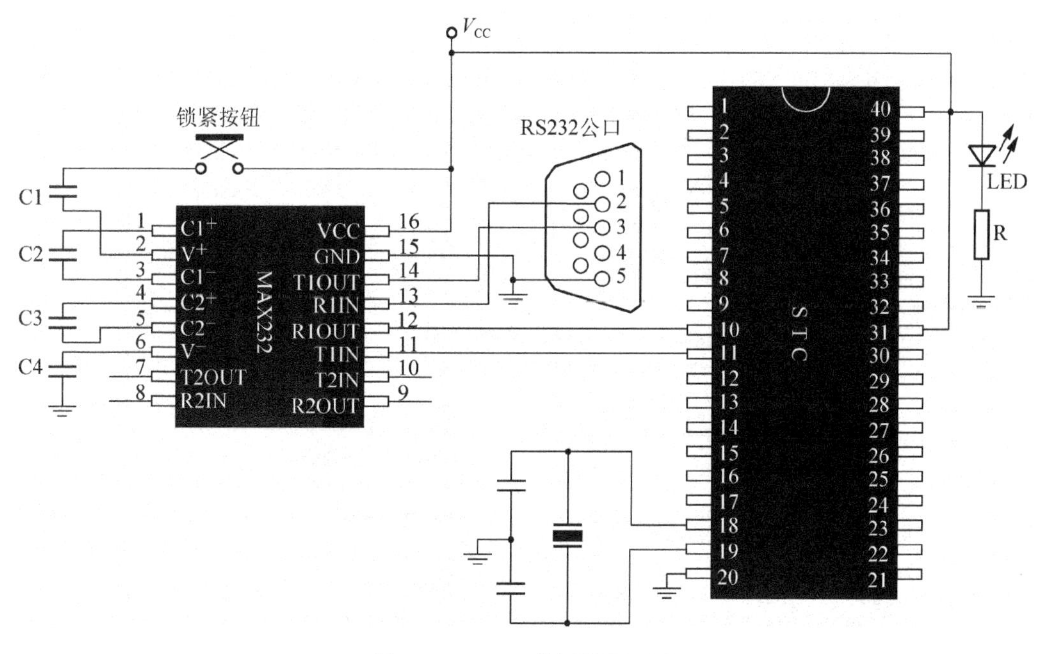

图 2.43　ISP 下载板的原理图

这套电路对应的元器件清单见表 2－2。

表 2－2　ISP 下载板电路所需元器件清单

序　号	元器件名称	型　号	数　量	备　注
1	STC 单片机	89C58RD +	1 个	基本电路部分
2	石英振荡晶体 CRYSTAL	12MHz	1 个	
3	电解电容 CAP-ELEC	10μF/25V	1 个	
4	陶瓷电容 CAP	30pF	2 个	
5	电阻 RES	10kΩ	1 个	
6	按钮开关 BUTTON	TACK SW	1 个	
7	LED 发光管		1 个	
8	电阻	220Ω	1 个	
9	IC 芯片	MAX232	1 个	
10	RS232 串行口	公口	1 个	
11	陶瓷电容	104	4 个	
12	锁紧开关		1 个	

② 连接 ISP 下载器。在保证电路还没有通电的情况下，使用串口线将 ISP 下载器和计算机的串行口连接起来。

③ 打开软件。双击“ ”图标运行 ISP，即启用 STC 的 ISP 下载软件，如图 2.44 所示。该软件可以在 STC 公司的官方网站下载绿色版，不用安装，解压即可使用。

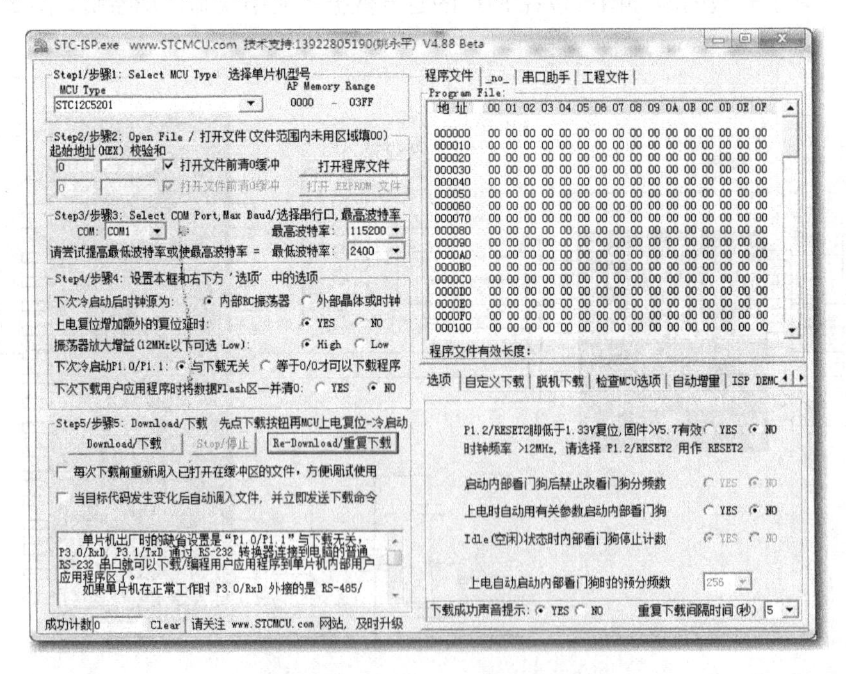

图 2.44　STC-ISP 下载软件界面

④ 按步骤运行。该软件左侧将烧录的操作分为5个步骤，用户只要按提示一步步操作即可。

a. 选择芯片（本例中芯片为STC89C58RD+）。单击“下拉” 按钮，选择需要的芯片，如图2.45所示。

b. 选择需要烧录的文件（本例中是ceshi.hex）。待选中文件后，文本框中的数值会根据具体程序发生变化，如图2.46所示。

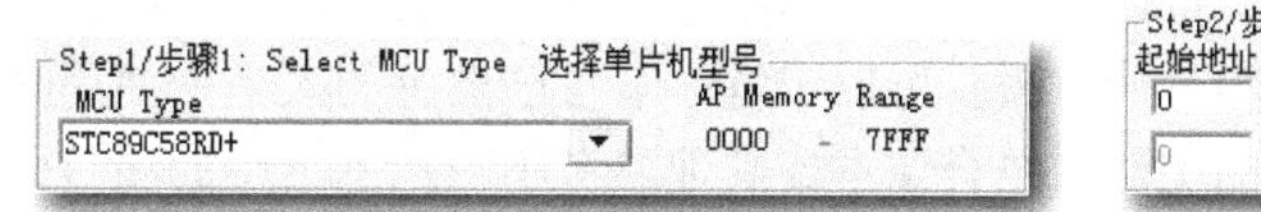

图2.45　选择芯片

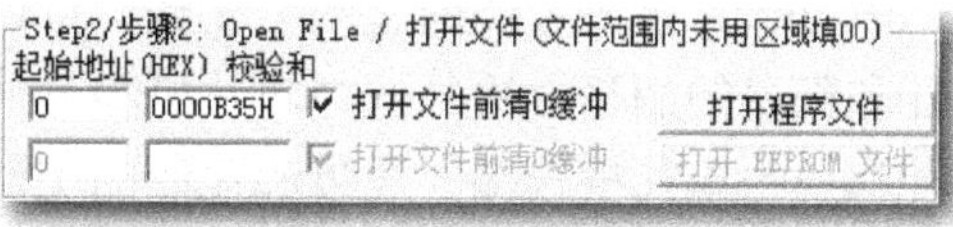

图2.46　选择烧录文件

c. 选择串行口和波特率。根据本级设置选择COM口和对应的波特率，如果是台式机，通常为COM1或者COM2，如图2.47所示。

d. 设置选项。通常采用默认设置，如图2.48所示。

图2.47　选择串行口和波特率

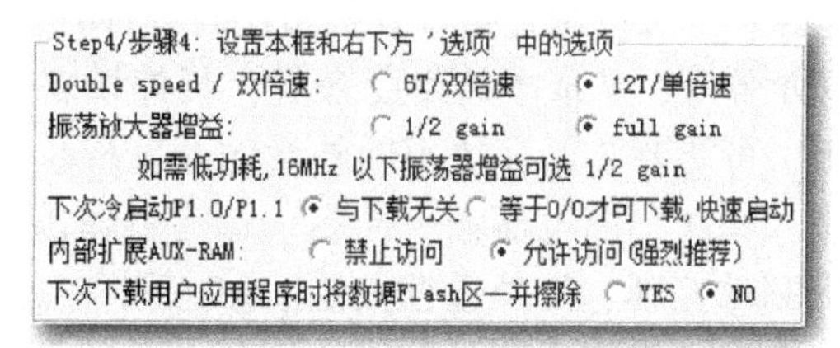

图2.48　设置选项

e. 下载程序。首先在保证下载板不通电的情况下，单击“Download/下载”按钮，下方框中有提示的时候，打开下载板开关，即可完成下载，如图2.49所示。

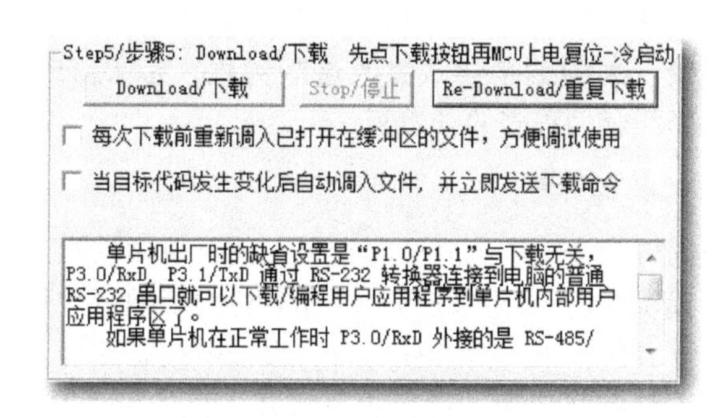

图2.49　下载程序

⑤ 断开电源，取出烧录好的单片机即可使用。

2.4　单片机综合开发板的选择与使用

什么是单片机开发板？单片机开发板是专为学习单片机而设计的电路板，它包含了单片机系统需要的基本系统和常用的外设电路。使用开发板可以实现很多功能，开发板会留出很多接口给用户，用户可以自己来开发这些接口的功能。当用户熟悉单片机开发板的基本使用方法后，就可以设计自己的真机了，真机的外设是针对需要实现的具体功能而添加的，开发板提供的外设较多，厂家会提供一些学习资料和例程。

那么该如何选择适合自己的开发板呢？可以从以下几个方面考虑。

1. 单片机型号

学习单片机最重要的是动手实践，可以选择一款具体型号的单片机去学习外设电路的设计和程序的编写方法。选择单片机型号的时候，可以了解一下自己熟悉的人当中使用哪一种型号的单片机较多，通过和他们的交流，结合课本或其他参考书，从一个小的项目做起，所以选择一款合适型号的单片机很重要。一般是从51单片机开始入门，因为51单片机的入门比较简单，学习资料也较多。待入门以后，再考虑水平提高的问题。进一步学习可考虑STM32、AVR等单片机机型。

2. 单片机开发板外设

借助开发板来学习单片机，就是学习单片机外设电路的设计，以及如何编程控制外设电路。一般的单片机开发板可能有各种各样的外设，如LED、数码管、点阵显示器、液晶显示器等，从成本的角度来看，买外设多的开发板相对成本较低，如果买外设少的开发板，可能要买好几块不同外设的开发板。常见的外设电路有：LED构成的流水灯、按键输入检测、继电器输出控制、蜂鸣器输出控制、数码管显示、点阵显示、液晶显示、电机驱动控制、红外遥控控制、AD采样、射频通讯等。熟悉这些电路以及程序的编写方法就基本能完成简单功能的电子产品的开发。所以，建议选择外设资源多的开发板。

3. 开发板提供的选择例程

开发板的厂商一般会提供一些与开发板相对应的例程，通过模仿这些例程，可以学习单片机寄存器的配置方法、库函数如何使用、如何通过程序控制单片机的外设等。要选择例程比较详细、注释多的开发板，这样就能较快地读懂例程，当你按照例程做成功之后，一定会有一种成就感，接下来的就是尝试修改这些例程，看看修改后是否为你认为的结果。因此，初学者要选择配套例程多的开发板。

4. 开发板提供选择的教程资料

很多单片机开发板的厂商会提供一些学习资料，甚至视频教程，这些资料和视频教程越详细越好。有的厂商提供的资料起点较高，这样对初次接触单片机的学习者来说，学习会比较困难，因此一定要有基本入门的教程资料。教程中应有配套原理图，因为开发板一般都会有很多外设，如果没有原理图，就很难了解开发板的硬件结构，不利于编程学习。因此要选择适合初学者的低起点、资料多的开发板。

5. 开发板的选择技术售后服务

并非所有开发板的资料都很详细，在使用的时候可能会遇到各种各样的问题，这时厂商的售后服务就显得尤为重要。售后服务包括了技术咨询，遇到问题时，厂家的技术人员可以指导你解决。现在大多数厂家都会有电话支持，还有技术论坛，在论坛里你可以了解其他使用者的问题，以及他们是如何解决的，对你会有借鉴的作用。

6. 开发板厂家提供的头文件

单片机芯片厂家会提供原生态的头文件。单片机的头文件里定义了单片机的片上资源、寄存器等最原始的资源信息。很多开发板厂家，出于提高用户粘性度及保护自己代码的目的，往往会对原生态的头文件进行修改或重新封装。这个做法有好处也有坏处，好处就是对于初学者来说，因为重新封装后的头文件中，很多需要使用者去考虑的问题都已经解决了，使用者可以专注于具体实现部分，但这也带来了很多弊端。其中最大的弊端就是对开发板厂家的依赖，如果换了另一家厂家，你原来的程序就可能会出现问题，编译不能通过，又不知如何修改。

所以，如果是初学者，可以使用开发板厂家封装好的头文件，对于有一定基础的学习者来说，可以选择原生态的头文件。

适合的才是最好的，所以同学们可参考以上原则选择适合自己的开发板。

拓展讨论

1. 整理中兴、华为受美国制裁事件相关材料，探讨我国在电子芯片领域受制于人的根本原因，并探讨和展望国产芯片的发展之路。

2. 你认为单片机、IC（集成电路）、芯片之间的关系是什么？

项目小结

本模块详细介绍了单片机编译软件Keil、仿真软件Proteus以及烧录软件，运用了详细的操作步骤说明了各软件的使用方法，并有效地利用了简单实例，使软件的操作更具体化、形象化。模块的最后，简单介绍了单片机开发板的选择方法，为后续项目的学习奠定坚实的基础。

习　　题

1. 根据本模块的知识要点，学习安装编译软件Keil，并根据实例训练进行操作。
2. 请学习仿真软件Proteus，并根据实例训练进行操作。
3. 请学习烧录软件的安装及其与硬件的联调。

项目3

汇编语言及指令

知识目标

(1) 了解汇编语言的基本概念和特点。
(2) 掌握汇编语言的程序结构。
(3) 掌握汇编语言的指令格式。
(4) 掌握汇编语言的寻址方式。

能力目标

能力目标	相关知识	权重	自测分数
了解汇编语言的基本概念和特点	基本定义、汇编的方法、汇编语言程序设计的特点	10%	
掌握汇编语言的程序结构	程序结构：顺序结构、分支结构、循环结构	30%	
掌握汇编语言的指令格式	指令格式：标签、助记码、操作数、注释	30%	
掌握汇编语言的寻址方式	寻址方式：直接寻址、寄存器间接寻址、立即数寻址等方式	30%	

3.1 汇编语言程序概述

计算机程序设计语言是指计算机能够理解和执行的语言，它通常分为机器语言、汇编语言、高级语言三大类。机器语言是一种能为计算机直接识别和执行的机器级语言。汇编语言是一种人们用来替代机器语言进行程序设计的语言。高级语言是面向过程和问题的并能独立于机器的通用程序设计语言，是一种接近人们自然语言和常用数学表达式的计算机语言。

1. 程序设计语言的性能特点

【汇编语言程序】

机器语言、汇编语言和高级语言的性能特点如下。

1）机器语言

通常，机器语言有两种表示形式：一种是二进制形式，另一种是十六进制形式。机器语言的二进制形式由二进制代码“0”和“1”构成，可以直接存放在计算机的存储器内；十六进制形式由0～9、A～F共16个数字符号组成，是人们通常采用的一种形式，它输入计算机后由监控程序翻译成二进制形式，以供计算机直接执行。机器语言不易为人们识别和读写，用机器语言编写程序具有难编写、难读懂、难查错和难交流等缺点。因此，人们通常不用它来进行程序设计。

2）汇编语言

汇编语言由助记符、保留字和伪指令等组成，很容易被人们识别、记忆和读写，故有时也称为符号语言。采用汇编语言编写的程序叫做汇编语言源程序，该程序虽然不能被计算机直接执行，但它可由“汇编程序”翻译成机器语言程序（即目标代码）。汇编程序由计算机软件公司编写，可以存放在微型计算机开发系统的程序存储器内，也可以存放在软磁盘或硬磁盘上，使用时调入系统机内存。

汇编语言并不独立于具体机器，是一种非常通用的低级程序设计语言。采用汇编语言编程，用户可以直接操作单片机内部的工作寄存器和片内RAM单元，能把数据的处理过程表述得非常具体和翔实。因此，汇编语言可以在空间和时间上充分发掘微型计算机的潜力，是一种经久不衰的广泛用于编写实时控制程序的计算机语言。

3）高级语言

人们在利用高级语言编程时可以不用了解机器内部结构，而是把主要精力集中于掌握语言的语法规则和程序的结构设计方面。采用高级语言编写的程序是不能被机器直接执行的，但可以被常驻内存或磁盘上的解释程序和编译程序等编译，编译成目标代码后才能被CPU执行。随着计算机技术的飞速发展，高级语言不仅在类型和版本上有所扩大，而且在功能上也越来越接近于人类的自然语言。常用的高级语言有BASIC、FORTRAN、PASCAL和ALGOL等，它们都在按自身的规律发展。

2. 汇编的方法

汇编的方法一般有两种：一种是人工汇编，另一种是机器汇编。

1）人工汇编

人工汇编是指利用人脑直接把汇编语言源程序翻译成机器码的过程，有时也称为程序的人工“代真”。人工汇编是历史沿革下来的，常常作为机器汇编的补充，人工汇编只需一张指令码表以及一支笔和一张纸就可开展工作。

通常，源程序的人工汇编需要进行两次才能完成，只有无分支程序时才可以一次完成。对于包含有转移指令和标号在内的汇编语言源程序，第一次汇编完成指令码的人工“代真”，第二次汇编完成地址偏移量的“代真”。现对它们分述如下。

（1）第一次汇编。

第一次汇编时，用户应先确定源程序在内存的起始地址，然后在指令码表中依次找出每条指令的指令码，再从程序的起始地址开始逐一把它们写出来，对于一时无法确定其实际值的地址偏移量应照原样写在指令码的相应位置上，但对那些已定义过的“字符名称”应立即代真。

（2）第二次汇编。

第二次汇编是第一次汇编的继续，其任务是确定第一次汇编过程中未确定的标号或地址偏移量的值。由于每条指令的起始地址已在第一次汇编过程中确定，因此确定标号或地址偏移量的实际值仅需进行一些简单计算便可完成。

2）机器汇编

人工汇编具有简单易行的优点，但它的效率低，出错率高，尤其在被汇编程序较长和较复杂时更是如此。因此，工程上的实用程序都是采用机器汇编来实现的。

机器汇编是一种用机器来代替人脑的汇编，是机器自动把汇编语言源程序（助记符形式）翻译成目标代码的过程。完成这一翻译工作的机器是系统机（如 IBM-PC/386），给系统机输入源程序的是人，完成这一翻译工作的软件称为“汇编程序”。因此，机器汇编实际上是通过执行“汇编程序”来对源程序进行汇编的。机器汇编的原理和人工汇编类似，实际上是人工汇编的模拟。

为了实现对源程序的汇编，汇编程序中编入了两张表：一张是指令码表，另一张是伪指令表。“汇编程序”通过两次扫描完成对源程序的汇编：第一次扫描时对源程序中每条指令查一次表，并把查到的指令码存入某一内存区；第二次扫描完成对地址偏移量的计算，并用计算得到的值置换地址偏移量。因此，用户在机器汇编前应预先在系统机上输入汇编语言源程序，并把它编辑好后存放到磁盘上，然后再启用“汇编程序”对它进行汇编，以生成源程序列表清单。源程序列表清单可以在 CRT 显示器或打印机上输出，也可以直接输入单片机内存或作为磁盘文件保存在磁盘上。

“汇编程序”是一种系统软件，有时也称为工具软件，因机器而异，常由计算机厂家提供。

3. 汇编语言程序设计特点

用汇编语言进行程序设计与使用高级语言进行程序设计过程是类似的，同样需要按分析问题、确定算法、设计流程图和编写程序的步骤来进行。但是，汇编语言程序设计也有自己的特点。

① 设计汇编程序时，设计者要对数据的存放、寄存器和工作单元的使用做出计划安排。

② 汇编语言程序设计要求设计人员必须对所使用的计算机的硬件结构有较为详细的了解，尤其是对寄存器、I/O 端口、中断系统等硬件部件有深入的了解，这样才能够在程序设计中正确使用。

③ 汇编语言程序设计的技巧性较高，也比较烦琐，并且有软硬件结合的特点。

4. 汇编语言程序设计的基本步骤

MCS－51 汇编语言程序设计是将该系列单片机应用于工业测控装置和智能仪表所必须进行的一项工作。一般来说，编写程序的过程可分为下述 4 个步骤。

① 根据工作要求确定计算方法，定出运算步骤和顺序，把运算步骤画成流程图。

② 确定数据和工作单元，分配存放单元。

③ 按所使用计算机的指令系统，把确定的运算程序写成汇编语言源程序。

④ 对所编写的汇编语言源程序进行汇编，转化成目标代码以便在计算机上调试和运行，找出错误并进行改正。

在进行程序设计时，必须根据实际问题和所使用计算机的特点来确定算法，然后按尽可能节省数据存放单元、缩短程序长度和程序运行时间 3 个原则编写程序。

程序设计的基本方法一般分为以下几种。

① 自顶向下的设计方法，也称为分层设计，就是先考虑整体任务，然后把整体任务划分成若干子任务，每个子任务再划分成若干子任务，这样一层层地分下去直到最底层。

② 模块化的设计方法，就是把整个程序分成若干较小的独立性很强的程序段（模块）后，再分别进行设计和调试，最后再把它们连接起来的方法。

③ 结构化设计方法。任何复杂的程序都可由 3 种规范化的基本程序结构来组成。这 3 种基本程序结构分别是顺序结构、分支结构、循环结构。这 3 种基本程序结构的特点是都只有一个入口和一个出口。整个程序都用这 3 种基本程序结构设计的方法称为结构化设计方法。

流程图是程序设计的重要工具，它用一些标准图形和符号来描述一个程序的执行过程，可以清楚地表达程序的结构和它们之间的联系。

3.2　汇编语言程序结构

1. 指令格式

【单片机系统指令说明】

AT89C51 的源程序的指令代码包括 4 个字段，最左边是标签字段（label），第二个字段是指令助记码字段（mnemonic），第三个字段是操作数字段（operand），第四个字段是注释字段（comment），如图 3.1 所示。

（1）标签字段的功能是放置标号，作为子程序的启示标记或跳转指令的参考位置。若不放置卷标，则标签位置必须为空。

标签	助记码	操作数	注释
	ORG	0	
START:	MOV	A,#0FH	;00001111B
L1:	MOV	P1,A	;由P1输出
	CALL	DELAY	;调用延迟子程序
	CPL	A	;对A取反
	JMP	L1	;跳至L1
DELAY:	MOV	R7,#200	;延迟子程序
D1:	MOV	R6,#100	
	DJNZ	R6,$	
	DJNZ	R7,D1	
	RET		
	END		

图 3.1　指令格式示意图

（2）助记码字段放置指令助记码，如 MOV、ADDC 等。

（3）操作数字段放置操作数。随着指令的不同，操作数的个数也会有所不同：某些指令没有操作数（如 RET）、某些指令只有一个操作数（如 JMP）、某些指令有两个操作数（如 MOV、ANL）、某些指令有三个操作数（如 CJNE）。若操作数为两个以上，则在两个操作数之间以逗号分隔。操作数的几种形式如图 3.2 所示。

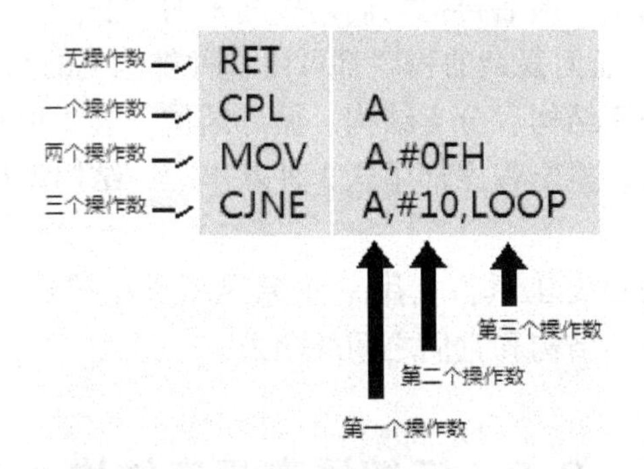

图 3.2　操作数的几种形式

（4）注释字段是给程序添加的解释，并不会被编译，且可以使用中文注释。在注释之前必须加上“ ; ”，分号之右的文字不会被编译。除了在第四个字段中放置注释外，其他任何位置都可以放置注释，只要在其左侧加上分号即可。

2. 程序结构

程序编写应做到：占用存储空间少；运行时间短；程序的编制、调试及排错所需时间短；结构清晰，易读、易于移植。常用结构图如图 3.3 所示。

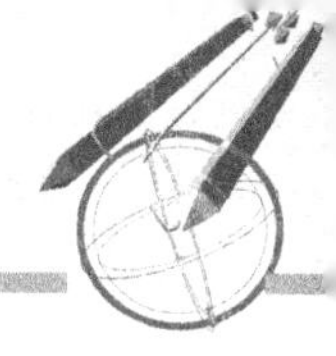

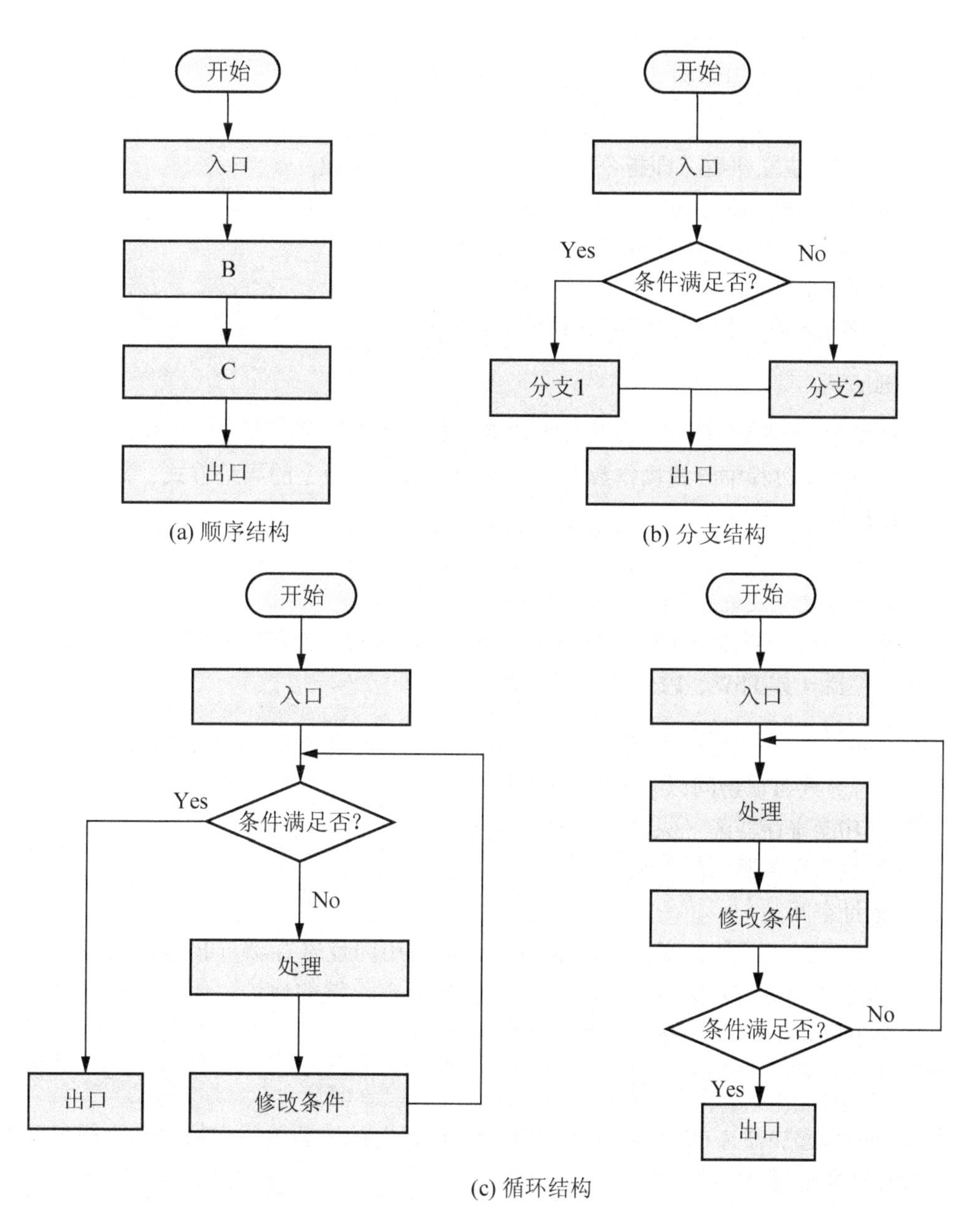

图 3.3　常用结构图

3.3　指令系统及寻址方式

1. 指令系统的符号说明

(1) Rn：当前选中的工作寄存器组 R0 ~ R7 共 8 个。工作寄存器组共有 4 组，默认使用第 0 组，可以使用 PSW 的 RS1 和 RS0 组合来选定其中的任一组。

(2) Ri：当前选中的工作寄存器可以作为地址指针（间址寄存器）的两个工作寄存器（R0 和 R1）。

direct：片内 RAM 或特殊功能寄存器的地址，为 8 位。

x→y：将 x 的内容传送到 y，表示数据传送的方向。

#date：8 位立即数，即指令中直接给出的 8 位常数。

#date 16：16 位立即数，即指令中直接给出的 16 位常数。

addr 16：16 位的地址。

bit：片内 RAM 或特殊功能寄存器的直接寻址位地址。

@：间址寄存器的前缀。

(x)：x 表示地址，加上括号表示该地址中的内容。

2. 寻址方式

AT89C51 指令的操作对象大多是各类数据，数据在寄存器、存储器中可以用多种方式来存取。指令执行过程中寻找操作数所在地址的方式称为指令的寻址方式，简单地讲就是找到操作数地址的方法。

AT89C51 指令系统共有 7 种指令的寻址方式，即直接寻址、寄存器间接寻址、寄存器寻址、立即数寻址、变址寻址、相对寻址和位寻址。

(1) 直接寻址。直接寻址是指直接在操作数字段中指定操作数所在位置的地址，包括特殊功能寄存器（如 PSW、P1、P2 等）。例如：

```
MOV  A,20H      ;(20H)→A
```

直接寻址方式可以访问以下 3 种存储空间。

① 特殊功能寄存器区（只能以此形式访问）。

② 内部数据存储器的低 128B。

③ 位地址空间。

(2) 寄存器间接寻址。寄存器间接寻址是指利用间址寄存器（R1 或者 R0，标示为 Ri）、基底寄存器（SP 或 DPTR）间接指示操作数所在位置的地址，而在间址寄存器或基底寄存器左边要加上“@”符号。例如：

```
ANL  A,@R0        ;A·(R0)→A
```

其功能是将累加器 A 的内容和工作寄存器 R0 指向的地址单元中的内容执行与逻辑操作，结果存在累加器 A 中。

特别提示

在寄存器间接寻址中，寄存器的内容不是操作数，而是操作数所在的存储器地址。

(3) 寄存器寻址。寄存器寻址是指利用寄存器（R0～R7）的内容为操作数的寻址方式。例如：

```
INC  R0            ; R0+1 →R0
```

其功能是将 R0 寄存器的内容加 1，将加 1 之后的结果送到 R0 中。

(4) 立即数寻址。立即数寻址是指直接在操作数字段中放置操作数，在操作数左边必须加上“#”。例如：

```
MOV  A,#30H       ;30H →A
```

其功能是将30H这个数本身送到A寄存器中。

（5）变址寻址。变址寻址以16位的程序计数器（PC）或数据指针（DPTR）作为基址寄存器，以8位的累加器A作为变址寄存器。基址寄存器和变址寄存器的内容相加形成16位的地址，该地址即为操作数的地址。例如：

```
MOVC    A,@A+PC     ;(A+PC)→A
```

其功能是将A寄存器的内容与PC的内容相加，再以相加后得到的数据为地址，将该地址中的内容送到A寄存器中。

（6）相对寻址。相对寻址是为了实现程序的相对转移而设计的，所寻找的地址用相对本条指令所在地址的偏移量表示，用于指定程序转移的目的地址。例如：

```
JC  rel
```

rel是一个带符号的8位二进制数，所能表示的范围是-128～+127，它决定了相对转移距离的范围，但在一般编程中，通常会用一个标号来代替偏移量，程序可自动根据该标号得到偏移量，不需要人工计算相对地址的值。例如：

```
JC  NEXT
```

（7）位寻址。位寻址方式中的操作数不再是整个字节，而是某一个位，指令中给出的是位地址。例如：

```
MOV  C,20H
```

其功能是将位地址20H单元中的内容送到C中。

【位寻址实例】

特别提示

字节地址和位地址并不相同。如指令“MOV　A，20H”中的20H是字节地址，因为目的操作数A是8位的；而指令“MOV　C，20H”中的20H是位地址，它其实是字节地址24H单元的D0位，因为目的操作数在CY中，是1位二进制数。

3.4　简易的单片机汇编程序范例

【例1】　一个简单单片机系统，在P1.0端口上接一个发光二极管L1，使L1在不停地一亮一灭，一亮一灭的时间间隔为0.2 s。

```
ORG 0
START: CLR P1.0
LCALL DELAY
SETB P1.0
LCALL DELAY
LJMP START
```

```
DELAY: MOV R5,#20
D1: MOV R6,#20
D2: MOV R7,#248
DJNZ R7, $
DJNZ R6,D2
DJNZ R5,D1
RET
END
```

【例2】 AT89C51 单片机的 P1.0～P1.3 端口接四个发光二极管 L1～L4，P1.4～P1.7 端口接了四个开关 K1～K4，编程将开关的状态反映到发光二极管上。(开关闭合，对应的发光二极管亮，开关断开，对应的发光二极管灭。)

```
ORG 00H
START: MOV A,P1
ANL A,#0F0H
RR A
RR A
RR A
RR A
ORL A,#0F0H
MOV P1,A
SJMP START
END
```

【例3】 在 AT89C51 单片机的 P0 和 P2 端口分别接两个共阴数码管，P0 端口驱动显示秒的时间的十位，而 P2 口驱动显示秒的时间的个位。

```
Second EQU 30H
ORG 0000H
START: MOV Second, #00H
NEXT: MOV A, Second
MOV B,#10
DIV AB
MOV DPTR,#TABLE
MOVC A,@A+DPTR
MOV P0,A
MOV A,B
MOVC A,@A+DPTR
MOV P2,A
LCALL DELY1S
INC Second
MOV A,Second
CJNE A,#60,NEXT
LJMP START
```

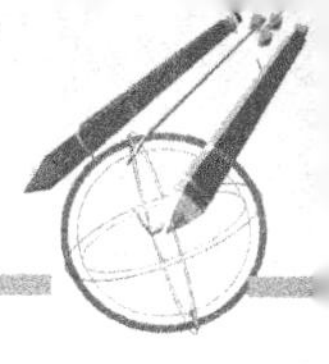


```
DELY1S: MOV R5,#100
D2: MOV R6,#20
D1: MOV R7,#248
DJNZ R7, $
DJNZ R6,D1
DJNZ R5,D2
RET
TABLE: DB 3FH,06H,5BH,4FH,66H,6DH,7DH,07H,7FH,6FH
END
```

项目小结

本模块详细介绍了汇编语言的基本知识，汇编语言的指令格式、程序结构和寻址方式。同时，在本模块最后列举了几个简单的汇编语言实例，通过实例训练，有效地巩固了汇编语言的指令格式、程序结构和寻址方式的理论知识。

习　　题

1. 根据本模块对汇编语言基本知识的介绍，请查询相关资料，写一篇关于汇编语言认识的小短文，字数在200字以上。

2. 仔细研究下面汇编语言的实例，请说出该程序的结构，并写出每行程序的寻址方式。

```
        ORG 0000H
START:  MOV R1,#00H ;初始化 R1 为 0,表示从 0 开始计数
        MOV A, R1 ;
        CPL A ;取反指令
        MOV P1,A ;送出 P1 端口由发光二极管显示
REL:    JB P3.7,REL ;判断 SP1 是否按下
        LCALL DELAY10MS ;若按下,则延时 10ms 左右
        JB P3.7,REL ;再判断 SP1 是否真得按下
        INC R1 ;若确实按下,则进行按键处理,使
        MOV A,R1 ;计数内容加 1,并送出 P1 端口由
        CPL A ;发光二极管显示
        MOV P1,A ;
        JNB P3.7, $ ;等待 SP1 释放
        SJMP REL ;继续对 K1 按键扫描
        DELAY10MS: MOV R6,#20 ;延时 10ms 子程序
L1:     MOV R7,#248
        DJNZ R7, $
        DJNZ R6,L1
        RET
        END
```

项目4

C51程序设计基础知识

知识目标

(1) 了解C51程序设计的基本知识。
(2) 熟悉C51数据的各种类型。
(3) 熟悉C51的运算符和表达式。
(4) 掌握C51程序的基本语句。
(5) 熟悉C51程序的组成结构。

能力目标

能力目标	相关知识	权重	自测分数
了解C51程序设计的基本知识	与汇编语言相比的优点以及与标准C语言的区别	15%	
熟悉C51数据的各种类型	数据的各种类型，变量的形式以及指针的使用	20%	
熟悉C5的运算符和表达式	算术、关系、逻辑、位运算、逗号运算、条件运算等不同运算符的定义及使用方式	20%	
掌握C51程序的基本语句	说明语句、表达式语句、循环语句、条件语句等语句的形式	25%	
熟悉C51程序的组成结构	组成结构与函数	20%	

4.1　C51 语言概述

单片机应用系统日趋复杂，对程序的可读性、升级与维护以及模块化要求越来越高，对软件编程要求也越来越高，要求编程人员在短时间内编写出执行效率高、运行可靠的程序代码。同时，也要方便多个编程人员来进行协同开发。C51 语言是近年来在 8051 单片机开发中，普遍使用的程序设计语言，能直接对 8051 单片机硬件进行操作，既有高级语言特点，又有汇编语言特点，因此在 8051 单片机程序设计中，得到广泛使用。

经多年努力，C51 已成为公认的高效、简洁的 8051 单片机的实用高级编程语言。与 8051 汇编语言相比，C51 语言在功能上、结构性、可读性、可维护性上有明显优势，易学易用。

【编程技巧】

1. C51 语言与汇编语言比较

与汇编语言相比，C51 语言有如下优点。

（1）可读性好。C51 语言程序比汇编语言程序的可读性好，编程效率高，程序便于修改、维护以及升级。

（2）模块化开发与资源共享。用 C51 语言开发的程序模块可不经修改，直接被其他工程所用，使得开发者能够很好地利用已有的大量标准 C 语言程序资源与丰富的库函数，减少重复劳动，同时也有利于多个工程师进行协同开发。

（3）可移植性好。为某种型号单片机开发的 C 语言程序，只需把与硬件相关的头文件和编译链接的参数进行适当修改，就可方便地移植到其他型号的单片机上。例如，为 8051 单片机编写的程序通过改写头文件以及少量的程序行，就可方便地移植到 PIC 单片机上。

（4）生成的代码效率高。当前较好的 C51 语言编译系统编译出来的代码效率只比直接使用汇编语言低 20% 左右，如果使用优化编译选项，其最高可达到 90% 左右。

2. C51 语言与标准 C 语言的比较

C51 语言基本语法与标准 C 语言相同，其是在标准 C 语言的基础上进行适合 8051 内核单片机硬件的扩展。深入理解 C51 语言对标准 C 语言的扩展部分以及它们的不同之处，是掌握 C51 语言的关键之一。

C51 语言与标准 C 语言一些差别如下。

（1）库函数不同。标准 C 语言中有些库函数，不适用于 C51 语言。例如，在标准 C 语言中，库函数 printf 和 scanf，常用于屏幕打印和接收字符，而在 C51 语言中，主要用于串行口数据的收发，所以不适用。在 C51 语言中有些库函数必须针对 8051 的硬件特点来做出相应的开发。

（2）数据类型有一定区别。C51 语言在标准 C 语言的基础上又扩展了 4 种类型，增加了 8051 单片机的数据类型。例如，8051 单片机包含位操作空间和丰富的位操作指令，因此，C51 语言与标准 C 语言相比增加了位类型。

（3）C51 语言变量存储模式与标准 C 语言中变量存储模式数据不一样。标准 C 语言最初是为通用计算机设计的，在通用计算机中只有一个程序和数据统一寻址的内存空间，而

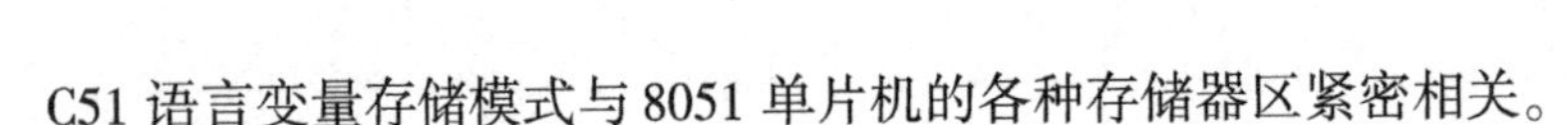

C51 语言变量存储模式与 8051 单片机的各种存储器区紧密相关。

（4）数据存储类型不同。8051 单片机存储区可分为内部数据存储区、外部数据存储区以及程序存储区。

内部数据存储区可分为 3 个不同的 C51 存储类型：data、idata 和 bdata。

外部数据存储区分为 2 个不同的 C51 存储类型：xdata 和 pdata。

程序存储区只能读不能写，可以在 8051 单片机内部或者外部，C51 语言提供的 code 存储类型用来访问程序存储区。

（5）标准 C 语言没有处理单片机中断的定义，而 C51 语言中有专门的中断函数。

（6）头文件不同。C51 语言头文件必须把 8051 单片机内部的外设硬件资源（如定时器、中断、I/O 等）相应的特殊功能寄存器写入到头文件内，而标准 C 语言不用。

（7）程序结构的差异。8051 单片机的硬件资源有限，它的编译系统不允许太多的程序嵌套。因此，标准 C 语言所具备的递归特性不被 C51 语言支持。

但从数据运算操作、程序控制语句以及函数的使用上来说，C51 语言与标准 C 语言几乎没有什么明显差别。如果程序设计者具备了有关标准 C 语言的编程基础，只要注意 C51 语言与标准 C 语言的不同之处，并熟悉 8051 单片机的硬件结构，就能较快掌握 C51 语言编程。

4.2　C51 语言的数据类型

1. 数据类型

数据是单片机操作的对象，是具有一定格式的数字或数值，数据的不同格式就称为数据类型。C51 语言支持的基本数据类型见表 4－1。

表 4－1　C51 语言支持的基本数据类型

类型名	名称	位数	取值范围
bit	位型	1	0，1
(signed) char	字符型	8	－128～127
unsigned char	无符号字符型	8	0～255
(signed) short int	短整型	16	－32768～32767
unsigned short int	无符号短整型	16	0～65535
(signed) int	整型	16	－32768～32767
unsigned int	无符号整型	16	0～65535
(signed) long int	长整型	32	－2147483648～2147483647
unsigned long int	无符号长整型	32	0～4294967295
float	单精度实型	32	±3.4×(10－38～1038)，6 位精度
double	双精度实型	64	±1.7×(10－308～10308)，15 位精度

bit 位型：bit 位型是 C51 编译器的一种扩充数据类型，它的值是一个二进制位，不是 0 就是 1，类似一些高级语言中 Boolean 类型的 True 和 False。

char 字符型：char 字符型的长度是一个字节，通常用于定义处理字符数据的变量或常量。其分为无符号字符型（unsigned）char 和有符号字符型（signed）char，默认值为（signed）char 类型。（unsigned）char 类型用字节中所有的位来表示数值，所能表达的数值范围是 0～255。signed char 类型用字节中最高位表示数据的符号，“0”表示正数，“1”表示负数，负数用补码表示，所能表示的数值范围是 -128～+127。（unsigned）char 类型常用于处理 ASCII 字符或处理小于或等于 255 的整型数。

int 整型：int 整型长度为两个字节，用于存放一个双字节数据。其分为有符号整型（signed）int 和无符号整型（unsigned）int，默认值为（signed）int 类型。（signed）int 类型表示的数值范围是 -32768～+32767，字节中最高位表示数据的符号，“0”表示正数，“1”表示负数。（unsigned）int 类型表示的数值范围是 0～65535。

long 长整型：long 长整型长度为四个字节，用于存放一个四字节数据。其分为有符号长整型（signed）long int 和无符号长整型（unsigned）long int，默认值为（signed）long int 类型。（signed）long int 类型表示的数值范围是 -2147483648～+2147483647，字节中最高位表示数据的符号，“0”表示正数，“1”表示负数。（unsigned）long int 类型表示的数值范围是 0～4294967295。

float 单精度实型：含字节数为 4，32bit，数值范围为 -3.4E38～3.4E38（7 个有效位）。

double 双精度实型：含字节数为 8，64bit，数值范围为 -1.7E308～1.7E308（15 个有效位）。

2. 变量声明形式

1）常量

在程序运行过程中，其值不能被改变的量称为常量。

（1）字符型常量的表示方法。

语言的字符型常量是 ASCⅡ码字符集里的一个字符，包括字母（大、小写有区别）、数字和标点符号以及特殊字符等，均为半角字符，一个字符常量在内存中占 1 个字节，因此字符常量不能是全角字符。C 语言字符型常量有三种表示方法。

① 普通字符常量。其用单引号表示，例如‘a’、‘A’、‘　’、‘+’，需要注意的是单引号内，不能使单撇或反斜杠。单引号内空格也是一个字符常量，但不能写成两个连续的单引号 。

② 用该字符的 ASCⅡ码值表示字符常量。

例如：十进制数 65 表示大写字母‘A’；十六进制数 0×41 也表示‘A’。

③ 转义字符。其是以‘ \’开头的用单引号括起来的字符序列。转义字符的表示方法见表 4-2。

表 4-2　转义字符的表示方法

序　　号	转 义 字 符	含　　义	ASCII 码（十六进制形式）
1	\0	空字符（NULL）	0×00

续表

序　　号	转义字符	含　　义	ASCII 码（十六进制形式）
2	\n	换行符（LF）	0×0A
3	\r	回车符（CR）	0×0D
4	\t	水平制表符（HT）	0×09
5	\b	退格符（BS）	0×08
6	\f	换页符（FF）	0×0C
7	\'	单引号	0×27
8	\"	双引号	0×22
9	\\	反斜杠	0×5C

（2）字符串常量。

其表示形式为用双引号括起来的字符序列。如“How do you do.”，“CHINA”，“a”，“$123.45”，“%d\n”。

两个连续的双引号也是字符串常量，称为空串，占一个字节存放‘\0’。字符串在存储时，每个字符串末尾自动加一个‘\0’作为字符串结束标志。

如字符串常量“CHINA”，其实际上在内存中是

C	H	I	N	A	\0

它占内存单元不是5个字符，而是6个字符，最后一个字符为‘\0’。但在输出时不输出‘\0’。

（3）符号常量。

C语言中可以用一个变量名来代表一个常量，这个变量名就称为符号常量。例如，#define PI 3.14159。其便于维护，可提高程序可读性。C语言中习惯用大写字母表示符号常量，以区别变量。

2）变量

在程序运行过程中，其值可以被改变的量称为变量。

（1）变量名。

每个变量都必须有一个名字——变量名，变量命名遵循标识符命名规则。

（2）变量值。

在程序运行过程中，变量值存储在内存中。在程序中，通过变量名来引用变量的值。变量的基本形式是，说明符和一个或多个变量名组成的列表。

例如：int a，double b；

该语句就是一条声明语句，其中a，b就是变量名，该语句指明了变量a，b是int数据类型。所有变量在使用前都必须写在执行语句之前，也就是变量声明要与执行语句相分

离，否则就会出现编译错误。

（3）变量命名。

C语言中任何的变量名都是合法的标示符。所谓标示符就是由字母、数字和下划线组成的但不以数字开头的一系列字符。虽然C语言对标示符的长度没有限制，但是根据ANSI标准，C语言编译器必须要识别前31个字符。C语言是对大小写字母敏感的，即C语言认为大写字母和小写字母的含义是不同的，因此a1和A1是不同的标示符。

（4）变量赋值。

在一个变量声明中，你可以给一个标量变量指定一个初始值，方法是在变量名后面加一个等号（赋值号），后面就是你想赋予变量的值。例如，

```
int  i_Num=10;
char c_Name[]="student";
```

上述语句声明i_Num为一个整数变量，其初始值为“10”，声明c_Name为一个字符数组，其初始值为“student”。

在C语言中，全局变量和静态变量，如果没有赋初值，则默认初始值int，float，char分别为0，0.0，‘\0’，除全局变量和静态变量以外，其他变量如果没有赋初值，则默认初始值为内存中的垃圾内容，对于垃圾内容不能有任何假设。

注意：定义指针后，默认初始值不是0，而是随机的一个值，故定义指针后，一定要初始化。

在赋值语句的使用中需要注意以下几点。

a. 在赋值号“=”右边的表达式也可以是一个赋值表达式。

变量=(变量=表达式)；

该语句是成立的，从而形成嵌套的情形。其展开后的一般形式为：

变量=变量=…=表达式；

例如，a=b=c=d=e=5；

按照赋值运算符的右结合性，其实际上等效于：e=5；d=e；c=d；b=c；a=b。

b. 注意在变量声明中给变量赋初值和赋值语句的区别。

给变量赋初值是变量声明的一部分，赋初值后的变量与其后的其他同类变量之间仍必须用逗号隔开，而赋值语句则必须用分号隔开。例如：int a=5，b，c；

c. 在变量声明中，不允许连续给多个变量赋初值。

int a=b=c=5；就是错误的：

正确写法为：int a=5，b=5，c=5；

d. 注意赋值表达式和赋值语句的区别。

赋值表达式是一种表达式，它可以出现在任何允许表达式出现的地方，而赋值语句则不能。

3. 指针的概念与使用

1）指针的定义

指针就是变量的地址，是一个常量。指针变量定义的一般形式为

存储类型 数据类型 * 指针变量名

2）指针变量运算符

（1）取地址运算符：&。

该运算符表示的是对 & 后面的变量进行取地址运算。

例：int a；则 &a 表示取变量 a 的地址，该表达式的值为变量 a 的首地址。

（2）指针运算符：* 。

该运算符也称为“取内容运算符”，后面接一个指针变量，表示的是访问该指针所指向的变量，即访问该指针所指向的存储空间中的数据。

例：int a =7；

    int *p；

    p = &a；

则 *p 表示指针变量 p 指向变量 a，即 *p 就是 a，所以 *p =7。

一个指针变量 p 在程序中通常有如下表示形式。

a. p：指针变量，它的内容是地址量。

b. *p：指针所指向的变量，是指针所指向的内存空间中的数据。

c. &p：指针变量所占存储空间的地址。

3）地址与指针的概念

内存区的每一个字节有一个编号，这就是“地址”。如果在程序中定义了一个变量，那么在对程序进行编译时，系统就会给这个变量分配内存单元。

在程序中一般通过变量名对内存单元进行存取操作，这称作“直接访问”，还可以采用另一种“间接访问”的方式，将变量的地址存放在另一个变量中。所谓“指向”就是通过地址来体现的，由于通过地址能找到所需的变量单元，因此可以说，地址“指向”该变量单元。所以在 C 语言中，将地址形象化的称为“指针”，意思是通过它能找到以它为地址的内存单元。一个变量的地址称为该变量的“指针”。如果有一个变量专门用来存放另一个变量的地址，则称它为“指针变量”。

4）变量的指针和指向变量的指针变量

变量的指针就是变量的地址。存放变量地址的变量是指针变量，用来指向另一个变量。为了表示指针变量和它指向的变量之间的关系，用“ * ”符号表示“指向”。

指针变量的一般形式为

基类型　　*指针变量名；

5）数组与指针

一个变量有地址，一个数组包含若干元素，每个数组元素都在内存中占有存储单元，它们都有相应的地址。指针变量也可以指向数组元素。

6）空间操作函数 malloc、free

C 语言提供了两个函数，malloc 与 free，分别用于执行动态内存分配与释放。这两个函数的原型如下所示，它们都在头文件 stdio. h 中声明。

```
void * mallloc(size_t  size);
Void * free(viod* pointer);
```

7）动态数组

动态数组是指在声明中没有确定数组大小的数组，即忽略方括号中的下标，当使用时

可用 malloc 语句重新指出数组的大小。动态数组的内存空间是从堆上分配的，通过执行代码而为其分配空间，内存由程序员自己释放。

遵循原则：申请的时候从外层往里层，逐层申请；释放的时候从里层往外层，逐层释放。

4. 数组

数组是构造类型，是一组具有相同类型数据的有序集合。每个数据成为数组的元素，用一个统一的数组名和下标来确定数组中唯一的元素。

1）一维数组的声明方式

<类型标识符> <数组名>[常量表达式]

类型标识符是任一种基本类型或构造类型；数组名由用户自定义，表示存储空间的地址；常量表达式表示数组元素的个数，也是数组的长度。

例：int a[6]；表示一个整型、数组名为 a、长度为 6 的一维数组。

2）一维数组的引用形式

一维数组的引用形式采用下标法。

数组名[下标]

例如：a[i]；或 p[i]；a 为数组名，p 为指向数组的指针变量。

注意：C 语言中不能依次引用整个数组，只能逐个引用数组中的各个元素。下标就是被访问的数组元素在所定义的数组中的相对位置。下标为 0 表示的是数组元素在数组的第一个位置上，下标为 1 表示的是数组元素在数组的第二个位置上，依次类推。

3）二维数组的声明方式

<类型标识符> <数组名>[常量表达式 1][常量表达式 2]

二维数组与一维数组的区别在于多出［常量表达式 2］。［常量表达式 1］是第一维，常称为行；［常量表达式 2］是第二维，也就是列。

例：int a[3][5]；表示一个 3 行 5 列的二维数组，数组元素的个数为：3×5=15（个）。

4）二维数组的引用形式

二维数组的引用形式采用下标法。

数组名[下标][下标]

二维数组在引用时和一维数组一样，只能逐个引用数组中的各个元素，如 sz_A[5][6]。下标也可以是整数表达式，如 sz_A[8-5][2*3-1]，不要写成 sz_A[2,3]、sz_A[8-5,2*3-1]的形式。

注意：严格区分定义数组时用的 sz_A[5][6]和引用元素时用的 sz_A[5][6]的区别。前者 sz_A[5][6]用来定义数组的维数，后者 sz_A[5][6]的 5 和 6 是下标，代表的是数组中的某一个元素。

5. 字符数组

1）字符数组的定义与赋值

字符数组是一串字符的集合，其数组元素为字符型。

char 数组名［常量表达式］="字符串"；或 char 数组名［常量表达式］={"字符串"}；

例：char sz_A[5] = {‘s’, ‘t’, ‘u’, ‘d’, ‘y’, };

定义数组 sz_A，包含 5 个元素，其在内存中的存放情况为：

sz_A[0]	sz_A[1]	sz_A[2]	sz_A[3]	sz_A[4]
s	t	u	d	y

则各元素赋值如下：

sz_A[0] = ‘s’;sz_A[1] = ‘t’;sz_A[2] = ‘u’;sz_A[3] = ‘d’;sz_A[4] = ‘y’

如果中括号中的字符个数大于数组长度，编译系统就会报错，如果中括号中的字符个数小于数组长度，其余元素则由系统自动定义为空字符，即‘\0’。此外，在定义数组长度时，应在字符串原有的长度上加 1，以为字符串结束标志预留空间。

2）字符串操作函数

1）字符串复制函数 strcpy( )

格式：strcpy（字符数组 1，字符数组 2）

功能：是将字符数组 2 中的字符串复制到字符数组 1 中去。

注意：字符数组 1 的长度必须大于字符数组 2。

例：char sz_str1[10],sz_str2[6] = "work hard";

```
Strcpy(sz_str1,sz_str2);
printf("%s\n",sz_str1);
```

运行结果：work hard

2）字符串连接函数 strcat( )

格式：strcat（字符数组 1，字符数组 2）

功能：将字符数组 1 和字符数组 2 中的字符串连接起来，字符数组 2 中的字符串 2 接到字符数组 1 中的字符串后面。

注意：字符数组 1 的长度必须足够大，能够同时容纳字符数组 1 中的字符串和字符数组 2 中的字符串。

例：char sz_str1[10] = "work",sz_str2[6] = "hard";

```
strcat(sz_str1,sz_str2);
printf("%s\n",sz_str1);
```

运行结果：workhard

3）字符串比较函数 strcmp( )

格式：strcmp（字符数组 1，字符数组 2）

功能：比较字符数组 1 和字符数组 2 中的字符串，通过函数返回值得出比较结果。

若字符数组 1 中的字符串 < 若字符数组 2 中的字符串，函数返回值 <0；

若字符数组 1 中的字符串 > 若字符数组 2 中的字符串，函数返回值 >0；

若字符数组 1 中的字符串 = 若字符数组 2 中的字符串，函数返回值 =0；

4）sprintf( )

格式：sprintf(s,“%s%d%c”,“text”,1,‘char’);

将输出结果写入数组 S 中；其函数返回值为字符串长度，相当于 strlen；计算长度时不计算“\0”，而 sizeof 计算时是加上“\0”的。

5）sscanf( )

格式：sscanf(s,"%d%f%s",&a,&b,&c)；

从一个字符串中读入与指定格式相同的数据；其返回值为读入有效数据的个数；从数组S中，以固定格式向a，b，c输入，sscanf不识别空格。

4.3 运算符与表达式

【算术运算符】

1. 算术运算符及使用方式

C语言提供了最基本的算术运算符，其格式见表4-3。

表4-3 算术运算符格式

运算符	含义	举例	结果
+	加法运算符	a+b	a和b的和
-	减法运算符	a-b	a和b的差
*	乘法运算符	a*b	a和b的乘积
/	除法运算符	a/b	a除b的商
%	求余运算符	a%b	a除b的余数
++	自加运算符	a++，++a	a自加1
--	自减运算符	a--，--a	a自减1

（1）+、-、*、/都适用于浮点类型和整数类型。当两个操作数都为整数时进行整数运算，其余情况则进行double型运算。当除法运算符的两个操作数为整数时，结果为整数，舍去小数部分，例如5/3的结果为1。求余运算符只接受两个整型操作数的运算，结果为余数。

（2）++、--的作用是使变量自加1或自减1。例如i++、++i，都是使i的值加1，但其执行的步骤是不同的。例如，

```
int i=3, j;
j=i++; // i 的值为 4 , j 的值为 3
int i=3, j;
j= ++i; //i 的值为 4, j 的值为 4
```

可见当变量在左侧时，先进行赋值运算再进行自加1操作，当变量在右侧时，先进行自加1操作再进行赋值运算。

（3）在赋值运算符之前加上算术运算符即构成复合运算符，例如，a+=b，等价于a=a+b。-=、*=、/=也是如此。

2. 关系运算符及使用方式（>、>=、<、<=、==、!=）

关系运算符格式见表4-4。

表 4－4　关系运算符格式

关系运算符	含　义
>	大于
>=	大于或等于
<	小于
<=	小于或等于
==	等于
!=	不等于

关系运算符用于比较两个数值之间的关系，例如：a>3 为关系表达式，大于号为关系运算符，当表达式成立时，“a>3”的值为“真”，当表达式不成立时，“a>3”的值为“假”。

其中应当注意的是关系表达式的返回值为整型值，而不是布尔型。表达式为真时返回值为 1，表达式为假时返回值为 0。

3. 逻辑运算符及使用方式（&&、||、!）

逻辑运算符格式见表 4－5。

表 4－5　逻辑运算符格式

<table>
<tr><th>逻辑运算符</th><th>含　义</th><th>举　例</th><th>结　果</th></tr>
<tr><td>&&</td><td>逻辑与</td><td>a&&b</td><td>a，b 都为真则结果为真，否则为假</td></tr>
<tr><td>||</td><td>逻辑或</td><td>a||b</td><td>a，b 至少有一个为真则结果为真，否则为假</td></tr>
<tr><td>!</td><td>逻辑非</td><td>!a</td><td>当 a 为真则结果为假，当 a 为假则结果为真</td></tr>
</table>

其中应当注意逻辑或，例如 a||b，当 a 为真时，C 语言中直接跳过对 b 的判断，其返回值为“真”。

4. 位运算符及使用方式（<<、>>、~、|、&、^）

位运算符是用来对二进制位进行操作的，其格式见表 4－6。

表 4－6　位运算符格式

<table>
<tr><th>位运算符</th><th>含　义</th></tr>
<tr><td><<</td><td>左移</td></tr>
<tr><td>>></td><td>右移</td></tr>
<tr><td>~</td><td>取反</td></tr>
<tr><td>|</td><td>按位或</td></tr>
<tr><td>&</td><td>按位与</td></tr>
<tr><td>^</td><td>按位异或</td></tr>
</table>

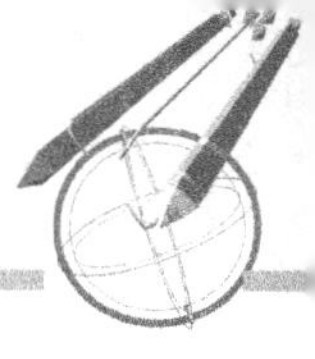

<<、>>：移位运算符，例如左移运算符，int i = 3；i = i <<4；

3 的二进制位为 00000011，左移 4 位的结果为 00110000，其操作中高位舍弃、低位补 0，即 i = 48，等同于 i 乘以 2 的 4 次方。

右移运算符则有所不同，操作中是低位舍弃，高位补位。其中高位有两种补位方式，一种为逻辑移位，高位补 0，另一种为算术移位，当符号位为 1 时高位全部补 1，当符号位为 0 时高位全部补 0。具体使用哪种移位方式则取决于当前的编译环境。

~：取反运算符，为单目运算符。其操作是对操作数的二进制位按位求反，即 1 变 0，0 变 1。例如 i = 5，二进制位为 00000101，取反的结果为 11111010。

在计算机系统中，数值一律用补码来表示和存储，其中最高位为符号位，用 0 表示正，1 表示负。补码的规定如下：

a. 对正数来说，最高位为 0，其余各位代表数值本身，例如 14 的补码为 00001110；对负数而言，则将该数绝对值的补码按位取反，再加 1，得该数的补码，即 - i = ~ i + 1，例如 - 14 的补码为 14 的二进制 00001110 取反加 1 得 11110010。

b. |、&、^均为双目运算符，对操作数的二进位进行操作，且操作数以补码的方式出现。

c. 按位或“|”，两个对应的二进位至少有一个为 1 则为 1，否则为 0；按位与“&”，两个对应的二进位都为 1 则为 1，否则为 0；按位异或“^”，两个对应的二进位不同则为 1，否则为 0。

```
例：    a = 5;        (00000101)
        b = 14;       (00001110)
        a|b = 15;     (00001111)
        a&b = 4;      (00000100)
        a^b = 11;     (00001011)
```

5. 逗号运算符（,）及其表达式

C 语言提供一种用逗号运算符“,”连接起来的式子，称为逗号表达式。逗号运算符又称顺序求值运算符。

1）一般形式

表达式 1，表达式 2，……，表达式 *n*

2）求解过程

自左至右，依次计算各表达式的值，“表达式 *n*”的值即为整个逗号表达式的值。

例：逗号表达式“a = 3 * 5，a * 4”；逗号表达式“（a = 3 * 5，a * 4），a + 5”。

注意：并不是任何地方出现的逗号，都是逗号运算符。很多情况下，逗号仅用作分隔符。

6. 条件运算符“?”

1）一般形式

表达式 1？表达式 2：表达式 3

条件表达式中的“表达式 1”“表达式 2”“表达式 3”的类型，可以各不相同。

2）运算规则

如果“表达式1”的值为非0（即逻辑真），则运算结果等于“表达式2”的值，否则，运算结果等于“表达式3”的值。

3）条件运算符的优先级与结合性

条件运算符的优先级，高于赋值运算符，但低于关系运算符和算术运算符。其结合性为“从右到左”（即右结合性）。

当一个表达式包括几种运算符时，则以运算符的优先级对表达式进行运算，运算符的优先级见表4－7。

表4－7　运算符的优先级

<table>
<tr><th>优先级</th><th>运算符类型</th><th>说　明</th><th>优先级</th></tr>
<tr><td>1</td><td>初等运算符</td><td>( )、[ ]、->、.</td><td>1</td></tr>
<tr><td>2</td><td>单目运算符</td><td>!、~、++、--、*（指针运算符）、&（取地址运算符）</td><td>2</td></tr>
<tr><td>3</td><td>算术运算符</td><td>先乘除后加减</td><td>3</td></tr>
<tr><td>4</td><td>关系运算符</td><td>>、>=、<、<=、==、!=</td><td>4</td></tr>
<tr><td>5</td><td>逻辑运算符</td><td>&&、||</td><td>5</td></tr>
<tr><td>6</td><td>条件运算符</td><td>三目运算符，例如?:</td><td>6</td></tr>
<tr><td>7</td><td>赋值运算符</td><td>=</td><td>7</td></tr>
<tr><td>8</td><td>逗号运算符</td><td>,</td><td>8</td></tr>
</table>

4.4　C51 程序的基本语句

C51的源程序是由一系列的语句组成的，这些语句可以完成变量声明、赋值和控制输入输出等操作。C51语言中的语句包括说明、表达式语句、循环语句、条件语句、开关语句、复合语句、空语句和返回语句等，下面分别进行说明。

main 函数

任何一个C程序有且仅有一个main函数，它是整个程序开始执行的入口。

例：void main（）

```
{
    总程序从这里开始执行;
    其他语句;
}
```

若有返回值就用int main；无返回值就用void main()，实际上严格些应该为void main(void)。返回值就是在一个函数运行完后是不是有东西返回。如果一个函数只是完成一系列的动作，没有return语句，那么这个函数就没有返回值。

1. 说明语句

说明语句一般是用来定义声明变量，可以说明其类型和初始值。一般形式为

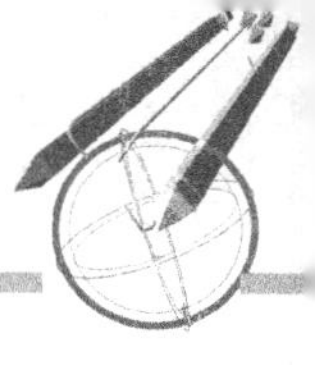

类型说明符 变量名（=初始值）;

其中，类型说明符指定变量的类型，变量名即变量的标示符，如果在声明变量的时候进行赋值，则需要使用“=”指定初始值。典型的说明语句示例如下，其中分别进行了声明变量以及初始化赋值。

```
int a=1;              //声明并初始化整型变量
float c;              //声明浮点型变量
char p[6]="first";    //声明并初始化字符数组
sfr P1=0x80;          //声明并初始化寄存器
bit third;            //声明位变量
```

2. 表达式语句

表达式语句是用来描述算术运算、逻辑运算或使单片机产生特定的操作。表达式语句是C51语言中最基本的一种语句。

示例如下：

```
b=b*20;
Count++;
X='A';Y='B';
P=(a+b)/a-1;
```

以上的都是正确的表达式语句。一般来说，任何表达式在末尾加上分号“;”，都可以构成语句。示例如下：

```
a=a+8     //赋值表达式
a=a+8;    //赋值语句
```

3. 复合语句

复合语句是将多条语句用花括号“{}”括起来，使其成为一个代码块，对于花括号之外的代码就相当于1条语句。

复合语句不但可以由可执行语句组成，还可以由变量定义等语句组成。要注意的是在复合语句中所定义的变量，称为“局部变量”，所谓局部变量就是指它的有效范围只在复合语句中。

对于一个函数而言，函数体就是一个复合语句，函数内定义的变量，其有效范围只在函数内部。

4. 循环语句

循环语句经常用于需要反复多次执行的操作。C51语言中有3种基本的循环语句：while语句、do-while语句和for语句。这几个语句同样都是起循环作用，但具体的作用和用法又不大一样。

```
a. while:        while(条件表达式)语句;
b. do-while:     do 语句 while(条件表达式);
c. for:          for([初值设定表达式];[循环方式表达式];[更新表达式]) 语句
```

5. 条件语句

条件语句常用于需要根据某些条件来决定执行流向的程序中。其是由关键字 if 构成的，即 if 条件语句。条件语句又被称为“分支语句”。C51 语言提供了 3 种形式的条件语句，具体如下。

```
a. if(条件表达式)语句
b. if(条件表达式)语句1
          else 语句2
c. if(条件表达式1)语句1
else if(条件表达式2)语句2
else if(条件表达式3)语句3
……
else(条件表达式n)语句n
```

6. 开关语句

开关语句主要用于在程序中实现多个语句分支处理。在 C51 程序中，开关语句以关键字 switch 和 case 来标识。开关语句的一般形式如下。

```
switch(表达式)
{
case 常量表达式1:
                    语句1; break;
case 常量表达式2:
                    语句2; break;
case 常量表达式3:
                    语句3; break;
case 常量表达式n:
                    语句n; break;
default:
                    语句n+1;
}
```

7. 跳转语句

跳转语句主要用于程序执行顺序的跳转和转移。在 C51 语言中，跳转语句主要有 3 种：goto 语句、break 语句和 continue 语句。

1) goto 语句

goto 语句是一个无条件的转向语句，当 C51 程序执行到这个语句时，程序指针就会无条件地跳转到 goto 后的标号所在的程序段。goto 语句在很多高级语言中都会有，其一般形式为

```
goto 语句标号;
```

其中的语句标号为一个带冒号的标识符。使用 goto 语句的程序示例如下。

```
#include <stdio.h>                      //头文件
 void main()                            //主函数
{
int i=0,total=0;
loop:                                   //语句标号
total=total +i;                         //执行运算
  i++;
  if(i<=100)                            //如果满足条件则转向 loop 处
  goto loop;
printf("1+2+……+100=%d\n", total); //输出结果
}
```

2）break 语句

break 语句通常用在循环语句和开关语句中，用来跳出循环程序块。其使用的一般形式为

```
break;
```

在 C51 程序设计中，break 语句主要用于以下两种情况。

a. 当 break 用于开关语句 switch 中时，可使程序跳出 switch，而执行 switch 以后的语句。如果没有 break 语句，则 switch 语句将成为一个死循环而无法退出。

b. 当 break 用于 do-while、for、while 循环语句中时，break 语句和 if 语句连在一起使用，可以使程序终止循环而执行循环后面的语句。

3）continue 语句

continue 语句是用来跳过循环体中剩余的语句而强行执行下一次循环。其使用的一般形式为

```
continue;
```

在 C51 语言中，continue 语句只用在 for、while、do-while 等循环体中，常与 if 条件语句一起使用，可以提前结束本次循环。使用 continue 语句的程序示例如下。

```
#include <stdio.h>                      //头文件
 void main()                            //主函数
{
char ch[]={'s','S','r','R','t'};        //初始化字符数组
int i=-1;
while(i<4)                              //进入循环
{
  i++;
  if(ch[i]>='A' && ch[i]<='Z')          //如果是大写字符退出本次循环，进入下次循环
  continue;
  printf("ch[%d]=%c\n",i,ch[i]); //输出小写字符
}
}
```

8. 函数调用语句

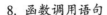

函数调用语句用于调用系统函数或者用户自定义函数中。在C51语言中，函数调用语句比较简单，在函数名后面加上分号便可构成函数调用语句。这里需要注意的是函数调用语句格式的问题，这将在后面的章节详细介绍。下面仅举一个例子加以说明。

```
#include <stdio.h>              //头文件
void myprint()                  //定义函数
{
  printf("hello world.\n");     //输出字符串
}
int Add(int a)                  //定义函数
{
  return a+1;                   //返回值
}

void main()                     //主函数
{
int i=2,j;                      //初始化
myprint();                      //调用函数语句
j=Add(i);                       //调用带有返回值的函数语句
printf("%d+1=%d\n",i,j);        //输出结果
}
```

9. 空语句

空语句是C51语言中一个特殊的表达式语句，其仅由一个分号“;”组成。在实际程序设计时，有时为了语法的正确，要求有一个语句，但这个语句又没有实际的运行效果，那么这时就要有一个空语句。最典型使用空语句的例子便是程序延时。

10. 返回语句

返回语句用于终止当前函数的执行，并强制返回到上一级程序调用该函数的位置继续执行。在C51语言中，返回语句主要有以下两种形式。

```
return 表达式;
或者 return;
```

其中，对于带有返回值的函数，使用第一种返回语句，表达式的值便是函数的返回值。如果函数没有返回值，则可以缺省表达式，采用第二种返回语句。

4.5 C51的函数与程序分类

1. C51程序的组成结构及函数

```
main()     /* 主函数*/
{
```

```
局部变量说明                    主程序
执行语句
}
  function-1(数据类型  形式参数,数据类型  形式参数……)/*函数1*/
{
      局部变量说明
      执行语句
}
function-2(数据类型  形式参数,数据类型  形式参数……)/*函数2*/
{
      局部变量说明
      执行语句
}
……
function-n(数据类型  形式参数,数据类型  形式参数……)/*函数n*/
{
      局部变量说明
      执行语句
}
```

1）库函数

为了方便程序设计者实现一些常用的功能模块，各个编译系统都提供了函数库（将一些基本的常用功能定义为函数，并将相关的原型声明放在相应的头文件中），库里的这些函数称为库函数。

C程序的函数库中的每个库函数是一系列可共享的可执行函数，当我们在自己的C源程序中使用某个库函数时，我们并不需要重复书写一遍该库函数的源代码，只需要直接使用该函数即可。如求一个角x的正弦值sin(x)，或一个正数x的开平方sqrt(x)等。

需要注意的是，在程序中调用库函数时，应当根据库函数的种类，在程序的开头使用#include，例如要使用sin()或sqrt()等数学函数时，就应当在程序开头加上

```
    #include  <math.h>
或  #include "math.h"
```

2）printf()函数

其可以向计算机系统默认的输出设备（一般指终端或显示器）输出一个或多个任意类型的数据。

printf()函数的一般格式为

```
printf("格式字符串"[,输出项表]);
```

(1) 格式字符串。“格式字符串”也称“转换控制字符串”，可以包含以下3种字符。

a. 格式指示符。格式指示符的一般形式为

```
%[标志][宽度][.精度][F|N|h|L][类型]
```

b. 转义字符。例如，前面案例中printf()函数中的“\n”就是转义字符，输出时产生

一个“换行”操作。

c. 普通字符。其指除格式指示符和转义字符之外的其他字符。格式字符串中的普通字符，原样输出。

例如，“printf("radius = %f\n", radius);”语句中的“radius =”，“printf("length = %7.2f, area = %7.2f\n", length, area);”语句中的“length =”、“area =”等都是普通字符。

(2) 输出项表。输出项表是可选的。如果要输出的数据不止 1 个，则相邻两个数据之间用逗号分开。下面的 printf() 函数都是正确的。

```
a. printf("I am a student.\n");
b. printf("%d",3+2);
c. printf("a=%f     b=%5d\n", a, a+3);
```

必须强调：“格式字符串”中的格式指示符，必须与“输出项表”中输出项的数据类型相一致，否则会引起输出错误。

3) scanf() 函数

在程序中给计算机提供数据，可以用赋值语句，也可以用输入函数。在 C 语言中，可使用 scanf() 函数，通过键盘输入，给计算机同时提供多个、任意的数据。

scanf() 函数的一般格式：scanf ("格式字符串", 输入项首地址表);

a. 格式字符串。格式字符串可以包含 3 种类型的字符：格式指示符、空白字符（空格、Tab 键和回车键）和非空白字符（又称普通字符）。

格式指示符与 printf() 函数的相似，空白字符作为相邻两个输入数据的缺省分隔符，非空白字符在输入有效数据时，必须原样一起输入。

b. 输入项首地址表。其由若干个输入项首地址组成，相邻两个输入项首地址之间，用逗号分开。

输入项首地址表中的地址，可以是变量的首地址，也可以是字符数组名或指针变量。

变量的首地址表示方法为：& 变量名。其中“&”是地址运算符。

4) getchar() 和 putchar() 函数——单个字符输入输出

getchar() 函数的格式为：getchar();

getchar() 函数的作用是，从系统隐含的输入设备（如键盘）中输入一个字符。另外，从功能角度来看，scanf() 函数可以完全代替 getchar() 函数。getchar() 函数只能用于单个字符的输入，一次输入一个字符。程序中要使用 getchar() 函数，必须在程序（或文件）的开头加上编译预处理命令。

putchar() 函数的格式为：putchar(ch);

其中 ch 可以是一个字符变量或常量，也可以是一个转义字符。putchar() 函数的作用是，向终端输出一个字符。putchar() 函数只能用于单个字符的输出，且一次只能输出一个字符。另外，从功能角度来看，printf() 函数可以完全代替 putchar() 函数。在程序中使用 putchar() 函数时，务必在程序（或文件）的开头加上编译预处理命令（也称包含命令），即

```
#include "stdio.h"
```

其表示要使用的函数，包含在标准输入输出（stdio）头文件（.h）中。

5）文件操作处理

（1）FILE * fp；

可以用该结构体类型来定义文件类型的指针变量文件，FILE 是在 stdio. h 中定义的结构体类型，封装了与文件有关的信息，如文件句柄、位置指针及缓冲区等，缓冲文件系统为每个被使用的文件在内存中开辟一个缓冲区，用来存放文件的有关信息，这些信息被保存在一个 FILE 结构体类型的变量中，fp 是一个指向 FILE 结构体类型的指针变量。

（2）fopen( )函数。

fopen( )函数的调用方式为 fopen（文件名，使用文件方式）；fopen( )函数打开 filename 指定的文件，返回一个指向 FILE 类型的指针，无论使用哪种方式，当打开文件时出现了错误，fopen( )函数都将返回 NULL。文件打开方式见表 4－8。

表 4－8　文件打开方式

文件使用方式	含　义
"r"（只读）	为输入打开一个文本文件
"w"（只写）	为输出打开一个文本文件
"a"（追加）	向文本文件尾部增加数据
"rb"（只读）	为输出打开一个二进制文件
"wb"（只写）	为输入打开一个二进制文件
"ab"（追加）	向二进制文件尾增加数据
"r +"（读写）	为读/写打开一个文本文件
"w +"（读写）	为读/写建立一个新的文本文件
"a +"（读写）	为读/写打开一个文本文件
"rb +"（读写）	为读/写打开一个二进制文件
"wb +"（读写）	为读/写建立一个新的二进制文件
"ab +"（读写）	为读/写打开一个二进制文件

（3）fclose( )函数（文件的关闭）。

fclose( )函数的调用方式为 fclose（文件指针）；当顺利关闭文件，返回 0 值，否则返回 EOF(－1)。

（4）fprintf( )函数与 fscanf( )函数。

fprintf 函数、fscanf 函数与 printf 函数、scanf 函数相仿都是格式化读写函数。只有一点不同：fprintf 和 fscanf 函数的读写对象不是终端而是磁盘文件。它们的一般调用方式为

```
fprintf(文件指针，格式化字符串，输出列表)；
fscanf(文件指针，格式化字符串，输入列表)；
```

（5）fread( )与 fwrite( )函数。

ANSI C 标准提出设置两个函数（fread 与 fwrite），用来读写一个数据块，它们的一般调用形式为

```
fread(buffer,size,count,fp);
fwrite(buffer,size,count,fp);
```

其含义如下。

buffer：是一个指针。对于 fread 来说，它是读入数据的存放地址。对于 fwrite 来说，它是要输出数据的地址。

size：要读写的字节数。

count：要进行读写多少个 size 字节的数据项。

fp：文件型指针。

如果 fread 与 fwrite 调用成功，则函数返回值为 count 的值，即输入输出数据项的完整个数。

常用 fread 与 fwrite 函数进行文件的读写操作。

2. C51 程序分类

1）循环程序

在程序设计中需要对重复执行的操作采用循环处理。当条件满足时执行循环操作，直到条件不满足时跳出循环。

常见的循环结构有 while，do…. . while 及 for 循环。

① while 语句的一般形式为

```
while(表达式)
{
语句1;
语句2;
.
…. . 语句n;
}
```

当表达式的值为真或者非零时，执行循环语句。

② do…. . while 语句的一般形式为

```
   do
{
   语句
}
while(表达式)
```

do…. . while 语句构成的循环，即先执行循环语句，直到条件不满足时跳出循环。

do…. . while 和 while 的区别在于：do…. . while 是先执行语句，再判断条件，不管条件是否成立，它至少执行一次循环；而 while 是先判断条件，再执行语句。

③ for 语句的一般形式为

```
for(表达式1; 表达式2; 表达式3)   语句
```

它的执行过程如下。

a. 计算表达式 1。

b. 计算表达式 2，判断是否为真，假如表达式 2 为真，执行语句，否则结束循环。

c. 执行语句。

d. 计算表达式 3 的值，转向步骤 b。

e. 结束循环。

注意：在 for 循环中，表达式可以省略，例如，for(;i <= 100;i ++)

2）分支程序

程序在运行过程中，应根据不同的条件去执行不同的语句，常见的判断语句有 if…. else、switch 等。

① if（条件表达式）语句

② if（条件表达式）语句 1
　else 语句 2

③ if（条件表达式 1）语句 1
　else if（条件表达式 2）语句 2
　else if（条件表达式 3）语句 3
　……
　else（条件表达式 n）语句 n

④ switch 语句的一般形式为

```
  switch（表达式）
{
  Case 常量表达式 1：语句 1；break；
  Case 常量表达式 2：     语句 2；break；
  Case 常量表达式 3：     语句 3；break；
   …….
  default ：语句 n +1；break；
}
```

4.6　简易的单片机 C 程序范例

一个单片机 C 程序的构成如下：

```
#include < >                        /*预处理命令*/
long fun1 ( );                      /*函数说明*/
float fun2 ( );
int x,y;
float z;
fun1 ( )                            /* 功能函数 1*/
{ ...
}
main ( )                            /* 主函数*/
{ ...
}
```

```
fun2()                                   /* 功能函数 2*/
{...
}
```

【例 1】 编写一个延时 1ms 程序。

```
void delayms(unsigned char int j)
{
  unsigned char i;
  while(j--)
  {
      for(i=0;i<125;i++)
      {;}
  }
}
```

【例 2】 求 1+2+3…+100 的累加和。

用 for 语句编写的程序如下：

```
#include <reg51.h>
#include <stdio.h>
main()
{
  int  nvar1, nsum;
  for(nvar1=0,nsum=1;nsum<=100;nsum++)
  nVar1 +=nsum;            //累加求和
  while(1);
}
```

【例 3】 静态点亮 LED。

```
#include <reg51.h>                  //定义 8051 寄存器的头文件
#define  LED P2                     //定义 LED 接至 P2

//主程序
main()                              //主程序开始
{
  while(1){                         //无穷循环
    LED=0xaa;                       //初始值=10101010，状态为间隔亮灭
  }                                 //while 循环结束
}                                   //主程序结束
```

【例 4】 花式流水灯。

```
#include <reg51.h>                  //定义 8051 寄存器的头文件
#define  LED P2                     //定义 LED 接至 P2
```

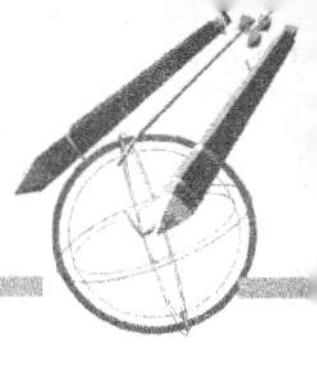

```
//声明延迟函数
void
delay1ms(
 unsigned int
 );

//主程序
main()                          //主程序开始
{
  int i, a, b, c;               //声明整型变量 i, a, b, c
  while(1){                     //无穷循环
    a=0xfe;                     //初始值=11111110, 最左边的灯亮
    for(i=0; i<7; i++){         //计数 7 次
      b=a>>(8-i);               //将 a 右移 8-i 位,高位补 0,结果存入到 b 中
      c=a<<i;                   //将 a 左移 i 位,低位补 0,结果存入到 c 中
      LED=b|c;                  //或 b 和 c,结果输出到 LED 中
      delay1ms(100);            //调用延迟函数
    }
    a=0x7f;                     //初始值=01111111, 最右边的灯亮
    for(i=0; i<7; i++){         //计数 7 次
      b=a<<(8-i);               //将 a 左移 8-i 位,低位补 0,结果存入到 b 中
      c=a>>i;                   //将 a 右移 i 位,高位补 0,结果存入到 c 中
      LED=b|c;                  //或 b 和 c,结果输出到 LED 中
      delay1ms(100);            //调用延迟函数
    }
  }                             //while 循环结束
}                               //主程序结束

//延迟函数
void
delay1ms(                       //延迟函数开始
  unsigned int x)               //x 为延迟次数
{
   int  i,j;                    //声明整型变量 i,j
   for(i=0; i<x;i++)            //计数 x 次
     for(j=0; j<120;j++);
}                               //延迟函数结束
```

拓展讨论

1. C 语言和汇编语言在开发单片机时各有哪些优缺点？
2. 党的二十大报告明确提出完善科技创新体系，系统勾画产学研等创新主体的定位

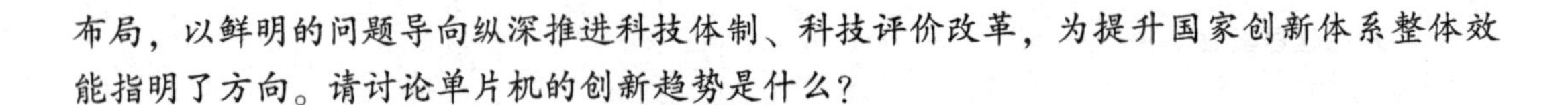

布局，以鲜明的问题导向纵深推进科技体制、科技评价改革，为提升国家创新体系整体效能指明了方向。请讨论单片机的创新趋势是什么？

项 目 小 结

本模块详细介绍了单片机 C51 程序设计的基本知识，主要从 C51 数据的各种类型，运算符和表达式，程序的基本结构与函数，以及程序的各种分类等多方面学习 C51 的编程方法，进一步为后续项目中，用 C51 进行开发编程提供基础。

习　　题

1. 根据本模块的知识要点，并查询相关资料，说说对单片机 C51 的初步认识。
2. 仔细研究下面 C51 语言的实例，请说出该程序运用了哪些类型的语句。

```
#include <AT89X51.H>
unsigned char count;
void delay10ms(void)
{
  unsigned char i,j;
  for(i=20;i>0;i--)
  for(j=248;j>0;j--);
}
void main(void)
{
while(1)
  {
  if(P3_7==0)
  {
delay10ms();
if(P3_7==0)
    {
  count++;
  if(count==16)
          {
  count=0;
          }
P1=~count;
while(P3_7==0);
      }
    }
  }
}
```

项目5 数字电路基础知识

知识目标

(1) 了解模拟信号与数字信号的基本定义及区别。
(2) 掌握数制的结构及数制转换的方法。
(3) 掌握逻辑关系的运算方法。
(4) 掌握数码管和译码器的结构与功能。

能力目标

能力目标	相关知识	权重	自测分数
了解模拟信号与数字信号的基本定义及区别	模拟信号的定义、数字信号的定义、模拟信号与数字信号的转换、模拟信号与数字信号的区别	15%	
掌握数制的结构及数制转换的方法	二进制、八进制、十进制、十六进制的结构与相互转换方法	25%	
掌握逻辑关系的运算方法	与逻辑、或逻辑、非逻辑、复合逻辑等的结构与运算方法	30%	
掌握数码管和译码器的结构与功能	七段 LED 数码管的结构与功能，74LS47/74LS48 译码器的结构与功能	30%	

5.1　模拟信号与数字信号

信号的本质是表示消息的物理量，如常见正弦电信号的不同幅度，不同频率，或不同相位分别表示不同的消息。以信号为载体的数据可表示现实物理世界中的任何信息，如文字符号、语音图像等。信号可以分为模拟信号和数字信号。

【认识数字电路】

模拟信号是指用连续变化的物理量表示的信息。物理量的变化在时间和幅度上都是连续的，如声音、温度、速度等都是模拟信号，其代表信息的特征量可以在任意瞬间呈现为任意数值的信号。

数字信号是指自变量是离散的、因变量也是离散的信号，这种信号的自变量用整数表示，因变量用有限数字中的一个数字表示。数字信号是离散的，它的幅度被限制为一个确定的值。二进制码就是一种数字信号，它很容易被数字电路处理，所以，二进制编码被广泛应用。

模拟信号和数字信号可以相互转换。数字信号比模拟信号具有更强的抗干扰能力。在目前的信号处理技术中，数字信号变得越来越重要，几乎所有复杂信号的处理都离不开数字信号。模拟信号和数字信号如图 5.1 所示。

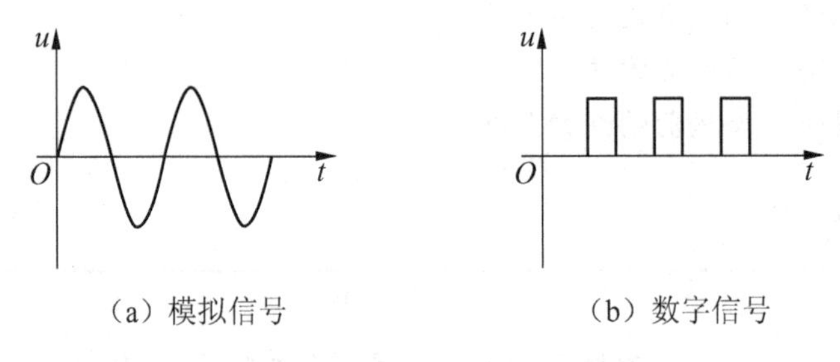

（a）模拟信号　　（b）数字信号

图 5.1　模拟信号和数字信号

模拟信号和数字信号的区别如下。

（1）模拟信号是连续的信号，用简单的 0 和 1 不能将其表达清晰。

（2）数字信号是断续的信号，如单片机 I/O 口输出的电平，要么是高电平，要么是低电平，这就是典型的数字信号。

5.2　数制及数制转换

单片机程序常常需要对数值进行运算，通过数字化的编码技术，对数值进行数字编码，目前单片机均采用二进制数来表示各种信息及进行信息处理。

单片机处理的数据并不是人们在实际生活中使用的十进制，而是只包含 0 和 1 两个数值的二进制。学习单片机汇编语言，就必须了解常用的数制。

1. 数制的概念

数制也称为“计数制”，是用一组固定的符号和统一的规则来表示数值的方法。数制包含两个基本要素：基数和位权。

1）基数

基数是数制所使用数码的个数。R 进制的基数为 R，例如，二进制的基数为2，十进制的基数为10，十六进制的基数为16。

2）位权

在各种数制中，各位数字所表示值的大小不仅与该数字本身的大小有关，还与该数字所在的位置有关，我们称这关系为数的位权。

位权 $=R^n$，其中 n 的取值为：以小数点为界，向左0、1、2、3…，向右 −1、−2、−3…。

例如，十进制的123，1的位权是100，2的位权是10，3的位权是1；二进制的1011（一般从左向右开始），第一个1的位权是8，0的位权是4，第二个1的位权是2，第三个1的位权是1。常用数制表见5−1。

表5−1　常用数制表

常用数制	十进制	二进制	八进制	十六进制
基本符号	0～9	0，1	0～7	0～9，A，B，C，D，E，F
基数	10	2	8	16

一个 R 进制具有以下特点：

a. 具有 R 个不同的数字符号：0、1、2、……、$R-1$。

b. 逢 R 进一。

2. 常用数制

1）十进制数

十进制数具有十个（0～9）不同的基本符号，逢十进一。

一个十进制数可以用按权展开式表示，如

$(275.8)_{10}=2\times10^2+7\times10^1+5\times10^0+8\times10^{-1}$

2）二进制数

二进制数具有两个（0～1）不同的基本符号，逢二进一。

一个二进制数可以用按权展开式表示，如

$(10110)_2=1\times2^4+0\times2^3+1\times2^2+1\times2^1+0\times2^0=(22)_{10}$

3）十六进制数

十六进制数具有十六个（0～9和A～F）不同的基本符号，逢十六进一。

一个十六进制数可以用按权展开式表示，如

$(1AD)_{16}=1\times16^2+10\times16^1+13\times16^0=(429)_{10}$

4）认识各种数制的数

各种数制表示的相互关系见表5−2。

表5−2　各种数制表示的相互关系

二进制数	十进制数	八进制数	十六进制数
0	0	0	0
1	1	1	1

续表

二进制数	十进制数	八进制数	十六进制数
10	2	2	2
11	3	3	3
100	4	4	4
101	5	5	5
110	6	6	6
111	7	7	7
1000	8	10	8
1001	9	11	9
1010	10	12	A
1011	11	13	B
1100	12	14	C
1101	13	15	D
1110	14	16	E
1111	15	17	F
10000	16	20	10

3. 非十进制数使用原因

1）在单片机中使用二进制数的原因

在单片机中，广泛采用的是只有“0”和“1”两个基本符号组成的二进制数，而不使用人们习惯的十进制数，原因如下。

（1）二进制数在物理上最容易实现。例如，可以只用高、低两个电平表示“1”和“0”，也可以用脉冲的有无或者脉冲的正负极性表示它们。

（2）二进制数表示的编码、计数、加减运算规则简单。

（3）二进制数的两个符号“1”和“0”正好与逻辑命题的两个值“是”和“否”或称“真”和“假”相对应，为实现计算机的逻辑运算和程序中的逻辑判断提供便利的条件。

2）引入八进制数和十六进制数的原因

二进制数书写冗长、易错、难记，而十进制数与二进制数之间的转换过程复杂，所以一般用十六进制数或八进制数作为二进制数的缩写。在单片机中，最常用的就是十六进制数。

4. 进制转换

1）非十进制数转换为十进制数

（1）$(100110)_2 \rightarrow 10$。

$$(100110)_2$$

$=1\times2^5+1\times2^2+1\times2^1$

$=32+4+2$

$=38$

（2）$(5675)_8\to10$。

$(5675)_8$

$=5\times8^3+6\times8^2+7\times8^1+5\times8^0$

$=2560+384+56+5$

$=3005$

（3）$(3B)_{16}\to10$。

$(3B)_{16}$

$=3\times16^1+11\times16^0$

$=48+11$

$=59$

2）十进制数转换为非十进制数

例如，$(25.3125)_{10}\to2$，整数部分和小数部分的转换方法不同。

（1）整数部分的转换（除基取余法）。

$(25)_{10}\to2$。

$(25)_{10}=(11001)_2$，先余为低，后余为高。

（2）小数部分的转换（乘基取整法）。

$(0.3125)_{10}\to2$。

$(0.3125)_{10}=(0.0101)_2$，先取整为高，后取整为低。

综上所述：

$(25.3125)_{10}=(11001)_2+(0.0101)_2$

$=(11001.0101)_2$

十进制数转换为八、十六进制数以此类推。

3）非十进制数间的转换

（1）二进制数与八进制数间的转换。

由于八进制的1位数相当于二进制的3位数，因此只要将二进制数从小数点开始，整数部分从右向左每3位数一组，小数部分从左向右每3位数一组，最后不足3位补零（无论向左还是向右），然后写出每一组等值的八进制数即可。

例1　$(302.54)_8\to2$。

解： 3　0　2　.　5　4　八进制数

011 000 010. 101 100 二进制数

$(302.54)_8=(11000010.1011)_2$

（2）二进制数与十六进制数间的转换。

二进制数转换为十六进制数的方法是从小数点开始，分别向左、向右将二进制数按每4位一组分组（不足4位的补0），然后写出每一组等值的十六进制数即可。

例2　$(1111111000111.100101011)_2\to16$。

解： 0001 1111 1100 0111. 1001 0101 1000 二进制数

1　F　C　7　.　9　5　8　十六进制数

$(1111111000111.100101011)_2 = (1FC7.958)_{16}$

例 3　$(3C.A6)_{16} \to 2$。

解：3　C　.　A　6　十六进制数

0011 1100. 1010 0110 二进制数

$(3C.A6)_{16} = (111100.1010011)_2$

（3）八进制数与十六进制数间的转换。

八进制数可按以下两种方法转换为十六进制数。

① 八进制数→十进制数→十六进制数。

② 八进制数→二进制数→十六进制数。

5. 二进制编码

人们在交换信息时，可以通过一定的信号或符号来进行。在数字电路中这些信号或符号往往用 0 和 1 组成的二进制数码来表示。这种具有特定意义的二进制数码称为二进制代码。代码的编制过程称为编码，编码的形式很多，本书只介绍常见的二－十进制（BCD）码。

二–十进制（BCD）码是用四位二进制数表示一位十进制数的编码方法，也称为二进制编码的十进制数，较常用的是 8421BCD 码，表 5－3 列出了 8421BCD 码和十进制数的对应关系。

表 5－3　8421BCD 码和十进制数的对应关系

十进制数	8421BCD 码	十进制数	8421BCD 码
0	0000	6	0110
1	0001	7	0111
2	0010	8	1000
3	0011	9	1001
4	0100	10	0001 0000
5	0101	11	0001 0001

只要熟悉了 BCD 码的十个编码，就可以很容易地实现十进制数与 BCD 码之间的转换。例如十进制数 52 的 8421BCD 码为 01010010，其中 0101 是十进制的 5，0010 是十进制的 2。

虽然 BCD 码是用二进制编码方式表示的，但它和二进制数之间不能直接转换，要用十进制数作为过渡，即先将 BCD 码转换为十进制数，再转换为二进制数。

5.3　基本逻辑关系及运算

逻辑代数是按一定的逻辑关系进行运算的代数，是分析和设计数字电路的数学根据。在逻辑代数中，只有 0 和 1 两种逻辑值，有与、或、非三种基本逻辑运算，还有与或、与非、与或非、异或等几种复合逻辑运算。

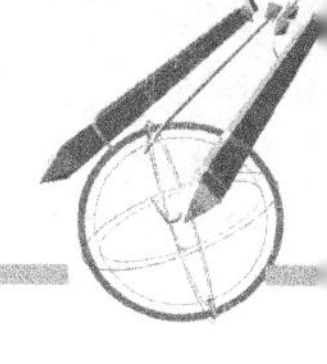

逻辑代数中的变量称为逻辑变量。逻辑变量的取值只有两种，即逻辑 0 和逻辑 1，0 和 1 称为逻辑常量，并不表示数量的大小，而是表示两种对立的逻辑状态。

逻辑关系是指条件和结果之间的关系，也叫因果关系。

1. 与逻辑运算

“与”就是“和”的意思，表示只有当决定一事件的条件全部具备之后，这个事件才会发生。这种特定的因果关系称为“与”逻辑关系。

与逻辑电路如图 5.2 所示，图中开关 A、B 串联，只有当 A、B 全部闭合时，灯 Y 才会亮，若其中一个开关断开，则灯就会灭。

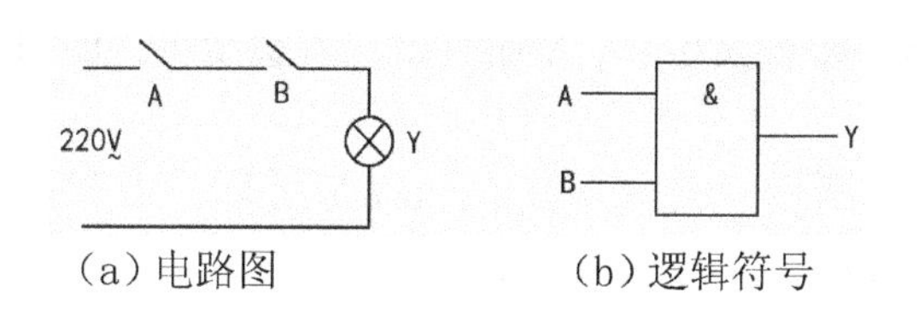

(a) 电路图　　(b) 逻辑符号

【逻辑运算】

图 5.2　与逻辑电路

表 5 - 4 为图 5.2 对应的逻辑真值表。真值表是表征逻辑事件输入和输出之间全部可能状态的表格。从该表中可以看出，输入量 A、B 与输出量 Y 之间的关系与普通代数乘法规律相同，与逻辑运算表达式表示为 Y = A · B 或 Y = AB。

表 5 - 4　与逻辑真值表

A	B	Y
0	0	0
0	1	0
1	0	0
1	1	1

2. 或逻辑运算

或逻辑关系为，只要有一个或一个以上的条件具备，这个事件才会发生。

或逻辑电路如图 5.3 所示，图中开关 A 和 B 并联，当开关 A 或开关 B 闭合时，灯 Y 都会被点亮，只有当 A 和 B 全部断开时，灯 Y 才会灭。

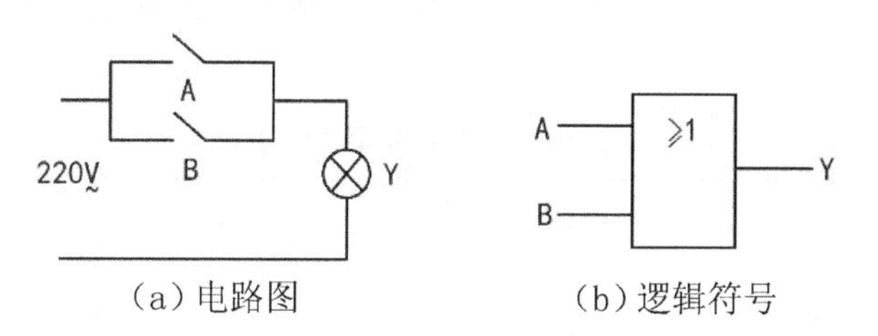

(a) 电路图　　(b) 逻辑符号

图 5.3　或逻辑电路

表 5 - 5 为图 5.3 对应的逻辑真值表，从该表中可以看出，输入量 A、B 与输出量 Y 之间的关系，与普通代数加法的规律相同，因此，或逻辑运算表达式表示为 Y = A + B。

表 5-5　或逻辑真值表

A	B	Y
0	0	0
0	1	1
1	0	1
1	1	1

3. 非逻辑运算

非逻辑关系为，当 A 事件发生时，Y 事件肯定不会发生，而当 A 事件不发生时，Y 事件反而会发生。

非逻辑电路如图 5.4 所示，图中开关 A 和灯 Y 并联，当开关 A 闭合时，灯 Y 熄灭，当开关 A 断开时，灯 Y 被点亮。非逻辑真值表见表 5-6。

非逻辑运算表达式表示为 $Y=\overline{A}$。

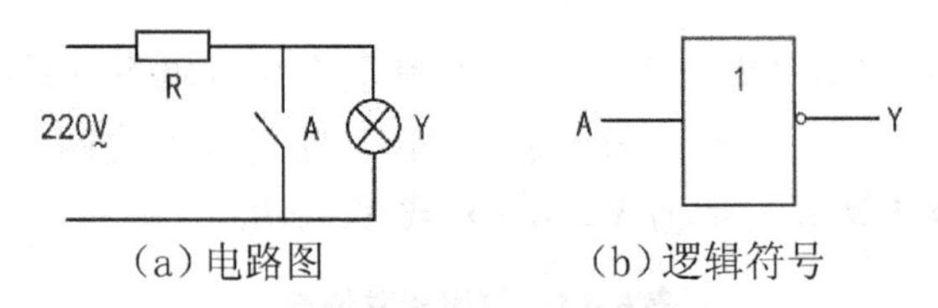

（a）电路图　（b）逻辑符号

图 5.4　非逻辑电路

表 5-6　非逻辑真值表

A	Y
0	1
1	0

4. 复合逻辑运算

在数字电路中，除了以上三种基本逻辑关系外，还有与非逻辑、与或非逻辑、异或逻辑、同或逻辑等其他逻辑关系。

1）与非逻辑

与非逻辑是由与和非两种逻辑运算符号组合而成的，其逻辑表达式为 $Y=\overline{AB}$，真值表见表 5-7。

表 5-7　与非逻辑真值表

A	B	Y
0	0	1
0	1	1
1	0	1
1	1	0

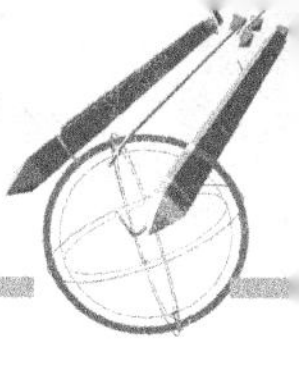

2）或非逻辑

或非逻辑是由或和非逻辑运算符号组合而成的，其逻辑表达式为 $Y=\overline{A+B}$，真值表见表5－8。

表5－8　或非逻辑真值表

A	B	Y
0	0	1
0	1	0
1	0	0
1	1	0

3）与或非逻辑

与或非逻辑表达式为 $Y=\overline{AB+CD}$。

4）异或逻辑

异或逻辑的运算就是在决定事件发生的各种条件中，当有奇数个条件具备时，这个事件就会发生。两个输入变量的异或逻辑表达式为 $Y=A\overline{B}+\overline{A}B=A\oplus B$。符号“$\oplus$”表示异或逻辑运算，异或逻辑真值表见表5－9。

表5－9　异或逻辑真值表

A	B	Y
0	0	0
0	1	1
1	0	1
1	1	0

从表5－9中可以看出，当A、B相同时，Y为0，否则为1。因此异或逻辑可表述为“异或同0”。

5）同或逻辑

同或逻辑表达式为 $Y=\overline{A}\,\overline{B}+AB=A\odot B$。

其真值表见5－10。

表5－10　同或逻辑真值表

A	B	Y
0	0	1
0	1	0
1	0	0
1	1	1

从表5-10中可以看出，当A、B相同时，Y为1，否则为0。因此同或逻辑可表述为“同或同1”。

5.4 数码管与译码器

1. 七段LED数码管

1）概述

七段LED数码管是利用7个LED组合而成的显示设备，可以显示0~9共10个数字，如图5.5所示。

图5.5 七段LED数码管及其显示

若要显示多个七段LED数码管，可分别驱动每个七段LED数码管，但分别驱动的方式将耗用较多的部件与成本。若是利用人眼的视觉滞留效应，则可以采用快速扫描的方式，只要一组驱动电路即可达到显示多个七段LED数码管的目的。

一般来说，七段LED数码管可分为共阳极和共阴极两种。共阳极就是把所有LED的阳极连接到共同接点COM，而每个LED的阴极分别为a、b、c、d、e、f、g以及dp（小数点），如图5.6(a)所示。共阴极就是把所有LED的阴极连接到共同接点COM，而每个LED的阳极分别为a、b、c、d、e、f、g以及dp（小数点），如图5.6(b)所示。

2）共阳极七段LED数码管

与使用普通LED类似，使用共阳极七段LED数码管时，首先把COM连接到V_{CC}，然后将每只阴极引脚各接一个限流电阻，限流电阻的大小为200~330Ω，电阻越大亮度越弱，电阻越小电流越大。如图5.7(a)所示，若只用一个限流电阻，则共阳极七段LED数码管显示不同的数字，将会有不同的亮度，错误的连接如图5.7(b)所示。

3）共阴极七段LED数码管

当使用共阴极七段LED数码管时，首先把COM连接到GND，然后将每只阴极引脚各接一个限流电阻，如图5.8所示。

4）多个七段LED数码管与七段LED数码管显示模块

若要同时使用多个七段LED数码管，则可采用扫描显示方式，也就是将每个七段

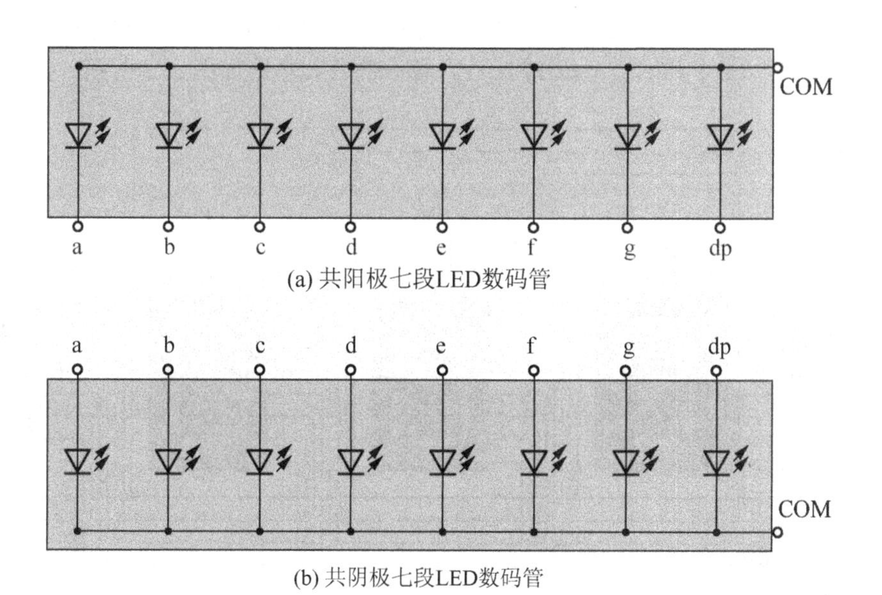

图 5.6　七段 LED 数码管的结构

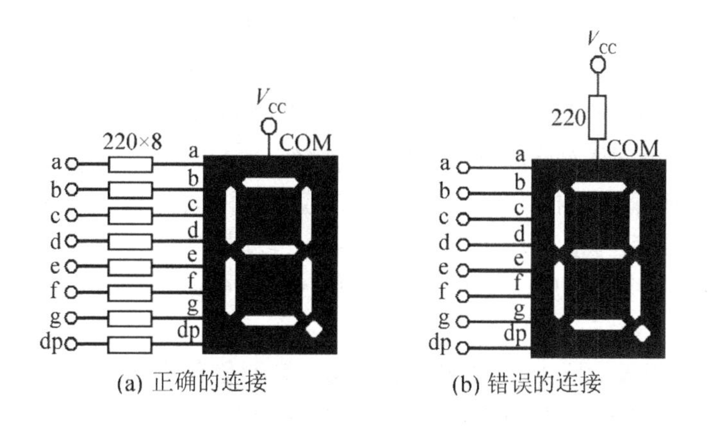

图 5.7　共阳极七段 LED 数码管的应用

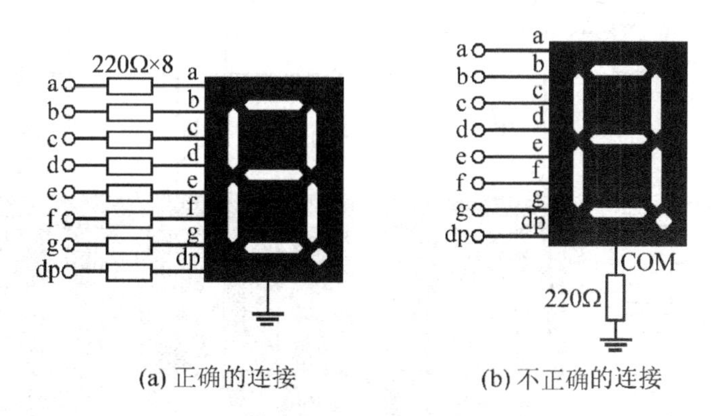

图 5.8　共阴极七段 LED 数码管的应用

LED 数码管的 a、b、…、g 都连接在一起，再使用晶体管分别驱动每个七段 LED 数码管的共同引脚 COM。以 4 个共阳极七段 LED 数码管为例，其电路如图 5.9 所示。

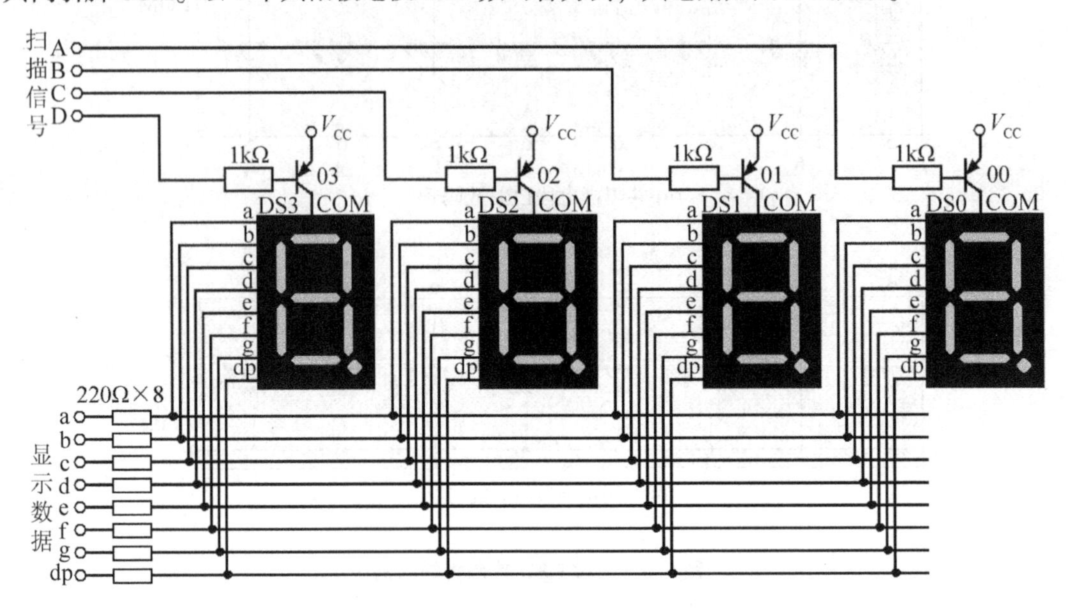

图 5.9　4 个共阳极七段 LED 数码管电路

其显示方式是将第一个七段 LED 数码管要显示的数据放到 a、b、…、g 总线上，然后将 1110 扫描信号送到 4 个晶体管的基极，第一个七段 LED 数码管即可显示。若要显示第二个七段 LED 数码管同样是将所要显示的数据放到 a、b、…、g 总线上，然后将 1101 扫描信号送到 4 个晶体管的基极，第二个七段 LED 数码管即可显示。其他两个数码管的显示依此类推。扫描一圈后再重新开始扫描，虽然在一段时间内，只显示一个七段 LED 数码管，但是只要从第一个到最后一个的扫描时间不超过 16ms，那么因人眼的视觉滞留效应就会同时看到这几个数字。

在使用 4 个共阳极七段 LED 数码管时，每个数码管都有 a、b、…、g，线路连接复杂，因此可改用 4 个七段 LED 数码管封装在一起的 LED 显示模块，如图 5.10 所示。

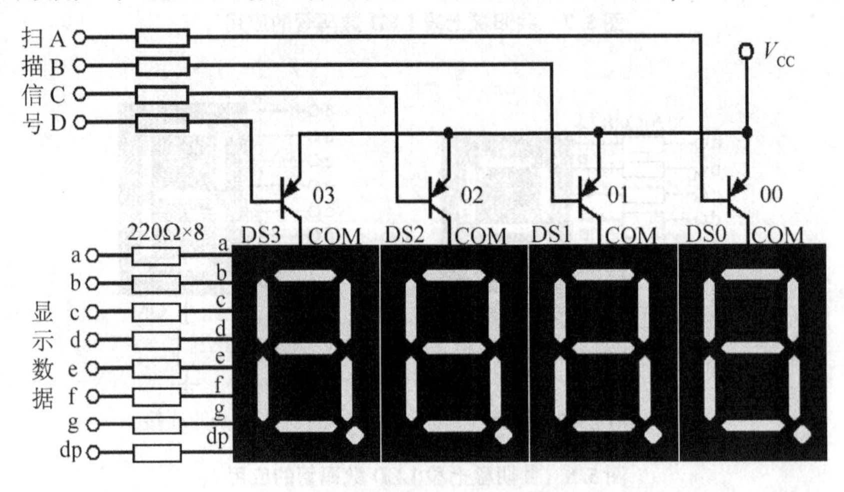

图 5.10　七段 LED 数码管显示模块

2. 译码器

1）概述

译码器就是将 BCD 码转换成七段 LED 数码管笔画数据的译码驱动集成电路。常用的译码器有 74LS46、74LS47、74LS48、74LS49 等，其中 74LS46 和 74LS47 输出低电平驱动的显示码，用以推动共阳极七段 LED 数码管；而 74LS48 和 74LS49 输出高电平驱动的显示码，用以推动共阴极七段 LED 数码管。74LS46、74LS47 和 74LS48 的引脚相同，为双并排 16Pins，74LS49 为双并排 14Pins，如图 5. 11 所示。

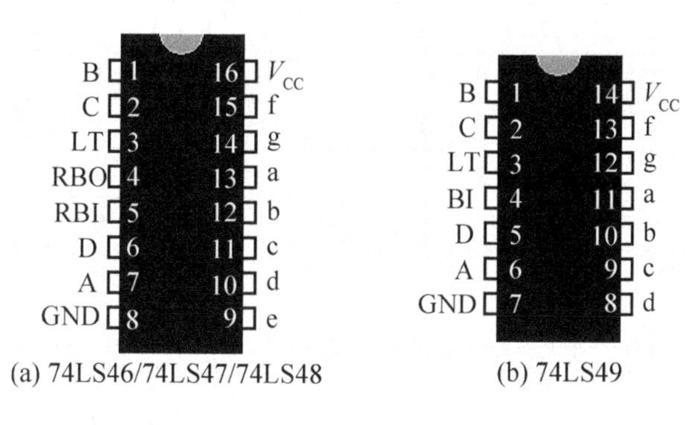

(a) 74LS46/74LS47/74LS48　　(b) 74LS49

图 5. 11　7446、7447、7448、7449 引脚

引脚说明如下。

D、C、B、A：BCD 码输入引脚。

a、b、…、g：七段 LED 数码管输出引脚。

LT：测试引脚。该脚为低电平时所连接的七段 LED 数码管全亮。正常情况下，该引脚为高电平。

RBI：连波淹没输入引脚。正常情况下，该引脚输入高电平。若本引脚输入低电平，且 D、C、B、A 引脚输入为 0，则该位数不显示，这项功能也称为消除前置 0 或消除尾端 0。

RBO：连波淹没输出引脚。正常情况下，该引脚输入高电平或者空接。若本引脚连接低电平，则该位数不显示。当该位数不显示时，本引脚将输出低电平，以串接到前一个位数的 RBI 引脚，作为消除前置 0 或消除尾端 0 之用。

2）真值表

74LS46、74LS47、74LS48 真值表见表 5 - 11。

表 5 - 11　74LS46、74LS47、74LS48 真值表

数字或功能	输入						RBO	74LS46/74LS47 输出							74LS48 输出						
	LT	RBI	D	C	B	A		a	b	c	d	e	f	g	a	b	c	d	e	f	g
0	1	1	0	0	0	0	1	0	0	0	0	0	0	1	1	1	1	1	1	1	0
1	1	×	0	0	0	1	1	1	0	0	1	1	1	1	0	1	1	0	0	0	0
2	1	×	0	0	1	0	1	0	0	1	0	0	1	0	1	1	0	1	1	0	1
3	1	×	0	0	1	1	1	0	0	0	0	1	1	0	1	1	1	1	0	0	1

续表

数字或功能	输入						RBO	74LS46/74LS47 输出							74LS48 输出						
	LT	RBI	D	C	B	A		a	b	c	d	e	f	g	a	b	c	d	e	f	g
4	1	×	0	1	0	0	1	1	0	0	1	1	0	0	0	1	1	0	0	1	1
5	1	×	0	1	0	1	1	0	1	0	0	1	0	0	1	0	1	1	0	1	1
6	1	×	0	1	1	0	1	1	1	0	0	0	0	0	0	0	1	1	1	1	1
7	1	×	0	1	1	1	1	0	0	0	1	1	1	1	1	1	1	0	0	0	0
8	1	×	1	0	0	0	1	0	0	0	0	0	0	0	1	1	1	1	1	1	1
9	1	×	1	0	0	1	1	0	0	0	1	1	0	0	1	1	1	0	0	1	1
10	1	×	1	0	1	0	1	1	1	1	0	0	1	0	0	0	0	1	1	0	1
11	1	×	1	0	1	1	1	1	1	0	0	1	1	0	0	0	1	1	0	0	1
12	1	×	1	1	0	0	1	1	0	1	1	1	0	0	0	1	0	0	0	1	1
13	1	×	1	1	0	1	1	0	1	1	0	1	0	0	1	0	0	1	0	1	1
14	1	×	1	1	1	0	1	1	1	1	0	0	0	0	0	0	0	1	1	1	1
15	1	×	1	1	1	1	1	1	1	1	1	1	1	1	0	0	0	0	0	0	0
BI	×	×	×	×	×	×	0	1	1	1	1	1	1	1	0	0	0	0	0	0	0
RBI	1	0	0	0	0	0	0	1	1	1	1	1	1	1	0	0	0	0	0	0	0
LT	0	×	×	×	×	×	1	0	0	0	0	0	0	0	1	1	1	1	1	1	1

特别提示

×代表 0 或 1。

3）测试七段 LED 数码管

若将 LT 引脚接地，则七段 LED 数码管全亮，可以检查是否有不显示的段。对于多个七段 LED 数码管的电路，可将每个 LT 引脚连接起来作为测试端，平时此端口接高电平，测试时将其接地即可。

3. 编码与查表法

从 74LS47、74LS48 的真值表可知，推动七段 LED 数码管所需要的信号是何种形式。以共阳极为例，74LS47 输出“1100000”编码，可以使所连接的七段 LED 数码管显示“6”，即“ ”。如果将 8051 的 I/O 口直接连接到七段 LED 数码管上，则当 I/O 口输出“1100000”时，就可不必使用 74LS47 译码，直接显示“ ”，甚至可以将输出改为“0100000”，显示另一种类型的“6”，即“ ”。所以，不同的编码会有不同的结果，利用软件输出编码以驱动七段 LED 数码管，就可以在很多场合取代 74LS47 等译码器。

利用 51 单片机输出自己定义的七段显示码时，需要使用编码表以及查表法程序，如下所示。

```
TABLE:                          ;abcdefg
        DB      00000011B       ;共阳极之0
        DB      10011111B       ;共阳极之1
        DB      00100101B       ;共阳极之2
        DB      00001101B       ;共阳极之3
        DB      10011001B       ;共阳极之4
        DB      01001001B       ;共阳极之5
        DB      01000001B       ;共阳极之6
        DB      00011111B       ;共阳极之7
        DB      00000001B       ;共阳极之8
        DB      00001001B       ;共阳极之9
```

这个编码表可以放置在程序之后或 END 指令之前。如果要使显示的数字放置在 R3 中，则共阳极七段 LED 数码管的连接方式如下。

```
P0.7 =>a          P0.6 =>b
P0.5 =>c          P0.4 =>d
P0.3 =>e          P0.2 =>f
P0.1 =>g
```

查表法程序如下所示。

```
        ORG     0
START:  MOV     DPTR,#TABLE     ;将 DPTR 指向编码表位置
        ...
        MOV     A,R3            ;将所要显示的数字放入 ACC
        MOVC    A,@A+DPTR       ;将根据 R3 取出编码表里的编码
        MOV     P0,A            ;输出到七段 LED 数码管
        ...
```

项目小结

本模块详细介绍了单片机数字电路的基本常识，主要包括模拟信号与数字信号的基本知识和区别。要求掌握二进制、八进制、十进制、十六进制的结构与相互转换方法，并学会与逻辑、或逻辑、非逻辑、复合逻辑等的结构与运算方法，七段 LED 数码管的结构与功能，74LS47/74LS48 译码器的结构与功能，为后续项目的学习奠定坚实基础。

习　题

1. 根据本模块的知识要点，说明模拟信号与数字信号的区别。
2. 请绘制表明各种数制相互关系的表格。
3. 复合逻辑运算主要包括哪些？请详细说明这些运算的功能。
4. 请绘制 74LS47 的真值表。

第二篇

实 战 篇

项目6

流水灯的设计与调试

知识目标

(1) 掌握静态点亮 LED 的设计方法。
(2) 掌握八灯交互闪烁的设计方法。
(3) 掌握花式流水灯的设计方法。
(4) 熟悉单片机的接口及功能。
(5) 掌握数据传输类指令的使用及功能。

能力目标

能力目标	相关知识	权重	自测分数
静态点亮 LED	LED 发光管、输出电路、相关指令、编写程序	20%	
八灯交互闪烁的设计	LED 发光管、输出电路、相关指令、编写程序	20%	
花式流水灯的设计	LED 发光管、输出电路、相关指令、编写程序	20%	
51 单片机的 I/O 口	P0 口、P1 口、P2 口、P3 口、输出电路	20%	
数据传输类指令	数据复制指令、查表法指令、外部数据访问指令、堆栈访问指令、数据交换指令	20%	

6.1 项目任务

6.1.1 静态点亮 LED 的设计与调试

1. 功能说明

利用 AT89C51 的 P2 口，分别静态点亮 D1、D3、D5、D7 共 4 个灯。

2. 电路原理图

在单片机系统的设计中，软件与硬件息息相关，不同的电路设计，程序就可能不太一样，因此在编写程序之前必须确定电路的连接。此处按图 6.1 所示的电路原理图连接电路。

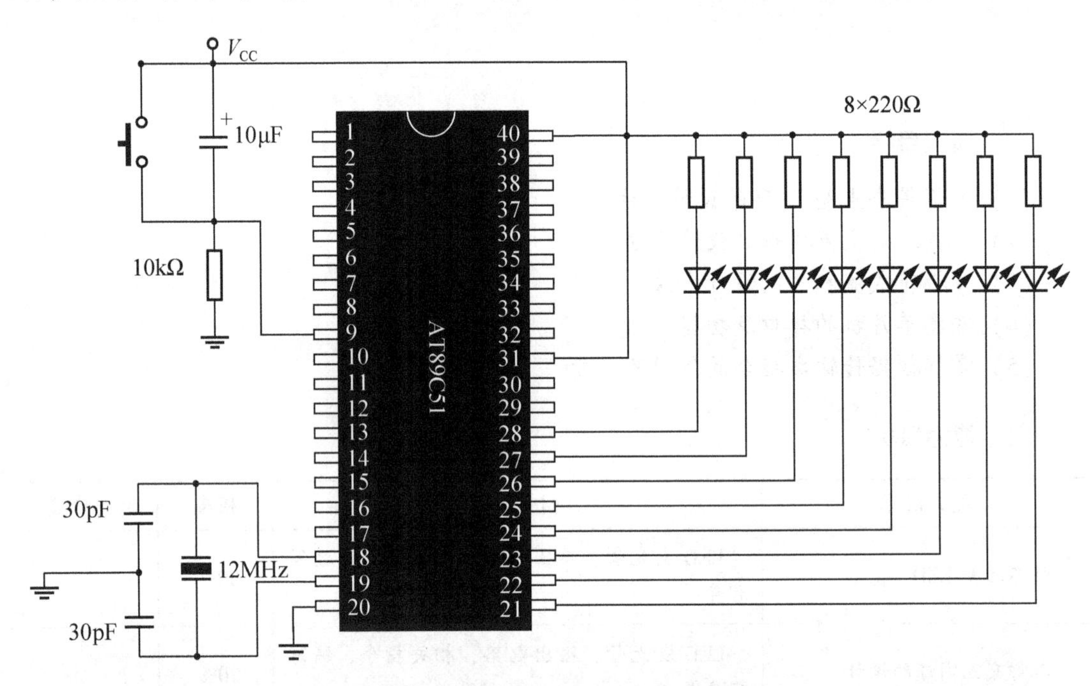

图 6.1　静态点亮 LED 的电路原理图

3. 元器件清单

一般设计电路都包括基本电路和功能电路两个部分，在本项目的所有任务中，电路基本相同，故涉及的元器件也基本一致，因此表 6-1 的元器件清单也是本项目后两个任务的元器件清单，后面将不再重复介绍。

表 6-1　静态点亮 LED 电路的元器件清单

序号	元器件名称	Proteus 中的名称	规格	数量	备注
1	单片机	AT89C51	12MHz	1 个	基本电路部分
2	石英振荡晶体	CRYSTAL	12MHz	1 个	
3	电解电容	CAP-ELEC	10μF/25V	1 个	

续表

序号	元器件名称	Proteus 中的名称	规格	数量	备注
4	陶瓷电容	CAP	30pF	2个	基本电路部分
5	电阻	RES	10kΩ	1个	
6	按钮开关	BUTTON	TACK SW	1个	
7	LED	LED-RED	共阳极	8个	功能电路部分
8	电阻	RES	220Ω	8个	

4. 设计思路

在学习多个灯被点亮之前，先来学习点亮单个灯，利用LED的单向发光性能点亮LED，送一个低电平过去即可。单灯点亮流程图如图6.2所示。

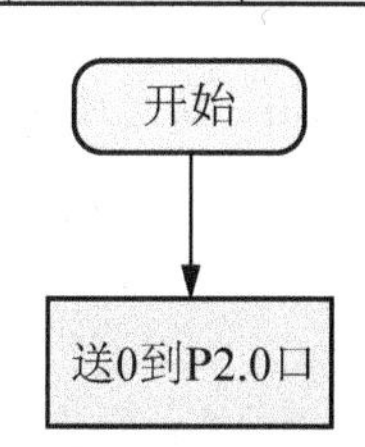

图6.2　单灯点亮流程图

程序如下。

```
ORG      0000H          ;程序从0开始
CLR      P2.0           ;P2.0设为低电平
END                     ;程序结束
```

如果同时点亮P2.0、P2.2、P2.4、P2.6所连接的LED，应该如何设计呢?

```
ORG      0000H          ;程序从0开始
CLR      P2.0           ;P2.0设为低电平
CLR      P2.2           ;P2.2设为低电平
CLR      P2.4           ;P2.4设为低电平
CLR      P2.6           ;P2.6设为低电平
END                     ;程序结束
```

由程序中容易看出，只要将对应的P2口进行清零即可。但是是否可以将上述程序进行简化呢?请看下面的程序。

```
ORG      0000H          ;程序从0开始
MOV      P2,#0AAH       ;让P2口的内容为10101010B
END                     ;程序结束
```

为使程序显得更加完整，在此介绍一种比较舒服的写法。具体内容如下。

6.1.2　八灯交互闪烁的设计与调试

1. 功能说明

利用AT89C51的P2口来控制8个LED，使单数灯和双数灯交替闪烁（电路原理图和元器件清单请参考前文）。

2. 设计思路

有了电路，有了概念，就可以将概念画成流程图，八灯交互闪烁流程图如图6.3所示。

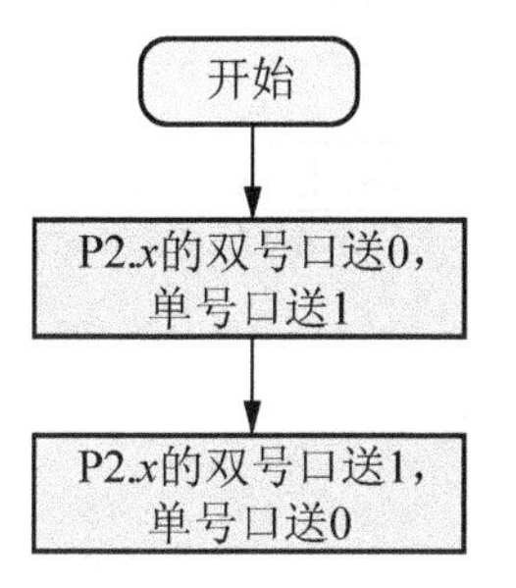

图6.3　八灯交互闪烁流程图

程序如下。

```
        ORG     0000H       ;程序从 0 开始
START:  MOV     A,#0AAH     ;让 ACC 的内容为 10101010B
        MOV     P2,A        ;从 P2 口输出 ACC 的内容
        MOV     A,#55H      ;让 ACC 的内容为 01010101B(即反相)
        MOV     P2,A        ;从 P2 口输出 ACC 的内容
        JMP     START       ;跳到 START 处执行
        END                 ;程序结束
```

仔细阅读上述程序，在此可以换另一种写法。

```
        ORG     0000H       ;程序从 0 开始
        MOV     A,#0AAH     ;让 ACC 的内容为 10101010B
START:  MOV     P2,A        ;从 P2 口输出 ACC 的内容
        CPL     A           ;对 ACC 的内容取反(即反相)
        JMP     START       ;跳到 START 处执行
        END                 ;程序结束
```

上面两个程序，八灯交互闪烁的时间间隔由程序语句自身的运行时间来决定，同时也可以通过延时子程序来设定交互闪烁的时间，此设计可使程序更完整，相应设计流程图如图 6.4 所示，参考程序见文后。

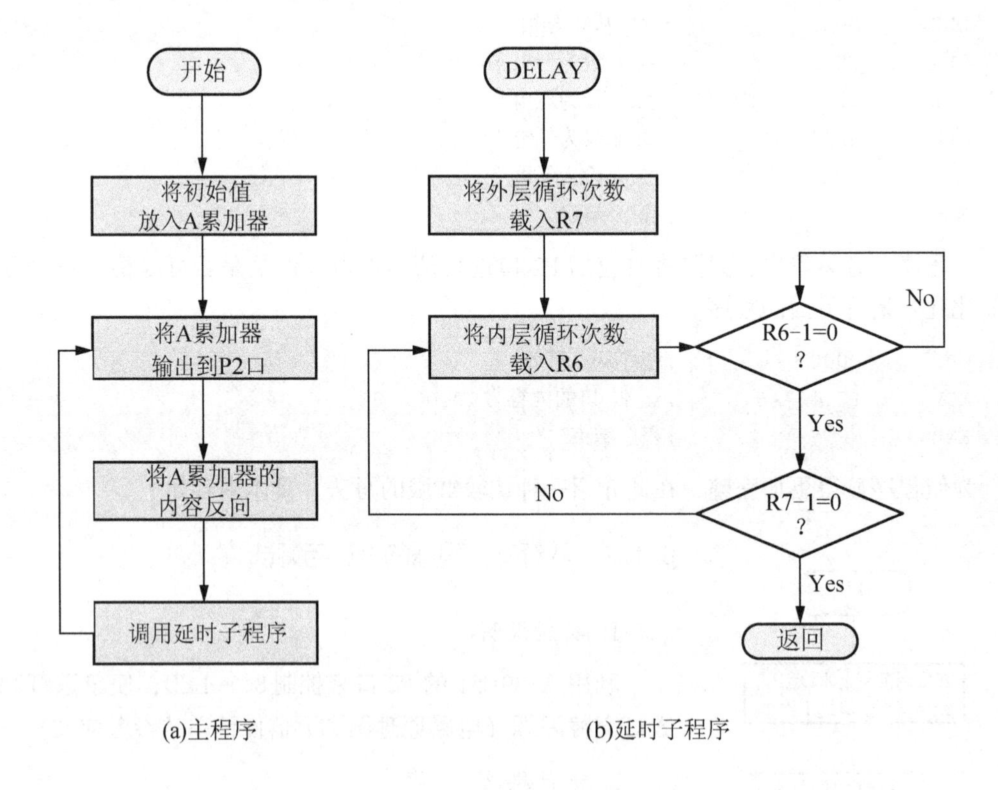

图 6.4　八灯交互闪烁设计流程图

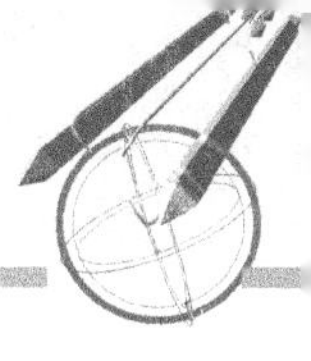

6.1.3　花式流水灯的设计与调试

1. 功能说明

花式流水灯只有一个LED亮，灯亮由右向左移，再移回右边，如此不断地来回移动。其实验效果和流程示意图如图6.5所示（电路原理图和元器件清单请参考前文）。

2. 设计思路

由设计要求可以得出：花式流水灯 = 左移 + 右移 + 循环。故先来设计流水灯的左移。

1）“流水灯左移”实验

本实验是从P2口输出的8个LED中，从P2.0所连接的LED开始亮，任何时候只有一个LED亮，即单灯左移，移到P2.7后再从P2.0亮起，如此循环，另外要求每个灯点亮的时间要保持0.1s。单灯左移效果图如图6.6所示。

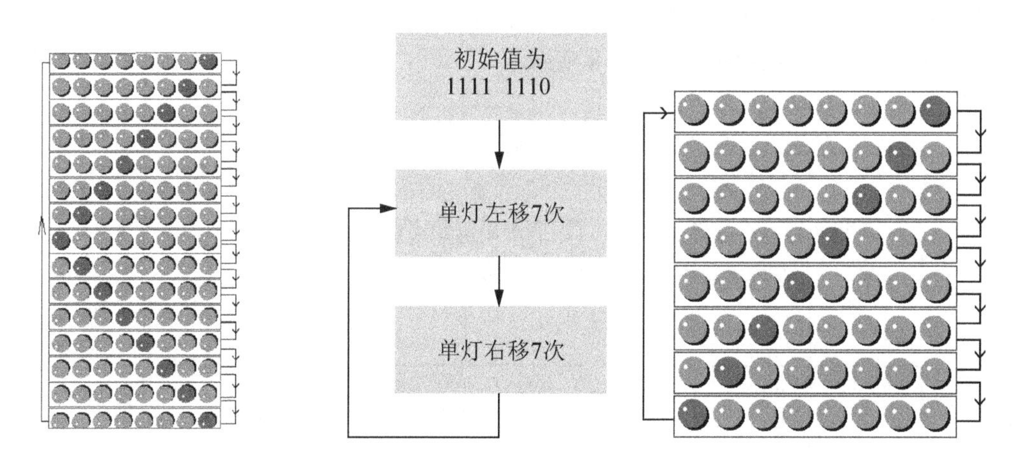

图6.5　花式流水灯实验效果和流程示意图　　图6.6　单灯左移效果图

(1) 设计要点。

① 若要LED亮，则P2对应位输出0。因此，刚开始时输出为1111 1110，即可使最右边LED亮，其余LED不亮。

② 若要从最右边第一个LED亮转变成第二个LED亮，可以对P2口送值1111 1101，或者使用左移指令，即RL　A。

③ AT89C51的计次循环格式，如图6.7(a) 所示，其中Rn为记录次数的寄存器。例如，若要重复执行指令块5次，则可以用图6.7(b) 所示的命令。

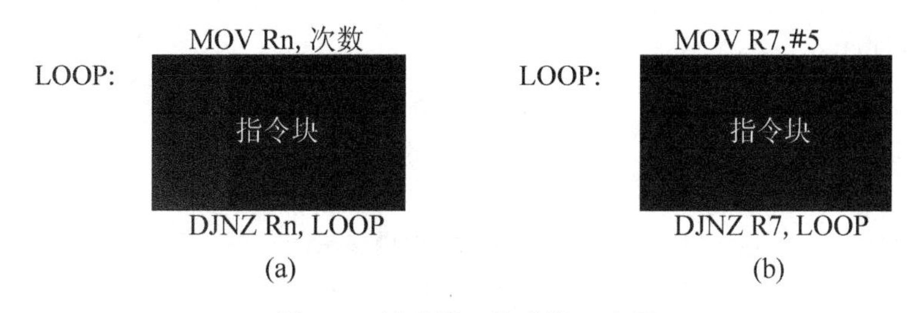

图6.7　计次循环指令块示意图

④ 每个 LED 亮的时间大约为 0.1s，因此需要一个延时程序，利用几次循环完成该设计，程序如下。

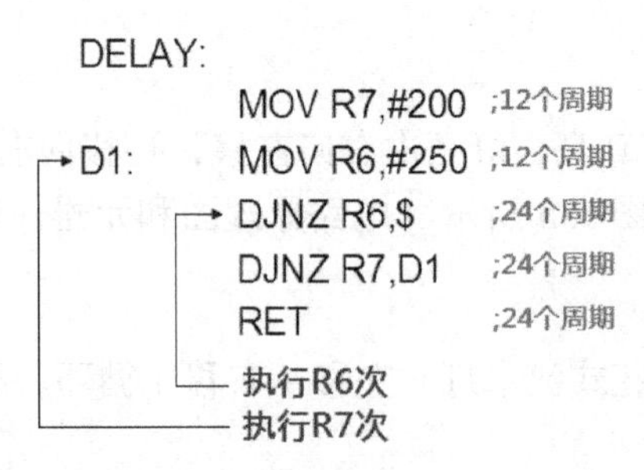

DELAY:
MOV R7,#200 ;12个周期
D1: MOV R6,#250 ;12个周期
DJNZ R6,$;24个周期
DJNZ R7,D1 ;24个周期
RET ;24个周期
执行R6次
执行R7次

其中 DJNZ　R6，$ 指令是对本身那条指令执行 R6 次。对于 12MHz 时钟脉冲的 AT89C51 而言，12 个周期（1 个机器周期）刚好是 1μs，整个子程序延时时间 T 为

$$T=1+(1+2\times R6+2\times R7)+2=3+3\times R7+2\times R6\times R7\approx 2\times R6\times R7(\mu s)$$

若 R6＝250，R7＝200，则延时时间 $T\approx 0.1s$。

（2）单灯左移的流程图，如图 6.8 所示。

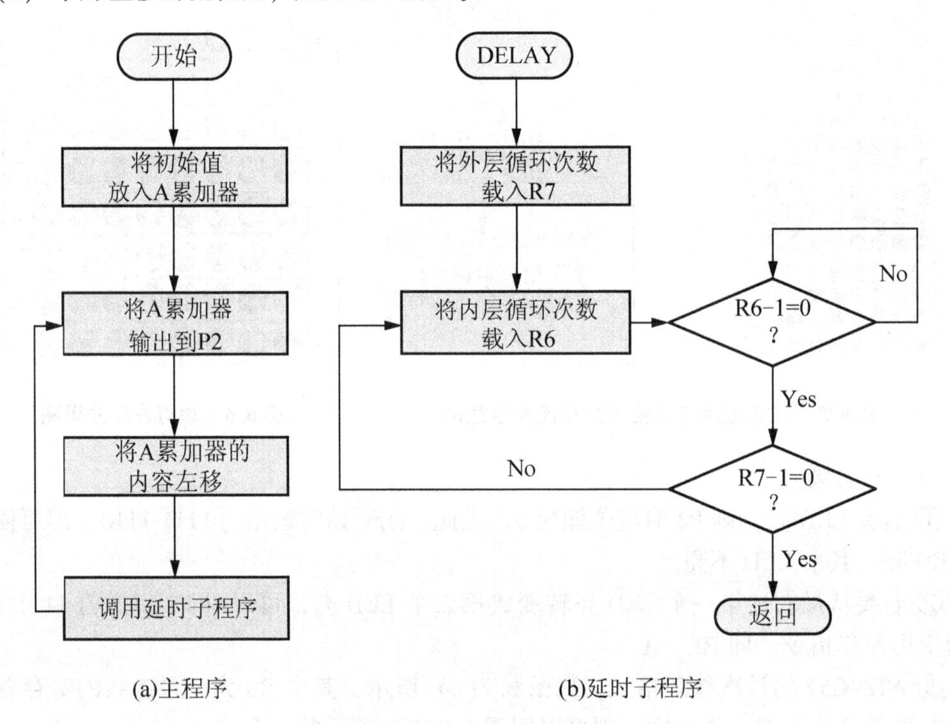

图 6.8　单灯左移的流程图

（3）参考程序。

```
         ORG     0000H        ;程序从 0 开始
START:   MOV     A,#0FEH      ;让 ACC 的内容为 11111110B
LOOP:    MOV     P2,A         ;从 P2 口输出 ACC 的内容
         RL      A            ;将 ACC 的内容左移
         CALL    DELAY        ;调用延迟子程序
         JMP     LOOP         ;跳到 LOOP 处执行
```

```
DELAY:                          ;延迟子程序
            MOV     R7,#200     ;R7 寄存器加载 200 次
D1:         MOV     R6,#250     ;R6 寄存器加载 250 次
            DJNZ    R6,$        ;本行执行 R6 次
            DJNZ    R7,D1       ;D1 循环执行 R7 次
            RET                 ;返回主程序
            END                 ;结束程序
```

由单灯左移得出的主程序如下。

```
            ORG     0000H       ;程序从 0 开始
START:      MOV     A,#07FFH    ;让 ACC 的内容为 01111111B
LOOP:       MOV     P2,A        ;从 P2 口输出 ACC 的内容
            RR      A           ;将 ACC 的内容右移
            CALL    DELAY       ;调用延迟子程序
            JMP     LOOP        ;跳到 LOOP 处执行
```

2）具体设计思路

(1) 花式流水灯程序一般是单灯左移和单灯右移的组合，其实例流程图如图 6.9 所示。

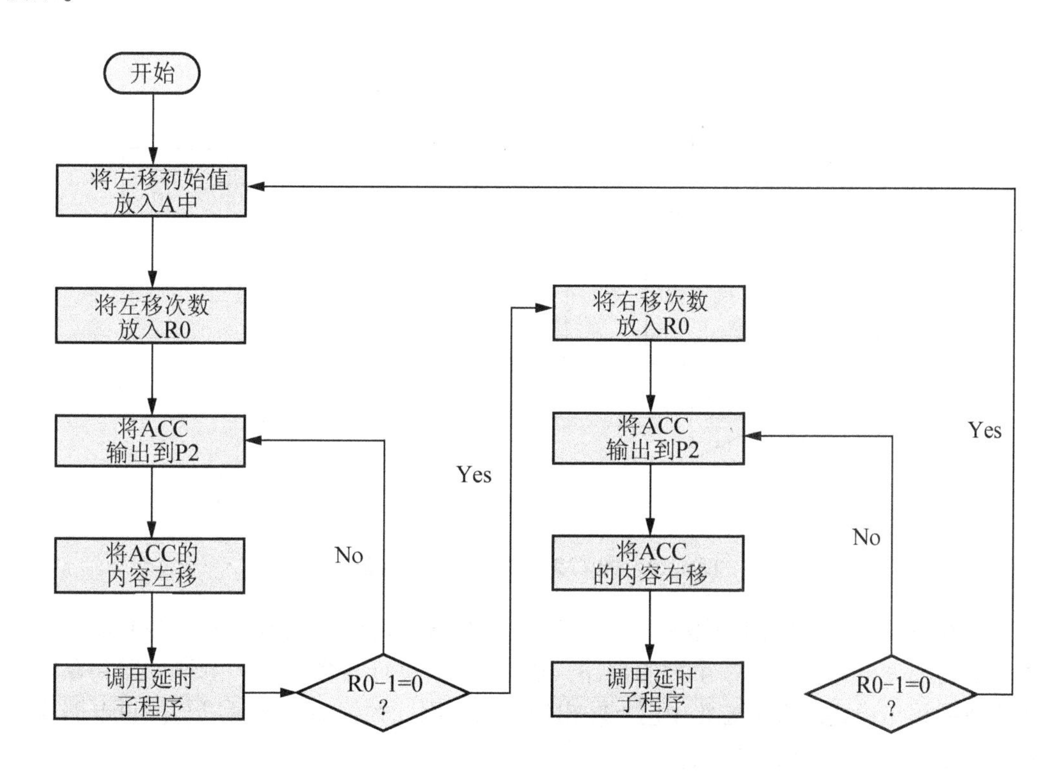

图 6.9　花式流水灯实例流程图

(2) 若一开始时单灯左移，则其初始值为 1111 1110。

(3) 左移 7 次之后，将变成最左边 LED 亮，其他 LED 不亮。紧接着是单灯右移，右

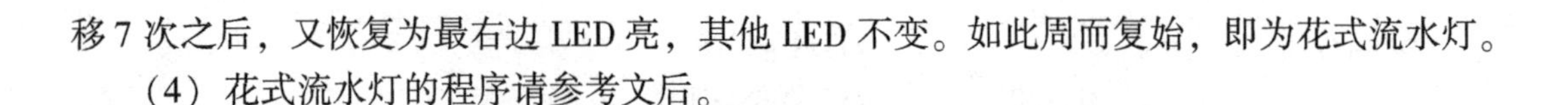

移7次之后，又恢复为最右边LED亮，其他LED不变。如此周而复始，即为花式流水灯。

（4）花式流水灯的程序请参考文后。

6.2 相关知识

6.2.1 单片机的I/O口

1. 单片机的I/O口

AT89C51共有32条并行双向I/O口线，分成4个I/O口，分别记作P0、P1、P2和P3。每个端口均由数据输入缓冲器、数据输出驱动及锁存器等组成。4个端口在结构和特性上是基本相同的，但是又各有特点。

1）P0

P0口为8位、可寻址的I/O口，以AT89C51为例，P0.0为39号脚、P0.1为38号脚……P0.7为32号脚，图6.10为其某位内部电路结构图。

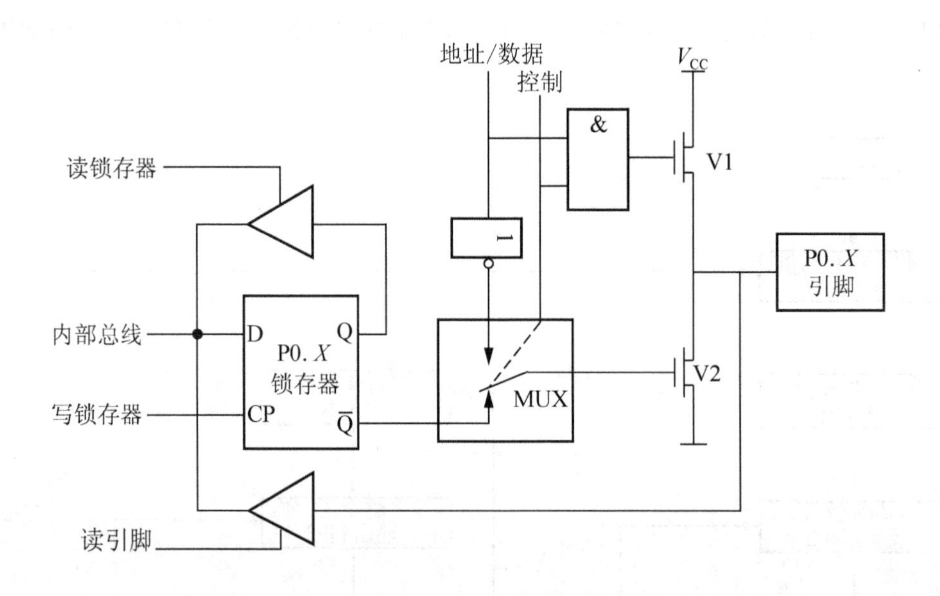

图6.10 P0口某位内部电路结构图

由图6.10可见，电路中包含一个数据输出锁存器、两个三态数据输入缓冲器、一个数据输出的驱动电路和一个输出控制电路。当对P0口进行写操作时，由锁存器和驱动电路构成数据输出通路。由于通路中已有输出锁存器，因此数据输出时可以与外设电路直接连接，而不需再加数据锁存电路。

考虑到P0口既可以作为通用的I/O口进行数据的输入/输出，又可以作为单片机系统的地址/数据线使用，因此在P0口的电路中有一个多路转接电路MUX。在控制信号的作用下，多路转接电路可以分别接通输出锁存器或地址/数据线。当P0口作为通用的I/O口使用时，内部的控制信号为低电平，封锁与门，将输出驱动电路的上拉场效应管（FET）

截止，同时使多路转接电路 MUX 接通锁存器 Q 端的输出通路。

读端口是指通过上面的缓冲器读锁存器 Q 端的状态。在端口已处于输出状态的情况下，Q 端与引脚的信号是一致的，这样安排的目的是为了适应对口进行“读—修改—写”操作指令的需要。例如，“ANL P0，A”就是属于这类指令，执行时先读入 P0 口锁存器中的数据，然后与 A 的内容进行逻辑与，再把结果送回 P0 口。对于这类“读—修改—写”指令，不直接读引脚而读锁存器是为了避免可能出现的错误。因为在端口已处于输出状态的情况下，如果端口的负载恰是一个晶体管的基极，导通了的 PN 结会把端口引脚的高电平拉低，这样直接读引脚就会把本来的“1”误读为“0”。但若从锁存器 Q 端读，就能避免这样的错误，从而得到正确的数据。

特别提示

当 P0 口进行一般的 I/O 输出时，由于输出电路是漏极开路电路，因此必须外接上拉电阻才能有高电平输出；当 P0 口进行一般的 I/O 输入时，必须先向电路中的锁存器写入“1”，使 FET 截止，以避免锁存器为“0”状态时对引脚读入的干扰。

在实际应用中，P0 口绝大多数情况下都是作为单片机系统的地址/数据线使用，这要比作为一般 I/O 口应用简单。

综上所述，P0 口的特点如下。

（1）P0 的 8 位均为漏极开路输出，每个引脚可以驱动 8 个 LS 型的 TTL 负载。

（2）P0 内部无上拉电阻，执行输出功能时，外部必须接上拉电阻（10kΩ 即可）。

（3）要执行输入功能，必须先输出高电平，才能读取该端口所连接的外部数据。

（4）若系统连接外部存储器，则 P0 可以作为地址总线（A0 ~ A7）及数据总线（D0 ~ D7）的多功能引脚。

2）P1

P1 口是一个准双向口，通常作为通用 I/O 口使用，在电路结构上要比 P0 简单。当它作为输出口使用时，能向外提供推拉电流而无须外接上拉电阻。当它作为输入口使用时，同样也需要向锁存器写入 1，使输出驱动电路的 FET 截止，P1 口某位内部电路结构图如图 6. 11 所示。

综上所述，P1 口的特点如下。

（1）P1 的 8 位均为漏极开路输出，每个引脚可以驱动 4 个 LS 型的 TTL 负载。

（2）P1 内部具有 30kΩ 上拉电阻，执行输出功能时，不需连接外部上拉电阻。

（3）要执行输入功能，必须先输出高电平，才能读取该端口所连接的外部数据。

（4）若是 8052/8032，则 P1. 0 兼具 Timer2 的外部脉冲输入功能（即 T2），P1. 1 兼具 Timer2 的捕捉/重新加载的触发输入功能（即 T2EX）。

上拉电阻的作用参考图如图 6. 12 所示。

3）P2

P2 口也是一个准双向口，可以作为通用 I/O 口使用。由于 P2 口有时要作为地址线使用，因此它比 P1 口多了一个多路开关 MUX。当它作为高位地址线使用时，MUX 接通地址信号。它作为通用 I/O 口使用时，MUX 接通锁存器，使内部总线与其接通。当它作为输

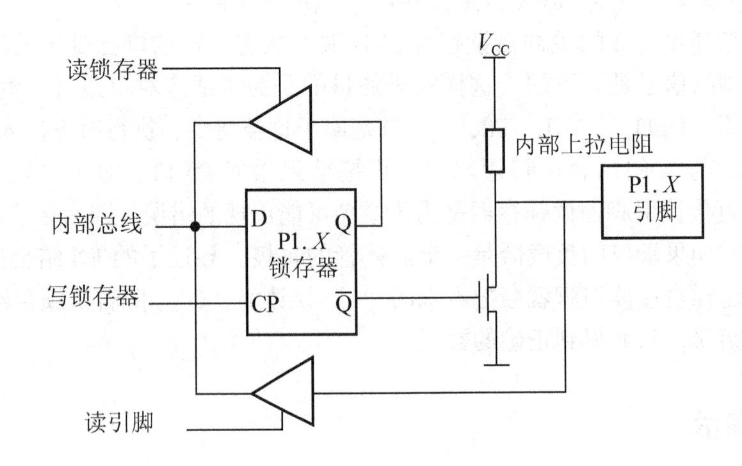

图 6.11　P1 口某位内部电路结构图

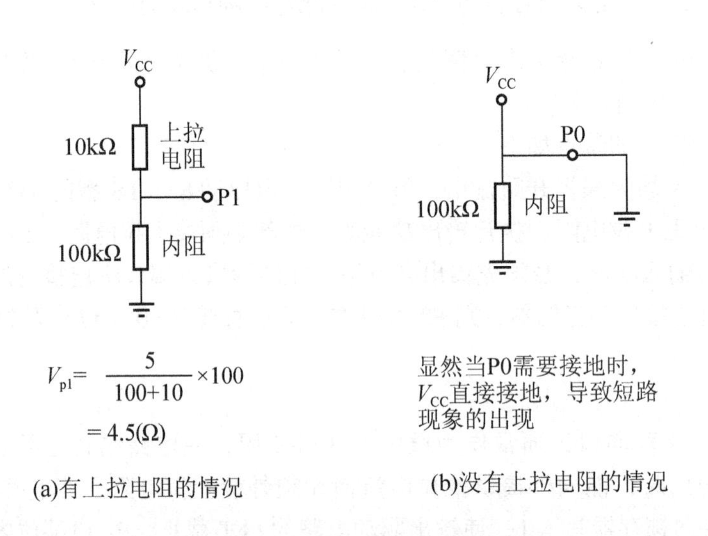

图 6.12　上拉电阻的作用参考图

出口使用时，无须外接上拉电阻。当它作为输入口使用时，应区分读引脚和读锁存器。读引脚时，应先向锁存器写 1。P2 口某位内部电路结构图如图 6.13 所示。

综上所述，P2 口的特点如下。

(1) P2 的 8 位均为漏极开路输出，每个引脚可以驱动 4 个 LS 型的 TTL 负载。

(2) P2 内部具有 30kΩ 上拉电阻，当执行输出功能时，不需连接外部上拉电阻。

(3) 要执行输入功能，必须先输出高电平，才能读取该端口所连接的外部数据。

(4) 若系统连接外部存储器，则 P2 可以作为地址总线（A8～A15）。

4) P3

P3 口是一个双功能口，也是一个准双向口，既可以作为通用 I/O 口使用，又具有第二功能。P3 口某位内部电路结构图如图 6.14 所示。

当 P3 口作为通用输出口时，第二功能输出应保持高电平，与非门开通，数据可顺利

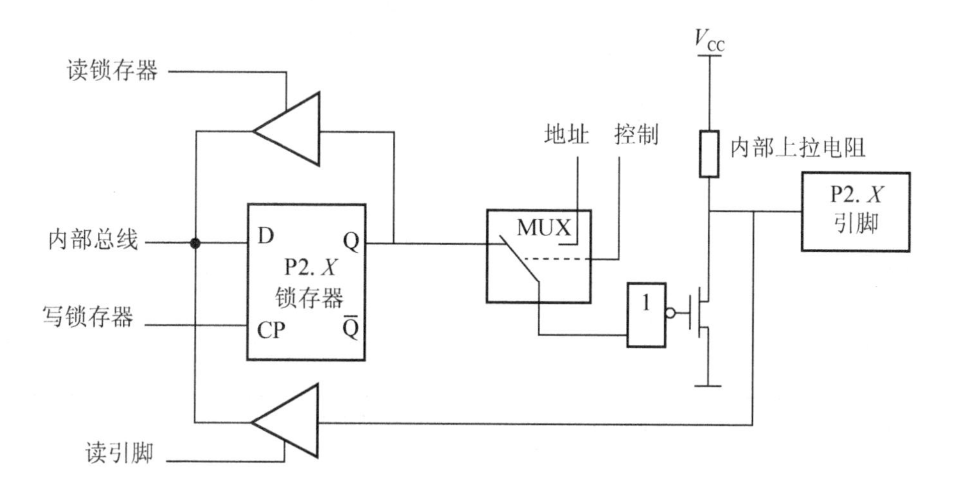

图 6.13 P2 口某位内部电路结构图

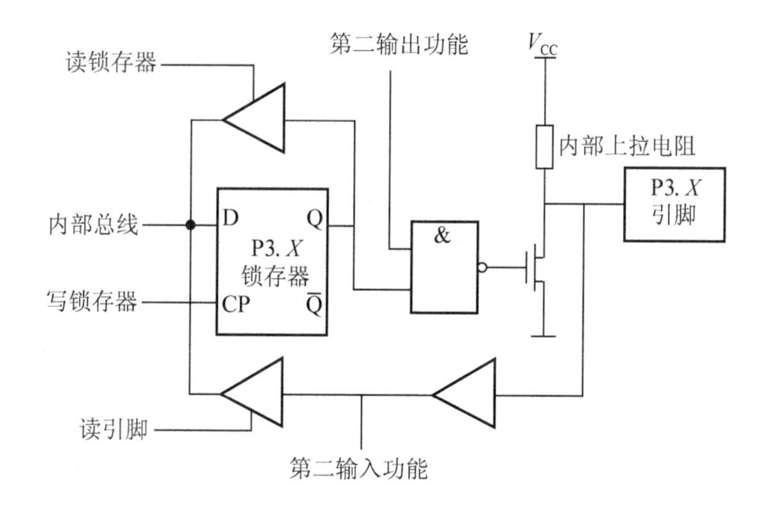

图 6.14 P3 口某位内部电路结构图

地从锁存器到输出端引脚上。当作为第二功能信号输出时，该位的锁存器 Q 端应置 1，使与门对第二功能信号的输出打开，从而实现第二功能信号的输出。当 P3 口作为通用输入口，或第二功能输入的信号引脚使用时，输出电路的锁存器 Q 端和第二功能输出信号线都应置 1。当 P3 口的某些端口线作为第二功能使用时，就不能再作为通用 I/O 口使用了，其他未使用的端口线仍可作为通用 I/O 端口使用。相反，若 P3 口作为通用 I/O 口使用，就不能再作为第二功能使用了。

综上所述，P3 口的特点如下。

(1) P3 的 8 位均为漏极开路输出，每个引脚可以驱动 4 个 LS 型的 TTL 负载。

(2) P3 内部具有 30kΩ 上拉电阻，当执行输出功能时，不需连接外部上拉电阻。

(3) 要执行输入功能，必须先输出高电平，才能读取该端口所连接的外部数据。

(4) P3 口的 8 个引脚功能各异，具体见表 6－2。

表6-2　P3口的8个引脚功能表

P3	其他功能	说　明
P3.0	RXD	串行口的接收引脚
P3.1	TXD	串行口的传送引脚
P3.2	INT0	INT0 中断输入
P3.3	INT1	INT1 中断输入
P3.4	T0	Timer0 输入
P3.5	T1	Timer1 输入
P3.6	WR	写入外部存储器控制引脚
P3.7	RD	读取外部存储器控制引脚

2. 输出电路的设计

1）驱动 LED

LED 即发光二极管，其体积小、耗电量低，常作为计算机与数字电路的输出设备，用以指示信号状态。近年来，LED 的技术发展很快，除了红色、绿色、黄色之外，还出现了白色和蓝色，而随着高亮 LED 的出现，更是开始取代传统灯泡，成为交通标志（红绿灯）的发光组件。就连汽车尾灯，也开始流行使用 LED 车灯。

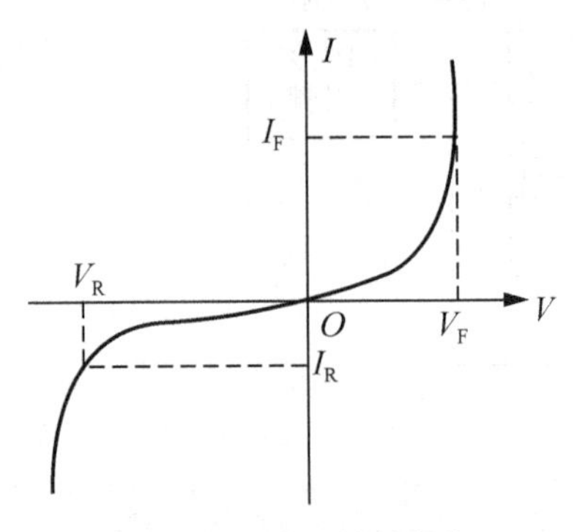

图6.15　LED 特性曲线

LED 具有二极管的特点，即当逆向偏压时，LED 将不发光；当顺向偏压时，LED 将发光。其图形符号为▷|。以红色 LED 为例，顺向偏压时 LED 两端有 1.7V 左右的压降（比二极管大）。图6.15为其特性曲线。

随着流过 LED 的电流增加，LED 的亮度也会增加，但 LED 的寿命也会相应缩短，因此电流以 10～20mA 为宜。51 单片机的 I/O 口都是漏极开路的输出，其中 P1、P2 和 P3 内有 30kΩ，因此想从 P1、P2 和 P3 流出 10～20mA 的电流会比较困难，但如果电流从外面流入 51 单片机的 I/O 端口，就可以大些。

如图6.16(b) 所示，当输出低电平时，输出端的 FET 将导通，输出端电压接近 0V，若 LED 顺向时，两端电压 V_d 为 1.7V，则限流电阻 R 两端电压为 3.3V。如果希望流过 LED 的电流 I_d 限制为 10mA，则此电流电阻 R 为

$$R=\frac{5-1.7}{10}=330(\Omega)$$

若想要 LED 亮一点，可以使 I_d 提高为 15mA，则限流电阻改为

$$R=\frac{5-1.7}{15}=220(\Omega)$$

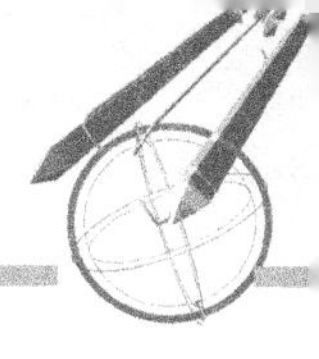

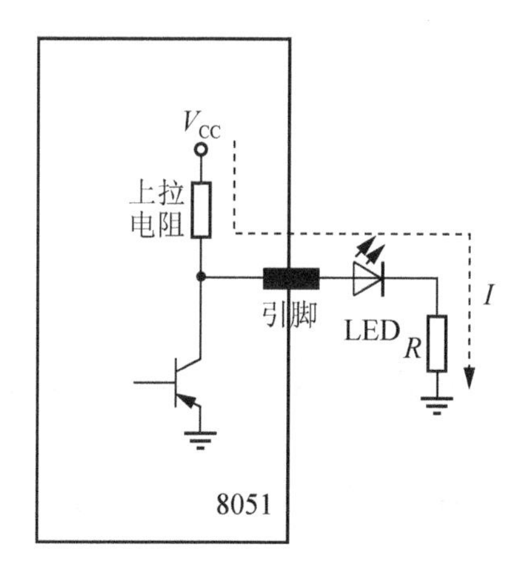

(a) 错误的连接方式

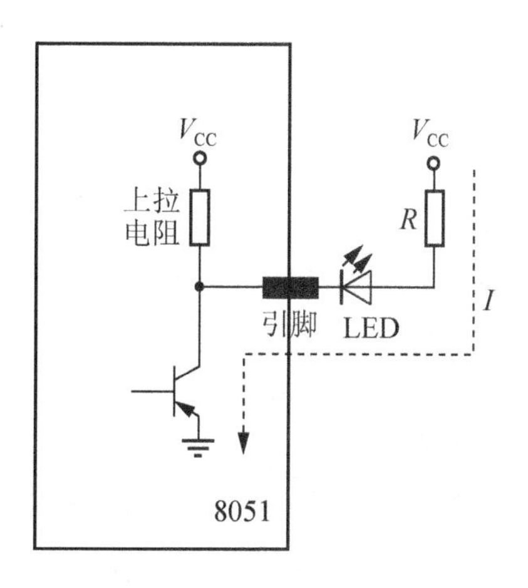

(b) 正确的连接方式

图 6.16　LED 的不同连接方式

2）驱动喇叭

一般喇叭是一种电感性的负载，AT89C51 驱动喇叭的信号为各种频率的脉冲。因此，最简单的喇叭驱动方式是利用达林顿晶体管，或者两个常用的小晶体管连接成达林顿架构。如图 6.17 所示，其中 R 为限流电阻，在此利用晶体管的高电流增益，以达到电路快速饱和的目的。不过若要 P0 输出到此电路，还需要连接一个 10kΩ 的上拉电阻。图 6.17(a) 适用于 P1、P2 和 P3，图 6.17(b) 适用于 P0。

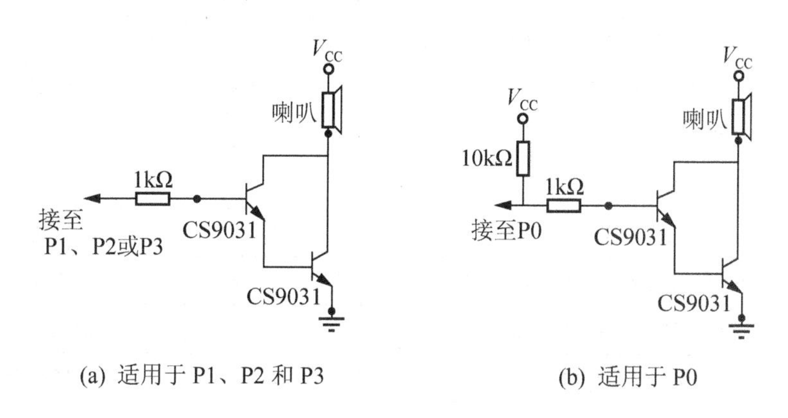

(a) 适用于 P1、P2 和 P3　　　(b) 适用于 P0

图 6.17　驱动喇叭的电路连接方式

6.2.2　延时程序的设计

1. 单层循环

由上述内容可知，当 Rn 赋值为几，循环就执行几次，上例执行 5 次，因此本例执行的机器周期个数 = 1(MOV R7,#5) + 2(DJNZ R7,DEL) × 5 = 11，以 12MHz 的晶振为例，执行时间（延时时间）= 机器周期个数 × 1μs = 11μs，当设定立即数为 0 时，循环程序最多执行 256 次，即延时时间最多 256μs。

2. 双层循环

1）格式

```
DELL:MOV R7,#bb
DELL1:MOV  R6,#aa
DELL2:DJNZ R6,DELL2; rel 在本句中指标号 DELL2
DJNZ R7,DELL1; rel 在本句中指标号 DELL1
```

注意：循环的格式，写错很容易变成死循环，格式中的 Rn 和标号可随意指定。

2）执行过程

假设上述循环 bb＝3，aa＝4，则双层循环表见表 6－3。

表 6－3　双层循环表

外部循环	内部循环	执行指令	Rn 的值		DJNZ 转移到 DEL/顺序执行
			指令执行前	指令执行后	
		DELL:MOV R7, #3	R7 不确定	(R7)＝3	
外部循环第一次		DELL1:MOV　R6, #4	R6 不确定	(R6)＝4	
	内部循环 4 次	DELL2:DJNZ R6, DELL2	(R6)＝4	(R6)＝3	转移到 DELL2
		DELL2:DJNZ R6, DELL2	(R6)＝3	(R6)＝2	转移到 DELL2
		DELL2:DJNZ R6, DELL2	(R6)＝2	(R6)＝1	转移到 DELL2
		DELL2:DJNZ R6, DELL2	(R6)＝1	(R6)＝0	顺序执行，当前循环结束
		DJNZ R7, DELL1	(R7)＝3	(R7)＝2	转移到 DELL1
外部循环第二次		DELL1:MOV　R6, #4	(R6)＝0	(R6)＝4	
	内部循环 4 次	DELL2:DJNZ R6, DELL2	(R6)＝4	(R6)＝3	转移到 DELL2
		DELL2:DJNZ R6, DELL2	(R6)＝3	(R6)＝2	转移到 DELL2
		DELL2:DJNZ R6, DELL2	(R6)＝2	(R6)＝1	转移到 DELL2
		DELL2:DJNZ R6, DELL2	(R6)＝1	(R6)＝0	顺序执行，当前循环结束
		DJNZ R7, DELL1	(R7)＝2	(R7)＝1	转移到 DELL1
外部循环第三次		DELL1:MOV　R6, #4	(R6)＝0	(R6)＝4	
	内部循环 4 次	DELL2:DJNZ R6, DELL2	(R6)＝4	(R6)＝3	转移到 DELL2
		DELL2:DJNZ R6, DELL2	(R6)＝3	(R6)＝2	转移到 DELL2
		DELL2:DJNZ R6, DELL2	(R6)＝2	(R6)＝1	转移到 DELL2
		DELL2:DJNZ R6, DELL2	(R6)＝1	(R6)＝0	顺序执行，当前循环结束
		DJNZ R7, DELL1	(R7)＝1	(R7)＝0	顺序执行，当前循环结束

3）延时时间计算

由表 6－4 可知，本循环可以分成两个部分。一个部分是内部循环，包括 DELL2:DJNZ

R6，DELL2，计算机器周期个数 = 2(DELL2:DJNZ R,DELL2) ×4 = 8。

另一个是外部循环包括 DELL1:MOV　R6，#4 执行一次，DELL2:DJNZ R6，DELL2 执行 4 次，DJNZ R7，DELL1 执行一次，机器周期的计算与单层循环相同，计算机器周期个数 = 1(DELL1:MOV　R6,#4) + 2(DELL2:DJNZ R6,DELL2) ×4 + 2(DJNZ R7,DELL1) = 11。

本例总机器周期个数 = 外部循环 ×3 + 1(DELL:MOV R7,#3) = 34。

因此，双层循环的总机器周期个数 = 1(DELL:MOV R7,#bb) + bb【1(DELL1:MOV　R6,#aa) + 2(DELL2:DJNZ R6,DELL2) × aa + 2(DJNZ R7,DELL1)】= 1 + bb(3 + 2aa)。当 aa 比较大时，如果计算精度要求不高，可以忽略（3 + 2aa）中的 3，同理可忽略 1 + bb(3 + 2aa) 中的 1，此时双层循环的总机器周期个数 ≈ 2aa × bb。以机器周期为 1μs 为例，延时时间 ≈ 2aa × bb × 1μs，当 aa 和 bb 都取 0 时，延时时间最多 ≈ 2 × 256 × 256 × 1μs = 0.13s。

4）延时程序设计

设计延时程序时，只要计算出 aa 和 bb 即可。为了使精度高一些，应将 aa 的值尽量变大，忽略（3 + 2aa）中 3 的作用才会减少。

例 1　设计 50ms 的延时程序（机器周期为 1μs）。

50ms = 50000μs = 2aa × bb × 1μs = 2 × 250 × 100 × 1μs

则延时程序为：

```
DELL:MOV R7,#100
DELL1:MOV  R6,#250
DELL2:DJNZ R6,DELL2; rel 在本句中指标号 DELL2
DJNZ R7,DELL1; rel 在本句中指标号 DELL1
```

例 2　设计 0.1s 的延时程序（机器周期为 1μs）。

0.1s = 100000μs = 2aa × bb × 1μs = 2 × 250 × 200 × 1μs

则延时程序为：

```
DELL:MOV R7,#200
DELL1:MOV  R6,#250
DELL2:DJNZ R6,DELL2; rel 在本句中指标号 DELL2
DJNZ R7,DELL1; rel 在本句中指标号 DELL1
```

例 3　设计 0.1s 的延时程序（机器周期为 2μs）。

0.1s = 100000μs = 2aa × bb × 2μs = 2 × 250 × 100 × 2μs

则延时程序为：

```
DELL:MOV R7,#100
DELL1:MOV  R6,#250
DELL2:DJNZ R6,DELL2; rel 在本句中指标号 DELL2
DJNZ R7,DELL1; rel 在本句中指标号 DELL1
```

3. 三层循环

1）格式

```
DELL:MOV R7,#cc
```

```
DELL1:MOV  R6,#bb
DELL2:MOV R5,#aa
DELL3:DJNZ R5,DELL3; rel 在本句中指标号 DELL3
DJNZ R6,DELL2; rel 在本句中指标号 DELL2
DJNZ R7,DELL1; rel 在本句中指标号 DELL1
```

注意：循环的格式，写错很容易变成死循环，格式中的 Rn 和标号可随意指定。

2）执行过程

例：假设上述循环 cc = 2，bb = 3，aa = 4，则三层循环表见表 6-4。

表 6-4　三层循环表

外部循环	中间循环	内部循环	执行指令	Rn 的值		DJNZ 转移到 DEL/顺序执行
				指令执行前	指令执行后	
			DELL:MOV R7, #2	R7 不确定	(R7) = 2	
外部循环第一次			DELL1:MOV　R6, #3	R6 不确定	(R6) = 3	
	中间循环第一次		DELL2:MOV R5, #4	R5 不确定	(R5) = 4	
		内部循环4次	DELL3:DJNZ R5, DELL3	(R5) = 4	(R5) = 3	转移到 DELL3
			DELL3:DJNZ R5, DELL3	(R5) = 3	(R5) = 2	转移到 DELL3
			DELL3:DJNZ R5, DELL3	(R5) = 2	(R5) = 1	转移到 DELL3
			DELL3:DJNZ R5, DELL3	(R5) = 1	(R5) = 0	顺序执行，当前循环结束
			DJNZ R6, DELL2	(R6) = 3	(R6) = 2	转移到 DELL2
	中间循环第二次		DELL2:MOV R5, #4	(R5) = 0	(R5) = 4	
		内部循环4次	DELL3:DJNZ R5, DELL3	(R5) = 4	(R5) = 3	转移到 DELL3
			DELL3:DJNZ R5, DELL3	(R5) = 3	(R5) = 2	转移到 DELL3
			DELL3:DJNZ R5, DELL3	(R5) = 2	(R5) = 1	转移到 DELL3
			DELL3:DJNZ R5, DELL3	(R5) = 1	(R5) = 0	顺序执行，当前循环结束
			DJNZ R6, DELL2	(R6) = 2	(R6) = 1	转移到 DELL2
	中间循环第三次		DELL2:MOV R5, #4	(R5) = 0	(R5) = 4	
		内部循环4次	DELL3:DJNZ R5, DELL3	(R5) = 4	(R5) = 3	转移到 DELL3
			DELL3:DJNZ R5, DELL3	(R5) = 3	(R5) = 2	转移到 DELL3
			DELL3:DJNZ R5, DELL3	(R5) = 2	(R5) = 1	转移到 DELL3
			DELL3:DJNZ R5, DELL3	(R5) = 1	(R5) = 0	顺序执行，当前循环结束
			DJNZ R6, DELL2	(R6) = 1	(R6) = 0	顺序执行，当前循环结束
			DJNZ R7, DELL1	(R7) = 2	(R7) = 1	转移到 DELL1

续表

外部循环	中间循环	内部循环	执行指令	Rn 的值		DJNZ 转移到 DEL/顺序执行
				指令执行前	指令执行后	
外部循环第二次			DELL1:MOV　R6, #3	R6 不确定	(R6)=3	
	中间循环第一次		DELL2:MOV R5, #4	R5 不确定	(R5)=4	
		内部循环4次	DELL3:DJNZ R5, DELL3	(R5)=4	(R5)=3	转移到 DELL3
			DELL3:DJNZ R5, DELL3	(R5)=3	(R5)=2	转移到 DELL3
			DELL3:DJNZ R5, DELL3	(R5)=2	(R5)=1	转移到 DELL3
			DELL3:DJNZ R5, DELL3	(R5)=1	(R5)=0	顺序执行，当前循环结束
			DJNZ R6, DELL2	(R6)=3	(R6)=2	转移到 DELL2
	中间循环第二次		DELL2:MOV R5, #4	(R5)=0	(R5)=4	
		内部循环4次	DELL3:DJNZ R5, DELL3	(R5)=4	(R5)=3	转移到 DELL3
			DELL3:DJNZ R5, DELL3	(R5)=3	(R5)=2	转移到 DELL3
			DELL3:DJNZ R5, DELL3	(R5)=2	(R5)=1	转移到 DELL3
			DELL3:DJNZ R5, DELL3	(R5)=1	(R5)=0	顺序执行，当前循环结束
			DJNZ R6, DELL2	(R6)=2	(R6)=1	转移到 DELL2
	中间循环第三次		DELL2:MOV R5, #4	(R5)=0	(R5)=4	
		内部循环4次	DELL3:DJNZ R5, DELL3	(R5)=4	(R5)=3	转移到 DELL3
			DELL3:DJNZ R5, DELL3	(R5)=3	(R5)=2	转移到 DELL3
			DELL3:DJNZ R5, DELL3	(R5)=2	(R5)=1	转移到 DELL3
			DELL3:DJNZ R5, DELL3	(R5)=1	(R5)=0	顺序执行，当前循环结束
			DJNZ R6, DELL2	(R6)=1	(R6)=0	顺序执行，当前循环结束
			DJNZ R7, DELL1	(R7)=1	(R7)=0	顺序执行，当前循环结束

3）延时时间计算

由表6-5可知，本循环可以分成三个部分。

内部循环包括 DELL3：DJNZ R5，DELL3，内部循环计算机器周期个数 = 2aa。

中间循环一次包括 DELL2：MOV R5，#aa 一次 + 内部循环 + DJNZ R6，DELL2 一次，一次中间循环计算机器周期个数 = 2aa + 3，总的中间循环计算机器周期个数 = bb(2aa + 3)。

外部循环一次包括 DELL1:MOV　R6，#bb 一次 + 中间循环 + DJNZ R7，DELL1 一次，一次外部循环计算机器周期个数 = bb(2aa + 3) + 3，总的外部循环计算机器周期个数 = cc[bb(2aa + 3) + 3]。

总机器周期个数 = 1(DELL:MOV R7,#cc) + 总的外部循环计算机器周期个数 = cc[bb(2aa + 3) + 3] + 1。

如果计算精度要求不高，可以忽略（3 + 2aa）中的3，同理可忽略 3 + bb(3 + 2aa) 中的3、cc[bb(2aa + 3) + 3] + 1 中的1，此时三层循环的总机器周期个数≈2aa × bb × cc。以

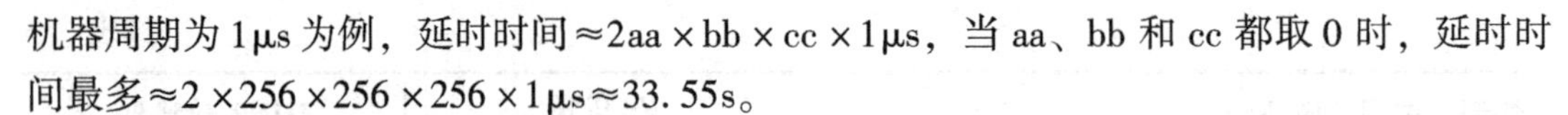

机器周期为 1μs 为例，延时时间≈2aa×bb×cc×1μs，当 aa、bb 和 cc 都取 0 时，延时时间最多≈2×256×256×256×1μs≈33. 55s。

4）延时程序设计

设计延时程序时，只要计算出 aa、bb 和 cc 即可。为了使精度高一些，应将 aa 的值尽量变大，其次是 bb 的值。

例 4 设计 1s 的延时程序（机器周期为 1μs）。

1s = 1000000μs = 2aa×bb×cc×1μs = 2×250×250×8×1μs

则延时程序为：

```
DELL:MOV R7,#8
DELL1:MOV  R6,#250
DELL2:MOV R5,#250
DELL3:DJNZ R5,DELL3; rel 在本句中指标号 DELL3
DJNZ R6,DELL2; rel 在本句中指标号 DELL2
DJNZ R7,DELL1; rel 在本句中指标号 DELL1
```

例 5 设计 1s 的延时程序（机器周期为 2μs）。

1s = 1000000μs = 2aa×bb×cc×2μs = 2×250×250×4×2μs

则延时程序为：

```
DELL:MOV R7,#4
DELL1:MOV  R6,#250
DELL2:MOV R5,#250
DELL3:DJNZ R5,DELL3; rel 在本句中指标号 DELL3
DJNZ R6,DELL2; rel 在本句中指标号 DELL2
DJNZ R7,DELL1; rel 在本句中指标号 DELL1
```

例 6 设计 10s 的延时程序（机器周期为 1μs）。

10s = 10000000μs = 2aa×bb×cc×1μs = 2×250×250×80×1μs

则延时程序为：

```
DELL:MOV R7,#80
DELL1:MOV  R6,#250
DELL2:MOV R5,#250
DELL3:DJNZ R5,DELL3; rel 在本句中指标号 DELL3
DJNZ R6,DELL2; rel 在本句中指标号 DELL2
DJNZ R7,DELL1; rel 在本句中指标号 DELL1
```

51 单片机延时时间的计算方法和延时程序设计（c 语言）：

```
void yanshi(uint n)
{
 uchar data i = &quot;0&quot;;
 for(i =0;i&lt;N;I ++);
 return;
}延时时间 =12*(n* 12 +17)/fosc
```

用 keil 测时功能很容易得到这个关系，很精确，偏差不过几微秒。

① 延时 50μs 子程序：

注意事项：基于 1MIPS，AT89 系列对应 12M 晶振，W77、W78 系列对应 3M 晶振。

例子提示：调用 delay_ 50us（20），得到 1ms 延时。

```
void delay_50us(uint t)
{
uchar j;
for(;t&gt;0;t--)
 for(j=19;j&gt;0;j--)
 ;
}
```

② 延时 1ms 子程序：

```
void DelayMs(unsigned int n)
{
unsigned int i,j;
for(i=0;i&lt;n;i++)
for(j=0;j&lt;120;j++);
}
```

③ //延时 10ms 子程序：

```
void DelayMs(unsigned int n)
{
uchar i,j,k;
for(i=5;i&gt;0;i--)
for(j=4;j&gt;0;j--)
for(k=248;k&gt;0;k--);
}
```

④ 延时 1s 子程序

```
void delay1s(void)
{ unsigned char h,i,j,k;
for(h=5;h&gt;0;h--)
for(i=4;i&gt;0;i--)
for(j=116;j&gt;0;j--)
for(k=214;k&gt;0;k--); }
```

⑤ 延时 200ms 子程序：

```
void delay200ms(void)
{ unsigned char i,j,k;
for(i=5;i&gt;0;i--)for(j=132;j&gt;0;j--)
for(k=150;k&gt;0;k--); }
```

⑥ 延时 500ms 子程序：

```
void delay500ms(void)
{ unsigned char i,j,k;
for(i =15;i&gt;0;i --)for(j =202;j&gt;0;
j --)for(k =81;k&gt;0;k --); }
```

6.2.3 数据转移类指令

数据转移指令的功能是将源操作数的数据复制到目的操作数中，或将指定的操作数内容交换。数据转移指令属于 AT89C51 指令中的最大类，包括 28 条指令，在此分为数据复制指令、查表法指令、外部数据访问指令、堆栈访问指令和数据交换指令这五大类来介绍。

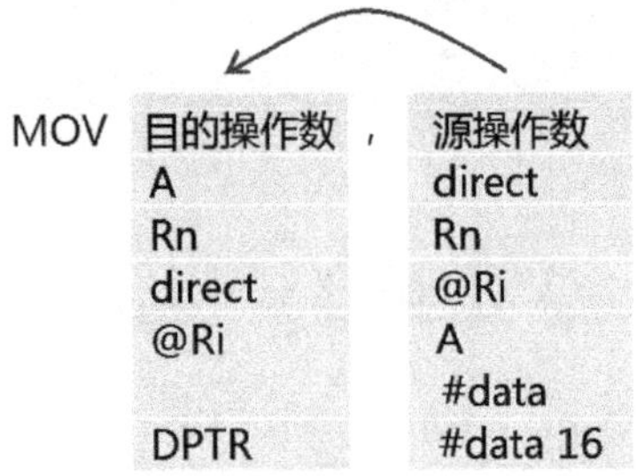

MOV	目的操作数	,	源操作数
	A		direct
	Rn		Rn
	direct		@Ri
	@Ri		A
			#data
	DPTR		#data 16

图 6.18　数据复制指令格式

1. 数据复制指令

数据复制指令的功能是将源操作数的数据复制到目的操作数，数据复制指令格式如图 6.18所示。其中源操作数可以是 RAM 地址 direct 的数据、寄存器 Rn 的内容、以间址寄存器 Ri 的内容为地址（@Ri）的数据、立即数#data 以及 ACC 的内容等。目的操作数可为 RAM 地址 direct、寄存器 Rn、以间址寄存器 Ri 的内容为地址（@Ri）、数据指针寄存器 DPTR 以及 ACC 等。数据复制指令及其使用见表 6 -5。

表 6 -5　数据复制指令及其使用

MOV　A, direct			
说　　明	将存储器（RAM）地址（direct）的内容复制到 ACC，即（direct)→ACC		
编译后大小	2B	执行时间	12 个时钟脉冲
范　　例	MOV　A, 20H		
若执行前	ACC = 12H　存储器（20H）地址的内容为 ABH		
执 行 后	ACC = ABH　(20H) = ABH		
MOV　A, Rn			
说　　明	将寄存器 Rn 的内容复制到 ACC，即 Rn→ACC		
编译后大小	1B	执行时间	12 个时钟脉冲
范　　例	MOV　A, R1		
若执行前	ACC = 12H　R1 = 27H		
执 行 后	ACC = 27H　R1 = 27H		
MOV　A, @Ri			
说　　明	以间址寄存器 Ri 的内容为地址，将存储器中该地址内的数据复制到 ACC，即（Ri)→ACC		

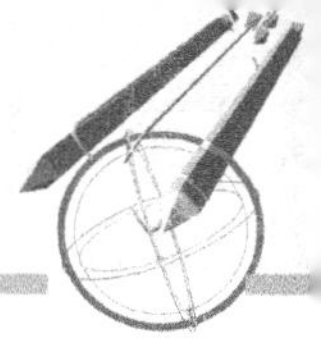

续表

编译后大小	1B	执行时间	12个时钟脉冲
范　例	MOV　A, @ R0		
若执行前	ACC = 35H　R0 = 21H　(21H) = A3H		
执行后	ACC = A3H　R0 = 21H　(21H) = A3H		
	MOV　A, #data		
说　明	将立即数 data 复制到 ACC，即 data→ACC		
编译后大小	2B	执行时间	12个时钟脉冲
范　例	MOV　A, #125		
若执行前	ACC = 12H		
执行后	ACC = 125		
	MOV　Rn, A		
说　明	将 ACC 的内容复制到寄存器 Rn，即 ACC→Rn		
编译后大小	1B	执行时间	12个时钟脉冲
范　例	MOV　R5, A		
若执行前	ACC = ABH　R5 = 30H		
执行后	ACC = ABH　R5 = ABH		
	MOV　Rn, #data		
说　明	将立即数 data 复制到 Rn，即 data→Rn		
编译后大小	2B	执行时间	12个时钟脉冲
范　例	MOV　R7, #200		
若执行前	R7 = 00H		
执行后	R7 = 2002		
	MOV　Rn, direct		
说　明	将存储器地址（direct）的内容复制到 Rn，即（direct）→Rn		
编译后大小	2B	执行时间	24个时钟脉冲
范　例	MOV　R2, 20H		
若执行前	R2 = 01H　(20H) = 30H		
执行后	R2 = 30H　(20H) = 30H		
	MOV　direct, A		
说　明	将 ACC 的内容复制到存储器地址（direct），即 ACC→(direct)		

续表

编译后大小	2B	执行时间	12 个时钟脉冲
范　例	MOV　W0H, A		
若执行前	ACC = AAH　(20H) = 30H		
执 行 后	ACC = AAH　(20H) = AAH		

MOV　direct, Rn

说　明	将寄存器 Rn 的内容复制到存储器地址（direct），即 Rn→(direct)		
编译后大小	2B	执行时间	24 个时钟脉冲
范　例	MOV　21H, R0		
若执行前	(21H) = ACH R0 = 32H		
执 行 后	(21H) = 32H　　R0 = 32H		

MOV　direct1, diect2

说　明	将存储器（direct 2）的内容复制到存储器地址（direct 1），即（direct 2)→(direct 1)		
编译后大小	2B	执行时间	24 个时钟脉冲
范　例	MOV　20H, 30H		
若执行前	(20H) = 00H　(30H) = 12H		
执 行 后	(20H) = 12H　(30H) = 12H		

MOV　direct, @Ri

说　明	将存储器（direct2）的内容复制到存储器地址（direct1），即（direct2)→(direct1)		
编译后大小	2B	执行时间	24 个时钟脉冲
范　例	MOV　20H, @R0		
若执行前	(20H) = 00H　　R0 = 30H　(30H) = 34H		
执 行 后	(20H) = 34H　　R0 = 30H　(30H) = 34H		

MOV　direct, #data

说　明	将 8 位立即数 data 复制到存储器地址（direct），即 data→(direct)		
编译后大小	2B	执行时间	24 个时钟脉冲
范　例	MOV　30H, #0FFH		
若执行前	(30H) = 34H		
执 行 后	(30H) = 0FFH		

MOV　@Ri, A

说　明	将 ACC 的内容复制到以间址寄存器 Ri 内容为地址的存储器，即 ACC→(Ri)		
编译后大小	2B	执行时间	12 个时钟脉冲

续表

范　　例	MOV　@R0, A		
若执行前	ACC = 12H R0 = 22H　(22H) = 56H		
执 行 后	ACC = 12H　R0 = 22H　(22H) = 12H		
MOV　@Ri, direct			
说　　明	将存储器（direct）地址的内容复制到以间址寄存器 Ri 内容为地址的存储器，即 ACC→(Ri)		
编译后大小	2B	执行时间	24 个时钟脉冲
范　　例	MOV　@R1, 20H		
若执行前	R1 = 21H　(21H) = 56H　(20H) = 0ABH		
执 行 后	R1 = 21H　(21H) = 0ABH　(20H) = 0ABH		
MOV　@Ri, #data			
说　　明	将 8 位立即数 data 值复制到以间址寄存器 Ri 内容为地址的存储器，即 data→(Ri)		
编译后大小	2B	执行时间	12 个时钟脉冲
范　　例	MOV　@R1, #20		
若执行前	R1 = 33H　(33H) = 1CH		
执 行 后	R1 = 33H　(33H) = 20		
MOV　DPTR, #data 16			
说　　明	将 16 位立即数 data 16 值复制到以数据指针寄存器 DPTR，即 data 16→DPTR		
编译后大小	3B	执行时间	24 个时钟脉冲
范　　例	MOV　DPTR, #1234H		
若执行前	DPTR = 0000H		
执 行 后	DPTR = 1234H		

综上所述，数据复制指令的记忆可以用图 6.19 辅助记忆。

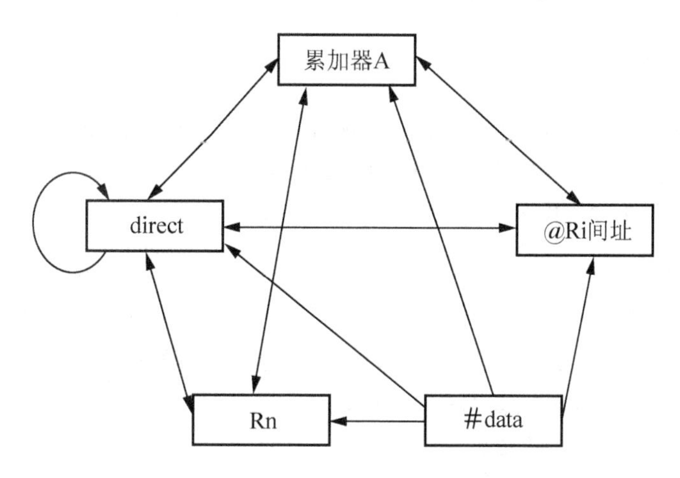

图 6.19　数据复制指令辅助记忆图

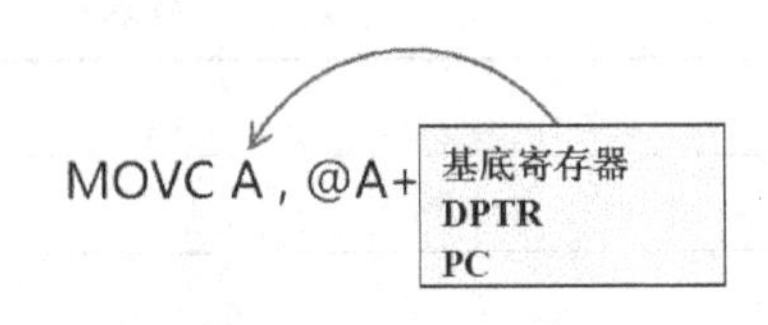

图 6.20　查表法指令格式

2. 查表法指令（A 与 ROM 的传送指令）

查表法指令的功能是将基底寄存器的内容加上 ACC 的内容，再以其和为地址，将该寄存器地址的内容复制到 ACC。查表法指令格式如图 6.20 所示。

查表法指令及其使用见表 6-6。

表 6-6　查表法指令及其使用

MOVC　A，@A+DPTR			
说　　明	先将 ACC 的内容与 DPTR 的内容相加，再以其结果为地址（16 位），将该寄存器地址的内容复制到 ACC，即（ACC+DPTR）→ACC		
编译后大小	1B	执行时间	24 个时钟脉冲
范　　例	MOVC　A，@A+DPTR		
若执行前	ACC=02H　　DPTR=0010H　　（0012H）=3DH		
执 行 后	ACC=3DH　　DPTR=0010H　　（0012H）=3DH		
MOVC　A，@A+PC			
说　　明	先将 ACC 的内容与程序计数器 PC 的内容相加，再以其结果为地址（16 位），将该寄存器地址的内容复制到 ACC，即（ACC+PC）→ACC		
编译后大小	1B	执行时间	24 个时钟脉冲
范　　例	MOVC　A，@A+PC		
若执行前	ACC=00H　PC=0020H　（0020H）=52H		
执 行 后	ACC=52H　PC=0020H　（0020H）=52H		

对于“MOVC　A，@A+DPTR”指令，一般 DPTR 放表的首地址，A 放所查数据在表中的偏移；查表范围为 64KB 空间，所以称为远程查表。

对于“MOVC　A，@A+PC”指令，PC 的值为下条指令的地址，A 放所查数据相对 PC 值的偏移；查表范围最大为 256B 空间，所以称为近程查表。

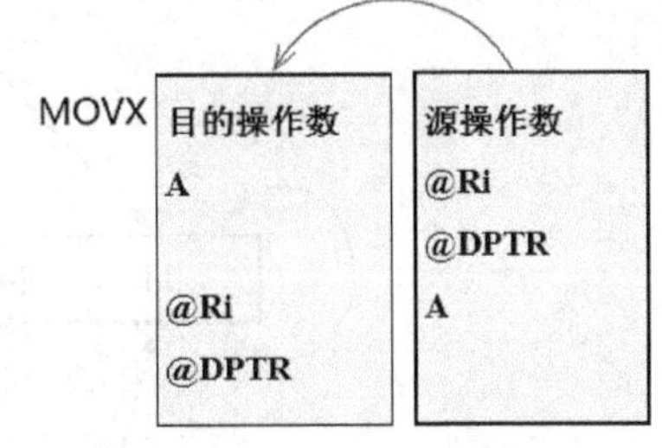

图 6.21　外部数据访问指令格式

3. 外部数据访问指令

外部数据访问指令的功能是访问外部扩展存储设备（RAM）的数据。其格式如图 6.21所示。

外部数据访问指令及其使用见表 6-7。

表6-7 外部数据访问指令及其使用

MOVX A，@Ri			
说 明	以间址寄存器Ri的内容作为地址（8位），将外部存储器该地址的内容复制到ACC，即（Ri)→ACC		
编译后大小	1B	执行时间	24个时钟脉冲
范 例	MOVX A，@R1		
若执行前	ACC=00H R1=60H (60H)=79H		
执行后	ACC=79H R1=60H (60H)=79H		
MOVX A，@DPTR			
说 明	以DPTR的内容作为地址（16位），将外部存储器该地址的内容复制到ACC，即(DPTR)→ACC		
编译后大小	1B	执行时间	24个时钟脉冲
范 例	MOVX A，@DPTR		
若执行前	ACC=00H DPTR=1122H (1122H)=56H		
执行后	ACC=56H DPTR=1122H (1122H)=56H		
MOVX @Ri，A			
说 明	以间址寄存器Ri的内容作为地址（8位），将ACC的内容复制到外部存储器该地址里，即ACC→(Ri)		
编译后大小	1B	执行时间	24个时钟脉冲
范 例	MOVX @R0，A		
若执行前	ACC=00H R0=20H (20H)=79H		
执行后	ACC=00H R0=20H (20H)=00H		
MOVX @DPTR，A			
说 明	以数据指针寄存器DPTR内容作为地址（16位），将ACC的内容复制到外部存储器该地址中，即ACC→(DPTR)		
编译后大小	1B	执行时间	12个时钟脉冲
范 例	MOVX @DPTR，A		
若执行前	ACC=0EFH DPTR=0012H (0012H)=0AAH		
执行后	ACC=0EFH DPTR=0012H (0012H)=0EFH		

内、外RAM的交换必须要经过A；外部RAM没有内部RAM那么多的寻址方式，所以对外部RAM的操作不如对内部RAM那么方便，很多运算必须要经过内部RAM才能进行。

例如，将片外RAM 20H单元的内容送到片内RAM 30H单元，用下面这行命令是错误的。

```
MOVX    30H,20H
```

用这几行命令才是正确的。

```
MOV     DPTR, 20H
MOVX    A,@DPTR
MOV     30H,A
```

4. 堆栈访问指令

堆栈访问指令的功能是按堆栈指针访问堆栈数据，堆栈具有先进后出（FILO）的特性，适用于堆栈操作的操作数为 RAM 地址为 direct 的数据，包括所有的特殊功能寄存器。堆栈访问指令及其使用见表 6-8。

表 6-8　堆栈访问指令及其使用

PUSH　direct			
说　　明	将堆栈指针寄存器 SP 的内容 +1，然后将（direct）地址的内容复制到 SP，即 direct →SP +1		
编译后大小	2B	**执行时间**	24 个时钟脉冲
范　　例	PUSH　A		
若执行前	ACC = 8AH　SP = 60H　(60H) = 33H　(61H) = 45H		
执 行 后	ACC = 8AH　SP = 61H　(60H) = 33H　(61H) = 8AH		
POP　direct			
说　　明	以堆栈指针寄存器 SP 为地址，将存储器中该复制到 direct 地址，然后 SP -1，即 (SP -1)→direct		
编译后大小	2B	**执行时间**	24 个时钟脉冲
范　　例	POP　A		
若执行前	ACC = 00H　SP = 61H　(60H) = 33H　(61H) = 45H		
执 行 后	ACC = 45H　SP = 60H　(60H) = 33H　(61H) = 45H		

5. 数据交换指令

数据交换指令的功能是将源操作数的数据与目的操作数的数据互换，格式如图 6.22 所示。数据交换指令及其使用见表 6-9。

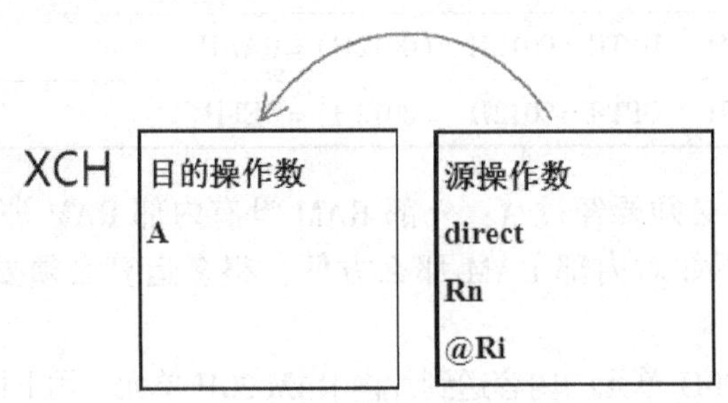

图 6.22　数据交换指令格式

表 6-9 数据交换指令及其使用

XCH A, direct			
说　明	将 ACC 的内容与（direct）地址的内容互换，即 A←→(direct)		
编译后大小	2B	执行时间	12 个时钟脉冲
范　例	XCH A, P2		
若执行前	ACC = 12H　P2 = 34H		
执 行 后	ACC = 34H　ACC = 12H		
XCH A, Rn			
说　明	将 ACC 的内容与 Rn 的内容互换，即 A←→Rn		
编译后大小	1B	执行时间	12 个时钟脉冲
范　例	XCH A, R2		
若执行前	ACC = 05H　R2 = 123		
执 行 后	ACC = 123　R2 = 05H		
XCH A, @Ri			
说　明	将 ACC 的内容与（Ri）的内容互换，即 A←→(Ri)		
编译后大小	1B	执行时间	12 个时钟脉冲
范　例	XCH A, @R0		
若执行前	ACC = 05H　R0 = 20H　(20H) = 66H		
执 行 后	ACC = 66H　R0 = 20H　(20H) = 05H		
XCHD A, @Ri			
说　明	将 ACC 的内容与（Ri）的内容互换，即 A0-3←→(Ri)0-3		
编译后大小	1B	执行时间	12 个时钟脉冲
范　例	XCHD A, @R0		
若执行前	ACC = 05H　R0 = 20H　(20H) = 3AH		
执 行 后	ACC = 0AH　R0 = 20H　(20H) = 35H		

6.3 项目任务参考程序

1. 静态点亮 LED 的设计与调试

(1) 汇编语言。

```
        ORG     0000H           ;程序从 0 开始
START:  MOV     A,#0AAH         ;让 ACC 的内容为 10101010B
        MOV     P2,A            ;从 P2 口输出 ACC 的内容
        JMP     START           ;跳到 START 处执行
        END                     ;程序结束
```

(2) C语言。

```
#include <reg51.h>                //定义 8051 寄存器的头文件
#define  LED P2                   //定义 LED 接至 P2

//主程序
main()                            //主程序开始
{
  while(1){                       //无穷循环
    LED=0xaa;                     //初始值=10101010，状态为间隔亮灭
  }                               //while 循环结束
}                                 //主程序结束
```

2. 八灯交互闪烁的设计与调试

(1) 汇编语言。

```
        ORG     0000H         ;程序从 0 开始
START:  MOV     A,#0AAH       ;让 ACC 的内容为 10101010B
LOOP:   MOV     P2,A          ;从 P2 口输出 ACC 的内容
        CPL     A             ;对 ACC 的内容取反(即反相)
        CALL    DELAY         ;调用延迟子程序
        JMP     LOOP          ;跳到 LOOP 处执行
DELAY:                        ;延迟子程序
        MOV     R7,#200       ;R7 寄存器加载 200 次
D1:     MOV     R6,#250       ;R7 寄存器加载 250 次
        DJNZ    R6,$          ;本行执行 R6 次
        DJNZ    R7,D1         ;D1 循环执行 R7 次
        RET                   ;返回主程序
        END                   ;结束程序
```

(2) C语言。

```
#include <reg51.h>            //定义 8051 寄存器的头文件
#define  LED P2               //定义 LED 接至 P2

//声明延迟函数
void
delay(
 unsigned int
 );

//主程序
main()                        //主程序开始
```

```
{
  LED = 0xaa;                    //初始值 = 10101010，状态为间隔亮灭
  while(1){                      //无穷循环
    delay(50000);                //调用延迟函数
    LED = ~LED;                  //LED 反相输出
  }                              //while 循环结束
}                                //主程序结束

//延迟函数
void
delay(                           //延迟函数开始
 unsigned int x                  //x 为延迟次数
 )
{
 int i;                          //声明整形变量 i
 for(i = 0; i < x;i ++);         //计数 x 次
}                                //延迟函数结束
```

3. 花式流水灯的设计与调试

（1）汇编语言。

```
          ORG      0000H          ;程序从 0 开始
; ======================单灯左移部分=======================
START:    MOV      A,#0FEH        ;让 ACC 的内容为 1111 1110
LOOP:     MOV      R0,#7          ;以 R0 为左移的计次计数器
LOOPL:    MOV      P2,A           ;从 P2 输出 ACC 的内容
          RL       A              ;将 ACC 的内容左移
          CALL     DELAY          ;调用延迟子程序
          DJNZ     R0,LOOPL       ;LOOPL 循环执行 R0 次
; ======================单灯右移部分=======================
          MOV      R0,#7          ;以 R0 为右移的计次计数器
LOOPR:    MOV      P2,A           ;从 P2 输出 ACC 的内容
          RR       A              ;将 ACC 的内容右移
          CALL     DELAY          ;调用延迟子程序
          DJNZ     R0,LOOPR       ;LOOPR 循环执行 R0 次
          JMP      LOOP           ;从头开始
; ======================延时子程序部分=======================
DELAY:                            ;延迟子程序(0.1s)
          MOV      R7,#200        ;R7 寄存器加载 200 次
D1:       MOV      R6,#250        ;R7 寄存器加载 250 次
          DJNZ     R6,$           ;本行执行 R6 次
          DJNZ     R7,D1          ;D1 循环执行 R7 次
          RET                     ;返回主程序
          END                     ;结束程序
```

(2) C语言。

```
#include <reg51.h>                 //定义8051寄存器的头文件
#define  LED P2                    //定义LED接至P2

//声明延迟函数
void
delay1ms(
 unsigned int
 );

//主程序
main()                             //主程序开始
{
  int i, a, b, c;                  //声明整型变量i, a, b, c
  while(1){                        //无穷循环
    a=0xfe;                        //初始值=11111110，最左边的灯亮
    for(i=0; i<7; i++){            //计数7次
      b=a>>(8-i);                  //将a右移8-i位，高位补0，结果存入到b中
      c=a<<i;                      //将a左移i位，低位补0，结果存入到c中
      LED=b|c;                     //或b和c，结果输出到LED中
      delay1ms(100);               //调用延迟函数
    }
    a=0x7f;                        //初始值=01111111，最右边的灯亮
    for(i=0; i<7; i++){            //计数7次
      b=a<<(8-i);                  //将a左移8-i位，低位补0，结果存入到b中
      c=a>>i;                      //将a右移i位，高位补0，结果存入到c中
      LED=b|c;                     //或b和c，结果输出到LED中
      delay1ms(100);               //调用延迟函数
    }
  }                                //while循环结束
}                                  //主程序结束

//延迟函数
void
delay1ms(                          //延迟函数开始
  unsigned int x                   //x为延迟次数
  )
{
  int  i,j;                        //声明整型变量i,j
  for(i=0; i<x;i++)                //计数x次
    for(j=0; j<120;j++);
}                                  //延迟函数结束
```

拓展讨论

1. 请大家说说身边的单片机显示屏的典型应用。单片机屏幕显示跟流水灯结合应用在生活中的什么场景。

2. 51单片机对流水灯的控制是进行单片机课程教学和单片机产品开发的一个重要案例。请讨论如何用多种方法实现51单片机流水灯。

项目小结

本项目详细介绍了花式流水灯的设计与调试，根据流水灯的难易程度，分别从静态点亮、八灯闪烁和花式流水灯进行介绍，任务的功能和难度逐步提高，简单易懂。在本项目的知识部分，要求掌握单片机的I/O接口，延时程序的设计。同时，在本项目流水灯的设计和相关理论知识的基础上，详细介绍了汇编语言的数据转移类指令，要求熟悉指令的结构功能以及它们的使用方法。

习　题

1. 单片机AT89C51的P2口接8个LED，让这8个LED显示闪烁功能，即8个LED 1s、熄灭2s，如此循环。

2. 单片机AT89C51的P2口接8个LED，让这8个LED能够双灯左移之后再双灯右移，形成霹雳灯的效果，如此循环5次后全灭，延时0.5s。

3. 单片机AT89C51的P2口接8个LED，让这8个LED先交互闪烁5次，然后双灯左移之后再双灯右移，如此循环，形成流水灯的效果，延时0.5s。

4. 单片机AT89C51的P0口和P2口分别接两组8个LED，要求P2口8个LED实现左移，延时0.5s，左移第一次，P0.0对应LED点亮，P2口LED左移第二次，P0.1对应LED亮，如此延续下去，直至左移8次后，所有LED全灭。

5. 单片机AT89C51的P0口和P1口分别接两组8个LED，其中，P1口所控制的LED用于显示具体的操作过程；P0口所控制的LED用来指示P1口当前的工作状态。具体的控制要求如下。

（1）当系统开始工作时，P1口的8个LED进行左移两次，在第一次左移过程中，P0.0和P0.2所对应的LED亮；在第二次左移过程中，P0.1和P0.3所对应的LED亮，左移时间间隔0.5s。

（2）两次完整的左移后，P1口的8个LED进行交互闪烁，闪烁时间间隔0.5s，在闪烁5次过程中，P0.4和P0.6所对应的LED亮；在闪烁6～10次的过程中，P0.5和P0.7所对应的LED亮。

（3）上述过程进行一轮后，继续重复，如此循环整个过程。

项目7

开关电路的设计与调试

知识目标

(1) 掌握基于单片机的开关输入电路的设计方法。
(2) 掌握基于单片机的数码管静态显示的设计方法。
(3) 熟悉单片机的输入电路。
(4) 掌握跳转类指令的使用及功能。

能力目标

能力目标	相关知识	权重	自测分数
指拨开关电路的设计	指拨开关电路、输入端口设计、相关指令、编写程序	20%	
按钮开关电路的设计	按钮开关电路、输入端口设计、相关指令、编写程序	20%	
七段LED数码管静态显示的设计	LED数码管结构、译码器、相关指令、编写程序	20%	
熟悉单片机的输入电路	输入设备、输入电路、去抖电路、BCD指拨开关	20%	
掌握跳转类指令	条件跳转指令、无条件跳转指令、子程序操作指令、比较式跳转指令、计数循环指令空操作指令	20%	

7.1　项目任务

7.1.1　指拨开关电路的设计与调试

1. 功能说明

指拨开关的状态由 P2 输入，其状态将反映到 P0 所连接到的 LED 上。若 P2.0 所连接的开关为 on，则 P0.0 所连接的 LED 就会亮；若 P2.0 所连的开关为 off，则 P0.0 所连接的 LED 将不亮，其他端口依次类推。

2. 电路原理图

按图 2.1 所示指拨开关电路原理图连接电路。

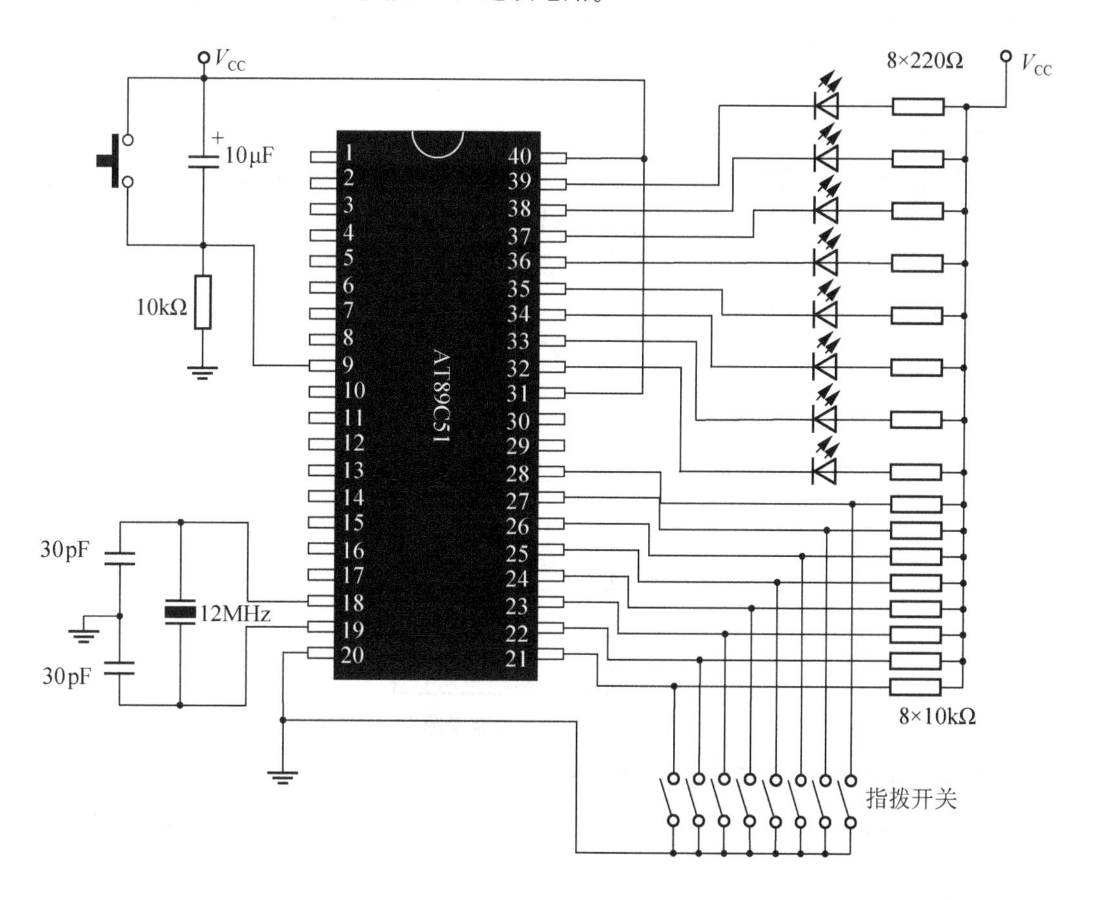

图 7.1　指拨开关电路原理图

3. 元器件清单

指拨开关电路的元器件清单见表 7－1。

表 7-1 指拨开关电路的元器件清单

序号	元器件名称	Proteus 中名称	规格	数量	备注
1	单片机	AT89C51	12MHz	1 个	基本电路部分
2	石英振荡晶体	CRYSTAL	12MHz	1 个	
3	电解电容	CAP-ELEC	10μF/25V	1 个	
4	陶瓷电容	CAP	30pF	2 个	
5	电阻	RES	10kΩ	1 个	
6	按钮开关	BUTTON	TACK SW	1 个	
7	LED	LED-RED	共阳极	8 个	功能电路部分
8	电阻	RES	220Ω	8 个	
9	电阻	RES	10kΩ	8 个	
10	指拨开关	SWITCH	TACK SW	8 个	

4. 设计思路

根据功能需求与电路结构可知，当指拨开关 on 时，要由其连接的输入口读取到低电平(即0)。而若要使连接在 P0 的 LED 亮，则 P0 输出低电平即可。因此，在程序中，只要将 P2 读取到的指拨开关状态直接输出到 P0 即可。当然不要忘记，事先要把 P2 设计成输入功能。

指拨开关流程图如图 7.2 所示。

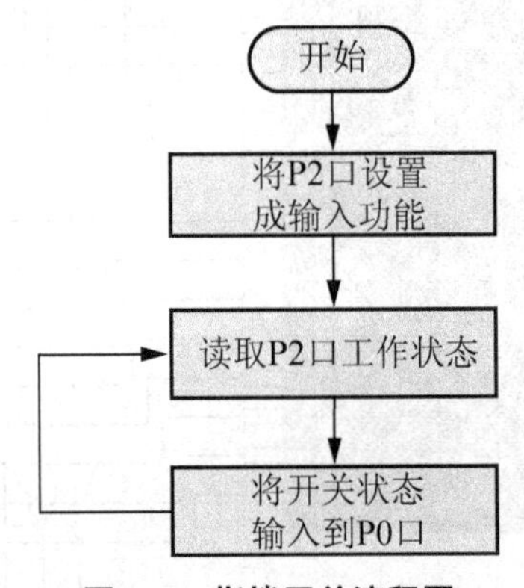

图 7.2 指拨开关流程图

根据上面的流程图，请读者现行思考程序。

7.1.2 按钮开关电路的设计与调试

1. 功能说明

按钮开关电路原理图如图 7.3 所示，若按下 PB1，则 P0.0 所连接的 LED 亮；若按下 PB2，则关闭 P0.0 所连接的 LED（不亮）。

2. 电路原理图

按图 7.3 所示按钮开关电路原理图连接电路。

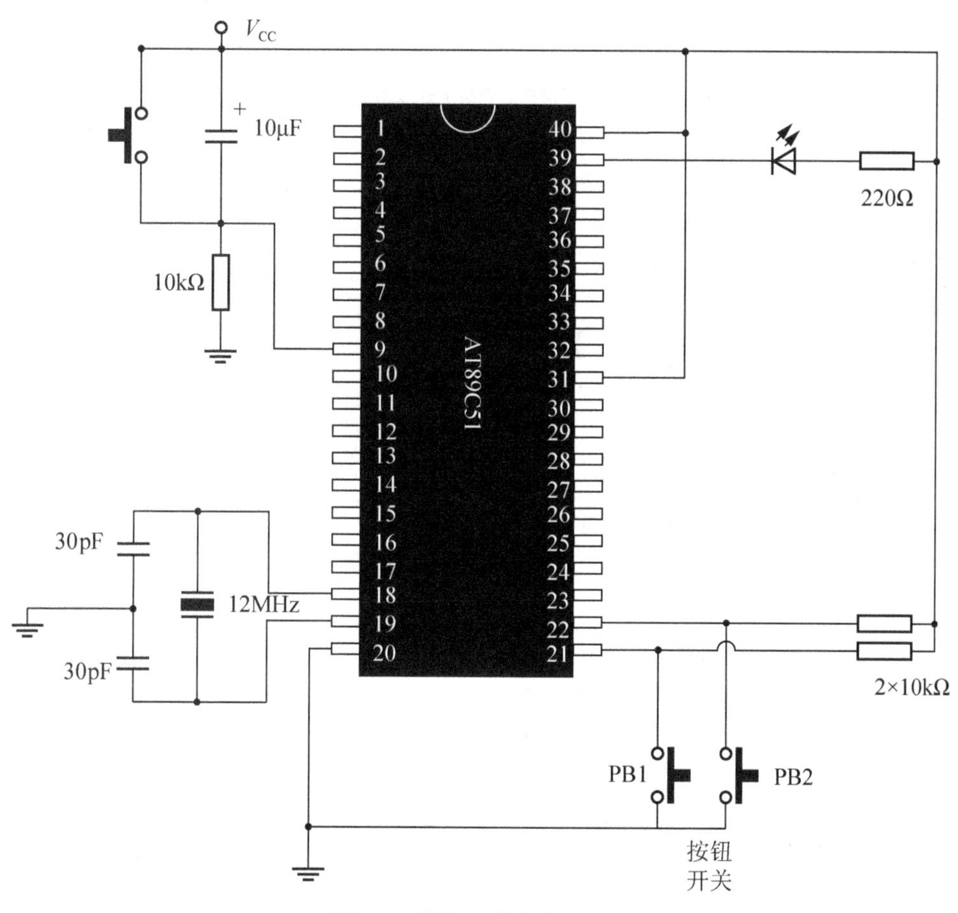

图 7.3　按钮开关电路原理图

3. 元器件清单

按钮开关的元器件清单见表 7－2。

表 7－2　按钮开关的元器件清单

序号	元器件名称	Proteus 中名称	规格	数量	备注
1	单片机	AT89C51	12MHz	1 个	基本电路部分
2	石英振荡晶体	CRYSTAL	12MHz	1 个	
3	电解电容	CAP-ELEC	10μF/25V	1 个	
4	陶瓷电容	CAP	30pF	2 个	
5	电阻	RES	10kΩ	1 个	
6	按钮开关	BUTTON	TACK SW	1 个	
7	电阻	RES	220Ω	1 个	功能电路部分
8	电阻	RES	10kΩ	2 个	
9	按钮开关	BUTTON	TACK SW	2 个	
10	LED	LED-RED	共阳极	1 个	

4. 设计思路

根据功能需求与电路结构可知，当按下按钮开关时，能从其连接的输入口读取到低电平（即0）。而若要使连接在 P0.0 的 LED 亮，则由 P0.0 输出低电平即可。因此，在程序中，若 P2.0 读取到0，则将 P0.0 设为0；若 P2.1 读取到0，则将 P0.0 设为1。同样，不要忘记事先要将 P2 设计为输入功能。

按钮开关流程图如图 7.4 所示。

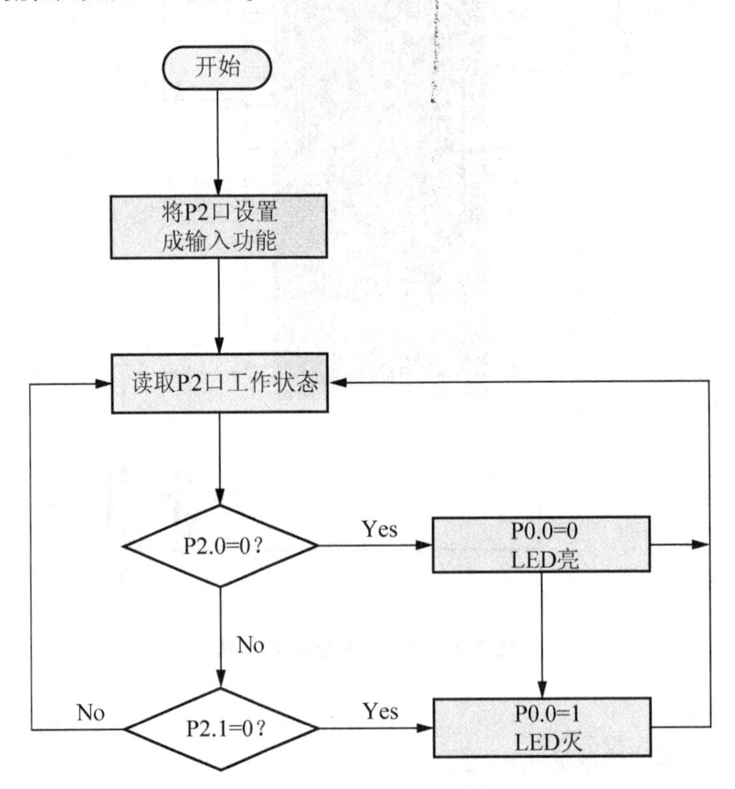

图 7.4　按钮开关流程图

根据以上设计流程，请读者学习编写程序。

7.1.3　七段 LED 数码管静态显示的设计与调试

1. 功能说明

七段 LED 数码管静态显示电路原理图如图 7.5 所示，若按下 PB1，则 P2 口所接的数码管显示单个数字；若按下 PB2，则关闭 P2 口所接的数码管数字显示。

2. 电路原理图

按图 7.5 所示七段 LED 数码管静态显示电路原理图连接电路。

3. 元器件清单

七段 LED 数码管静态显示电路的元器件清单见表 7－3。

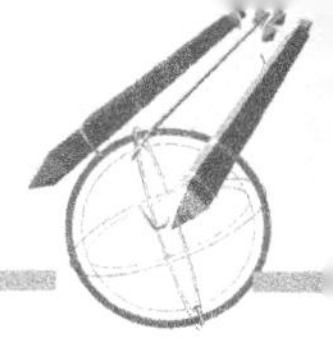

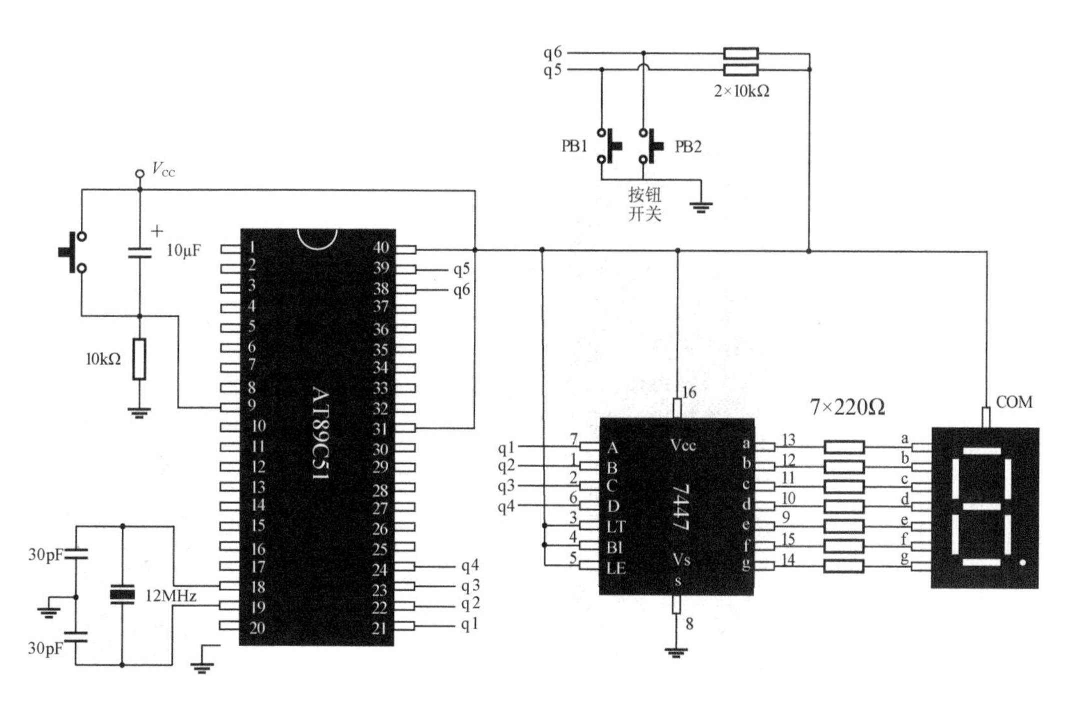

图 7.5　七段 LED 数码管静态显示电路原理图

表 7－3　七段 LED 数码管静态显示电路的元器件清单

序号	元器件名称	Proteus 中名称	规格	数量	备注
1	单片机	AT89C51	12MHz	1 个	基本电路部分
2	石英振荡晶体	CRYSTAL	12MHz	1 个	
3	电解电容	CAP-ELEC	10μF/25V	1 个	
4	陶瓷电容	CAP	30pF	2 个	
5	电阻	RES	10kΩ	1 个	
6	按钮开关	BUTTON	TACK SW	1 个	
7	74LS47	7447		1 个	功能电路部分
8	七段 LED 数码管	7SEG-COM-ANODE	共阳极	1 个	
9	电阻	RES	220Ω	7 个	
10	电阻	RES	10kΩ	2 个	
11	按钮开关	BUTTON	TACK SW	2 个	

4. 设计思路

在学习接 74LS47 控制模式之前，先来看不接该芯片控制模式的方法。

（1）不接 74LS47，直接驱动数码管，静态显示单个数字。首先将图 7.5 电路转换为图 7.6 所示电路，部分参数值同图 7.5 一致。

从上面电路容易看出，AT89C51 的 P2 口通过电阻直接驱动共阳极 LED 数码管，如果

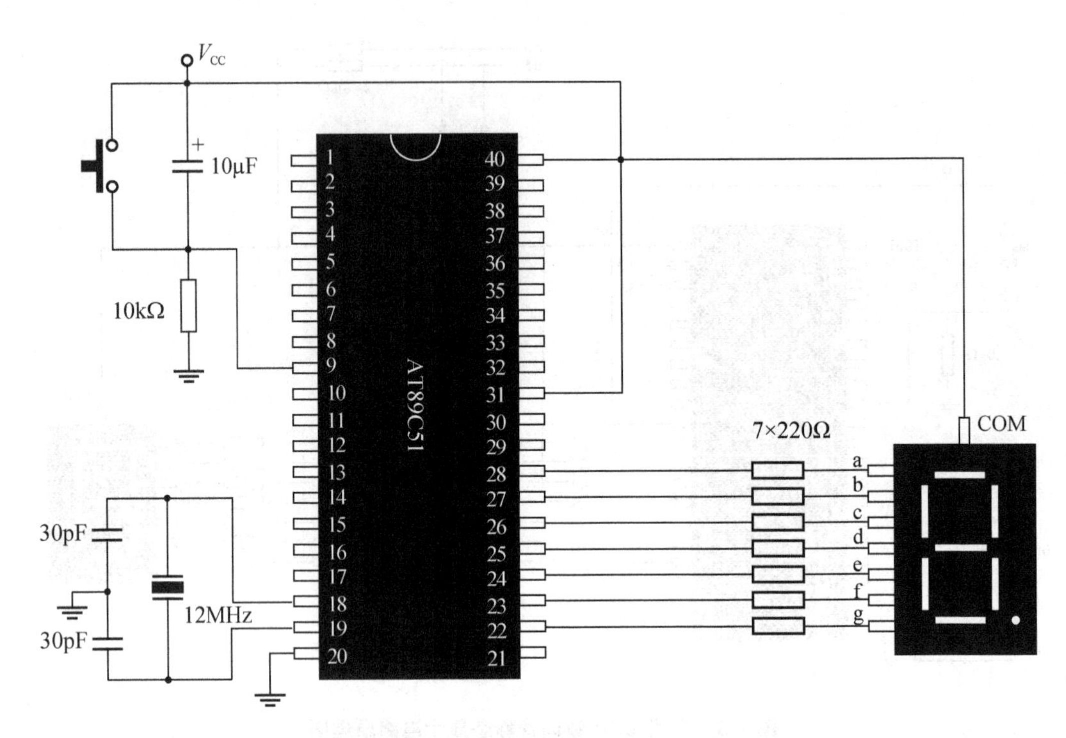

图 7.6　单数字静态显示的电路原理图（不接 74LS47）

需要显示数字“6”，只要对 P2 口相应位进行赋值即可。具体程序如下。

```
ORG        0000H              ;程序从 0 开始
MOV        P2,#0100000B       ;给 P2 口赋值二进制,显示十进制“6”
END                           ;程序结束
```

（2）从上面程序容易看出，对 P2 口的赋值相对比较复杂，且数字不直观，理解有一定的难度。可在图 7.6 的基础上，加接一个译码器 74LS47，如图 7.7 所示。

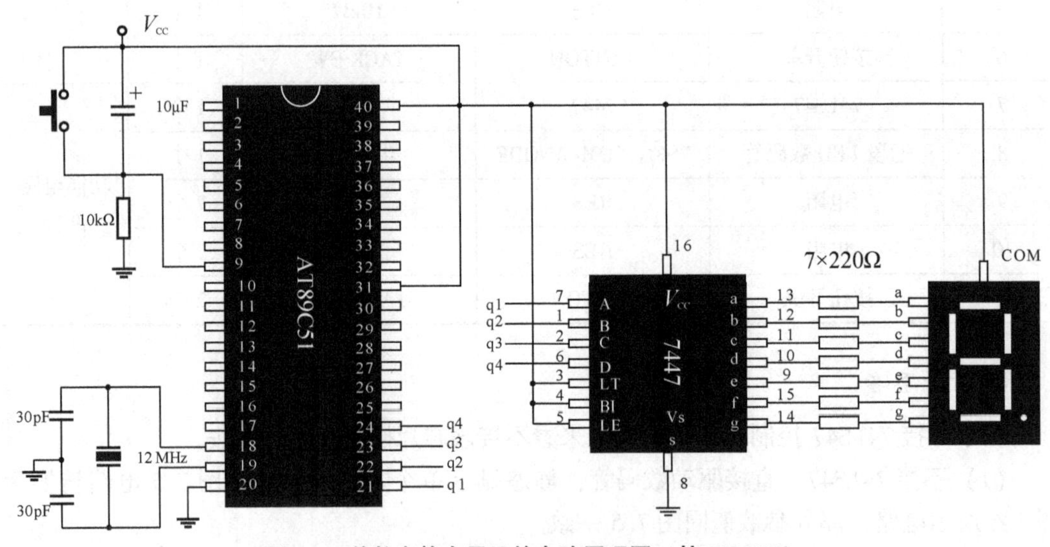

图 7.7　单数字静态显示的电路原理图（接 74LS47）

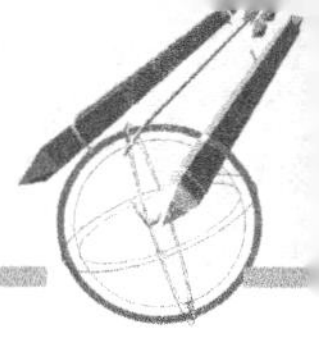

通过该译码器的数据转换，程序将变得直观易懂。该设计的流程图如图 7.8 所示。

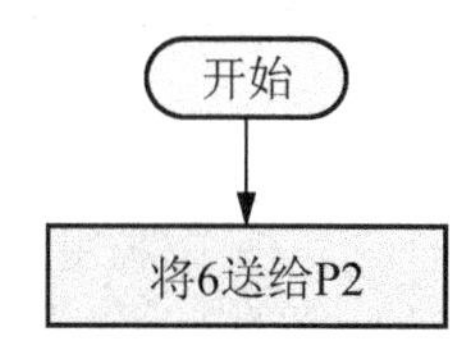

图 7.8　单数字静态显示流程图（接 74LS47）

上述思路已经将不直观的赋值进行直观化，具体程序如下。

```
ORG        0000H        ;程序从 0 开始
MOV        P2,#06H      ;给 P2 口赋值“6”
END                     ;程序结束
```

以上设计都是单片机独立控制数码管静态显示。带有按钮开关的输入电路控制数码管静态显示的设计思路可以结合“八灯交互闪烁的设计与调试”的内容，单数字静态显示流程图如图 7.9 所示。

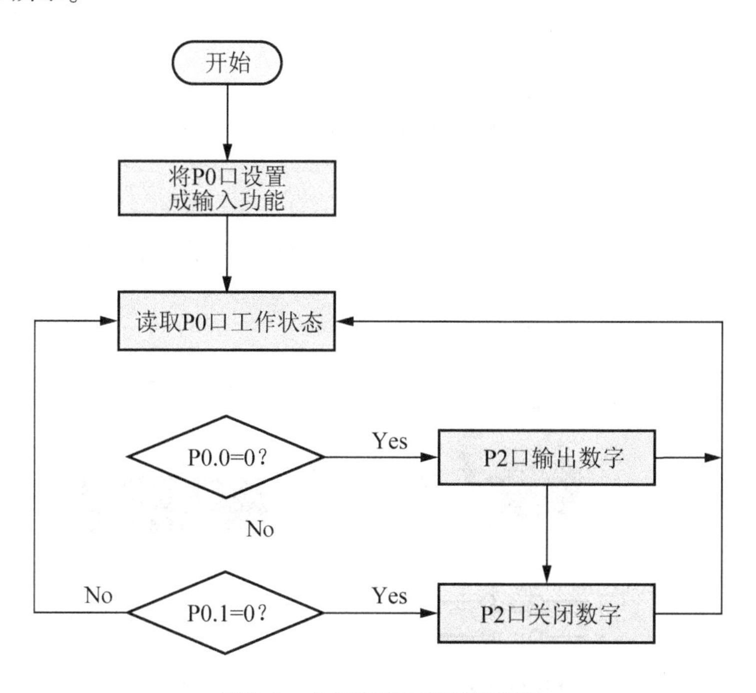

图 7.9　单数字静态显示流程图

7.2　相关知识

7.2.1　单片机的输入电路

P0 ~ P3 在作为输出功能时，结构有所不同，但是在作为输入功能时，结构几乎完全相同，都是通过一个三态的寄存器连接到 CPU 内部的数据总线的，如图 7.10 所示。其内部“读引脚”必须为1，外部数据才会通过寄存器，送到内部数据总线。这也是在输入之前，必须要送1到该I/O口，且将该I/O口设计成输入功能的原因。

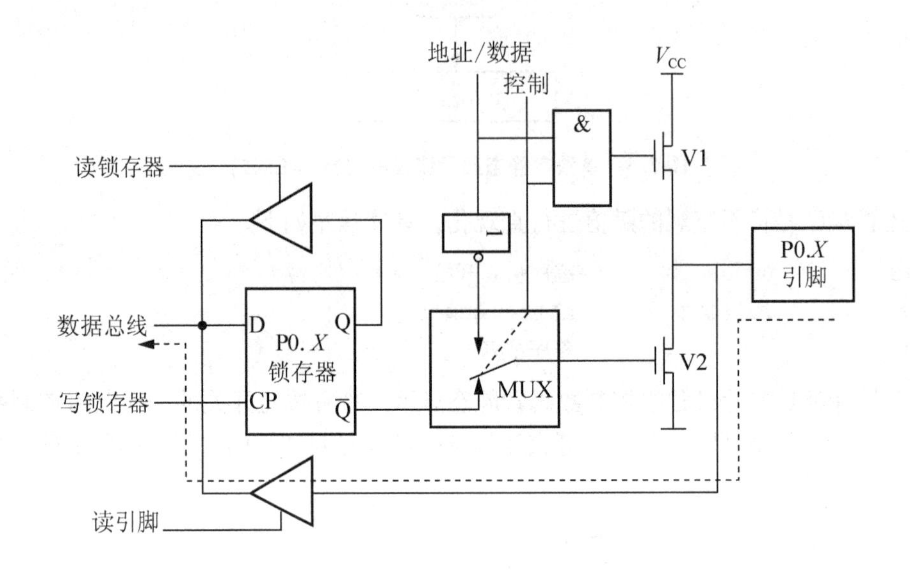

图7.10　P0的输入功能

1. 输入设备

外部输入设备大概分为两类，分别是按钮开关和单刀开关，如图7.11所示。

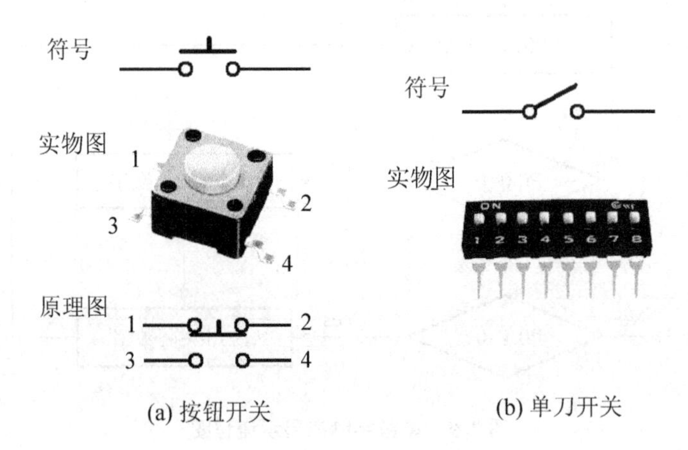

图7.11　开关

电子电路或计算机中所使用的按钮开关大多为TACK Switch，如图7.11(a) 所示，当接通为1、2触点时，若按下按钮，接触点不通（off)，放开时，接触点恢复为导通(on)；当接通为3、4触点时，若按下按钮，接触点导通（on)，放开时，接触点恢复为不通（off)。

电子电路或计算机中所使用的单刀开关大多采用指拨开关（DIP Switch)，如图7.11(b) 所示，若为4P的DIP Switch，则有4组单刀开关；若为8P则有8组单刀开关。通常会在DIP

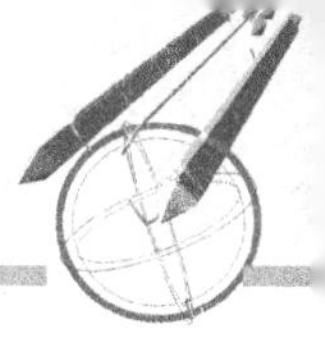

Switch上标有记号或“ON”，若将开关拨到记号或者“ON”的一边，则接通（on）；反之，拨到另一边则为不通（off）。

2. 输入电路

若要以开关作为输入电路，通常会接一个电阻到V_{CC}或者GND，如图7.12所示。

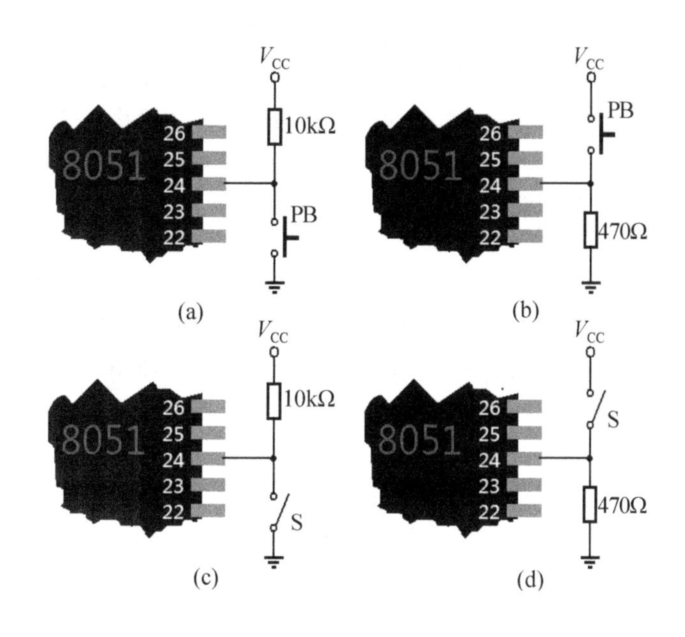

图7.12　输入电路

如图7.12(a)所示，平时按钮开关PB为开路状态，其中10kΩ的电阻连接到V_{CC}，使输入引脚保持为高电平；若按下按钮开关则经由开关接地，输入引脚将变为低电平；当放开开关时，输入引脚将恢复为高电平信号，如此可产生一个负脉冲。反之，在图7.12(b)中，平时按钮开关PB为开路状态，其中470Ω的电阻接地，使输入引脚保持为低电平；若按下按钮开关则经由开关接V_{CC}，输入引脚将变为高电平；当放开开关时，输入引脚将恢复为低电平信号，如此可产生一个正脉冲。

如图7.12(c)所示，平时开关S为开路状态，其中10kΩ的电阻连接到V_{CC}，使输入引脚保持为高电平；若按下按钮开关则经由开关接地，输入引脚将变为低电平，如此将可随需要产生不同的电平。反之，在图7.12（d）中，平时开关S为开路状态，其中470Ω的电阻接地，使输入引脚保持为低电平；若按下按钮开关则经由开关接V_{CC}，输入引脚将变为高电平，如此将可随需要产生不同的电平。

通常按钮开关使用在产生边缘触发的场合，而单刀开关使用在产生电平触发的场合。

3. 去抖电路

1）抖动

在前面所介绍的输入电路中，开关的操作是理想状态，如果仔细分析开关的真实操作，将会发现许多非预期的状态。由于开关极其微小的触点面积、机械式设计、产品老化等原因，使开关在实际应用中不可能像数字系统所期望的那样产生干净的数字信号输

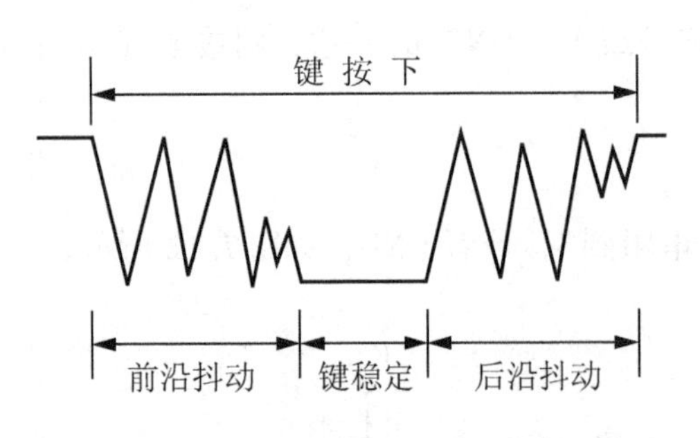

图 7.13 开关的操作

出，而是在开关闭合或断开的过程中出现许多毫秒级的状态变化，这种现象通常称之为开关的“抖动（bounce）”，它是系统设计中客观存在不可回避的问题。开关的操作如图 7.13 所示。

抖动的期间检测按键的通与断状态，容易导致判断错误，即使按键只按下一次，也会被当成多次操作，这种情况是不允许出现的。为了克服按键的机械抖动所导致的检测错误，就必须要采取防抖措施。

2）去抖电路

（1）双稳态去抖电路。要避免抖动的现象，可使用一个双联开关及互锁电路，组成去抖电路，如图 7.14 所示。这种电路可降低抖动所产生的噪声，但所需零件较多，所占的电路面积较大，会增加成本和电路的复杂性，现在已经很少使用了。

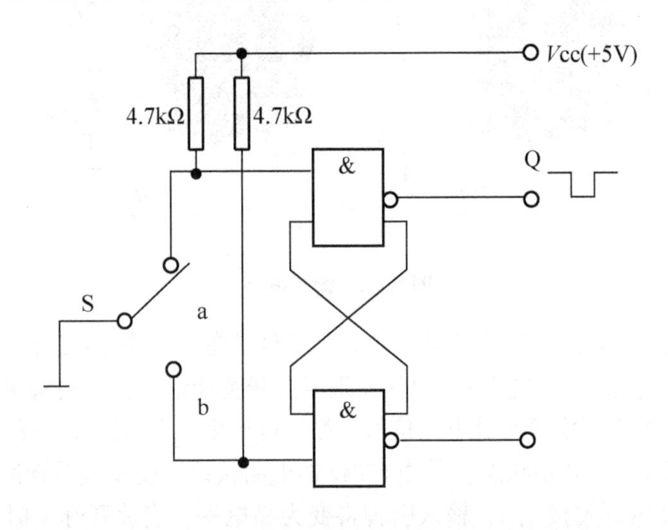

图 7.14 互锁电路

（2）RC 去抖电路。除了双稳态去抖电路，可以利用一个简单的 RC 电路来压制抖动电压，RC 去抖电路如图 7.15 所示。放开按钮开关，当开关弹开时，电容两端开路，电容开始充电，当然电容两端电压不会立即升为高电平；而当开关再弹回（短路）时，又将充好电的电容两端短路。因此，电容两端的电压才能稳定上升，丝毫不受抖动影响。

3）软件去抖动

不管怎么样，利用硬件来抑制抖动的噪声，一定会增加电路的复杂性和成本。若在软件上考虑，在程序执行时，避开产生抖动的那段时间（10～20ms），即可达到去抖的效果。以图 7.15(a) 为例，若按下按钮开关 SB，即执行 10～20ms 的延时子程序（通常为 16ms），程序执行完延迟子程序后将执行 BEEP 子程序，发出警告音（BEEP 子程序省略）。

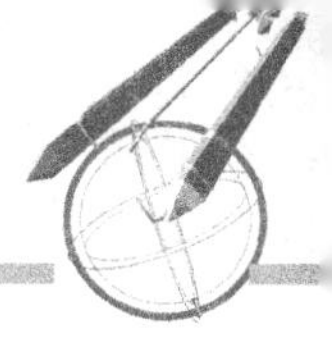

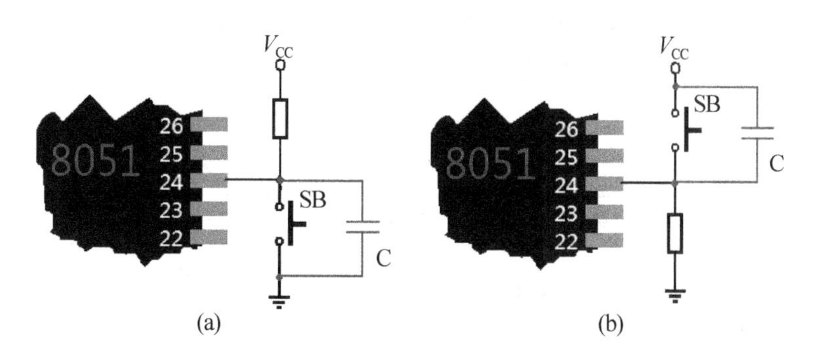

图7.15　RC去抖电路

```
          ORG       0000H              ;程序从0开始
START:    SETB      P2.3               ;将P2.3设计为输入功能
          JB        P2.3,$             ;检查P2.3有无变化
          CALL      DELAY16            ;调用16ms延时子程序
          CALL      BEEP               ;调用BEEP子程序
          …                            ;省略其他内容
;================================================================
DELAY16:                               ;延迟子程序(16ms)
          MOV       R7,#40             ;R7寄存器加载40次
D1:       MOV       R6,#200            ;R6寄存器加载200次
          DJNZ      R6,$               ;本行执行R6次
          DJNZ      R7,D1              ;D1循环执行R7次
          …                            ;省略其他内容
```

4. BCD 指拨开关

BCD指拨开关是一个能产生BCD码的指拨开关，如图7.16所示，图7.16(a)为结构图，图7.16(b)为实物图。

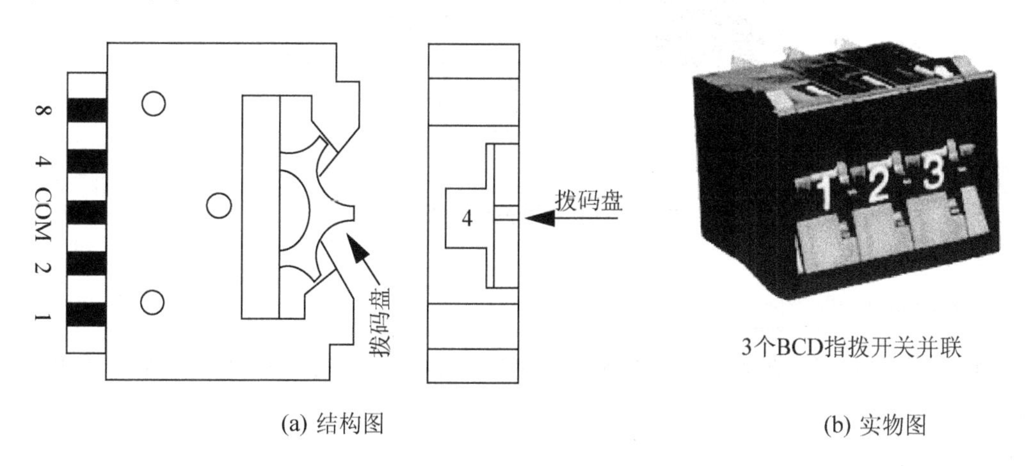

图7.16　BCD指拨开关

按指拨开关的“+”、“-”，或者拨动拨码盘，即可控制输出数字的大小。每个

BCD 指拨开关都有 COM 端（公共端）和 8、4、2、1 共 5 个输出端。通常把 COM 端接 V_{CC}，其他 4 个输入端各接一个电阻（500Ω）接地。BCD 指拨开关输入输出值对照表见表 7－4。

表 7－4　BCD 指拨开关输入输出值对照表

输入数字	8 输出端	4 输出端	2 输出端	1 输出端
0	0	0	0	0
1	0	0	0	1
2	0	0	1	0
3	0	0	1	1
4	0	1	0	0
5	0	1	0	1
6	0	1	1	0
7	0	1	1	1
8	1	0	0	0
9	1	0	0	1

BCD 指拨开关的使用方法非常简单，直接和输入口并联即可，图 7.17 所示就是由 P2 的低 4 位输入。

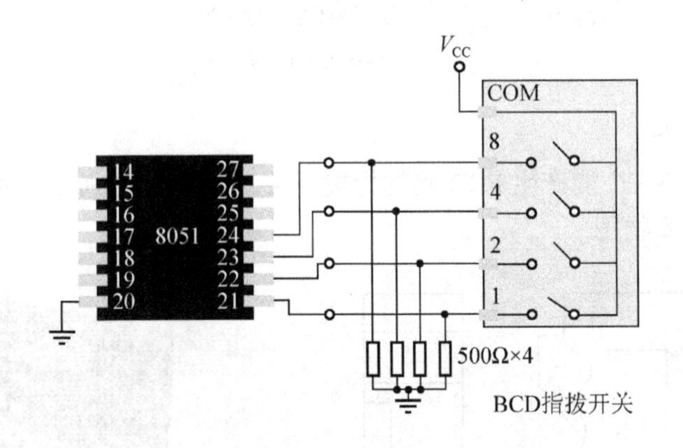

图 7.17　BCD 指拨开关硬件接线示意图

7.2.2　跳转类指令

跳转类指令的功能是改变程序流程，可让程序更灵活。跳转类指令包括 22 个指令，在此将它们分为六大类。

1. 条件跳转指令

条件跳转指令的功能是以操作数为跳转与否的条件，操作数为一个位或状态，例如进位标志位 CY、可寻址的某个位或 ACC 中的内容。条件跳转指令及其使用见表 7－5。

表7-5　条件跳转指令及其使用

JC　rel			
说　明	以进位标志位CY为程序分支的依据，若CY=1则转移到rel位置，rel的范围从下一个地址开始，向前128个地址，向后127个地址。若CY=0，则继续执行下条指令		
编译后大小	2B	执行时间	24个时钟脉冲
范　例	JC　LOOP		
若执行前	CY=0，将继续执行下一条指令		
若执行前	CY=1，将执行LOOP地址的指令		
JNC　rel			
说　明	以进位标志位CY为程序分支的依据，若CY=0则转移到rel位置，rel的范围从下一个地址开始，向前128个地址，向后127个地址。若CY=1，则继续执行下条指令		
编译后大小	2B	执行时间	24个时钟脉冲
范　例	JNC　LOOP		
若执行前	CY=1，将继续执行下一条指令		
若执行前	CY=0，将执行LOOP地址的指令		
JB　bit，rel			
说　明	以bit为程序分支的依据，若bit=1则转移到rel位置，rel的范围从下一个地址开始，向前128个地址，向后127个地址。若bit=0，则继续执行下条指令		
编译后大小	3B	执行时间	24个时钟脉冲
范　例	JB　P1.0，LOOP		
若执行前	P1.0=0，将继续执行下一条指令		
若执行前	P1.0=1，将执行LOOP地址的指令		
JNB　bit，rel			
说　明	以bit为程序分支的依据，若bit=0则转移到rel位置，rel的范围从下一个地址开始，向前128个地址，向后127个地址。若bit=1，则继续执行下条指令		
编译后大小	3B	执行时间	24个时钟脉冲
范　例	JNB　P1.0，LOOP		
若执行前	P1.0=1，将继续执行下一条指令		
若执行前	P1.0=0，将执行LOOP地址的指令		
JBC　bit，rel			
说　明	以bit为程序分支的依据，若bit=1则转移到rel位置，并清除bit(bit=0)。rel的范围从下一个地址开始，向前128个地址，向后127个地址。若bit=1，则继续执行下条指令		

续表

编译后大小	3B	执行时间	24 个时钟脉冲
范　例	JBC　P1.0，LOOP		
若执行前	P1.0 =0，将继续执行下一条指令		
若执行前	P1.0 =1，将执行 LOOP 地址的指令，并使 P1.0 =0		
JZ　rel			
说　明	以 ACC 的内容为程序分支的依据，若 ACC =0 则转移到 rel 位置，rel 的范围从下一个地址开始，向前 128 个地址，向后 127 个地址。若 ACC≠0，则继续执行下条指令		
编译后大小	2B	执行时间	24 个时钟脉冲
范　例	JZ　LOOP		
若执行前	ACC≠0，将继续执行下一条指令		
若执行前	ACC =0，将执行 LOOP 地址的指令		
JNZ　rel			
说　明	以 ACC 的内容为程序分支的依据，若 ACC ≠ 0 则转移到 rel 位置，rel 的范围从下一个地址开始，向前 128 个地址，向后 127 个地址。若 ACC =0，则继续执行下条指令		
编译后大小	2B	执行时间	12 个时钟脉冲
范　例	JNZ　LOOP		
若执行前	ACC =0，将继续执行下一条指令		
若执行前	ACC≠0，将执行 LOOP 地址的指令		

2. 无条件跳转指令

无条件跳转指令的功能是只要遇到这些指令，程序立即跳转到指定地址。无条件跳转指令及其使用见表 7－6。

表 7－6　无条件跳转指令及其使用

AJMP　addr11			
说　明	将 11 位地址送到 PC 的低 11 位中，PC 的高 5 位不变。因为 $2^{11}=2K$，也就是 2KB 范围内的跳转，所以称为短转移指令		
编译后大小	2B	执行时间	24 个时钟脉冲
范　例	AJMP　L1		
若执行前	PC 指向“AJMP L1”指令的地址		
执 行 后	PC 指向 L1 卷标的地址，将程序流程改至 L1 地址		
LJMP　addr16			
说　明	将 16 位地址送到 PC 中。因为 $2^{16}=64K$，也就是 64KB 范围内的跳转，所以称为长转移指令		

续表

编译后大小	3B	执行时间	24 个时钟脉冲
范　　例	LJMP　L2		
若执行前	PC 指向“LJMP L2”指令的地址		
执 行 后	PC 指向 L2 卷标的地址，将程序流程改至 L2 地址		
SJMP　rel			
说　　明	执行 rel 地址的指令，可向前 128 个地址，向后 127 个地址，成为相对地址跳转		
编译后大小	2B	执行时间	24 个时钟脉冲
范　　例	SJMP　X1		
若执行前	PC 指向“SJMP X1”指令的地址		
执 行 后	PC 指向 X1 卷标的地址		
JMP　@A + DPTR			
说　　明	改变程序的流程，跳至（A + DPTR）地址的指令		
编译后大小	1B	执行时间	24 个时钟脉冲
范　　例	JMP　@A + DPTR		
若执行前	PC 指向“JMP @A + DPTR”指令的地址，A = 02H，DPTR = 1234H		
执 行 后	PC 指向 1236H，将程序流程改到 1236H		

3. 子程序操作指令

子程序操作指令包括主程序调用子程序的指令，以及由子程序返回主程序的指令。子程序操作指令及其使用见表 7 - 7。

表 7 - 7　子程序操作指令及其使用

ACALL　addr11			
说　　明	调用 addr11 地址的子程序，也就是 2KB 范围内的子程序，又称为近程调用		
编译后大小	2B	执行时间	24 个时钟脉冲
范　　例	ACALL　DELAY		
若执行前	PC 指向“ACALL　DELAY”指令的地址		
执 行 后	PC 指向 DELAY 卷标的地址，执行 DELAY 子程序		
LCALL　addr16			
说　　明	调用 addr16 地址的子程序，也就是 64KB 范围内的子程序，又称为远程调用		
编译后大小	3B	执行时间	24 个时钟脉冲
范　　例	LCALL　DISP		
若执行前	PC 指向“LCALL　DISP”指令的地址		
执 行 后	PC 指向 DISP 卷标的地址，执行 DISP 子程序		

续表

RET			
说　　明	由子程序返回主程序		
编译后大小	1B	执行时间	24 个时钟脉冲
范　　例	RET		
若执行前	PC 指向子程序 RET 指令地址		
执 行 后	PC 指向主程序调用该子程序指令的下一地址		
RETI			
说　　明	由中断子程序返回主程序		
编译后大小	1B	执行时间	24 个时钟脉冲
范　　例	RETI		
若执行前	PC 指向中断子程序 RETI 指令地址		
执 行 后	PC 指向主程序中断之前的 PC 值，执行下一条地址的指令		

4. 比较式跳转指令

比较式跳转指令的功能是将两个操作数的比较结果作为跳转与否的依据。比较式跳转指令及其使用见表 7－8。

表 7－8　比较式跳转指令及其使用

CJNE　A，direct，rel			
说　　明	将 A 的内容与（direct）相比较，若不等则跳转到 rel 的相对地址；若相等则继续执行下一条指令		
编译后大小	3B	执行时间	24 个时钟脉冲
范　　例	CJNE　A，20H，LOOP		
若执行前	ACC =（20H），执行后程序将继续执行下一行指令		
若执行前	ACC≠（20H），执行后将执行 LOOP 地址的指令		
CJNE　A，#data，rel			
说　　明	将 A 的内容与立即数 data 相比较，若不等则跳转到 rel 的相对地址；若相等则继续执行下一条指令		
编译后大小	3B	执行时间	24 个时钟脉冲
范　　例	CJNE　A，#0FFH，LOOP		
若执行前	ACC = FFH，执行后程序将继续执行下一行指令		
若执行前	ACC ≠FFH，执行后将执行 LOOP 地址的指令		
CJNE　@Ri，#data，rel			
说　　明	将（Ri）的内容与立即数 data 相比较，若不等则跳转到 rel 的相对地址；若相等则继续执行下一条指令		

续表

编译后大小	3B	执行时间	24 个时钟脉冲
范　　例	CJNE　@R0，#100，LOOP		
若执行前	(R0)＝100，执行后程序将继续执行下一行指令		
若执行前	(R0)≠100，执行后将执行 LOOP 地址的指令		
CJNE　Rn，#data，rel			
说　　明	将 Rn 的内容与立即数 data 相比较，若不等则跳转到 rel 的相对地址，若相等则继续执行下一条指令		
编译后大小	3B	执行时间	24 个时钟脉冲
范　　例	CJNZ　R1，#100，LOOP		
若执行前	R1＝100，执行后程序将继续执行下一行指令		
若执行前	R1≠100，执行后将执行 LOOP 地址的指令		

5. 计数循环指令

计数循环指令的功能是以寄存器或存储器的地址为计数器，每次执行就把计数器减 1，若计数器为 0 则跳转。计数循环指令及其使用见表 7－9。

表 7－9　计数循环指令及其使用

DJNZ　Rn，rel			
说　　明	将 Rn 的内容减 1 后，若 Rn≠0，则跳转到 rel 的相对地址；若 Rn＝0，则继续进行下一行指令		
编译后大小	2B	执行时间	24 个时钟脉冲
范　　例	DJNZ　R1，LOOP		
若执行前	Rn－1＝0，将继续执行下一行指令		
若执行前	Rn－1≠0，将跳至 LOOP 地址		
DJNZ　direct，rel			
说　　明	将（direct）的内容减 1 后，若（direct）≠0，则跳转到 rel 的相对地址；若（direct）＝0，则继续进行下一行指令		
编译后大小	3B	执行时间	24 个时钟脉冲
范　　例	DJNZ　30H，LOOP		
若执行前	(30H)－1＝0，将继续执行下一行指令		
若执行前	(30H)－1≠0，将跳至 LOOP 地址		

6. 空操作指令

空操作指令的功能只是消耗时间，不做任何操作。空操作指令及其使用见表 7－10。

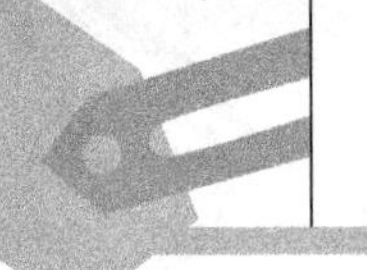

表 7-10　空操作指令及其使用

NOP			
说　明	没有任何操作		
编译后大小	1B	执行时间	12 个时钟脉冲
范　例	NOP		

7.3　项目任务参考程序

1. 指拨开关电路的设计与调试

(1) 汇编语言。

```
        ORG     0000H       ;程序从 0 开始
START:  MOV     P2,#0FFH    ;将 P2 口设计为输入功能
LOOP:   MOV     A,P2        ;读入指拨开关状态
        MOV     P0,A        ;将开关状态反映到 P0
        JMP     LOOP        ;跳至 LOOP 形成一个循环
        END                 ;程序结束
```

(2) C 语言。

```
#include <reg51.h>          //定义 8051 寄存器的头文件
#define  LED P0             //定义 LED 接至 P0

//主程序
main()                      //主程序开始
{
  LED =0xff;                //关闭 LED
  P2  =0xff;                //设置输入口
  while(1){                 //无穷循环
    LED = P2;               //读入指拨开关状态并输出到 LED
  }                         //while 循环结束
}                           //主程序结束
```

2. 按钮开关电路的设计与调试

(1) 汇编语言。

```
        ORG     0000H       ;程序从 0 开始
START:  MOV     P2,#0FFH    ;将 P2 设计为输入功能
LOOP:   JNB     P2.0,ON     ;若 PB1 on,则跳至 ON
        JNB     P2.1,OFF    ;若 PB2 on,则跳至 OFF
        JMP     LOOP        ;跳至 LOOP 形成循环
```

```
ON:       CLR     P0.0          ;P0.0 =0
ON_1:     JB      P2.0,LOOP     ;按键断开?
          JMP     ON_1          ;跳至 ON_1
OFF:      SETB    P0.0          ;P0.0 =1
OFF_1:    JB      P2.1,LOOP     ;按键断开?
          JMP     OFF_1         ;跳至 OFF_1
          END                   ;结束程序
```

(2) C语言。

```
#include <reg51.h>              //定义 8051 寄存器的头文件
sbit PB1 = P2^0;                //声明按钮 1 接至 P2.0
sbit PB2 = P2^1;                //声明按钮 2 接至 P2.1
sbit LED = P0^0;                //声明 LED 为 P0.0

//主程序
main()                          //主程序开始
{
  LED =1;                       //关闭 LED
  PB1 = PB2 =1;                 //设置输入口
  while(1){                     //无穷循环
    if(PB2 ==0)                 //若按下 PB2, 则关闭 LED
     LED =1;
    else if(PB1 ==0)            //若按下 PB2, 则点亮 LED
     LED =0;
  }                             //while 循环结束
}                               //主程序结束
```

3. 七段 LED 数码管静态显示的设计与调试

(1) 汇编语言。

```
          ORG     0000H         ;程序从 0 开始
START:    MOV     P0,#0FFH      ;将 P0 口设计为输入功能
LOOP:     JNB     P0.0,ON       ;若 PB1 on,则跳至 ON
          JNB     P0.1,OFF      ;若 PB2 on,则跳至 OFF
          JMP     LOOP          ;跳至 LOOP 形成一个循环
ON:       MOV     P2,#06H       ;给 P2 口赋值"6"
ON_1:     JB      P0.0,LOOP     ;按键断开
          JMP     ON_1          ;跳至 ON_1
OFF:      MOV     P2,#0FFH      ;给 P2 置高电平
OFF_1:    JB      P0.1,LOOP     ;按键断开
          JMP     OFF_1         ;跳至 OFF_1
          END                   ;程序结束
```

(2) C语言。

```
#include <reg51.h>                    //定义 8051 寄存器的头文件
sbit BT1 = P0^0;
sbit BT2 = P0^1;
#define  LED P2                       //定义 LED 接至 P2

//主程序
main()                                //主程序开始
{
  P0 = 0xff;                          //将 P0 设计为输入功能
  while(1){
    if(! BT1)                         //若 PB1 on，则输出数字到 LED
      LED = 0x6;                      //LED 输出 6
   else if(!BT2)                      //若 PB2 on，则清除 LED 数字
     LED = 0xff;
  }
}                                     //主程序结束
```

项目小结

本项目详细介绍了单片机输入电路的设计方法，并借助指拨开关和按钮开关的两个任务，掌握输入电路的设计方式。为满足下个项目中数字动态电路显示的设计需要，在本项目的最后，结合了单片机的输入电路，引出了单片机控制七段 LED 数码管的设计。在此基础上，详细地介绍了汇编语言的跳转类指令，要求熟悉指令的结构功能以及它们的使用方法。

习　　题

1. 单片机 AT89C51 的 P2.0、P2.1 和 P2.2 分别接按钮开关 PB1、PB2 和 PB3；P1.0 接一个 LED。按下 PB1 则 LED 亮；按下 PB2 则 LED 灭；按下 PB3 则 LED 闪烁。延时为 0.1s。

2. 单片机 AT89C51 的 P2.0、P2.1 和 P2.2 分别接按钮开关 PB1、PB2 和 PB3；P1 口接 8 个 LED。按下 PB1 则 8 个 LED 闪烁；按下 PB2 则 8 个 LED 单灯右移；按下 PB3 则 8 个 LED 单灯左移。延时为 0.1s。

3. 单片机 AT89C51 的 P2 口分别接 8 个指拨开关；P0 口接 8 个 LED。指拨开关闭合之前 8 个 LED，全亮；闭合指拨开关 P2.0，则 P0.0 所对应的 LED 灭，以此类推。

4. 单片机 AT89C51 的 P2 口分别接 8 个指拨开关；P0 口接 8 个 LED。指拨开关闭合之前 8 个 LED 单灯左移 3 次后，全亮；闭合指拨开关 P2.0，则 P0.0 所对应的 LED 灭，以此

类推。延时为0.2s。

5. 单片机AT89C51的P2.0、P2.1和P2.2口分别接一个按钮开关，P1口低4位接译码器74LS47，74LS47输出部分接共阳极LED数码管。要求按一下P2.0口对应按钮，数码管显示数字“0”；按一下P2.1口对应按钮，数码管显示数字“8”；按一下P2.2口对应按钮，数码管所显示的数字被关闭。

项目8

键盘的设计与调试

知识目标

(1) 掌握基于单片机的数码管动态扫描的设计方法。
(2) 掌握基于单片机的4×4键盘的设计方法。
(3) 熟悉键盘扫描。
(4) 掌握算术运算类指令的使用及功能。

能力目标

能力目标	相关知识	权重	自测分数
单数字动态扫描显示的设计	共阳极LED数码管工作原理、74LS47译码器工作原理、单数字动态扫描、相关指令、编写程序	25%	
多数字动态扫描显示的设计	多数字动态扫描、三极管结构原理、相关指令、编写程序	25%	
4×4键盘的设计	键盘输入电路、键盘扫描、数码管输出显示、相关指令、编写程序	25%	
熟悉键盘高低电平扫描	键盘的结构、行扫描、列扫描、高电平扫描、低电平扫描	10%	
掌握算术运算类指令	加法运算指令、带借位的减法运算指令、加1指令、减1指令、乘法运算指令、除法运算指令、BCD调整指令	15%	

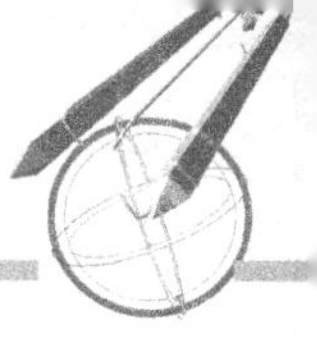

8.1　项目任务

8.1.1　单数字动态扫描显示的设计与调试

1. 功能说明

利用AT89C51的P2口，控制一个八段共阳极LED数码管，使其从0显示到9，并不断循环。

2. 电路原理图

按图8.1所示单数字动态扫描显示的电路原理图连接电路。

【动态扫描法】

3. 元器件清单

在本任务中，将介绍两种控制模式，分别是接74LS47芯片控制和不接该芯片控制。因此，在这两种不同的电路中，只有74LS47芯片的差别。表8-1是接该芯片的单数字动态扫描显示电路元器件清单，而不接74LS47芯片的清单表不再重复介绍，可以参考下表，只需要去掉该芯片即可。

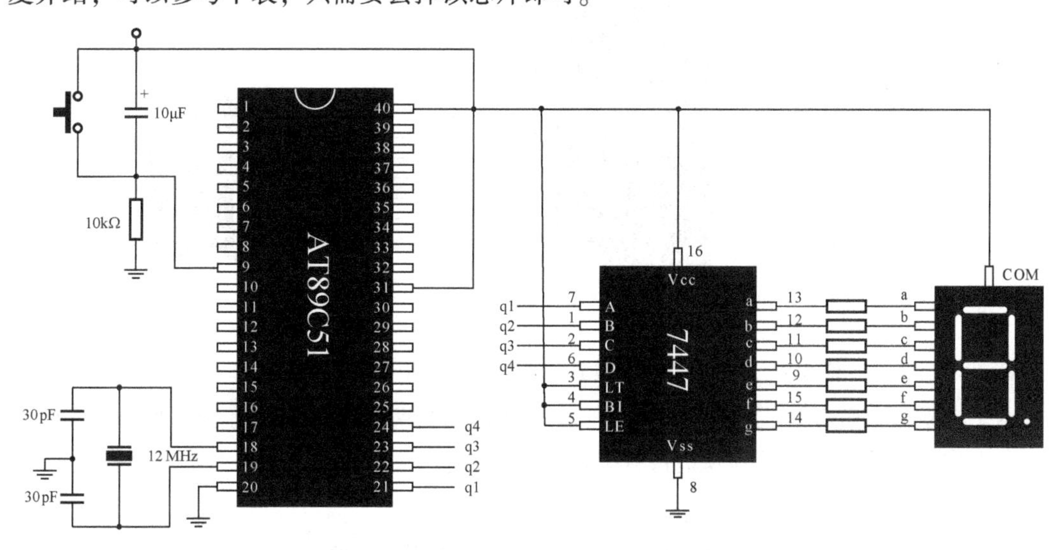

图8.1　单数字动态扫描显示的电路原理图

表8-1　单数字动态扫描显示电路元器件清单

序号	元器件名称	Proteus中的名称	规格	数量	备注
1	单片机	AT89C51	12MHz	1个	基本电路部分
2	石英振荡晶体	CRYSTAL	12MHz	1个	
3	电解电容	CAP-ELEC	10μF/25V	1个	
4	陶瓷电容	CAP	30pF	2个	
5	电阻	RES	10kΩ	1个	
6	按钮开关	BUTTON	TACK SW	1个	

续表

序号	元器件名称	Proteus 中的名称	规格	数量	备注
7	74LS47	7447	7447	1 个	功能电路部分
8	电阻	RES	220Ω	7 个	
9	七段数码管	7SEG-COM-ANODE	共阳极	1 个	

4. 设计思路

在学习接 74LS47 控制模式之前，我们先来看不接该芯片控制模式的方法。

(1) 不接 74LS47，直接驱动数码管，动态显示多个数字。首先将图 8.1 电路转换为如图 8.2 所示电路，部分参数值同图 8.1 一致。

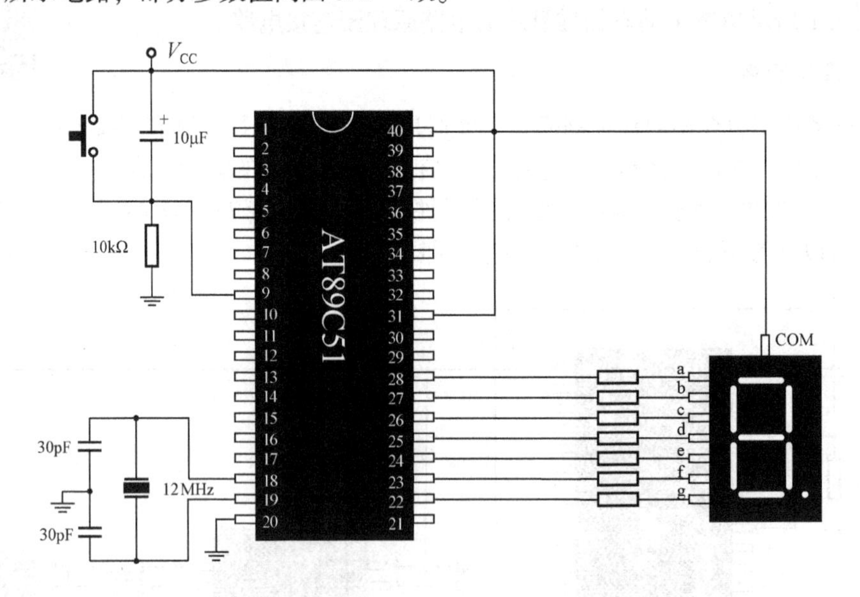

图 8.2　单数字动态扫描显示的电路原理图（不接 74LS47）

从上面电路容易看出，AT89C51 的 P2 口通过电阻直接驱动共阳极 LED 数码管，根据 0 ~ 9 的显示方式，只要对 P2 口相应位进行赋值即可，并在每个显示数字之间插入延时子程序。

程序如下。

```
        ORG     0000H           ;程序从 0 开始
LOOP:   MOV     P2,#00000010B   ;P2 口赋值 0
        CALL    DELAY           ;调用延时程序
        MOV     P2,#10011110B   ;P2 口赋值 1
        CALL    DELAY           ;调用延时程序
        MOV     P2,#00001100B   ;P2 口赋值 2
        CALL    DELAY           ;调用延时程序
        MOV     P2,#00110000B   ;P2 口赋值 3
        CALL    DELAY           ;调用延时程序
        MOV     P2,#10011000B   ;P2 口赋值 4
        CALL    DELAY           ;调用延时程序
```

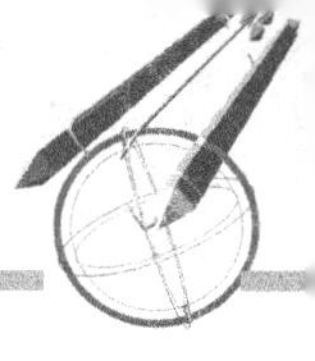


```
        MOV     P2,#01001000B    ;P2 口赋值 5
        CALL    DELAY            ;调用延时程序
        MOV     P2,#0100000B     ;P2 口赋值 6
        CALL    DELAY            ;调用延时程序
        MOV     P2,#00011110B    ;P2 口赋值 7
        CALL    DELAY            ;调用延时程序
        MOV     P2,#00000000B    ;P2 口赋值 8
        CALL    DELAY            ;调用延时程序
        MOV     P2,#00001000B    ;P2 口赋值 9
        CALL    DELAY            ;调用延时程序
        JMP     LOOP             ;跳转到 LOOP
DELAY:  MOV     R5,#200          ;给 R5 赋值为 200
D1:     MOV     R6,#250          ;给 R6 赋值为 250
D2:     MOV     R7,#4            ;给 R7 赋值为 4
        DJNZ    R7, $            ;R7 -1 不等于 0，执行本句
        DJNZ    R6,D2            ;R6 -1 不等于 0，跳转到 D2
        DJNZ    R5,D1            ;R5 -1 不等于 0，跳转到 D1
        RET                      ;子程序返回
        END                      ;程序结束
```

（2）由上面程序容易看出，对 P2 口的赋值相对比较复杂，且数字不直观，理解有一定的难度。如果在图 8.2 的基础上，加接一个译码器 74LS47，如图 8.1 所示，通过该译码器的数据转换，程序将变得直观易懂。该设计的流程图如图 8.3 所示。

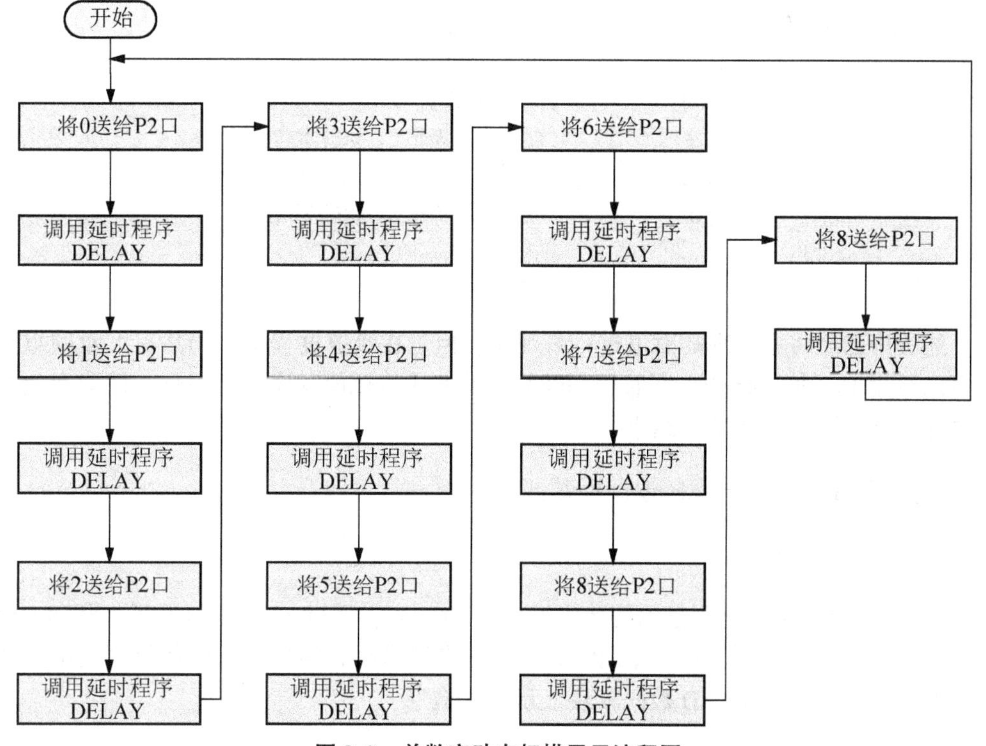

图 8.3　单数字动态扫描显示流程图

程序将变化如下。

```
        ORG     0000H       ;程序从0开始
LOOP:   MOV     P2,#00H     ;P2口赋值0
        CALL    DELAY       ;调用延时程序
        MOV     P2,#01H     ;P2口赋值1
        CALL    DELAY       ;调用延时程序
        MOV     P2,#02H     ;P2口赋值2
        CALL    DELAY       ;调用延时程序
        MOV     P2,#03H     ;P2口赋值3
        CALL    DELAY       ;调用延时程序
        MOV     P2,#04H     ;P2口赋值4
        CALL    DELAY       ;调用延时程序
        MOV     P2,#05H     ;P2口赋值5
        CALL    DELAY       ;调用延时程序
        MOV     P2,#06H     ;P2口赋值6
        CALL    DELAY       ;调用延时程序
        MOV     P2,#07H     ;P2口赋值7
        CALL    DELAY       ;调用延时程序
        MOV     P2,#08H     ;P2口赋值8
        CALL    DELAY       ;调用延时程序
        MOV     P2,#09H     ;P2口赋值9
        CALL    DELAY       ;调用延时程序
        JMP     LOOP        ;跳转到LOOP
DELAY:  MOV     R5,#200     ;给R5赋值为200
D1:     MOV     R6,#250     ;给R6赋值为250
D2:     MOV     R7,#4       ;给R7赋值为4
        DJNZ    R7,$        ;R7-1不等于0，执行本句
        DJNZ    R6,D2       ;R6-1不等于0，跳转到D2
        DJNZ    R5,D1       ;R5-1不等于0，跳转到D1
        RET;                子程序返回
        END;                程序结束
```

上述程序已经将不直观的赋值进行直观化，但是在赋值过程中，仍然有大量的重复语句，可以运用INC加1指令，并兼用判断跳转的方式将赋值程序进行简化，请读者先行思考，具体程序可以参考本项目结束。

8.1.2 多数字动态扫描显示的设计与调试

1. 功能说明

由P1口的高4位将所要显示的数字输出到74LS47，经过74LS47译码后，驱动4位数字的七段LED数码显示模块；而由P1口低4位将扫描码分别送到七段数码管显示模块的4个公共端，使得该七段LED数码模块显示“8051”。

2. 电路原理图

在本任务中，由 P1 口的高 4 位通过 74LS47 驱动输出“8051”，P1 口的低 4 位接数码管的公共端进行选择扫描。电路原理图如图 8. 4 所示。

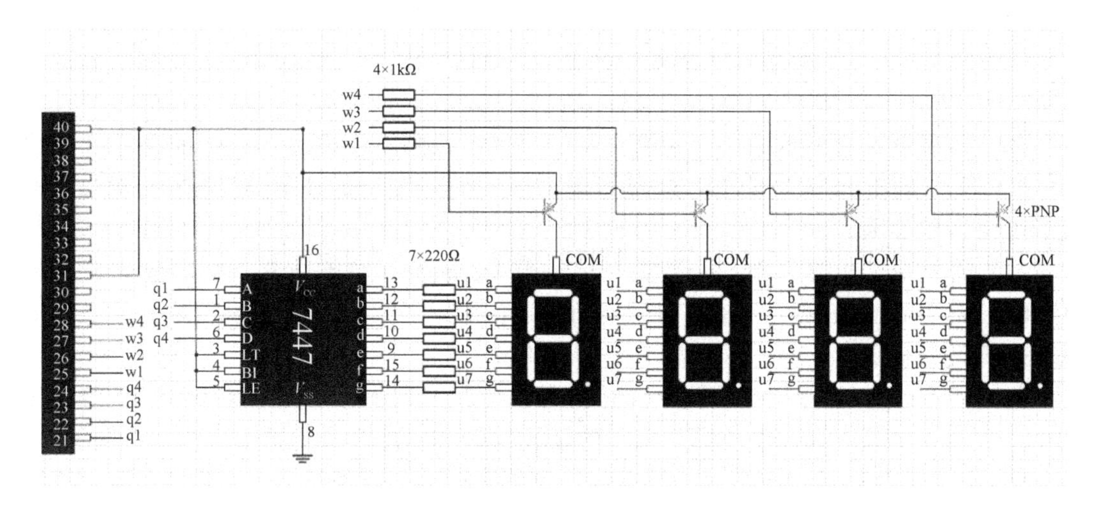

图 8. 4　4 位七段 LED 数码管显示 8051 的电路原理图

3. 元器件清单

该设计的基本电路部分同前面任务一致，在功能电路中，将介绍两种控制模式，分别是接 74LS47 芯片控制和不接该芯片控制。因此，在这两种不同的电路中，只有 74LS47 芯片的差别。表 8 - 2 是接该芯片的多数字动态扫描显示电路元器件清单，而不接 74LS47 芯片的清单表不再重复介绍，可以参考下表，只需要去掉该芯片即可。

表 8 - 2　多数字动态扫描显示电路元器件清单

序号	元器件名称	Proteus 中的名称	规格	数量	备注
1	单片机	AT89C51	12MHz	1 个	基本电路部分
2	石英振荡晶体	CRYSTAL	12MHz	1 个	
3	电解电容	CAP-ELEC	10μF/25V	1 个	
4	陶瓷电容	CAP	30pF	2 个	
5	电阻	RES	10kΩ	1 个	
6	按钮开关	BUTTON	TACK SW	1 个	
7	74LS47	7447	7447	1 个	功能电路部分
8	电阻/电阻排	RES/RX8	220Ω	7 个/1 个	
9	七段数码管	7SEG-COM-ANODE/ 7SEG-MPX4-CA-BLUE	共阳极	4 个/1 个	
10	电阻	RES	1kΩ	4 个	
11	三极管	ST5771-1	PNP	4 个	

4. 设计思路

根据功能需求与电路结构可知，4 个位数不能同时显示不同的数字，所以要采取扫描方式，也就是一位一位显示。

(1) 若要最右边位数显示“1”，则 P2 的低 4 位输出 1，P2 的高 4 位输出 0111B（即 P2 输出 71H），只有 VT0 晶体管导通，所以“1”的显示码将在最右边的七段 LED 数码管显示。

(2) 若要最右边显示第二个位数“5”，则 P2 的低 4 位输出 5，P2 的高 4 位输出 1011B（即 P2 输出 B5H），只有 VT1 晶体管导通，所以“5”的显示码将在右边第二个七段 LED 数码管显示。

(3) 若要最右边显示第三个位数“0”，则 P2 的低 4 位输出 0，P2 的高 4 位输出 1101B（即 P2 输出 D0H），只有 VT2 晶体管导通，所以“0”的显示码将在右边第三个七段 LED 数码管显示。

(4) 若要最左边显示“8”，则 P2 的低 4 位输出 8，P2 的高 4 位输出 1110B（即 P2 输出 E8H），只有 VT3 晶体管导通，所以“8”的显示码将在左边第一个七段 LED 数码管显示。

为了让人看清楚显示的数字，每点亮一个数字后，必须等一下，也就是延迟一段时间，再点亮下一个数字。若延迟时间太短，则数字的亮度较低；若延迟时间太长，则看见的数字是一个接着一个亮的（即闪烁的感觉），不像同时点亮 4 个数字。而从点亮第一个位数到点亮最后一个位数，若在 16ms 之内完成，则每秒扫描 60 次，如此就不会有闪烁感。换言之，每个数字点亮时间约 4ms，最简单的方式是在 P2 输出一个数字之后，调用一个 4ms 的延时程序。

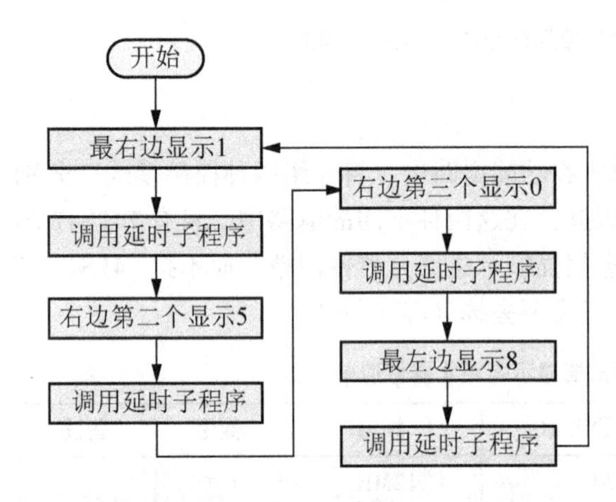

图 8.5　4 位七段 LED 数码管显示 8051 流程图

根据以上分析，可以设计出图 8.5 所示的流程图，读者请先行思考如何编写程序，具体程序请参考本项目结束。

5. 准备知识

在上述过程中，都是接 74LS47 译码器驱动输出数字的情况，下面来介绍不接 74LS47 芯片驱动输出数字的设计。请看图 8.6 所示电路原理图。

(1) 功能说明。由 P2 将所要显示的数字直接输出到 4 位数字的七段 LED 数码管显示模块，再由 P1 的低 4 位将扫描码份直接分送到七段 LED 数码管显示模块的 4 个公共端，使得这个七段 LED 数码管显示 2019。

(2) 设计要点。根据功能需求与电路结构可知，若要看到显示 4 个位数就要采用扫描方式。其中扫描码分别为 1110、1101、1011 和 0111，所以 P1 的低 4 位依次输出这 4 个扫描码，其高 4 位对实验无影响，可以设为 1111；而所要显示的 2019，根据电路图 P2 的连接方式，刚好符合“2”对应 00100101B、“0”对应 00000011B、“1”对应 10011111B、“9”对应 00001001B。若要显示某个位数，则输出该位数所要显示的数据以及其扫描码即可。

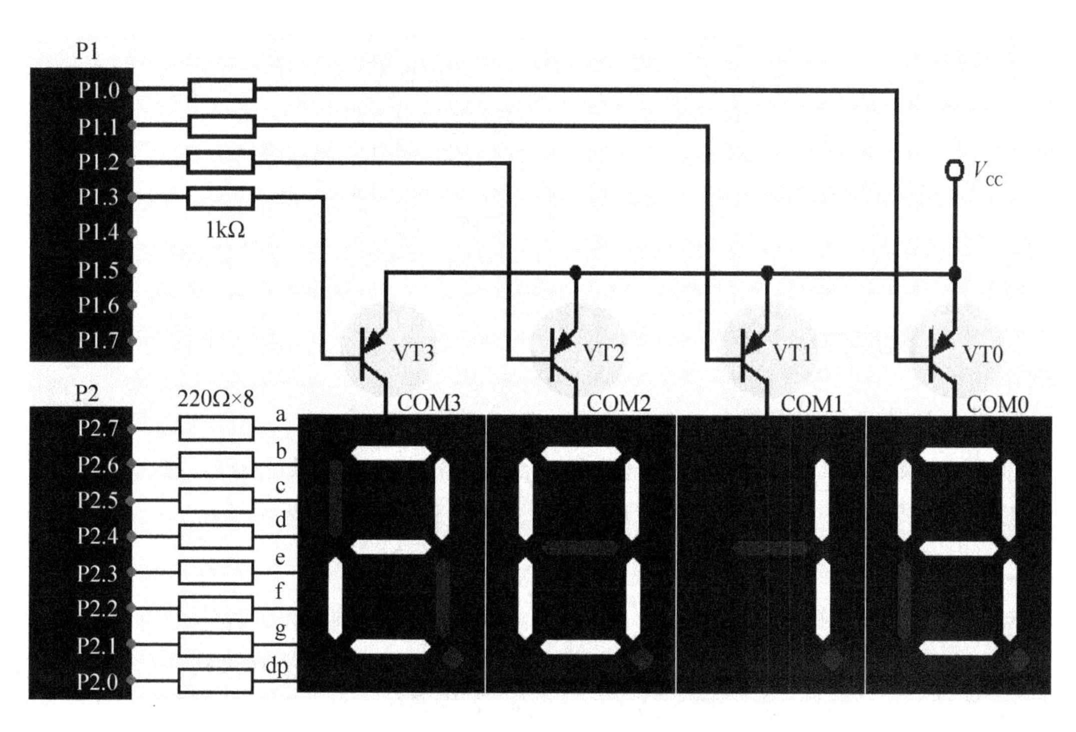

图 8.6 直接驱动七段 LED 数码管电路原理图

(3) 参考程序如下。

```
         ORG     0000H              ;程序从 0 开始
START:   MOV     P1,#0FFH           ;关闭所有数字
         MOV     P2,#00001001B      ;输出"9"的 7 段显示码
         MOV     P1,#11111110B      ;点亮最右边位数
         CALL    DELAY              ;延迟 4ms
;=================================================
         MOV     P1,#0FFH           ;关闭所有数字
         MOV     P2,#10011111B      ;输出"0"的 7 段显示码
         MOV     P1,#11111101B      ;点亮右边第二个位数
         CALL    DELAY              ;延迟 4ms
;=================================================
         MOV     P1,#0FFH           ;关闭所有数字
         MOV     P2,#00000011B      ;输出"0"的 7 段显示码
         MOV     P1,#11111011B      ;点亮右边第三个位数
         CALL    DELAY              ;延迟 4ms
;=================================================
         MOV     P1,#0FFH           ;关闭所有数字
         MOV     P2,#00100101B      ;输出"2"的 7 段显示码
         MOV     P1,#11110111B      ;点亮最左边的位数
         CALL    DELAY              ;延迟 4ms
         SJMP    START              ;跳到 START,构成循环
```

```
;==================延时 4ms 子程序=====================
DELAY:   MOV    R7,#10          ;给 R7 赋值为 10
D1:      MOV    R6,#200         ;给 R6 赋值为 200
         DJNZ   R6, $           ;R6 -1 不等于 0,执行本句
         DJNZ   R7,D1           ;R7 -1 不等于 0,跳转到 D1
         RET                    ;子程序返回
         END                    ;程序结束
```

8.1.3 4×4 键盘的设计思路

1. 功能说明

设计一个 4×4 键盘,使按“0”键时,七段 LED 数码管显示“00”;按“1”键时,七段 LED 数码管显示“01”……按“F”键时,七段 LED 数码管显示“15”。

2. 电路原理图

两个七段 LED 数码管的 a、b、c、…、g,分别连接到限流电阻,再连接到 74LS47 的输出,而个位数 74LS47 的输入 DCBA,连接到 P1 的低 4 位;十位数连接到 74LS47 的输入 DCBA,连接到 P1 的高 4 位。P2 的高 4 位连接 4×4 键盘的 Y3、Y2、Y1 和 Y0;P2 的低 4 位连接 4×4 键盘的 X3、X2、X1 和 X0。具体电路原理图如图 8.7 所示。

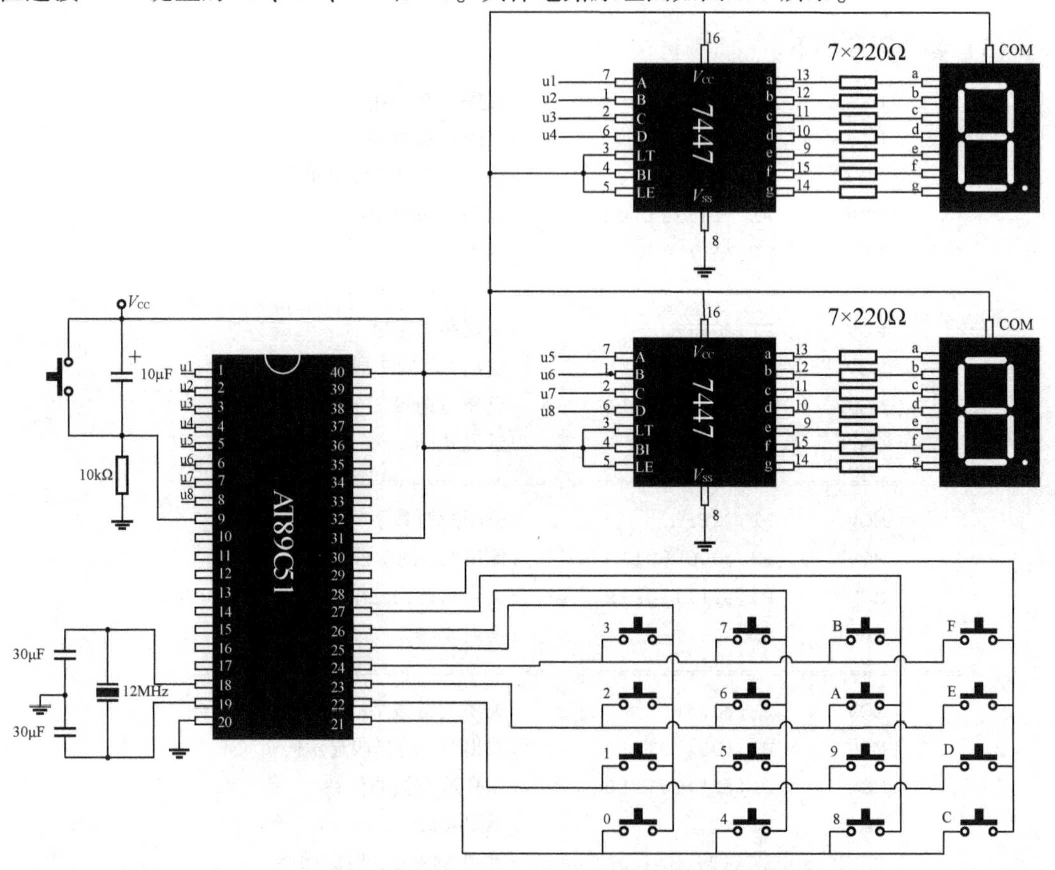

图 8.7 4×4 键盘与七段 LED 数码管的电路原理图

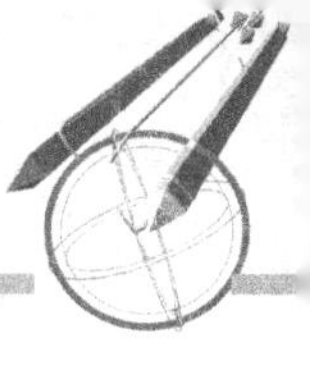

3. 元器件清单

该设计的基本电路部分同前面任务一致，在功能电路中，需要两块74LS47芯片和两片LED数码管，另需要16个按键，具体内容见表8-3。

表8-3　4×4键盘电路的元器件清单

序号	元器件名称	Proteus中的名称	规格	数量	备注
1	单片机	AT89C51	12MHz	1个	基本电路部分
2	石英振荡晶体	CRYSTAL	12MHz	1个	
3	电解电容	CAP-ELEC	10μF/25V	1个	
4	陶瓷电容	CAP	30pF	2个	
5	电阻	RES	10kΩ	1个	
6	按钮开关	BUTTON	TACK SW	1个	
7	74LS47	7447	7447	2个	功能电路部分
8	电阻	RES	220Ω	14个	
9	七段数码管	7SEG-COM-ANODE	共阳极	2个	
10	电阻	RES	10kΩ	4个	
11	按键	BUTTON	TACK SW	16个	

4. 设计思路

根据功能需求与电路结构可知：

P1.0～P1.3：个位数；

P1.4～P1.7：十位数；

P2.0～P2.3：键盘之Y0～Y3；

P2.4～P2.7：键盘之X0～X3。

整个功能架构在按键的扫描上，而按键的值存放在R0，扫描码由P2.4～P2.7送到键盘的X0～X3，第一个扫描码为EFH（即11101111B），这个值除了将扫描码送到P2.4～P2.7外，还将P2.0～P2.3设计成输入功能。接着利用JNB指令，直接判断P2.0。若P2.0=0表示X0行和Y0列交集的按键被按下去（即0键），则跳至KEYIN子程序显示R0的内容；若P2.0≠0表示X0行和Y0列交集的按键没有被按下去，则R0的内容加1，指向下一个按键的值。然后，再以同样的方式判断P2.1……以此类推。

若P2.0～P2.3都没被按下，则将扫描码左移一位，再重新输入扫描码，以扫描下一行（Y1），而下一行4个按键判断方式，与前一行的判断方式一样，所以可以用同样的方法，继续扫描Y1、Y2、Y3行。当全部扫描完毕，再重新开始，如此周而复始，即可随时反应这16个键的状态。

另外，KEYIN子程序必须先调用防抖子程序，才不会造成由于CPU的误操作而无法正常进行。在输出到74LS47之前，先把所要输出的数据通过DA指令进行BCD调整，才能正确反映A、B、C、D、E、F按键。

根据以上思路，设计了图 8.8 所示的流程图。请读者先行编写程序，参考程序参见本项目结束。

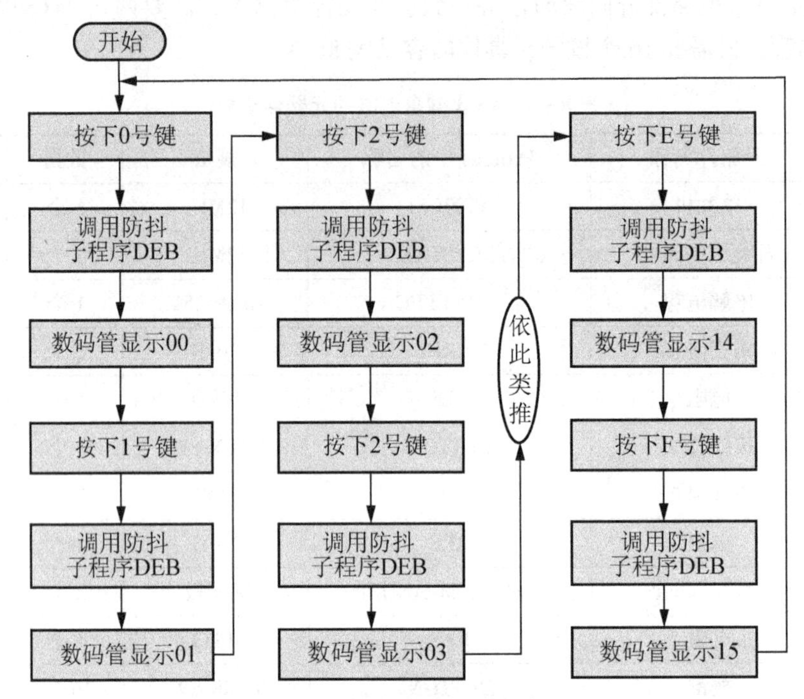

图 8.8　4×4 键盘显示流程图

8.2 相关知识

8.2.1 键盘扫描

图 8.9(a) 为 4×4 键盘外观，图 8.9(b) 为 4×4 键盘内部结构，其中包含 4 行和 4 列，构成一个 4×4 的数组。将每行连接端点名称为 X0、X1、X2 和 X3，每列连接端点名称为 Y0、Y1、Y2 和 Y3。另外，每列各连接一个电阻到公共点 COM 上。依扫描方式的不同，COM 可能连接到 V_{CC} 或者 GND，当需要进行键盘扫描时，则将扫描信号送至 X0～X3，再由 Y0～Y1 读取键盘状态，即可判断哪个按键被按下。

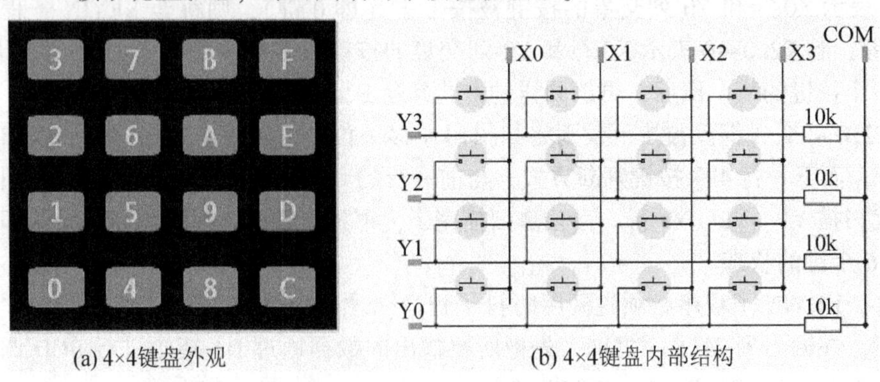

(a) 4×4键盘外观　　(b) 4×4键盘内部结构

图 8.9　4×4 键盘

键盘扫描方式有两种，低电平扫描和高电平扫描。

1. 低电平扫描

低电平扫描是将公共点COM连接到V_{CC}，无论哪个键被按下，Y3、Y2、Y1、Y0端点都可以保持高电平。送入X3、X2、X1、X0的扫描信号中只有一个为低电平，其余3个均为高电平，整个工作过程可以分为4个阶段。

1）第一阶段

判断KEY3、KEY2、KEY1、KEY0有没有被按下。首先将1110B送到X3、X2、X1、X0，接着读取Y3、Y2、Y1、Y0的状态，见表8－4。

表8－4　低电平扫描第一阶段

Y3	Y2	Y1	Y0	状　态
1	1	1	0	KEY 0 被按下
1	1	0	1	KEY 1 被按下
1	0	1	1	KEY 2 被按下
0	1	1	1	KEY 3 被按下
1	1	1	1	没有按下进入下一阶段

2）第二阶段

判断KEY7、KEY6、KEY5、KEY4有没有被按下。首先将1101B送到X3、X2、X1、X0，接着读取Y3、Y2、Y1、Y0的状态，见表8－5。

表8－5　低电平扫描第二阶段

Y3	Y2	Y1	Y0	状　态
1	1	1	0	KEY 4 被按下
1	1	0	1	KEY 5 被按下
1	0	1	1	KEY 6 被按下
0	1	1	1	KEY 7 被按下
1	1	1	1	没有按下进入下一阶段

3）第三阶段

判断KEY B、KEY A、KEY9、KEY8有没有被按下。首先将1011B送到X3、X2、X1、X0，接着读取Y3、Y2、Y1、Y0的状态，见表8－6。

表8－6　低电平扫描第三阶段

Y3	Y2	Y1	Y0	状　态
1	1	1	0	KEY 8 被按下
1	1	0	1	KEY 9 被按下
1	0	1	1	KEY A 被按下
0	1	1	1	KEY B 被按下
1	1	1	1	没有按下进入下一阶段

4）第四阶段

判断 KEY F、KEY E、KEY D、KEY C 有没有被按下。首先将 0111B 送到 X3、X2、X1、X0，接着读取 Y3、Y2、Y1、Y0 的状态，见表 8-7。

表 8-7　低电平扫描第四阶段

Y3	Y2	Y1	Y0	状　态
1	1	1	0	KEY C 被按下
1	1	0	1	KEY D 被按下
1	0	1	1	KEY E 被按下
0	1	1	1	KEY F 被按下
1	1	1	1	没有按下从头开始继续扫描

2. 高电平扫描

高电平扫描是将共点 COM 连接到 V_{SS}，无论哪个键被按下，Y3、Y2、Y1、Y0 端点都可以保持低电平。送入 X3、X2、X1、X0 的扫描信号中只有一个为高电平，其余 3 个均为低电平，整个工作过程可以分为 4 个阶段。

1）第一阶段

判断 KEY3、KEY2、KEY1、KEY0 有没有被按下。首先将 1110B 送到 X3、X2、X1、X0，接着读取 Y3、Y2、Y1、Y0 的状态，见表 8-8。

表 8-8　高电平扫描第一阶段

Y3	Y2	Y1	Y0	状　态
0	0	0	1	KEY0 被按下
0	0	1	0	KEY1 被按下
0	1	0	0	KEY2 被按下
1	0	0	0	KEY3 被按下
0	0	0	0	没有按下进入下一阶段

2）第二阶段

判断 KEY7、KEY6、KEY5、KEY4 有没有被按下。首先将 1101B 送到 X3、X2、X1、X0，接着读取 Y3、Y2、Y1、Y0 的状态，见表 8-9。

表 8-9　高电平扫描第二阶段

Y3	Y2	Y1	Y0	状　态
0	0	0	1	KEY4 被按下
0	0	1	0	KEY5 被按下
0	1	0	0	KEY6 被按下
1	0	0	0	KEY7 被按下
0	0	0	0	没有按下进入下一阶段

3）第三阶段

判断 KEY B、KEY A、KEY9、KEY8 有没有被按下。首先将 1011B 送到 X3、X2、X1、X0，接着读取 Y3、Y2、Y1、Y0 的状态，见表 8－10。

表 8－10 高电平扫描第三阶段

Y3	Y2	Y1	Y0	状 态
0	0	0	1	KEY8 被按下
0	0	1	0	KEY9 被按下
0	1	0	0	KEY A 被按下
1	0	0	0	KEY B 被按下
0	0	0	0	没有按下进入下一阶段

4）第四阶段

判断 KEY F、KEY E、KEY D、KEY C 有没有被按下。首先将 0111B 送到 X3、X2、X1、X0，接着读取 Y3、Y2、Y1、Y0 的状态，见表 8－11。

表 8－11 高电平扫描第四阶段

Y3	Y2	Y1	Y0	状 态
0	0	0	1	KEY C 被按下
0	0	1	0	KEY D 被按下
0	1	0	0	KEY E 被按下
1	0	0	0	KEY F 被按下
0	0	0	0	没有按下从头开始继续扫描

8.2.2 算术运算类指令

算术运算类指令的功能是将源操作数的数据与目的操作数的数据进行加、减、乘、除等运算，其结果将放入目的操作数。算术运算指令包括 24 个指令，在此将它们分为七大类。

1. 加法运算指令

加法运算指令的功能是将操作数的数据加到 ACC 里，其中包括不考虑进位标志位 CY（ADD）和考虑进位标志位 CY（ADDC）两种。加法运算指令及其使用见表 8－12。

表 8－12 加法运算指令及其使用

ADDC A，direct			
说 明	将 direct 地址的内容以及进位 CY 加到 ACC，即（direct）+ CY + ACC→ACC		
编译后大小	2B	执行时间	12 个时钟脉冲
范 例	ADD A，20H		
若执行前	ACC = 12H CY = 1 （20H）= ABH		
执 行 后	ACC = BEH CY = 0 （20H）= ABH		

续表

ADDC　A, Rn			
说　　明	将 Rn 的内容及 CY 加到 ACC，即 Rn + CY + ACC →ACC		
编译后大小	1B	执行时间	12 个时钟脉冲
范　　例	ADD　A, R1		
若执行前	ACC = 12H　R1 = 27H　CY = 1		
执 行 后	ACC = 3AH　R1 = 27H　CY = 0		
ADDC　A, @Ri			
说　　明	以间址寄存器 Ri 的内容为地址中的内容及 CY 加到 ACC，即（Ri）+ CY + ACC→ACC		
编译后大小	1B	执行时间	12 个时钟脉冲
范　　例	ADD　A, @R1		
若执行前	ACC = 35H　R1 = 21H　（21H）= A3H　CY = 1		
执 行 后	ACC = D9H　R1 = 21H　（21H）= A3H　CY = 0		
ADDC　A, #data			
说　　明	将 data 的值及 CY 加到 ACC，即 data + CY + ACC→ACC		
编译后大小	2B	执行时间	12 个时钟脉冲
范　　例	ADD　A, #20H		
若执行前	ACC = F5H　CY = 1		
执 行 后	ACC = 16H　CY = 0		
ADD　A, direct			
说　　明	将 direct 地址的内容加到 ACC，即（direct）+ ACC→ACC		
编译后大小	2B	执行时间	12 个时钟脉冲
范　　例	ADD　A, 20H		
若执行前	ACC = 12H　（20H）= ABH		
执 行 后	ACC = BDH　（20H）= ABH		
ADD　A, Rn			
说　　明	将 Rn 的内容加到 ACC，即 Rn + ACC→ACC		
编译后大小	1B	执行时间	12 个时钟脉冲
范　　例	ADD　A, R1		
若执行前	ACC = 12H　R1 = 27H		
执 行 后	ACC = 39H　R1 = 27H		
ADD　A, @Ri			
说　　明	以间址寄存器 Ri 的内容为地址加到 ACC，即（Ri）+ ACC→ACC		
编译后大小	1B	执行时间	12 个时钟脉冲

续表

范　例	ADD　A，@R1		
若执行前	ACC = 35H　R1 = 21H　(21H) = A3H		
执 行 后	ACC = D8H　R1 = 21H　(21H) = A3H		
ADD　A，#data			
说　明	将 data 的值加到 ACC，即 data + ACC→ACC		
编译后大小	2B	执行时间	12 个时钟脉冲
范　例	ADD　A，#20H		
若执行前	ACC = 35H		
执 行 后	ACC = 55H		

2. 带借位的减法运算指令

减法指令是将 ACC 的内容减去输入 CY，再减去操作数的数据。该条命令为：SUBB。带借位的减法运算指令及其使用见表 8 - 13。

表 8 - 13　带借位的减法运算指令及其使用

SUBB　A，direct			
说　明	将 ACC 的内容减去 direct 及 CY，即 ACC-(direct)-CY→ACC		
编译后大小	2B	执行时间	12 个时钟脉冲
范　例	SUBB　A，20H		
若执行前	ACC = 12H　CY = 1　(20H) = ABH		
执 行 后	ACC = 66H　CY = 1　(20H) = ABH		
SUBB　A，Rn			
说　明	将 ACC 的内容减去 Rn 及 CY，即 ACC-Rn-CY→ACC		
编译后大小	1B	执行时间	12 个时钟脉冲
范　例	SUBB　A，R2		
若执行前	ACC = 12H　CY = 1　R2 = 27H		
执 行 后	ACC = EAH　CY = 1　R2 = 27H		
SUBB　A，@Ri			
说　明	将 ACC 的内容减去 Rn 及 CY，即 ACC-(Ri)-CY→ACC		
编译后大小	1B	执行时间	12 个时钟脉冲
范　例	SUBB　A，@R0		
若执行前	ACC = 35H　CY = 1　R0 = 21H　(21H) = A3H		
执 行 后	ACC = 91H　CY = 1　R0 = 21H　(21H) = A3H		

续表

SUBB　A，#data			
说　　明	将 ACC 的内容减去 Rn 及 CY，即 ACC-data-CY→ACC		
编译后大小	2B	执行时间	12 个时钟脉冲
范　　例	SUBB　A，#20H		
若执行前	ACC = 35H　CY = 1		
执 行 后	ACC = 91H　CY = 0		

3. 加 1 指令

加 1 指令的功能是将操作数加 1。该条命令为 INC。加 1 指令及其使用见表 8－14。

表 8－14　加 1 指令及其使用

INC　A			
说　　明	将 ACC 加 1，即 ACC + 1→ACC		
编译后大小	1B	执行时间	12 个时钟脉冲
范　　例	INC　A		
若执行前	ACC = 35H		
执 行 后	ACC = 36H		
INC　direct			
说　　明	将 direct 内容加 1，即（direct）+ 1→(direct)		
编译后大小	1B	执行时间	12 个时钟脉冲
范　　例	INC　20H		
若执行前	(20H) = A3H		
执 行 后	(20H) = A4H		
INC　Rn			
说　　明	将 Rn 内容加 1，即 Rn + 1→Rn		
编译后大小	1B	执行时间	12 个时钟脉冲
范　　例	INC　R3		
若执行前	R3 = F0H		
执 行 后	R3 = F1H		
INC　@Ri			
说　　明	将（Ri）地址的内容加 1，即（Ri）+ 1→(Ri)		
编译后大小	1B	执行时间	12 个时钟脉冲
范　　例	INC　@R1		
若执行前	R1 = F0H		
执 行 后	R1 = F1H		

续表

INC　DPTR			
说　　明	将 DPTR 的内容加 1，即 DPTR + 1→DPTR		
编译后大小	1B	执行时间	12 个时钟脉冲
范　　例	INC　DPTR		
若执行前	DPTR = 0000H		
执 行 后	DPTR = 0001H		

4. 减 1 指令

减 1 指令的功能是将操作数减 1。该条命令为 DEC。减 1 指令及其使用见表 8 - 15。

表 8 - 15　减 1 指令及其使用

DEC　A			
说　　明	将 ACC 减 1，即 ACC - 1→ACC		
编译后大小	1B	执行时间	12 个时钟脉冲
范　　例	DEC　A		
若执行前	ACC = 35H		
执 行 后	ACC = 34H		
DEC　Rn			
说　　明	将 Rn 的内容减 1，即 Rn - 1→Rn		
编译后大小	1B	执行时间	12 个时钟脉冲
范　　例	DEC　R3		
若执行前	R3 = 01H		
执 行 后	R3 = 00H		
DEC　direct			
说　　明	将（direct）的内容减 1，即（direct）- 1→(direct)		
编译后大小	2B	执行时间	12 个时钟脉冲
范　　例	DEC　20H		
若执行前	(20H) = A3H		
执 行 后	(20H) = A2H		
DEC　@Ri			
说　　明	将（Ri）的内容减 1，即（Ri）- 1→(Ri)		
编译后大小	1B	执行时间	12 个时钟脉冲
范　　例	DEC　@R1		
若执行前	R1 = 20H　(20H) = 33H		
执 行 后	R1 = 20H　(20H) = 32H		

5. 乘法运算指令

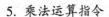

乘法运算指令的功能是将 A、B 的内容相乘，结果的高 8 位放在 B 中，低 8 位放在 ACC 中。乘法运算指令及其使用见表 8-16。

表 8-16　乘法运算指令及其使用

MUL　AB			
说　明	A 的内容为被乘数（8 位），B 寄存器的内容为乘数（8 位），乘积（16 位）的高 8 位放在 B，低 8 位放在 A，即 A×B→BA		
编译后大小	1B	执行时间	48 个时钟脉冲
范　例	MUL　AB		
若执行前	A=20H　B=12H		
执 行 后	A=40H　B=02H		

6. 除法运算指令

除法运算指令是将 A、B 寄存器的内容相除，余数放在 B，商放在 ACC。除法运算指令及其使用见表 8-17。

表 8-17　除法运算指令及其使用

DIV　AB			
说　明	A 的内容为被除数（8 位），B 寄存器的内容为除数（8 位），余数（8 位）放在 B，商（8 位）放在 A，即 A÷B→A 余 B		
编译后大小	1B	执行时间	48 个时钟脉冲
范　例	DIV　AB		
若执行前	A=20H　B=12H		
执 行 后	A=01H　B=0EH		

7. BCD 调整指令

BCD 调整指令专门用于对累加器 ACC 中的 BCD 码十进制加法结果进行调整。两个 BCD 码二进制数相加后，必须经过本指令调整才能得到正确的计算结果。所以，该指令一般跟在 ADD 或者 ADDC 之后。

例如，① 2+5=7　　　　　　② 3+8=11

0010B+0101B=0111B　　　　0011B+1000B=1011B

其中，①式的计算结果是正确的。②式的计算结果是不正确的，因为 BCD 码中不存在 1011 这个编码，②式的正确结果应该是 00010001B。

以上情况说明，二进制数的加法指令并不完全适用于 BCD 码的计算，因此计算之后

必须要对结果进行修正，这就是所谓的 BCD 调整问题。

出错的原因在于 BCD 码是 4 位二进制编码，4 位二进制数共有 16 个编码，但 BCD 码只使用了其中的前 10 个，剩下的 6 个没有使用。通常将这 6 个没有用到的编码（1010、1011、1100、1101、1110 和 1111）称为无效码。

在 BCD 码的加法运算中，只要结果进入或者跳过无效编码，那么就是错误的。因此，一位 BCD 码加法运算出错的情况大概有以下两种。

（1）相加结果大于 9，说明已经进入无效编码区。

（2）相加结果有进位，说明已经跳过无效编码区。

不管出现哪一种情况，相加结果都会比正确值小 6。因此，只要 BCD 码的加法运算结果出现上述两种情况之一，就必须进行调整，这样才能得到正确的结果。

BCD 调整指令及其使用见表 8-18。

表 8-18　BCD 调整指令及其使用

DA　A			
说　明	二-十进制调整指令		
编译后大小	1B	执行时间	12 个时钟脉冲
范　例	DA　A	高四位　低四位　No　>9?　>9?　No　+6 进位　+6 进位	
若执行前	ACC = ABH　　CY = 0		
执 行 后	ACC = 11H　　CY = 1		

8.3　项目任务参考程序

1. 单数字动态扫描显示的设计与调试

（1）汇编语言。

```
        ORG     0000H           ;程序从 0 开始
START:  MOV     A,#00H          ;给 A 赋值为 10
        MOV     R2,#10          ;给 R2 赋值为 10
LOOP:   MOV     P2,A            ;将 A 的值送给 P2 口
        INC     A               ;A 的值自加一
        CALL    DELAY           ;调用延时子程序
        DJNZ    R2,LOOP         ;R2 -1 不等于 0，跳转到 LOOP
        JMP     START           ;循环
DELAY:  MOV     R5,#200         ;给 R5 赋值为 200
D1:     MOV     R6,#250         ;给 R6 赋值为 250
D2:     MOV     R7,#4           ;给 R7 赋值为 4
```

```
        DJNZ    R7,$        ;R7 -1 不等于 0，执行本句
        DJNZ    R6,D2       ;R6 -1 不等于 0，跳转到 D2
        DJNZ    R5,D1       ;R5 -1 不等于 0，跳转到 D1
        RET                 ;子程序返回
        END                 ;程序结束
```

(2) C 语言。

```
#include <reg51.h>              //定义 8051 寄存器的头文件
#define  LED P2                 //定义 LED 接至 P2

//声明延迟函数
void
delay(
 unsigned int
 );

//主程序
main()                          //主程序开始
{
  int i;
  while(1){                     //无穷循环
    for(i=0; i<10; i ++){
      LED=i;                    //输出数字到数码管
      delay(50000);             //调用延迟函数
    }                           //for 循环结束
  }                             //while 循环结束
}                               //主程序结束

//延迟函数
void
delay(                          //延迟函数开始
 unsigned int x                 //x=延迟次数
 )
{
 int i;                         //声明整形变量 i
 for(i=0; i<x;i ++);            //计数 x 次
}                               //延迟函数结束
```

2. 多数字动态扫描显示的设计与调试

(1) 汇编语言。

```
        ORG     0000H       ;程序从 0 开始
START:  MOV     P2,#0FFH    ;数码管黑屏,不显示数字
```

```
          MOV     P2,#71H        ;最右边的数字显示1
          CALL    DELAY          ;延时
          MOV     P2,#0FFH       ;数码管黑屏,不显示数字
          MOV     P2,#0B5H       ;右边第二个数字显示5
          CALL    DELAY          ;延时
          MOV     P2,#0FFH       ;数码管黑屏,不显示数字
          MOV     P2,#0D0H       ;右边第三个数字显示0
          CALL    DELAY          ;延时
          MOV     P2,#0FFH       ;数码管黑屏,不显示数字
          MOV     P2,#0E8H       ;最左边数字显示8
          CALL    DELAY          ;延时
          JMP     START          ;从头开始扫描
   ;************* 延时程序*************
DELAY:    MOV     R7,#10         ;给R7赋值为10
D1:       MOV     R6,#200        ;给R6赋值为200
          DJNZ    R6,$           ;R6-1不等于0,执行本句
          DJNZ    R7,D1          ;R7-1不等于0,跳转到D1
          RET                    ;子程序返回
          END                    ;程序结束
```

(2) C语言。

```
#include <reg51.h>              //定义8051寄存器的头文件
#define  LED P2                 //定义LED接至P2

//声明延迟函数
void
delay(
 unsigned int
 );

//主程序
main()                          //主程序开始
{
  while(1){                     //无穷循环
    LED=0xff;                   //输出数字到数码管
   LED=0x71;
   delay(1000);                 //调用延迟函数
    LED=0xff;                   //输出数字到数码管
   LED=0xb5;
   delay(1000);                 //调用延迟函数
    LED=0xff;                   //输出数字到数码管
```

```
   LED = 0xd0;
   delay(1000);                    //调用延迟函数
    LED = 0xff;                    //输出数字到数码管
   LED = 0xe8;
    delay(1000);                   //调用延迟函数
  }                                //while 循环结束
}                                  //主程序结束

//延迟函数
void
delay(                             //延迟函数开始
 unsigned int x                    //x = 延迟次数
 )
{
 int i;                            //声明整形变量 i
 for(i = 0; i < x;i ++);           //计数 x 次
}                                  //延迟函数结束
```

3. 4×4 键盘的设计与调试

(1) 汇编语言。

```
          ORG      0000H          ;程序从 0 开始
START:    MOV      R0,#0          ;按键初始值
          MOV      R2,#0EFH       ;扫描码初始值
SCAN:     MOV      A,R2           ;指定扫描码
          MOV      P2,A           ;扫描，并设定输入模式
          MOV      R0,#0          ;R0 = 第一行
          JNB      P2.0,KEYIN     ;检测第一行
          INC      R0             ;R0 = 第二行
          JNB      P2.1,KEYIN     ;检测第二行
          INC      R0             ;R0 = 第三行
          JNB      P2.2,KEYIN     ;检测第三行
          INC      R0             ;R0 = 第四行
          JNB      P2.3,KEYIN     ;检测第四行
          JMP      NCOL           ;扫描下一列
;=================================================
KEYIN:    MOV      A,R1           ;A = 列号
          MOV      B,#04          ;B = 4
          MUL      AB             ;B = 列号* 4
          ADD      A,R0           ;按键号码 = 列号* 4 + 行号
          DA       A              ;BCD 调整
          MOV      P1,A           ;显示按键值
READKEY:  MOV      A, P2          ;当按钮未放开，再读入行键值
```

```
        CPL     A
        ANL     A, 0x0f
        JNZ     READKEY
NCOL:   MOV     A,R2            ;载入扫描码
        RL      A               ;下一个扫描码
        MOV     R2,A            ;存回扫描码
        CALL    DELAY
        INC     R1
        CJNE    R1,#4, SCAN     ;扫描下一列
        JMP     START           ;重新扫描

; ==================延时 4ms 子程序子程序 ==============
DELAY:  MOV     R7,#4           ;给 R7 赋值为 4
D1:     MOV     R6,#120         ;给 R6 赋值为 120
        DJNZ    R6, $           ;R6 -1 不等于 0, 执行本句
        DJNZ    R7,D1           ;R7 -1 不等于 0, 跳转到 D1
        RET                     ;子程序返回
        END                     ;程序结束
```

(2) C 语言。

```
#include <reg51.h>                    //定义 8051 寄存器的头文件
#define  KEYIN  P2                    //扫描输出端口(高位)及键盘输入端口(低位)

unsigned char scancol[4] ={0xef, 0xdf, 0xbf, 0x7f};

//声明延迟函数
void
delay1ms(
 unsigned int
 );

//主程序
main()                                //主程序开始
{
  unsigned char col, row;
  unsigned char rowkey, kcode;
  while(1){                           //无穷循环
    for(col=0; col<4; col++){         //for 循环, 扫描第 col 列
     KEYIN=scancol[col];              //高 4 位输出扫描信号, 低 4 位输入行值
     rowkey= ~KEYIN & 0x0f;           //读入 KEYIN 低 4 位, 反相再相除高 4 位求出行键值
     if(rowkey ! =0){                 //若有按键被按下
       if(rowkey==0x01)               //若第 0 行被按下
```

```
        row=0;
      else if(rowkey==0x02)                    //若第1行被按下
        row=1;
      else if(rowkey==0x04)                    //若第2行被按下
        row=2;
      else if(rowkey==0x08)                    //若第3行被按下
        row=3;
      kcode=col* 4+row;                        //算出按键的号码
      kcode=(kcode / 10)* 0x10 +(kcode % 10);  //转换成BCD码
      P1=kcode;                                //输出BCD数字到数码管
      while(rowkey !=0)                        //当按钮未放开
        rowkey= ~KEYIN & 0x0f;                 //再读入行键值
     }                                         //if语句(有按键时)结束
     delay1ms(4);                              //延迟4ms
    }                                          //for循环结束(扫描col列)
  }                                            //while循环结束
}                                              //主程序结束

//延迟函数
void
delay1ms(                                      //延迟函数开始
 unsigned int x                                //x=延迟次数
 )
{
 int i, j;                                     //声明整形变量i
 for(i=0; i<x;i++);                            //计数x次
   for(j=0; j<120;j++);                        //计数120次,延迟约1ms
}                                              //延迟函数结束
```

项目小结

本项目详细介绍了数字动态扫描电路和键盘电路的设计，并根据任务需求，详细地阐述了键盘低电平和高电平扫描的原理以及工作过程。同时，在本项目键盘与输出显示电路的设计和相关理论知识的基础上，详细地介绍了汇编语言的算术运算类指令，要求熟悉指令的结构功能以及它们的使用方法。

习　题

1. 单片机AT89C51的P2口接74LS47驱动一个共阳极七段数码管。让该数码管循环显示数字“9~0”，延时为1s。

2. 单片机AT89C51的P2口接74LS47驱动一个共阳极七段数码管。让该数码管显示

数字“2～6”，然后显示“9～0”，如此循环，延时为1s。

3. 4个集成共阳极七段数码管的公共端以PNP三极管做开关分别连接到单片机AT89C51的P1低4位，数码管的各显示引脚a～dp分别连接到P2.0～2.7。让4个数码管稳定显示“2012”。

4. 4个集成共阳极七段数码管的公共端以PNP三极管做开关分别连接到单片机AT89C51的P1低4位，数码管的各显示引脚a～dp分别连接到P2.0～2.7。让LED先稳定显示“2012”，约1s之后再稳定显示“12.21”，如此循环。

5. 单片机AT89C51的P2.0、P2.1和P2.2口分别接一个按钮开关，P1口低4位接译码器74LS47，74LS47输出部分接共阳极LED数码管。要求按一下P2.0口对应按钮，数码管显示数字“0”到“9”加1循环，延时1s；按一下P2.1口对应按钮，数码管显示数字“8”到“2”减1循环，延时1s；按一下P2.2口对应按钮，数码管所显示的数字被关闭。

项目9

码表的设计与调试

知识目标

(1) 掌握基于单片机的流水灯中断的设计方法。
(2) 掌握基于单片机的定时器和码表的设计方法。
(3) 熟悉单片机的中断技术。
(4) 熟悉单片机的定时与计数功能。
(5) 掌握逻辑运算类指令的使用及功能。

能力目标

能力目标	相关知识	权重	自测分数
掌握流水灯的中断设计	中断的控制与管理、中断入口地址处理、外部中断的设置方法、LED发光管	20%	
掌握30s定时器的设计	定时器/计数器的工作原理、工作方式的设置、定时器/计数器中断的设定及应用、数码管	20%	
掌握99s码表的设计	中断的应用、中断服务子程序、数码管	20%	
熟悉单片机的中断技术	中断的概念、中断的优点、中断系统的功能、MCS-51的中断系统	10%	
熟悉单片机的定时与计数功能	MCS-51的定时器/计数器、方式寄存器、控制寄存器、定时器/计数器的工作方式、计数寄存器、定时器/计数器的应用	10%	
掌握逻辑运算类指令	AND运算指令、OR运算指令、XOR运算指令、NOT运算指令、清除指令、位移指令	20%	

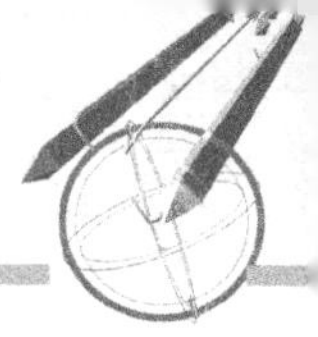

9.1 项目任务

9.1.1 流水灯的中断设计与调试

1. 功能说明

P0 口连接 8 个 LED，INT1 脚（13 脚）连接一个 10kΩ 的上拉电阻和一个按钮开关。当主程序正常执行时，P0 口的 8 个灯交替闪烁。若按下 INT1 按钮开关，则进入中断状态，P0 口的 8 个灯将变成单灯左移和右移，5 个循环后，恢复中断前的状态，即继续执行 8 灯交替闪烁。

2. 电路原理图

按图 9.1 所示流水灯电路原理图连接电路。

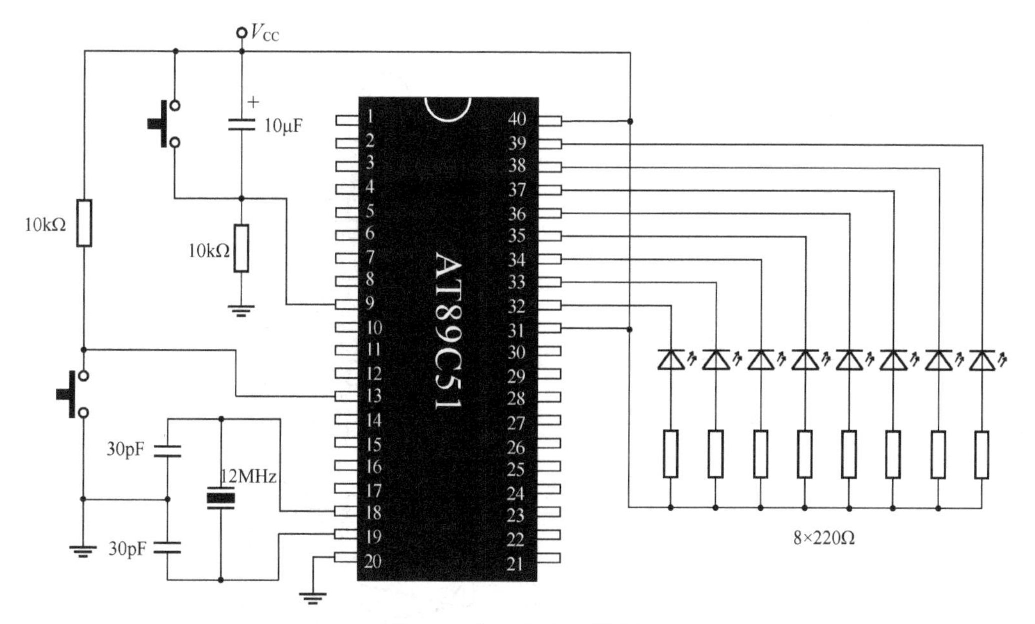

图 9.1　流水灯电路原理图

3. 元器件清单

流水灯电路的元器件清单见表 9－1。

表 9－1　流水灯电路的元器件清单

序号	元器件名称	Proteus 中的名称	规格	数量	备注
1	单片机	AT89C51	12MHz	1 个	基本电路部分
2	石英振荡晶体	CRYSTAL	12MHz	1 个	
3	电解电容	CAP-ELEC	10μF/25V	1 个	
4	陶瓷电容	CAP	30pF	2 个	
5	电阻	RES	10kΩ	1 个	
6	按钮开关	BUTTON	TACK SW	1 个	

续表

序号	元器件名称	Proteus 中的名称	规格	数量	备注
7	LED 发光管	LED-RED	共阳极	8 个	功能电路部分
8	电阻	RES	220Ω	8 个	

4. 设计思路

根据功能说明可知，首先必须设定中断向量，而 INT1 的中断向量为 13H。要求中断后立即执行单灯左移和右移的中断子程序，本设计中定义为 INT1 中断子程序。在声明中断向量后，立即设定中断，包括打开中断总开关 EA 及 INT1 的开关 EX1，将堆栈指针移至安全的地址 30H 等。主程序实现八灯交替闪烁，中断子程序中一开始先把主程序的数据存入堆栈，包括 PSW 和 ACC，然后将寄存器组切换到 RB1，避免影响返回主程序后的结果。

流水灯中断设计流程图如图 9.2 所示。

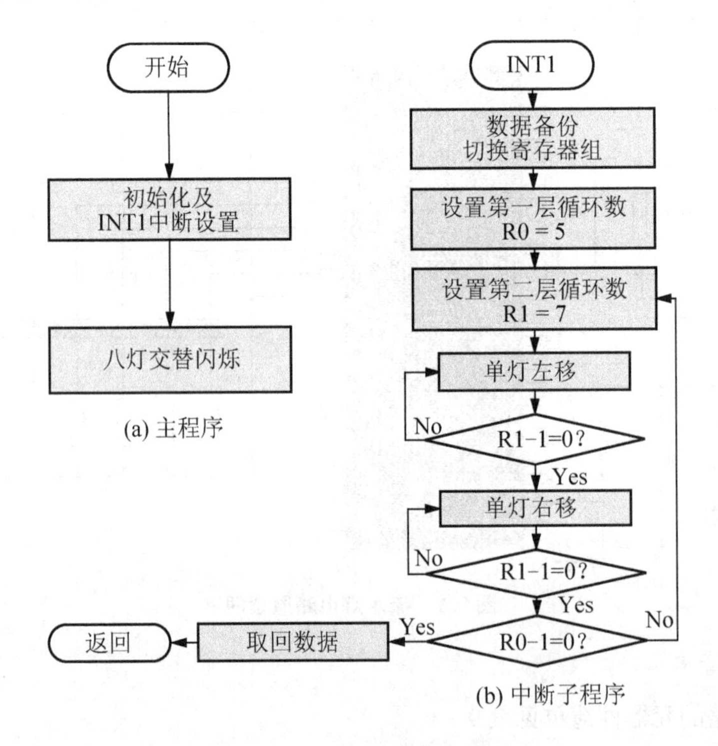

图 9.2　流水灯中断设计流程图

根据以上流程图，请读者先行设计程序，并参考本项目结束。

9.1.2　30s 定时器的设计与调试

1. 功能说明

P0 口的低 4 位连接个位数的 74LS47 译码器和七段 LED 数码管，高 4 位连接十位数的 74LS47 译码器和七段 LED 数码管。利用定时器/计数器 T1 作为定时设备，两个七段 LED 数码管从“00”开始显示，每秒增加 1，到达“29”后，再从“00”开始，即为 30s 定时器。

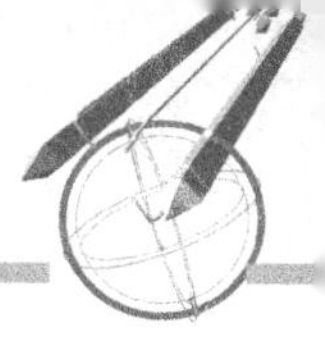

2. 电路原理图

按图9.3所示30s定时器电路原理图连接电路。

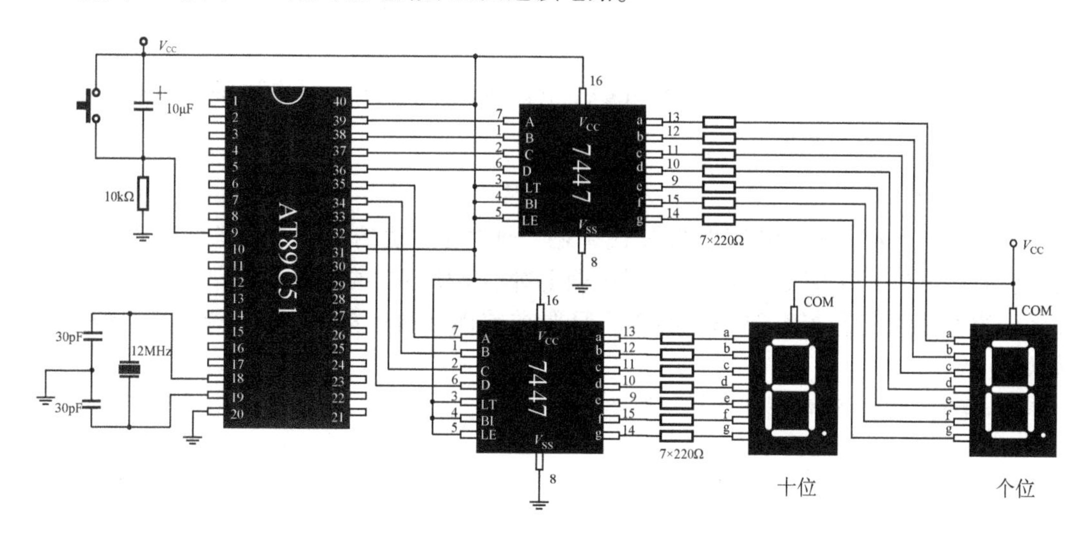

图9.3　30s定时器电路原理图

3. 元器件清单

30s定时器电路原理图的元器件清单见表9-2。

表9-2　30s定时器电路原理图的元器件清单

序号	元器件名称	Proteus中的名称	规格	数量	备注
1	单片机	AT89C51	12MHz	1个	基本电路部分
2	石英振荡晶体	CRYSTAL	12MHz	1个	
3	电解电容	CAP-ELEC	10μF/25V	1个	
4	陶瓷电容	CAP	30pF	2个	
5	电阻	RES	10kΩ	1个	
6	按钮开关	BUTTON	TACK SW	1个	
7	74LS47	7447		2个	功能电路部分
8	七段数码管	7SEG-COM-ANODE	共阳极	2个	
9	电阻	RES	220Ω	14个	

4. 设计思路

要用定时器/计数器T0或T1来定时，有4种工作模式，即Mode 0、Mode1、Mode2或Mode3，以12MHz的单片机系统为例，说明如下。

（1）当在Mode 0模式工作时，每次可计数8 192，约8ms，若要计数5 000，则为5ms，必须重复200次延时才能延时1s(5ms×200)。

（2）当在Mode 1工作模式时，每次可计数65 536，约65ms，若要计数50 000，则为

50ms，必须重复20次延时才能延时1s(50ms×20)。

(3) 当在Mode 2模式或者Mode 3模式工作时，每次可计数256，约0.25ms，若要计数250，则为0.25ms，必须重复4 000次延时才能延时1s(0.25ms×4 000)。

本设计中以Mode 0为例。

本设计中还介绍了EQU伪指令。EQU指令是将程序里含有其左边字符串的变量，以其右边的数值代替。例如，

```
MODE  EQU  00H
```

如果程序遇到了MODE则以00H代替之。通常在左边的字符串都是可读性比较好的文字，而右边为一些参数、常数等，是表面上看不出所以然的数值。这样做的目的：①增加程序的可读性；②若需要修改参数，只要在前面修改一处，而不需要到程序中逐个替换。

30s定时器设计流程图如图9.4所示。

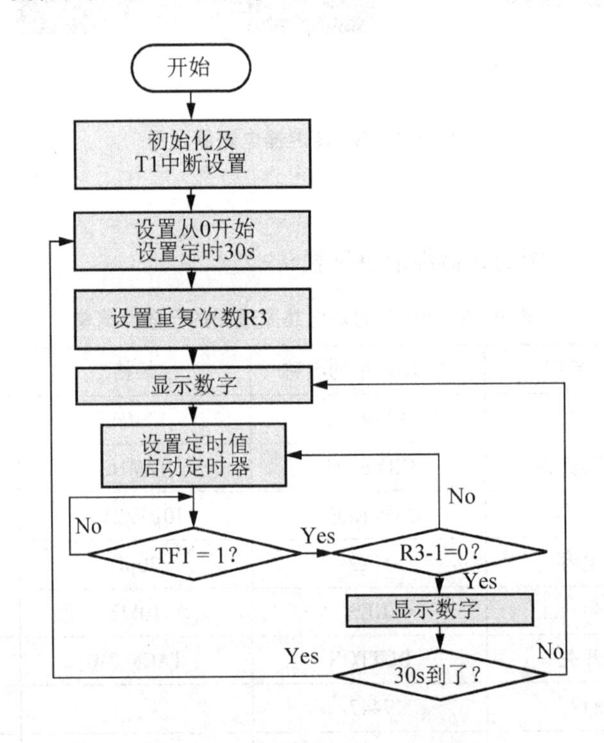

图9.4 30s定时器设计流程图

根据以上流程图，请读者先行设计程序，并参考本项目结束。

9.1.3 99s码表的设计与调试

1. 功能说明

P0口的低4位连接个位数的74LS47译码器和七段LED数码管，高4位连接十位数的74LS47译码器和七段LED数码管。INT0（12脚）和INT1（13脚）分别接一个10kΩ上拉电阻和一个按钮开关。INT0按钮开关的功能是启动和停止码表，INT1按钮开关的功能

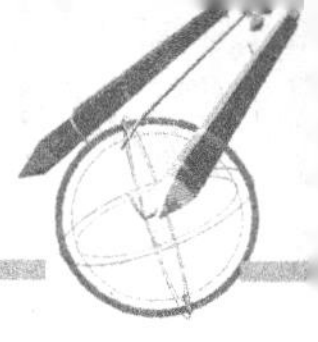

是清零码表。按下 INT0 启动码表后，七段 LED 数码管从“00”开始显示，每秒增加 1，直至“99”；再按 INT0 可停止定时，按下 INT1 可将码表归零。

2. 电路原理图

按图 9.5 所示码表的电路原理图连接电路。

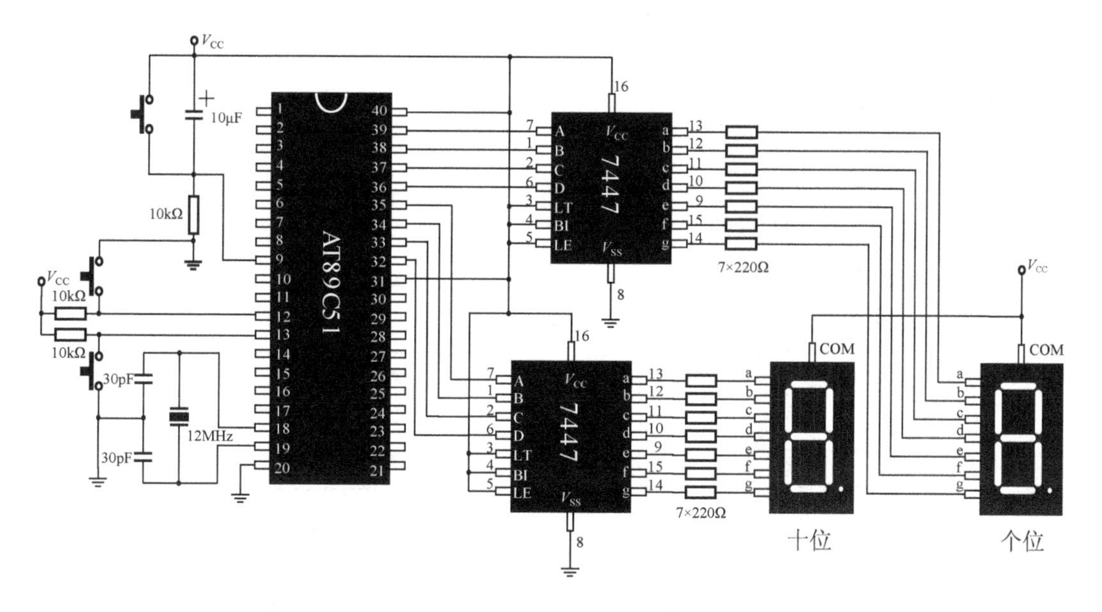

图 9.5　码表的电路原理图

3. 元器件清单

码表电路的元器件清单见表 9－3。

表 9－3　码表电路的元器件清单

序号	元器件名称	Proteus 中的名称	规格	数量	备注
1	单片机	AT89C51	12MHz	1 个	基本电路部分
2	石英振荡晶体	CRYSTAL	12MHz	1 个	
3	电解电容	CAP-ELEC	10μF/25V	1 个	
4	陶瓷电容	CAP	30pF	2 个	
5	电阻	RES	10kΩ	1 个	
6	按钮开关	BUTTON	TACK SW	1 个	
7	74LS47	7447		2 个	功能电路部分
8	七段数码管	7SEG-COM-ANODE	共阳极	2 个	
9	电阻	RES	220Ω	14 个	
10	电阻	RES	10kΩ	2 个	
11	按钮开关	BUTTON	TACK SW	2 个	

4. 设计思路

在本设计中，1s的定时和显示与前文任务类似，而关键是设计具有切换功能的中断，即当第一次INT0中断时，开始定时；当第二次INT0中断时，停止定时；当INT1中断时，显示清零。因此，在1s的定时与显示中，通过检测INT0（12脚）、INT1（13脚）是为0还是1，从而判断是继续定时并显示还是停止定时或归零。

码表设计流程图如图9.6所示。

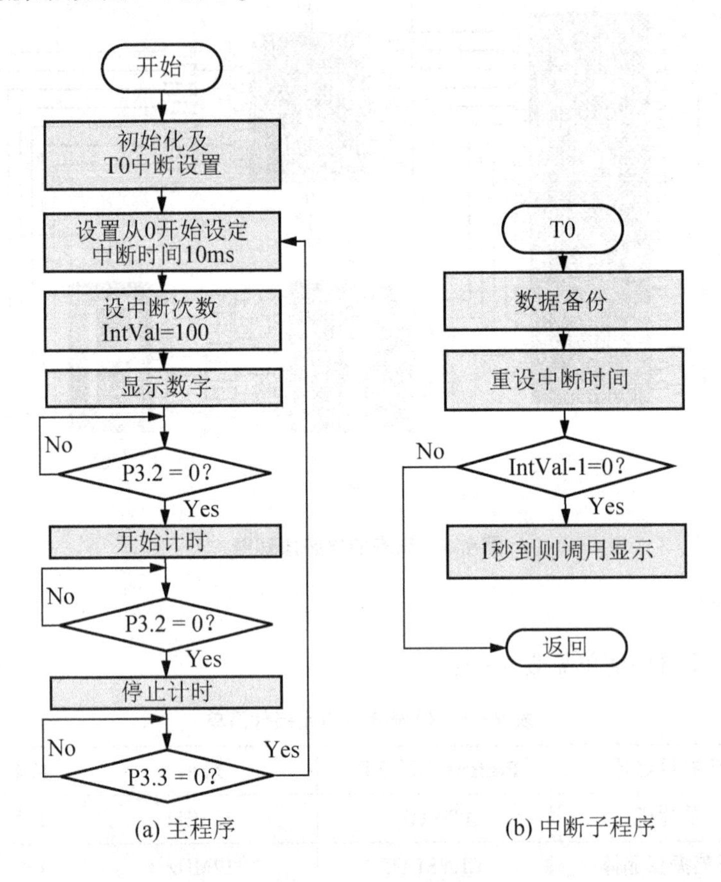

(a) 主程序　　(b) 中断子程序

图9.6　码表设计流程图

根据以上流程图，请读者先行设计程序，并参考本项目结束。

9.2　相关知识

9.2.1　中断技术

中断技术是计算机中一项很重要的技术，是CPU与外部设备交换信息的一种方式。若无中断，则当计算机与外部设备进行信息交换时会遇到CPU的速度大于外设速度，从而导致CPU不得不花大量的时间用以查询等待。当引入中断技术后，解决了CPU与外部设备之间的速度匹配问题，提高了CPU的效率。中断系统由硬件和软件组成。中断系统可以使计算机的功能更强、效率更高。

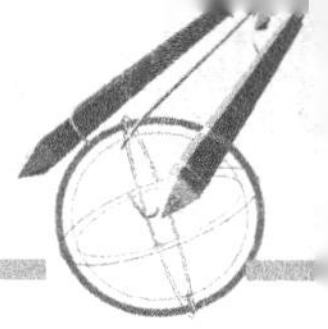

1. 中断的概念

（1）中断：当 CPU 正在处理某件事情时，外部发生了另一件事情要求 CPU 处理，于是它中断当前的工作，转去处理正在发生的事件，当处理完成后，再回到被中断的地方，继续做原来的工作，这个过程被称为“中断”。

（2）中断源：引起中断的原因或者产生申请中断的来源。

（3）中断请求信号：由中断源向 CPU 发出的请求中断的信号。

（4）中断响应：CPU 接受中断源的中断请求，暂停当前程序的执行，转而处理请求事物的过程。

（5）中断服务子程序：中断响应后所执行的处理程序。

（6）主程序：原来正常执行的程序。

（7）断点：主程序被断开的位置。

（8）调用子程序和中断子程序的区别：调用子程序是预先安排好的，而调用中断服务子程序是事先无法确定的，因为中断的发生是由外部因素决定的，有可能是突发的，所以中断服务子程序的调用过程是由硬件自动完成的。

2. 中断的优点

1）实现分时操作

中断技术实现了 CPU 和外部的并行工作，从而消除 CPU 的等待时间，提高了 CPU 的利用率。另外，CPU 可同时管理多个外部设备的工作，提高了输入/输出数据的吞吐量。CPU 与外部设备进行数据传输的过程如下：CPU 启动外部设备工作后，执行自己的主程序，此时外部设备也开始工作。当外部设备需要数据传输时，发出中断请求，CPU 停止它的主程序，转去执行中断服务子程序。中断处理结束以后，CPU 继续执行主程序，外部设备也继续工作。如此不断重复，直到数据传送完毕。在此操作过程中，对 CPU 来说是分时的，即在执行正常程序时，接收并处理外部设备的中断请求，CPU 与外部设备同时运行，并行工作。

2）进行实时处理

实时控制是微机系统，特别是单片机控制系统的一个重要部分。在实时控制系统中，现场定时或随机地产生各种参数、信息，要求 CPU 立即响应。利用中断机制，计算机就能实时地进行处理，特别是对紧急事件的处理。

3）故障处理

在计算机运行过程中，如果出现某些故障，如电源掉电、存储出错、运算溢出等，利用中断技术就可以将掉电前的一切有用信息及时送入采用备用电池供电的存储器中保护起来，正常供电后可继续执行原来的程序。

3. 中断系统的功能

1）实现中断及返回

当某一中断源发出中断请求时，CPU 能决定是否响应这个中断请求。若允许响应这个中断请求，则 CPU 必须在现行的指令执行完之后，就进行保护断点和保护现场，然后转去执行需要处理的中断源所对应的中断服务程序。当中断处理完后，再恢复现场和断点，使 CPU 继续执行主程序。

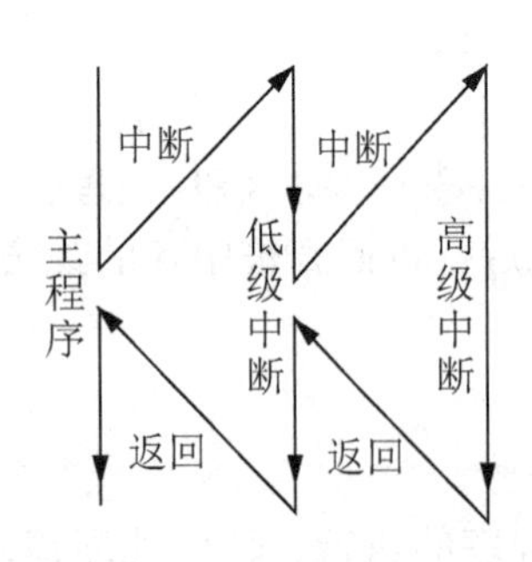

图 9.7　中断的嵌套示意图

2）实现中断优先级排队

一个 CPU 通常可以和多个中断源相连。这样当多个中断源同时向 CPU 发出中断请求时，CPU 就能找到优先级别最高的中断源，并响应其中断请求。在处理完优先级别高的中断源的中断请求后，再响应优先权低的中断源。

3）实现中断嵌套

CPU 实现中断嵌套的条件是要有可屏蔽的中断功能。中断按照功能分为可屏蔽中断、不可屏蔽中断、软件中断 3 类。可屏蔽中断是指 CPU 对中断请求输入线上的中断请求是可以控制的，这种控制通常是采用指令来实现的。中断的嵌套示意图如图 9.7 所示。

4. MCS－51 的中断系统

1）MCS－51 的中断源

MCS－51 单片机有 5 个中断源，分为 3 类，设置两个中断优先级。

（1）外部中断。外部中断有$\overline{INT0}$和$\overline{INT1}$两个。CPU 通过$\overline{INT0}$引脚（即 12 脚，也就是 P3.2 共享引脚）及$\overline{INT1}$引脚（即 13 脚，也就是 P3.3 共享引脚）即可接收外部中断的请求。外部中断信号的采样方式可以分为电平触发（低电平触发）和边缘触发（负缘触发）两种。

若采用电平触发，需将 TCON 寄存器中的 IT0（或 IT1）设为 0，只要$\overline{INT0}$（$\overline{INT1}$）引脚为低电平，即视为外部中断请求；若采用边缘触发，需将 TCON 寄存器中的 IT0（或 IT1）设为 1，只要$\overline{INT0}$（$\overline{INT1}$）引脚的信号由高态转为低态瞬间，即视为外部中断请求。

这些中断请求将反应在 IE0（IE1）中，若 IE 寄存器的 EX0（EX1）= 1 且 EA = 1，CPU 将进入该中断的服务。

（2）定时器/计数器中断。定时器/计数器中断有 T0 和 T1 两个，若是定时器，CPU 将计数内部的时钟脉冲，而产生内部中断；若是计数器，CPU 将计数外部的脉冲，而产生中断。至于外部脉冲的输入，则是通过 T0 引脚（即 14 脚，也就是 P3.4 共享引脚）及 T1 引脚（即 15 脚，也就是 P3.5 共享引脚）。

（3）串行口中断。串行口中断为 RI 和 TI 两个，CPU 通过 RXD 引脚（即 10 脚，也就是 P3.0 共享引脚）及 TXD 引脚（即 11 脚，也就是 P3.1 共享引脚），要求接受（RI）中断请求或传送（TI）中断请求。

当中断发生时，CPU 将暂停当时所执行的程序，立即按中断的种类，执行中断程序。

例如，当$\overline{INT0}$中断时，程序将跳到 03H 地址（$\overline{INT0}$的中断服务子程序入口地址），而 03H 地址可能只有一条命令，即“JMP　×××”，其中的×××才是该中断服务子程序的地址，然后 CPU 将执行×××这个地址的中断程序。中断程序的最后一条指令是“RETI”，只要执行这条命令，即可返回主程序，继续执行刚才中断时的下一条指令。

MCS－51 单片机的中断系统硬件结构图如图 9.8 所示。

2）中断的控制与管理

中断的控制与管理由 4 个特殊功能寄存器完成，即 TCON（定时器/计数器控制寄存

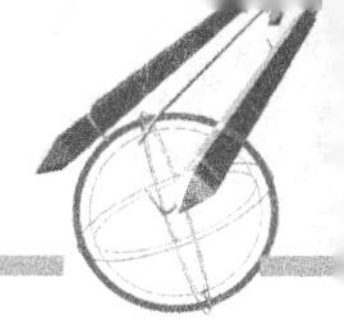

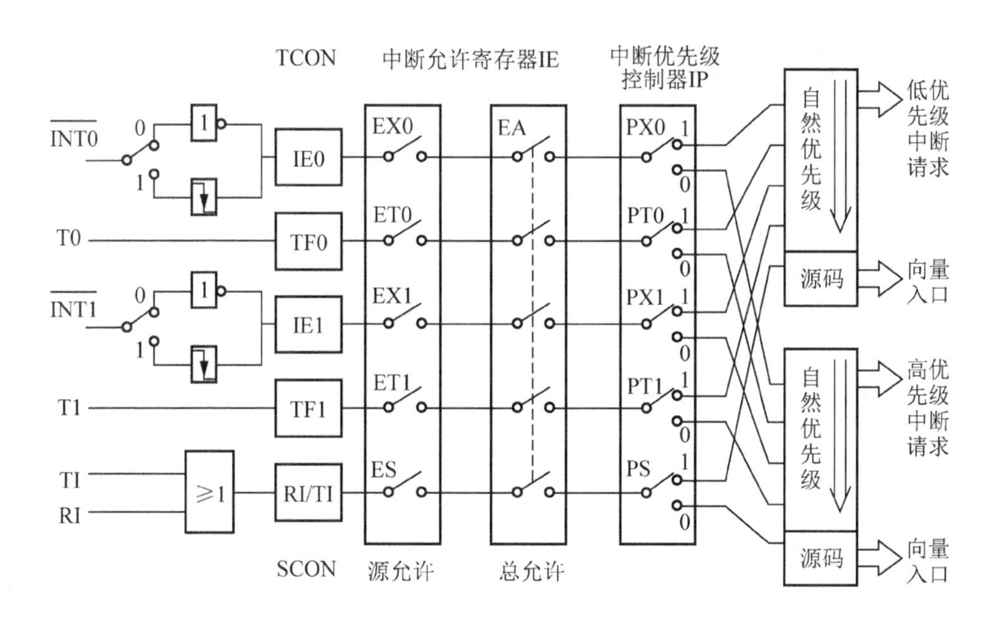

图 9.8　MCS－51 单片机的中断系统硬件结构图

器)、SCON（串行口控制寄存器)、IE（中断允许寄存器)、IP（中断优先级寄存器)。牢固掌握这 4 个特殊功能寄存器是解决中断问题的关键。

（1）定时器/计数器控制寄存器 TCON。TCON 是一个 8 位的特殊功能寄存器，其地址为 88H，用于锁存 T0、T1、$\overline{\text{INT0}}$、$\overline{\text{INT1}}$这 4 个中断源的中断标志。TCON 格式见表 9－4。

表 9－4　TCON 格式

TF1	TR1	TF0	TR0	IE1	IT1	IE0	IT0
Bit 7	Bit 6	Bit 5	Bit 4	Bit 3	Bit 2	Bit 1	Bit 0

① IE0：$\overline{\text{INT0}}$的中断请求标志位。当 IE0＝1 时，外部中断发出中断申请；当 IE＝0 时，$\overline{\text{INT0}}$的中断请求被终止。

② IE1：类似于 IE0，但作用的对象是$\overline{\text{INT1}}$。

③ TF0：定时器 T0 的中断溢出标志位。当 T0 被允许计数后，从初始值开始加 1 计数。当计满溢出时，由硬件将 TF0 置 1，并向 CPU 发出中断申请，该申请一直保持到 CPU 响应中断时，才由硬件将该位清 0。

④ TF1：定时器 T1 的中断溢出标志位，与 TF0 类似。

⑤ IT0：$\overline{\text{INT0}}$中断触发方式控制位。当 IT0＝0 时，为电平触发方式，低电平触发；当 IT0＝1 时，为边沿触发方式，下降沿触发。

⑥ IT1：$\overline{\text{INT1}}$中断触发方式控制位，与 IT0 类似。

（2）串行口控制寄存器 SCON。SCON 是一个 8 位的特殊功能寄存器，其地址为 98H，用于锁存串行口中断标志。串行口中断标志分为发送中断标志和接收中断标志。其具体见表 9－5。

表 9-5　串行口控制寄存器 SCON

SM0	SM1	SM2	REN	TB8	RB8	TI	RI
Bit 7	Bit 6	Bit 5	Bit 4	Bit 3	Bit 2	Bit 1	Bit 0

① TI：串行口发送中断标志位。CPU 将一个数据写入发送缓冲器 SBUF 之后，就启动发送器工作。此时，串行口若以方式 0 发送，则每发送完 1B 的数据，就由硬件将 TI 置 1；若以其他工作方式发送数据，则在发送停止位时将 TI 置 1。TI = 1 表示串行口正在向 CPU 发送中断申请。

特别提示

当 CPU 响应 TI 中断转向执行中断服务子程序时，并不将 TI 清 0，必须由用户在中断服务程序中用“CLR　TI”等命令将其清 0。

② RI：串行口发送中断标志位。在串行口允许接收时，每接收一串数据，便由硬件将 RI 置 1。同样，CPU 响应 TI 中断后必须由软件将 RI 清 0。

(3) 中断允许寄存器 IE。IE 是一个 8 位的特殊功能寄存器，其地址为 A8H，用于控制中断的禁止与允许。控制中断的禁止与否，可以由用户程序设置 IE 的相应位是 1 或 0，可通过相应的字节指令或者位指令实现。其具体见表 9-6。

表 9-6　中断允许寄存器 IE

EA	—	—	ES	ET1	EX1	ET0	EX0
Bit 7	Bit 6	Bit 5	Bit 4	Bit 3	Bit 2	Bit 1	Bit 0

① EA：CPU 中断总允许位。当 EA = 1 时，CPU 允许中断；当 EA = 0 时，CPU 禁止所有中断请求。

② ES：串行口中断允许位。当 ES = 1 时，允许串行口中断；当 ES = 0 时，禁止串行口中断。

③ ET1：定时器/计数器 T1 中断允许位。当 ET1 = 1 时，允许 T1 中断；当 ET1 = 0 时，禁止 T1 中断。

④ EX1：$\overline{INT1}$中断允许位。当 EX1 = 1 时，允许$\overline{INT1}$中断；当 EX1 = 0 时，禁止$\overline{INT1}$中断。

⑤ ET0：定时器/计数器 T0 中断允许位。当 ET0 = 1 时，允许 T0 中断；当 ET0 = 0 时，禁止 T0 中断。

⑥ EX0：$\overline{INT0}$中断允许位。当 EX0 = 1 时，允许$\overline{INT0}$中断；当 EX0 = 0 时，禁止$\overline{INT0}$中断。

(4) 中断优先级寄存器 IP。IP 是一个 8 位的特殊功能寄存器，其地址为 B8H，用于设定中断的优先级。在 MCS-51 中，优先级有两级，即高优先级与低优先级。当系统复位后，所有中断源设置为低优先级，用户可以重新设定优先级别。具体见表 9-7。

表 9-7　中断优先级寄存器 IP

—	—	—	PS	PT1	PX1	PT0	PX0
Bit 7	Bit 6	Bit 5	Bit 4	Bit 3	Bit 2	Bit 1	Bit 0

① PS：串行口中断优先级控制位。当 PS = 1 时，设定串行口为高优先级；当 PS = 0 时，设定串行口为低优先级。

② PT1：定时器/计数器中断优先级控制位。当 PT1 = 1 时，设定 T1 为高优先级；当 PX = 0 时，设定 T1 为低优先级。

③ PX1：$\overline{\text{INT1}}$中断优先级控制位。当 PX = 1 时，设定$\overline{\text{INT1}}$为高优先级；当 PX = 0 时，设定$\overline{\text{INT1}}$为低优先级。

④ PT0：定时器/计数器中断优先级控制位。当 PT0 = 1 时，设定 T0 为高优先级；当 PX = 0 时，设定 T0 为低优先级。

⑤ PX0：$\overline{\text{INT0}}$中断优先级控制位。当 PX = 1 时，设定$\overline{\text{INT0}}$为高优先级；当 PX = 0 时，设定$\overline{\text{INT0}}$为低优先级。

当系统复位后，所有的中断源均设置为低优先级，用户可以重新设置其中断优先级别。同一级别的中断也有高低级之分，如图 9.9 所示。

3）中断处理过程

(1) CPU 响应中断的条件。

① 中断源要发出中断申请。

② CPU 允许中断。

③ 根据中断源的中断优先级排队。

④ CPU 正在处理的必须是最高级别中断。

⑤ 指令执行到最后一个机器周期才能响应中断。

⑥ 正在执行的指令不能与中断有关。

中断源	中断优先级
INT0	最高
T0	↓
INT1	↓
T1	↓
串行口中断	最低

图 9.9　中断优先级

(2) CPU 响应中断的过程。

① CPU 根据查到的中断源，通过硬件自动生成调用指令（LCALL），并转到相应的中断向量（一组存放中断服务子程序入口地址的单元，见表 9 - 8），进入中断服务子程序，并通过堆栈保护断点。

表 9 - 8　中断服务程序入口地址

中　断　源	中断服务程序入口地址
外部中断 0($\overline{\text{INT0}}$)	0003H
定时器/计数器中断 0(T0)	000BH
外部中断 1($\overline{\text{INT1}}$)	0013H
定时器/计数器中断 1(T1)	001BH
串行口中断	0023H

从表 4 - 8 中可以看出，相邻的两个中断源之间只有 8B，一般很难容纳一个中断服务程序，所以通常在中断入口处放一条无条件转移指令，以转移到其他中断服务程序入口。

```
        ORG     0
        LJMP    START
        ORG     0003H
```

```
        LJMP    2000H
        ORG     000BH
        LJMP    3000H
        …
START:
        …
```

② CPU 从中断服务子程序的入口进入，执行该程序，直到遇见中断返回指令 RETI。RETI 必须安排在中断服务程序的最后，用于返回断点，且放开中断逻辑。至此，中断响应全部完成。

4）中断的应用

（1）设置中断入口地址。由于 MCS－51 单片机的中断入口地址相隔只有 8B，所以编写程序的时候大都以“LJMP　××××”指令跳至特定的中断子程序，该子程序才能真正地提供中断服务。中断向量的设置是应需要而设，要使用的中断在其中断入口处设置相应指令，而中断向量设置需要使用“ORG”伪指令来定位。

（2）中断设定。中断的设定包括开启中断开关（IE 寄存器的设定）、中断优先级设定（IP 寄存器的设定）、中断信号的设定（TCON 的设定）、设定新的堆栈地址等。对于 IE 寄存器、IP 寄存器及 TCON 寄存器的设定，可以采用“MOV”指令、“SETB”指令或者“CLR”指令。

例如，开启“总开关”、“$\overline{\text{INT0}}$开关”可以用下列命令。

```
MOV  IE，#10000001B
```

其也可以采用下列命令。

```
SETB  IE.0
SETB  IE.7
```

若地址不清楚，可以直接指定“开关”的名称。

```
SETB  EA
SETB  EX0
```

同理，IP 寄存器、TCON 寄存器的设定也可使用 MOV 指令、SETB 指令和 CLR 指令。

例如，若要提高$\overline{\text{INT1}}$的中断优先级，可以采用下列命令。

SETB　PX1

若要$\overline{\text{INT1}}$采用负边缘发出的中断信号，则可采用下列命令。

```
SETB  IT1
```

至于堆栈的地址问题，程序预置堆栈指针指向 07H，也就是从 08H 开始存放堆栈数据，而 08H 正好是 RB1 的地址，为了避免冲突而破坏数据，要将堆栈指针改到其他地方。

例如，要把堆栈移到 30H，则可采用下列命令。

```
MOV  SP,#30H
```

（3）中断子程序。“中断子程序”就是一段子程序，而这种子程序与一般子程序的最大区别是中断子程序的最后一道指令是“RETI”。

9.2.2　定时器与计数器

定时器/计数器（Timer/Counter）也是一种中断设备，MCS－51 提供内部定时及外部计数功能，当定时或计数达到终点，即产生中断，而 CPU 将暂时放下目前所执行的程序，先去执行特定的程序，待完成特定的程序后，再返回刚才放下的程序。比如说，老师正在讲课，突然下课铃响，老师立即暂停课程进度，先下课，待下次上课，再继续刚才暂停的课程，这样的动作就是“定时器/计数器中断”。

1. MCS－51 的定时器/计数器

MSC－51 单片机内部提供两个 16 位的定时器/计数器，分别是 Time0 和 Time1（简称 T0 和 T1）。MSC－52 提供了 3 个 16 位的定时器/计数器，除了 MSC－51 的 T0 与 T1 之外，还多了一个 T2。这 3 个定时器/计数器可作为内部定时器或者外部计数器。

当用于定时操作时，是通过计数器对单片机内部时钟电路产生的固定周期脉冲信号进行加法计数，即计数内部脉冲。以 12MHz 的计数时钟脉冲系统为例，将此计数脉冲除以 12 后送入定时器，因此定时器所计数的脉冲周期为 1μs。若采用 16 位的定时模式，则最多可计数 2^{16}个脉冲（65 536），约 0.065 5s。当用于计数操作时，是对外部事件产生的脉冲信号进行加法计数，由 T0 或 T1 引脚送入脉冲，同样，若采用的是 16 位的定时模式，则最多可计数 2^{16}个脉冲，也就是 65 536 个计数量。

定时器/计数器 T0 由两个 8 位的特殊功能寄存器 TH0 和 TL0 组成，T1 由 TH1 和 TL1 组成。定时、计数功能是通过两个特殊功能寄存器 TMOD 和 TCON 控制的。如果定时器/计数器 T0 和 T1 相当于两台电视机，那么特殊功能寄存器 TMOD 和 TCON 就相当于电视机上的控制按钮。

2. 方式寄存器和控制寄存器

1）定时器/计数器的控制寄存器（TCON）

TCON 用于控制 T0 和 T1 的运行，是一个 8 位的特殊功能寄存器，其字节地址为 88H。其低 4 位与中断有关，而与定时器/计数器相关的是高 4 位，高 4 位中的高 2 位控制 T1，低 2 位控制 T0。具体见表 9－9。

表 9－9　定时器/计数器的控制寄存器

TF1	TR1	TF0	TR0	IE1	IT1	IE0	IT0
Bit 7	Bit 6	Bit 5	Bit 4	Bit 3	Bit 2	Bit 1	Bit 0

（1）TF1：定时器 T1 的中断溢出标志位。当 T1 被允许计数后，从初始值开始加 1 计数。当计满溢出时，由硬件将 TF1 置 1，并向 CPU 发出中断申请，该申请一直保持到 CPU 响应中断时，才由硬件将该位清 0。

（2）TR1：定时器/计数器 T1 的运行控制位，用于控制 T1 的启动和停止。当 TMOD 的门控位 GATE＝0 时，仅通过 TR1 置 1 就可以启动 T1 计数；当门控位 GATE＝1 时，需要将 TR1 置 1，并且 INT1 为高电平，只有这两个信号同时存在才能启动 T1 计数。

（3）TF0：定时器/计数器 T0 的溢出标志位。其功能与 T1 相同 。

（4）TR0：定时器/计数器 0 的运行控制位。其功能与 T1 相同。

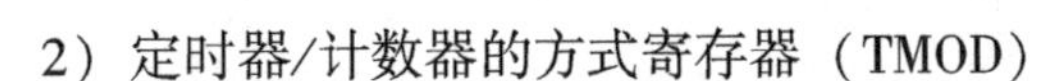

2）定时器/计数器的方式寄存器（TMOD）

TMOD用于控制T0和T1的操作方式，其字节地址为89H，是一个8位的特殊功能寄存器。使用时分为高4位和低4位两个部分，其中高4位控制T1，低4位控制T0。其具体见表9－10。

表9－10　定时器/计数器的方式寄存器

Bit 7	Bit 6	Bit 5	Bit 4	Bit 3	Bit 2	Bit 1	Bit 0
GATE	$C/\overline{T}$	M1	M0	GATE	$C/\overline{T}$	M1	M0
←定时器T1→				←定时器T0→			

（1）GATE：门控位，用于控制T0或者T1的启动。当GATE＝0时，计数器的启动不受外部引脚信号INT0或INT1控制，只受特殊功能寄存器TCON中的启动位TR0或者TR1控制；当GATE＝1时，计数器的启动不仅受TR0或TR1控制，还要受外部引脚信号INT0或INT1控制。

（2）$C/\overline{T}$：定时器/计数器功能选择位。当$C/\overline{T}=1$时，作为计数器是吸纳对外部脉冲计数；当$C/\overline{T}=0$时，作为定时器实现定时控制。

（3）M1和M0：工作方式选择位。定时器/计数器有4种工作方式，可通过M1、M0的二进制组合取值选择不同的工作方式。

3. 定时器/计数器的工作方式

定时器/计数器可以设计成4种工作模式，分别是Mode 0、Mode 1、Mode 2和Mode 3。Mode 0为两个13位的定时器/计数器，其最大计数量为2^{13}（即8 192）；Mode 1为两个16位的定时器/计数器，其最大计数量为2^{16}（即65 536），为较常使用的工作模式；Mode 2为两个8位但可以自动加载的定时器/计数器，其最大计数量为2^{8}（即256）；Mode 3为一个8位的定时器/计数器和一个8位的定时器，是很少使用的工作模式。定时器/计数器的工作模式见表9－11。

表9－11　定时器/计数器的工作模式

M1	M0	工作方式	说　　明
0	0	Mode 0	T0或T1是13位定时器/计数器
0	1	Mode 1	T0或T1是16位定时器/计数器
1	0	Mode 2	是常数自动重装的8位定时器/计数器
1	1	Mode 3	被拆为两个8位定时器/计数器，仅适用于T0

1）Mode 0

当M1M0＝00时，定时器/计数器工作在Mode 0下，Mode 0下的定时器/计数器是13位定时器/计数器。以T0为例，TH0和TL0本身都是8位寄存器，但当工作在方式0下时，TL0只用低5位，高3位不用，如图9.10所示。

T0是作为定时器还是作为计数器使用由$C/\overline{T}$决定。当$C/\overline{T}=0$时，多路开关与分频器相连，T0对振荡期12分频后的信号进行加法计数，即对机器周期进行计数。计一个脉冲

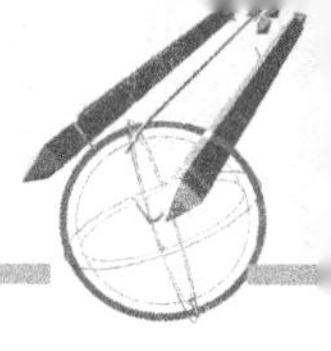

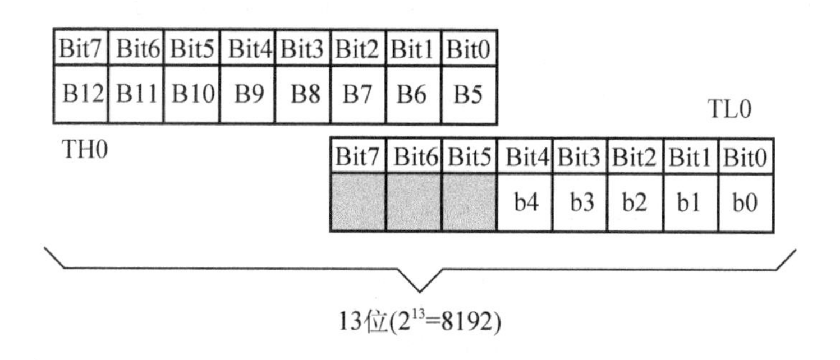

图 9.10 Mode 0 工作模式的计数

需要一个机器周期，定时时间为（2^{13} - T0 初值）×机器周期。当 C/$\overline{T}$ = 1 时，多路开关与 T0 引脚的外部脉冲信号进行加法计数。

其逻辑结构如图 9.11 所示。在图 9.11 中，当 TL0 的低 5 位计满溢出时，将向 TH0 进位；当 TH0 计满溢出时，则将向 TCON 的 TF0 进位，将该中断溢出标志位置 1。

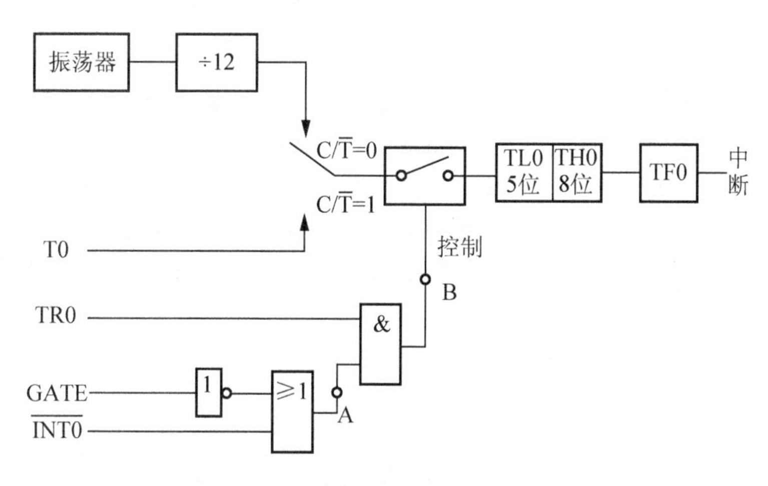

图 9.11 Mode 0 下 T0 的逻辑结构图

2）Mode 1

当 M1M0 = 01 时，定时器/计数器工作在 Mode 1 下，Mode 1 下的定时器/计数器是 16 位定时器/计数器，如图 9.12 所示。与 Mode 0 不同的是，TH0 和 TL0 的所有位都参与计数，定时时间为（2^{16} - T0 初值）×机器周期。

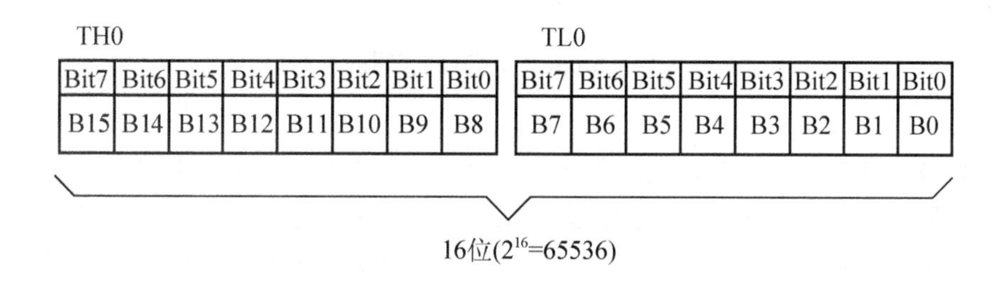

图 9.12 Mode 1 工作模式的计数

Mode 下 T0 的逻辑结构如图 9.13 所示。此模式的定时/计数功能切换模式与 Mode 0 完全相同；而启动定时器/计数器的模式，与 Mode 0 的也完全一致。Mode 1 的计数量比 Mode 0 大，即 Mode 1 完全可以取代 Mode 0。

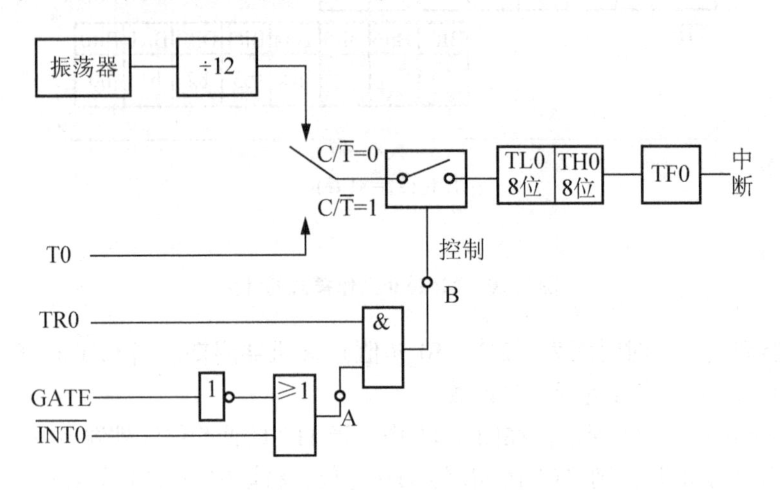

图 9.13 Mode 1 下 T0 的逻辑结构图

3）Mode 2

当 M1M0 = 10 时，定时器/计数器工作在 Mode 2 下。Mode 2 下的定时器/计数器是常数自动重装的 8 位定时器/计数器。在 Mode 2 下，TL1 作为 8 位定时器/计数器，TH1 作为常数缓冲器。当 TL1 计满溢出时，将中断溢出标志位 TF 置 1，同时将 TH1 中备用的计数常数自动送至 TL1 中，使 TL1 从初始值开始重新计数。这种工作方式不用重装初值，省去了软件重装常数的程序，可以相当精确的定时。Mode 2 下 T0 的逻辑结构如图 9.14 所示。

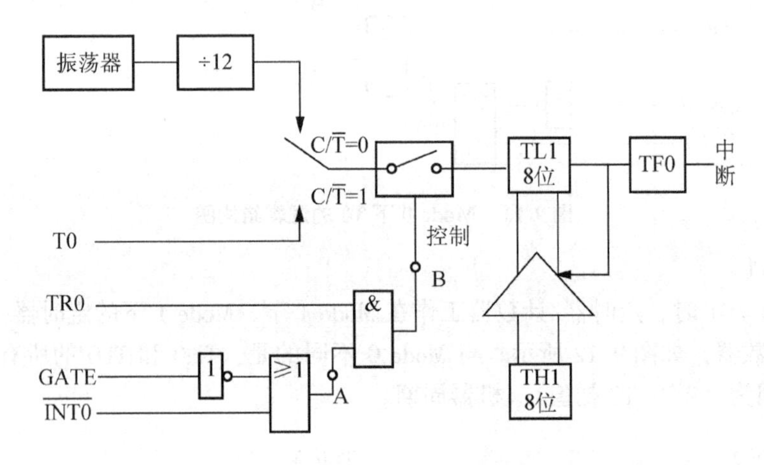

图 9.14 Mode 2 下 T0 的逻辑结构图

4）Mode 3

当 M1M0 = 11 时，定时器/计数器 T0 工作在 Mode 3 下。这种工作方式不适用于 T1，因为它是为附加一个 8 位定时器/计数器而设计的。此时，T1 被拆为两个独立的 8 位计数器 TL0 和 TH0。TL0 使用 T0 的状态控制位，而 TH0 只能作为 8 位定时器（不能作为计数器），且使用 T1 的状态控制位。Mode 3 下 T0 的逻辑结构如图 9.15 所示。

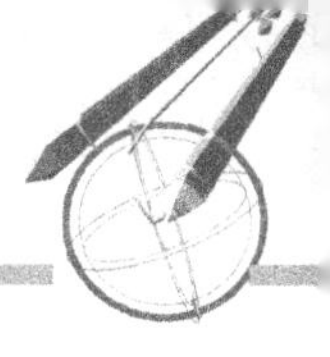

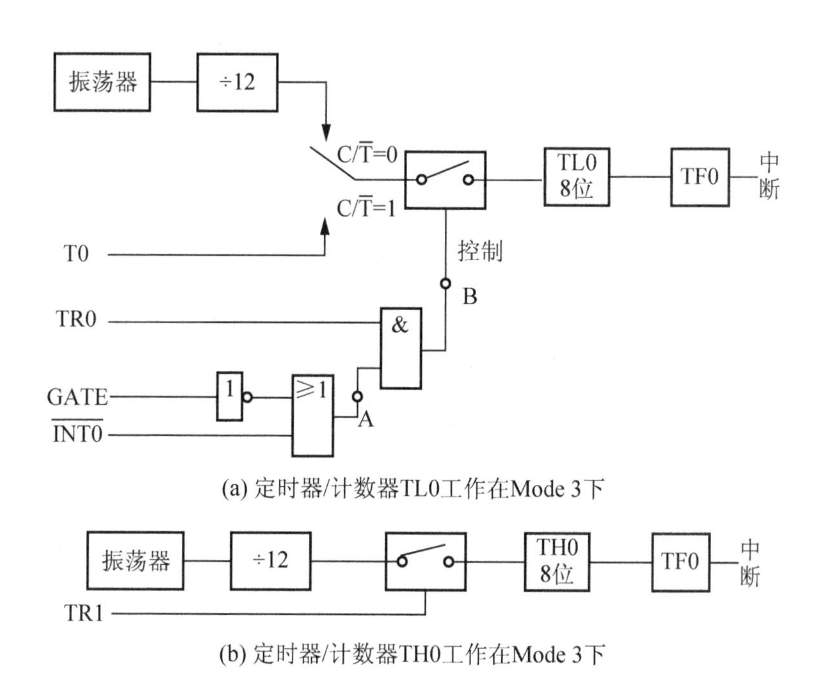

(a) 定时器/计数器TL0工作在Mode 3下

(b) 定时器/计数器TH0工作在Mode 3下

图 9.15　Mode 3 下 T0 的逻辑结构图

4. 计数寄存器

MCS－51 的计数寄存器是 THx 和 TLx 两个 8 位寄存器，除了 Mode 3 之外，TH0 和 TL0 是 T0 所使用的计数寄存器；TH1 和 TL1 是 T1 所使用的计数寄存器。若是 MCS－52，则还有 T2 使用的 TH2 和 TL2 计数寄存器。

1）计数寄存器的计数量

MCS－51 的定时器/计数器是一种正数的计数器，当计数到满（溢出）时产生中断。计数寄存器就像是一条跑道，其终点是固定的，若要计数多少，就从终点往前推多少，以作为起点。不同模式的定时/计数，其最大值各不相同。具体如下。

```
Mode0:8 192
Mode1:65 536
Mode2 和 Mode3:256
```

2）计数器计数方式设计

设计计数量的模式也有差异，具体如下。

（1）Mode 0。由于在 Mode 0 工作模式下，故 TLx 计数寄存器只使用 5 位，而 $2^5=32$，则要把计数器起点的值除以 32，将余数放入 TLx 计数寄存器，将商放入 THx 计数寄存器。

例如，要使用 T0 计数 6 000，则指令如下。

```
MOV    TL0    , #(8192 - 6000)MOD 32     ;取 5 位的余数
MOV    TH0    , #(8192 - 6000)/32        ;取 5 位的商数
```

（2）Mode 1。由于在 Mode 1 工作模式下，故 TLx 和 THx 各使用 8 位，而 $2^8=256$，则要把计数器起点的值除以 256，将余数放入 TLx 计数寄存器，将商放入 THx 计数寄存器。

例如，要使用 T0 计数 50 000，则指令如下。

```
MOV    TL0    ,#(65536-50000)MOD 256          ;取8位的余数
MOV    TH0    ,#(65536-50000)/256             ;取8位的商数
```

此外，还可以利用“HIGH”、“LOW”来决定取用高8位还是低8位，指令如下。

```
MOV    TL0    ,#LOW(65536-50000)              ;取低8位
MOV    TH0    ,#HIGH(65536-50000)             ;取高8位
```

(3) Mode 2。由于在Mode 2工作模式下，故只使用TL*x*计数寄存器，但TH*x*计数寄存器作为自动加载的值，而其中都有8位（$2^8=256$），所以只要把256减去计数起点的值，再分别放入TL*x*及TH*x*计数寄存器即可。

例如，要使用T0计数100，则填入计数寄存器的指令如下。

```
MOV    TL0    ,#(256-100)                     ;填入计数量
MOV    TH0    ,#(256-100)                     ;填入自动加载值
```

此外，还可以直接使用负的计数值，指令如下。

```
MOV    TL0    ,#-100                          ;填入计数量
MOV    TH0    ,#-100                          ;填入自动加载值
```

(4) Mode 3。由于在Mode 3工作模式下，故使用TL0计数寄存器作为第一个定时器/计数器的计数量，而TH0计数寄存器作为第二个定时器/计数器的计数量。有用到的定时器/计数器才需要填入。

例如，只使用第一个定时器/计数器，则只需填入TL0计数寄存器；若只使用第二个定时器/计数器，则只需填入TH0计数寄存器；若两个都要使用，则分别将值填入TL0和TH0计数寄存器。填入TL0或者TH0计数寄存器的方法与Mode2相同。

5. 定时器/计数器的应用

定时器/计数器的应用包括5个步骤，即中断入口地址的设置、定时器/计数器中断的设定、计数值的设定、启动定时器/计数器以及中断子程序的编写。

1) 设置中断入口地址

定时器/计数器中断入口地址的设定与INT外部中断入口地址的设定类似，其中断向量分别是0BH、1BH及2BH。通常会在这些地址后使用“JMP ×××”指令，跳至特定的中断子程序，然后在该中断子程序中提供真正的服务。

例如，希望T0中断后，执行×××中断子程序，则其中断入口设置如下。

```
ORG      0
JMP      START
ORG      0BH        ;T0中断程序入口地址
JMP      ×××        ;执行×××中断子程序
```

2) 中断的设定

中断的设定包括开启中断开关（即IE存储器的设定）、中断优先级的设定（IP寄存器的设定）、中断信号的设定（即TCON寄存器的设定）、设定新的堆栈地址等。一般地，IE和IP寄存器的设定可以通过MOV命令、SETB命令和CLR命令。

例如，要开启“总开关”、“T0开关”，则可以采用以下命令。

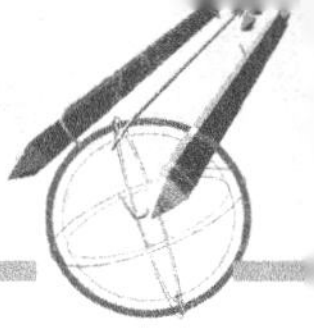

```
MOV  IE ,#10000001B
```

其也可以使用以下命令。

```
SETB  IE.7
SETB  IE.1
```

若地址不清楚，可以直接指定该位的名称。

```
SETB  EA
SETB  ET0
```

至于堆栈的地址问题，需要将堆栈指针地址改向安全区域。

```
MOV  SP,#30H
```

3）计数量的设定

在启动定时器/计数器之前，必须先设定计数量，而计数量的设定方法依工作模式的不同而有所不同，前面已介绍过了。

4）启动定时器/计数器

只要在程序中使用“SETB　TR*x*”指令即可。如启动T0，则使用以下指令。

```
SETB  TR0
```

5）中断子程序

中断子程序就是一种子程序，这种子程序与一般子程序最大差异是中断子程序的最后一条指令是“RETI”，一般子程序的最后一条子程序的指令是“RET”。

9.2.3　逻辑运算类指令

逻辑运算指令的功能是将源操作数的数据与目的操作数的数据，进行与、或、非等逻辑运算。逻辑运算指令包括25个指令，在此将它们分为七大类。

1. AND运算指令

与运算（AND）指令的功能是将源操作数的数据与目的操作数的数据进行与运算，其结果存回目的操作数。AND运算的基本法则：全部为1，输出为1。AND运算指令及其使用见表9－12。

表9－12　AND运算指令及其使用

ANL　A，direct			
说　　明	A的内容与存储器RAM地址的direct的内容进行AND运算，其结果存回ACC，即ACC·direct→ACC		
编译后大小	2B	执行时间	12个时钟脉冲
范　　例	ANL　A，20H		
若执行前	A＝ABH　（20H）＝F0H		
执 行 后	A＝A0H　（20H）＝F0H		

续表

<table>
<tr><th colspan="4">ANL　A，Rn</th></tr>
<tr><td>说　　明</td><td colspan="3">A 的内容与寄存器 Rn 的内容进行 AND 运算，其结果存回 ACC，即 ACC · Rn→ACC</td></tr>
<tr><td>编译后大小</td><td>1B</td><td>执行时间</td><td>12 个时钟脉冲</td></tr>
<tr><td>范　　例</td><td colspan="3">ANL　A，R1</td></tr>
<tr><td>若执行前</td><td colspan="3">A = 12H　　R1 = 10101010B</td></tr>
<tr><td>执 行 后</td><td colspan="3">A = 02H　　R1 = 10101010B</td></tr>
<tr><th colspan="4">ANL　A，@Ri</th></tr>
<tr><td>说　　明</td><td colspan="3">A 的内容与（Ri）地址的内容进行 AND 运算，其结果存回 ACC，即 ACC · Rn →ACC</td></tr>
<tr><td>编译后大小</td><td>1B</td><td>执行时间</td><td>12 个时钟脉冲</td></tr>
<tr><td>范　　例</td><td colspan="3">ANL　A，@R0</td></tr>
<tr><td>若执行前</td><td colspan="3">A = 35H　　R0 = 21H　(21H) = A3H</td></tr>
<tr><td>执 行 后</td><td colspan="3">A = 21H　　R0 = 21H　(21H) = A3H</td></tr>
<tr><th colspan="4">ANL　A，#data</th></tr>
<tr><td>说　　明</td><td colspan="3">A 的内容与立即数 data 进行 AND 运算，其结果存回 ACC，即 ACC · data→ACC</td></tr>
<tr><td>编译后大小</td><td>2B</td><td>执行时间</td><td>12 个时钟脉冲</td></tr>
<tr><td>范　　例</td><td colspan="3">ANL　A，#62H</td></tr>
<tr><td>若执行前</td><td colspan="3">A = 35H　　R1 = 10101010B</td></tr>
<tr><td>执 行 后</td><td colspan="3">A = 20H　　R1 = 10101010B</td></tr>
<tr><th colspan="4">ANL　direct，A</th></tr>
<tr><td>说　　明</td><td colspan="3">A 的内容与存储器 RAM 地址的 direct 的内容进行 AND 运算，其结果存回 direct，即 ACC · direct→direct</td></tr>
<tr><td>编译后大小</td><td>2B</td><td>执行时间</td><td>12 个时钟脉冲</td></tr>
<tr><td>范　　例</td><td colspan="3">ANL　20H，A</td></tr>
<tr><td>若执行前</td><td colspan="3">A = 35H　(20H) = 22H</td></tr>
<tr><td>执 行 后</td><td colspan="3">A = 35H　(20H) = 20H</td></tr>
<tr><th colspan="4">ANL　direct，#data</th></tr>
<tr><td>说　　明</td><td colspan="3">A 的内容与立即数 data 进行 AND 运算，其结果存回 direct，即 direct · data→direct</td></tr>
<tr><td>编译后大小</td><td>3B</td><td>执行时间</td><td>24 个时钟脉冲</td></tr>
<tr><td>范　　例</td><td colspan="3">ANL　30H，#3EH</td></tr>
<tr><td>若执行前</td><td colspan="3">(30H) = 27H</td></tr>
<tr><td>执 行 后</td><td colspan="3">(30H) = 26H</td></tr>
</table>

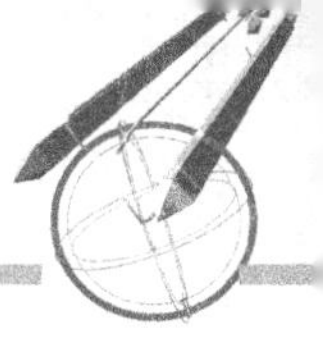

2. OR 运算指令

或运算（OR）指令的功能是将源操作数的数据与目的操作数的数据进行或运算，其结果存回目的操作数。或运算的基本法则：全部为0，输出为0。OR 运算指令及其使用见表9－13。

表9－13　OR 运算指令及其使用

ORL　A，direct			
说　明	A 的内容与存储器 RAM 地址的 direct 的内容进行 OR 运算，其结果存回 ACC，即 ACC + direct→ACC		
编译后大小	2B	执行时间	12 个时钟脉冲
范　例	ORL　A，20H		
若执行前	A = ABH　（20H）= F0H		
执 行 后	A = FBH　（20H）= F0H		
ORL　A，Rn			
说　明	A 的内容与寄存器 Rn 的内容进行 OR 运算，其结果存回 ACC，即 ACC + Rn→ACC		
编译后大小	1B	执行时间	12 个时钟脉冲
范　例	ORL　A，R1		
若执行前	A = 12H　R1 = 10101010B		
执 行 后	A = BAH　R1 = 10101010B		
ORL　A，@Ri			
说　明	A 的内容与（Ri）地址的内容进行 OR 运算，其结果存回 ACC，即 ACC + Ri→ACC		
编译后大小	1B	执行时间	12 个时钟脉冲
范　例	ORL　A，@R0		
若执行前	A = 35H　R0 = 21H　（21H）= A3H		
执 行 后	A = B7H　R0 = 21H　（21H）= A3H		
ORL　A，#data			
说　明	A 的内容与立即数 data 进行 OR 运算，其结果存回 ACC，即 ACC + data→ACC		
编译后大小	2B	执行时间	12 个时钟脉冲
范　例	ORL　A，#62H		
若执行前	A = 35H		
执 行 后	A = 77H		
ORL　direct，A			
说　明	A 的内容与存储器 RAM 地址的 direct 的内容进行 OR 运算，其结果存回 direct，即 ACC + direct→direct		

续表

编译后大小	2B	执行时间	12 个时钟脉冲
范　　例	ORL　20H，A		
若执行前	A=35H　(20H)=22H		
执 行 后	A=35H　(20H)=37H		
ORL　direct，#data			
说　　明	A 的内容与立即数 data 进行 OR 运算，其结果存回 direct，即 direct+data→direct		
编译后大小	3B	执行时间	24 个时钟脉冲
范　　例	ORL　30H，#3EH		
若执行前	(30H)=27H		
执 行 后	(30H)=3FH		

3. XOR 运算指令

异或运算（XOR）指令的功能是将源操作数的数据与目的操作数的数据进行或运算，其结果存回目的操作数。异或运算的基本法则：输入相同，输出为 0。异或运算的标记为 Y=A⊕B。XOR 运算指令及其使用见表 9-14。

表 9-14　XOR 运算指令及其使用

XRL　A，direct			
说　　明	A 的内容与存储器 RAM 地址的 direct 的内容进行 XOR 运算，其结果存回 ACC，即 ACC⊕direct→ACC		
编译后大小	2B	执行时间	12 个时钟脉冲
范　　例	XRL　A，20H		
若执行前	A=ABH　(20H)=F0H		
执 行 后	A=5BH　(20H)=F0H		
XRL　A，Rn			
说　　明	A 的内容与寄存器 Rn 的内容进行 XOR 运算，其结果存回 ACC，即 ACC⊕Ri→ACC		
编译后大小	1B	执行时间	12 个时钟脉冲
范　　例	XRL　A，R1		
若执行前	A=12H　　R1=10101010B		
执 行 后	A=B8H　　R1=10101010B		
XRL　A，@Ri			
说　　明	A 的内容与（Ri）地址的内容进行 XOR 运算，其结果存回 ACC，即 ACC⊕Rn→ACC		
编译后大小	1B	执行时间	12 个时钟脉冲
范　　例	XRL　A，@R0		
若执行前	A=35H　　R0=21H　(21H)=A3H		
执 行 后	A=96H　　R0=21H　(21H)=A3H		

续表

XRL　A, #data			
说　　明	A 的内容与立即数 data 进行 XOR 运算，其结果存回 ACC，即 ACC⊕data→ACC		
编译后大小	2B	执行时间	12 个时钟脉冲
范　　例	XRL　A, #62H		
若执行前	A = 35H		
执 行 后	A = 57H		
XRL　direct, A			
说　　明	A 的内容与存储器 RAM 地址的 direct 的内容进行 XOR 运算，其结果存回 direct，即 ACC⊕direct→direct		
编译后大小	2B	执行时间	12 个时钟脉冲
范　　例	XRL　20H, A		
若执行前	A = 35H　(20H) = 22H		
执 行 后	A = 35H　(20H) = 17H		
XRL　direct, #data			
说　　明	A 的内容与立即数 data 进行 XOR 运算，其结果存回 direct，即 direct⊕data→direct		
编译后大小	3B	执行时间	24 个时钟脉冲
范　　例	XRL　30H, #3EH		
若执行前	(30H) = 27H		
执 行 后	(30H) = 19H		

4. NOT 运算指令

NOT 运算指令的功能是将操作数反相，也就是取补码。NOT 运算指令及其使用见表 9 - 15。

表 9 - 15　NOT 运算指令及其使用

CPL　A			
说　　明	将 ACC 的内容取反，即 ACC→ACC		
编译后大小	1B	执行时间	12 个时钟脉冲
范　　例	CPL　A		
若执行前	A = 0110100B		
执 行 后	A = 1001011B		

5. 清除指令

MCS - 51 单片机只提供对 ACC 的清除指令，也就是将 ACC 的内容变为 0。清除指令及其使用见表 9 - 16。

表 9-16 清除指令及其使用

CLR A			
说 明	将 ACC 的内容变成 00H，即 00H→ACC		
编译后大小	2B	执行时间	12 个时钟脉冲
范 例	CLR A		
若执行前	A = 35H		
执 行 后	A = 00H		

6. 位移指令

位移指令功能是将 ACC 内的每个位左移或者右移一位。此外，参与位移动可以包含进位标志位 CY。位移指令及其使用见表 9-17。

表 9-17 位移指令及其使用

RL A			
说 明	将 ACC 里的每一位左移一位		
编译后大小	1B	执行时间	12 个时钟脉冲
范 例	RL A	ACC	
若执行前	ACC = 5AH		
执 行 后	ACC = B4H		
RR A			
说 明	将 ACC 里的每一位右移一位		
编译后大小	1B	执行时间	12 个时钟脉冲
范 例	RR A	ACC	
若执行前	ACC = 5AH		
执 行 后	ACC = 2DH		
RLC A			
说 明	将 ACC 里的每一位左移一位，最左边一位移入 CY，CY 移入最右位		
编译后大小	1B	执行时间	12 个时钟脉冲
范 例	RLC A	ACC CY	
若执行前	ACC = 5AH CY = 1		
执 行 后	ACC = B5H CY = 0		
RRC A			
说 明	将 ACC 里的每一位右移一位，最右边一位移入 CY，CY 移入最左位		

续表

编译后大小	1B	执行时间	12 个时钟脉冲
范　　例	RRC　　A		
若执行前	ACC = 5AHCY = 1		
执 行 后	ACC = ADHCY = 0		

7. 互换指令

互换指令功能是将 ACC 的内容分为低 4 位和高 4 位，将这两部分的内容互换。互换指令及其使用见表 9 - 18。

表 9 - 18　互换指令及其使用

SWAP　A			
说　　明	将 A 的内容分为低 4 位和高 4 位，把这两部分的内容互换		
编译后大小	1B	执行时间	12 个时钟脉冲
范　　例	SWAP　A		

9.3　项目任务参考程序

1. 流水灯的中断设计与调试

(1) 汇编语言。

```
          ORG       0000H         ;程序从 0 开始
          JMP       START         ;跳过中断向量
          ORG       13H           ;INT1 中断向量
          JMP       INT_1         ;执行 INT_1 中断子程序
;==========================================================
START:    MOV       IE,#10000100B ;打开总开关与 EX1 开关
          MOV       SP,#30H       ;设定堆栈地址
          SETB      IT1           ;采用负边缘触发信号
          MOV       A,#01010101B  ;将 ACC 设定为 55H
LOOP:     MOV       P0,A          ;输出到 LED
          CALL      DELAY         ;调用延时程序
          CPL       A             ;将 A 的内容取反
```

```
            JMP     LOOP            ;跳至 LOOP 处形成循环
; ===================INT_1 中断子程序开始 =====================
INT_1:      PUSH    PSW             ;将 PSW 存入堆栈
            PUSH    ACC             ;将 ACC 存入堆栈
            SETB    RS0             ;切换到 RB1
; ===================第一层循环开始 ==========================
            MOV     R0,#5           ;设定 5 次循环
INT_LOOP:   MOV     A,#0FEH         ;单灯左移初始值
; ===================第二层循环开始 ==========================
            MOV     R1,#7           ;设定 7 次左移
INT_LOOPL:  MOV     P0,A            ;输出到 LED
            CALL    DELAY           ;调用延时程序
            RL      A               ;将 A 的内容左移
            DJNZ    R1,INT_LOOPL    ;跳至 INT_LOOPL 形成循环
            MOV     R1,#7           ;设定 7 次右移
INT_LOOPR:  MOV     P0,A            ;输出到 LED
            CALL    DELAY           ;调用延时程序
            RR      A               ;将 A 的内容右移
            DJNZ    R1,INT_LOOPR    ;跳至 INT_LOOPR 形成循环
; ===================第二层循环结束 =========================
            DJNZ    R0,INT_LOOP     ;跳至 INT_LOOP 形成循环
; ===================第一层循环结束 =========================
            POP     ACC             ;取回 ACC 的内容
            POP     PSW             ;取回 PSW 的内容
            RETI                    ;返回主程序
; ===================INT_1 中断子程序结束 ====================
; ===================0.1sDELAY 子程序 ======================
DELAY:      MOV     R7,#200         ;给 R7 赋值为 200
D1:         MOV     R6,#250         ;给 R6 赋值为 250
            DJNZ    R6, $           ;R6 -1 不等于 0,执行本句
            DJNZ    R7,D1           ;R7 -1 不等于 0,跳转到 D1
            RET                     ;子程序返回
; ===================0.1sDELAY 子程序  ==================
            END                     ; 程序结束
```

(2) C 语言。

```
#include<reg51.h>                   //定义 8051 寄存器的头文件
#define  LED  P0                    //定义 LED 接至 P2
void  delay1ms(unsigned int);       //声明延迟函数
main(      )                        //主程序开始
{
IE=0x84;                            //打开总开关与 EX1 开关
IT1=1;                              //采用负边缘触发信号
```

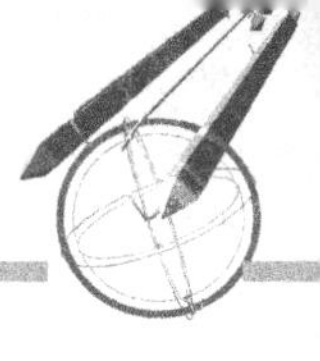


```
LED = 0x55;                         //初值 = 0101 0101,灯间隔亮
while(1){
    delay1ms(100);
    LED = ~LED; }
}                                   //主程序结束
Void  myint(void)
interrupt 1
{
   unsigned char i, j, a, b, c;     //声明整形变量 i,j, a, b, c
   unsigned saveLED = LED;          //存储中断前 LED 状态
   for(j = 0; j < 5; j ++){         //for 循环开始
   a = 0xfe;                        //初始值 = 11111110, 最左边的灯亮
   for(i = 0; i < 7; i ++){         //计数 7 次
   b = a >> (8 - i);                //将 a 右移 8 - i 位,高位补 0,结果存入到 b 中
   c = a << i;                      //将 a 左移 i 位,低位补 0,结果存入到 c 中
   LED = b |c;                      //或 b 和 c,结果输出到 LED 中
   delay1ms(100);                   //调用延迟函数
    }
   a = 0x7f;                        //初始值 = 01111111, 最右边的灯亮
   for(i = 0; i < 7; i ++){         //计数 7 次
   b = a << (8 - i);                //将 a 左移 8 - i 位,低位补 0,结果存入到 b 中
   c = a >> i;                      //将 a 右移 i 位,高位补 0,结果存入到 c 中
   LED = b |c;                      //或 b 和 c,结果输出到 LED 中
   delay1ms(100);                   //调用延迟函数
    }
   }                                //while 循环结束
   LED = saveLED;                   //恢复中断前 LED 状态
}
Void delay1ms(unsigned int x)       //延迟函数开始,x = 延迟次数
  {
   int  i,j;                        //声明整形变量 i,j
   for(i = 0; i < x;i ++)           //计数 x 次
     for(j = 0; j < 120;j ++);
}                                   //延迟函数结束
```

2. 30s 定时器的设计与调试

(1) 汇编语言。

```
MODE        EQU       00H              ;定时器/计数器模式 0
COUNT       EQU       5000             ;计数量 5ms
TIMES       EQU       200              ;重复次数
; ====================使用查询方式 ========================
            ORG       0000H            ;程序从 0 地址开始
```

```
START:      MOV     P0,#0FFH                    ;关闭 7 段 LED 数码管
            MOV     TMOD,#MODE                  ;设定定时器/计数器模式
LOOP:       MOV     R1,#0                       ;设定数码管初始数字
            MOV     R2,#30                      ;设定定时 30 秒
NEXT:       MOV     R3,#TIMES                   ;设定重复次数 200 次
            MOV     A,#0                        ;设定 A 初值
            ADD     A,R1                        ;取回显示数字
            DA      A                           ;BCD 调整
            MOV     R1,A                        ;存回数字
            MOV     P0,A                        ;显示数字
AGAIN:      MOV     TH1,#(8192 - COUNT)/32      ;设定计数量
            MOV     TL1,#(8192 - COUNT)MOD 32   ;设定计数量
            SETB    TR1                         ;启动 T1
;==========================================================
WAIT:       JBC     TF1,TIMEOUT                 ;查询是否溢出
            JMP     WAIT
TIMEOUT:    CLR     TR1                         ;关闭定时器
;====================溢出==================================
            DJNZ    R3,AGAIN                    ;重复 200 次
;===================1s=====================================
            INC     R1                          ;数字加 1
            DJNZ    R2,NEXT                     ;进行下一秒
            JMP     LOOP                        ;跳至 LOOP 形成一个循环
            END                                 ;程序结束
```

(2) C 语言。

```
#include <reg51.h>                        //定义 8051 寄存器的头文件
#define  LED  P0                          //定义 LED 接至 P0
#define  MODE 00                          //定时器/计数器模式 0
#define  COUNT 5000                       //计数量 5ms
#define  TIMES 200                        //重复次数

//主程序
main()                                    //主程序开始
{ int i, j;                               //声明整形变量 i, j
  LED = 0xff;                             //关闭 7 段 LED 数码管
  TMOD = MODE;                            //设定定时器/计数器模式
  while(1){                               //无穷循环
    for(i = 0; i < 30; i ++){             //for 循环,设定定时 30 秒
     LED = (i / 10)* 0x10 + (i % 10);     //将数字装换成 BCD 码显示
      for(j = 0; j < TIMES; j ++){        //for 循环, 重复 200 次计时
```

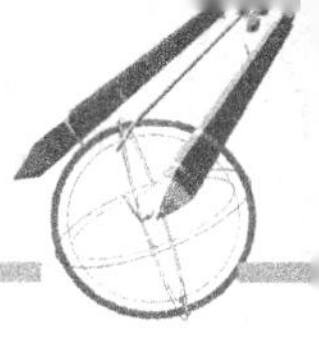

```
        TH1 = (8192 - COUNT) / 32;            //设定计数量
        TL1 = (8192 - COUNT ) % 32;           //设定计数量
        TR1 =1;                               //启动 T1
        while(TF1 ==0);                       //查询是否有中断
        TF1 =0;                               //清除中断标志
        TR1 =0;                               //关闭定时器
      }                                       //for 循环结束,(重复 200 次)
    }                                         //for 循环结束,(设定定时 30s)
  }                                           //while 循环结束
}                                             //主程序结束
```

3. 99s 码表的设计与调试

(1) 汇编语言。

```
IntVal      DATA  30H                  ;中断次数存放在 RAM30H 单元
Count       DATA  31H                  ;计时存放在 RAM 31H 单元
PB1         BIT   INT0                 ;按钮 P3.2
PB2         BIT   INT1                 ;按钮 P3.3
;=====================================================================
            ORG   0                    ;程序从 0 开始
            JMP   START                ;跳转到 START
            ORG   0BH                  ;定时器 T0 中断向量
            JMP   T0_int               ;定时器 T0 中断子程序
START:      MOV   TMOD,#01H            ;定时器 T0 工作在 MODE1
            MOV   TH0,#HIGH(65536 -10000);设中断时间为 10ms
            MOV   TL0,#LOW(65536 -10000)
            SETB  EA                   ;开总中断
            SETB  ET0                  ;开 T0 中断
SS1:        CLR   TR0                  ;TIMER0 停止计时
            MOV   IntVal,#100          ;中断 100 次
            MOV   Count,#0             ;计时初值
            MOV   P0,#0                ;显示 00
;=============判断按钮 INT0 是否第一次按下 ====================
            JB    PB1,$                ;是否按 P3.2? (第一次)
            CALL  D20MS                ;是则调用 20ms 延时子程序
            JNB   PB1,$                ;是否放开 P3.2?
            CALL  D20MS                ;是则调用 20ms 延时子程序
            SETB  TR0                  ;T0 开始计时
;=============判断按钮 INT0 是否第二次按下 ====================
            JB    PB1,$                ;是否按 P3.2? (第二次)
            CALL  D20MS                ;是则调用 20ms 延时子程序
            JNB   PB1,$                ;是否放开 P3.2?
            CALL  D20MS                ;是则调用 20ms 延时子程序
```

```
        CLR     TR0                         ;T0 停止计时
;=============判断按钮 INT1 是否按下 ==========================
        JB      PB2,$                       ;是否按 P3.3?
        CALL    D20MS                       ;是则调用 20ms 延时子程序
        JNB     PB2,$                       ;是否放开 P3.3?
        CALL    D20MS                       ;是则调用 20ms 延时子程序
        JMP     SS1                         ;跳转到 SS1
D20MS:  MOV     R6,#40                      ;给 R6 赋值为 40
DD1:    MOV     R7,#248                     ;给 R7 赋值为 248
        DJNZ    R7,$                        ;R7 -1 不等于 0,执行本句
        DJNZ    R6,DD1                      ;R6 -1 不等于 0,跳转到 DD1
        RET                                 ;子程序返回
T0_int: PUSH    ACC                         ;定时器 T0 中断子程序
        MOV     TH0,#HIGH(65536 -10000);重设中断时间为 10ms
        MOV     TL0,#LOW(65536 -10000)
        DJNZ    IntVal,TIM01                ;中断次数减 1,并判断是否等于 0?
        MOV     IntVal,#100                 ;若是则 1 秒到了,重设中断次数
        CALL    DISP                        ;调用显示子程序
TIM01:  POP     ACC                         ;将数据弹栈送回 ACC
        RETI                                ;返回主程序
DISP:   MOV     A,Count                     ;计时送入 A
        ADD     A,#1                        ;计时加 1
        DA      A                           ;BCD 调整
        MOV     Count,A                     ;存回数据
        MOV     P0,A                        ;结果输出至 P0 口
        RET                                 ;子程序返回
        END
```

(2) C 语言。

```
#include <reg51.h>                  //定义 8051 寄存器的头文件
#define  LED P0                     //定义 LED 接至 P2
#define  PB1 INT0                   //按钮 P3.2
#define  PB2 INT1                   //按钮 P3.3

unsigned int IntVal;                //中断次数
unsigned int count;                 //计时
//声明延迟函数
void delay1ms(unsigned int);
//主程序
main(        )                      //主程序开始
{
  TMOD =1;                          //定时器 T0 工作在 MODE1
  TH0  =(65536 -10000)/256;         //设中断时间为 10ms
```

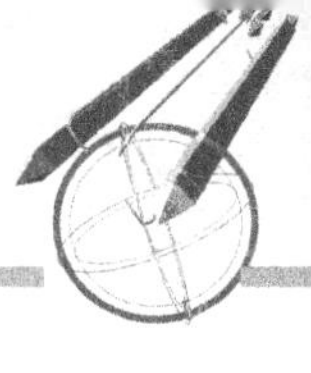

```
  TL0   = (65536 -10000) % 256;
  IE = 0x82;                                   //打开总开关与 T0 开关
  while(1){
    TR0 = 0;                                   //TIMER0 停止计时
    count = 0;                                 //计时初值
   IntVal = 100;                               //中断 100 次
   LED = 0;                                    //显示 00
    // =============判断按钮 INT0 是否第一次按下 ====================
   while(PB1 ==1);                             //是否按 P3.2? (第一次)
    delay1ms(20);                              //是则调用 20ms 延时子程序
   while(PB1 ==0);                             //是否放开 P3.2?
    delay1ms(20);                              //是则调用 20ms 延时子程序
   TR0 = 1;                                    //T0 开始计时
    // =============判断按钮 INT0 是否第二次按下 ====================
   while(PB1 ==1);                             //是否按 P3.2? (第二次)
    delay1ms(20);                              //是则调用 20ms 延时子程序
   while(PB1 ==0);                             //是否放开 P3.2?
    delay1ms(20);                              //是则调用 20ms 延时子程序
    TR0 = 0;                                   //T0 停止计时
    // =============判断按钮 INT1 是否按下 ========================
   while(PB2 ==1);                             //是否按 P3.3?
    delay1ms(20);                              //是则调用 20ms 延时子程序
   while(PB2 ==0);                             //是否放开 P3.3?
    delay1ms(20);                              //是则调用 20ms 延时子程序
  }
}                                              //主程序结束
Void myint(  void  )interrupt 1
{
  TH0   = (65536 -10000) / 256;                //设中断时间为 10ms
  TL0   = (65536 -10000) % 256;
  if( --IntVal ==0){                           //中断次数减 1,并判断是否 =0?
    IntVal = 100;                              //是则 1 秒到了,重设中断次数
   count ++;                                   //计时加 1
   if(count >=100)                             //判断是否超出 99s
      count = 0;                               //是则清零
   LED = (count / 10)*  0x10  + (count % 10); //BCD 调整
  }
}
//延迟函数
Void delay1ms(unsigned int x )                 //延迟函数开始,x = 延迟次数
{
   int  i,j;                                   //声明整形变量 i,j
   for(i =0; i <x;i ++)                        //计数 x 次
```

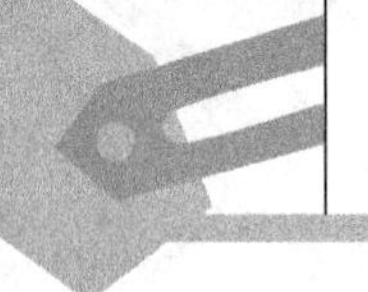


```
        for(j=0; j<120;j++);
    }                                          //延迟函数结束
```

项目小结

在本项目中，完成了流水灯的中断设计、定时器的设计以及码表的设计，项目中所涉及的主要知识点以及完成整个项目所需达到的能力目标如下：理解中断的工作方式，能够使用中断控制器及中断入口地址处理中断响应；掌握单片机外部中断的设置方法及使用步骤，能够编写简单实用的中断服务子程序；了解单片机的定时器/计数器的工作原理，掌握定时器/计数器工作方式的设置，能够利用定时器/计数器中断实现定时设备。

习　题

1. 单片机 AT89C51 的 P0 口接 8 个 LED，用 INT0 产生中断。当主程序正常执行时，P0 口的 8 个 LED 单灯左移。当进入中断状态时，P0 口的 8 个 LED 将变成单灯右移，3 个循环后，恢复中断前的状态，即继续执行 8 个 LED 单灯左移，延时为 0.5s。

2. 用$\overline{INT0}$产生中断，主程序正常执行时，数码管循环显示“0～9”，每 0.5s 增加 1。当进入中断状态时，数码管循环显示“9～0”，每 0.5s 减少 1，一圈之后恢复中断前的状态。

3. 利用定时器/计数器 T0 作为定时设备，工作模式为 Mode1，设计一个 60s 定时器。

4. 利用定时器/计数器 T1 作为定时设备，工作模式为 Mode0，设计一个 60s 定时器，计时初值为 30，每隔 2s 计时增加 1。

5. 试用 3 个按钮 PB1、PB2、PB3 控制码表，要求按下 PB1 开始计时，按下 PB2 停止计时，按下 PB3 码表归零。

项目10

双机通信的设计与调试

知识目标

(1) 掌握基于单片机串行口灯控显示的设计方法。
(2) 掌握基于单片机单数字加数循环的设计方法。
(3) 掌握基于单片机双机通信的设计方法。
(4) 熟悉移位寄存器的功能。
(5) 熟悉单片机串行通信接口。
(6) 掌握布尔指令的使用及功能。

能力目标

能力目标	相关知识	权重	自测分数
数据串行口的灯控显示	输入开关设计、移位寄存器74165的结构和工作原理、相关指令、编写程序	20%	
单数字加数循环显示	共阳极LED数码管结构和工作原理、移位寄存器74164的结构和工作原理、相关指令、编写程序	20%	
双机通信	双机串行口接线方法、相关指令、编写程序	20%	
熟悉移位寄存器的结构和工作原理	74165的管脚结构、74165的时序和工作原理、74164的管脚结构、74164的时序和工作原理	10%	
熟悉单片机串行通信接口的工作原理	串行口控制寄存器、工作方式、数据传输率	10%	
掌握布尔指令	清除指令、设定指令、补码指令、与运算指令、或运算指令、位复制指令	20%	

10.1 项目任务

10.1.1 数据串行口的灯控显示

1. 功能说明

利用单片机的串行口和并行转串行的 IC 74LS165 将指拨开关 DIP 的状态，反映到 P0 口的 LED 灯上面显示出来。

2. 电路原理图

按图 10.1 所示数据串行口的灯控电路原理图连接电路。

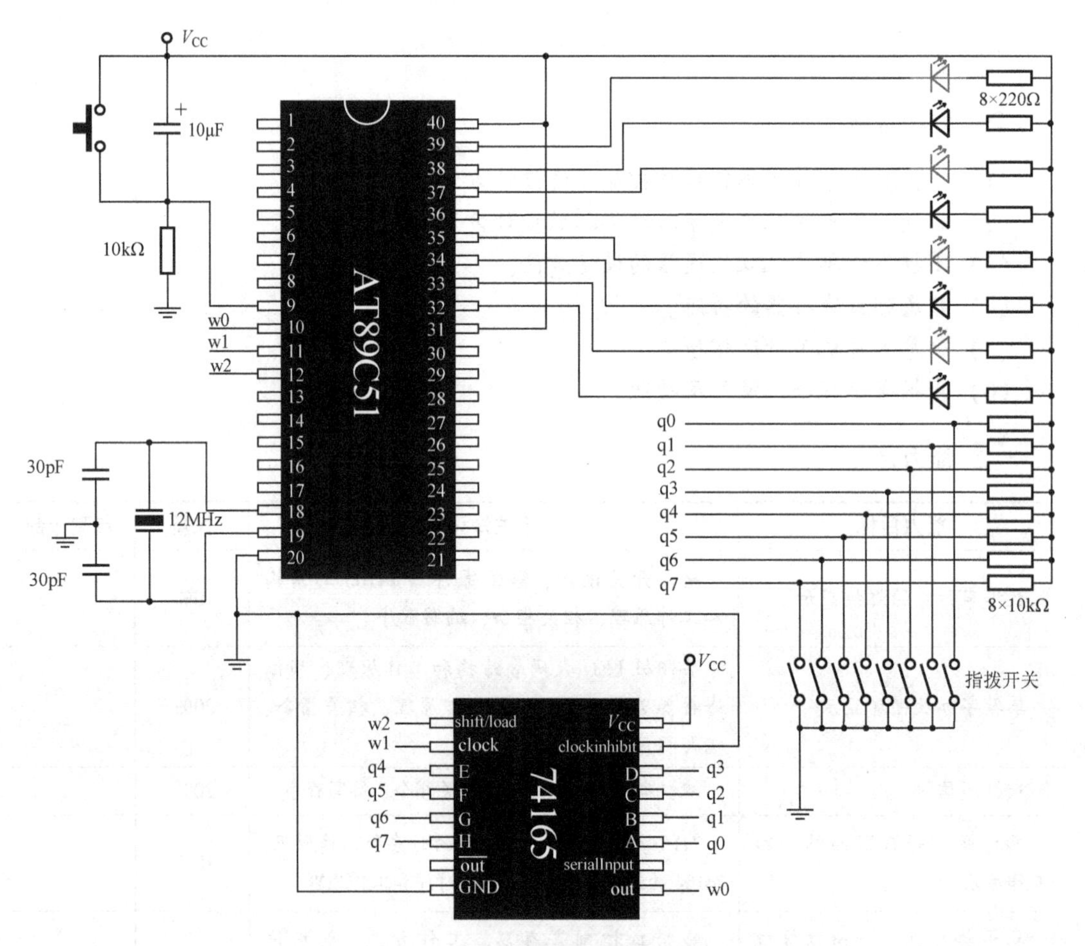

图 10.1 数据串行口的灯控电路原理图

3. 元器件清单

数据串行口的灯控显示电路的元器件清单见表 10 - 1。

表 10-1　数据串行口的灯控显示电路的元器件清单

序号	元器件名称	Proteus 中的名称	规格	数量	备注
1	单片机	AT89C51	12MHz	1 个	基本电路部分
2	石英振荡晶体	CRYSTAL	12MHz	1 个	
3	电解电容	CAP-ELEC	10μF/25V	1 个	
4	陶瓷电容	CAP	30pF	2 个	
5	电阻	RES	10kΩ	1 个	
6	按钮开关	BUTTON	TACK SW	1 个	
7	并转串 IC	74165		1 个	功能电路部分
8	电阻	RES	220Ω	8 个	
9	电阻	RES	10kΩ	8 个	
10	发光二极管	LED-YELLOW		8 个	
11	开关	SWITCH		8 个	

4. 设计思路

根据 74LS165 的功能，如果要给并行数据加载 74LS165，就需要给该芯片的第一脚一个低电平，因此可以利用单片机的 P3.2 脚连接到 74LS165 的第一脚，可以运用“CLR P3.2”使该端口变为低电平，再用两个“NOP”空指令多延时 2μs，最后再用“SETB P3.2”将该脚恢复为高电平。当 74LS165 加载 DIP 开关上的并行数据后，随即单片机通过 TXD 引脚传来移位脉冲，将数据一位一位地由 RXD 引脚传入单片机，当 SBUF 满了，即产生中断，后面只要将 SBUF 寄存器里面的数据复制到 P0 口即可。数据串行口的灯控显示设计流程图如图 10.2 所示。

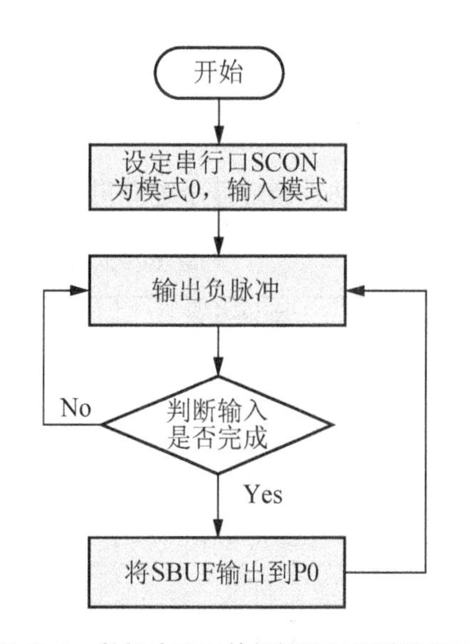

图 10.2　数据串行口的灯控显示设计流程图

该设计的程序代码可以参见本项目结束。

10.1.2　单数字加数循环显示

1. 功能说明

应用串行通信方式 0 和串入并出移位寄存器 74LS164，在移位寄存器的并行输出端接一个 LED 数码管，通过编程实现数码管交替间隔 1s 显示 0 ~ 9 共 10 个数字，并反复循环。数码管采用共阳接法。

2. 电路原理图

按图 10.3 所示单数字加数循环显示电路原理图连接电路。

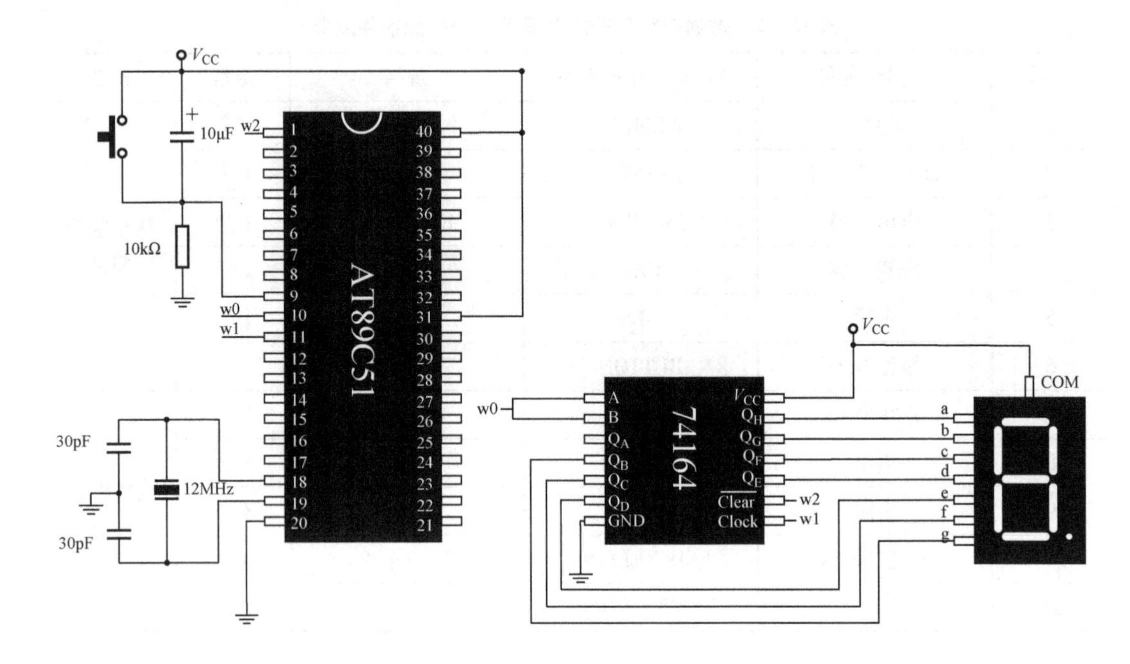

图 10.3　单数字加数循环显示电路原理图

3. 元器件清单

单数字加数循环显示电路的元器件清单见表 10－2。

表 10－2　单数字加数循环显示电路的元器件清单

序号	元器件名称	Proteus 中的名称	规格	数量	备注
1	单片机	AT89C51	12MHz	1 个	基本电路部分
2	石英振荡晶体	CRYSTAL	12MHz	1 个	
3	电解电容	CAP-ELEC	10μF/25V	1 个	
4	陶瓷电容	CAP	30pF	2 个	
5	电阻	RES	10kΩ	1 个	
6	按钮开关	BUTTON	TACK SW	1 个	
7	串转并 IC	74164		1 个	功能电路部分
8	七段数码管	7SEG-COM-AN-GRN	共阳极	1 个	

4. 设计思路

在方式 0 中波特率由晶体振荡器的频率决定，与 T1 无关，所以无须对 T1 进行设置。本设计中波特率不倍增，所以无须对 PCON 进行设置（因单片机复位时波特率倍增位 SMOD 已置成 0）。采用串行通信方式 0，所以 SCON 设置为 00H。单数字加数循环显示设计流程图如图 10.4 所示。

该设计的程序代码可以参见本项目结束。

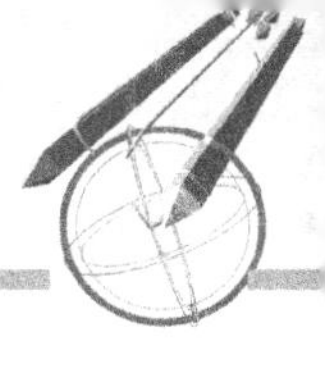

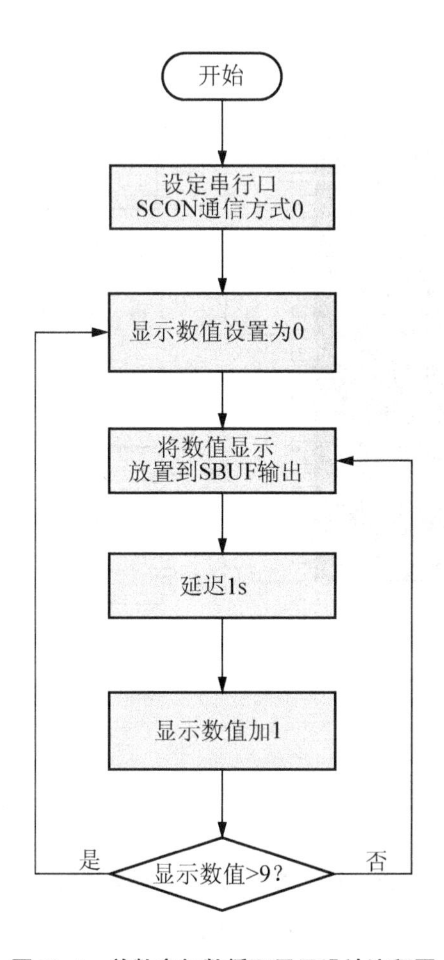

图 10.4　单数字加数循环显示设计流程图

10.1.3　双机通信设计

1. 功能说明

两台单片机采用方式 1 进行串行通信，A 机发送一信号数据 AAH，当 B 机在正确接收到该信号数据后，使接于 P1.0 的 LED 闪烁 3 次，同时给 A 机发送一接收正确应答信号 BBH；当 B 机没能正确接收到该信号数据时，使接于 P1.1 的 LED 点亮，同时给 A 机发送一接收错误应答信号 FFH；A 机若收到 BBH 应答信号，则使接于 P1.0 的 LED 闪烁 3 次；A 机若收到 FFH 应答信号，则使接于 P1.1 的 LED 点亮。设数据传送速率为 1 200 bps，晶体振荡器频率为 6MHz。

2. 电路原理图

按图 10.5 所示双机通信的电路原理图连接电路。

3. 元器件清单

双机通信电路的元器件清单见表 10－3。

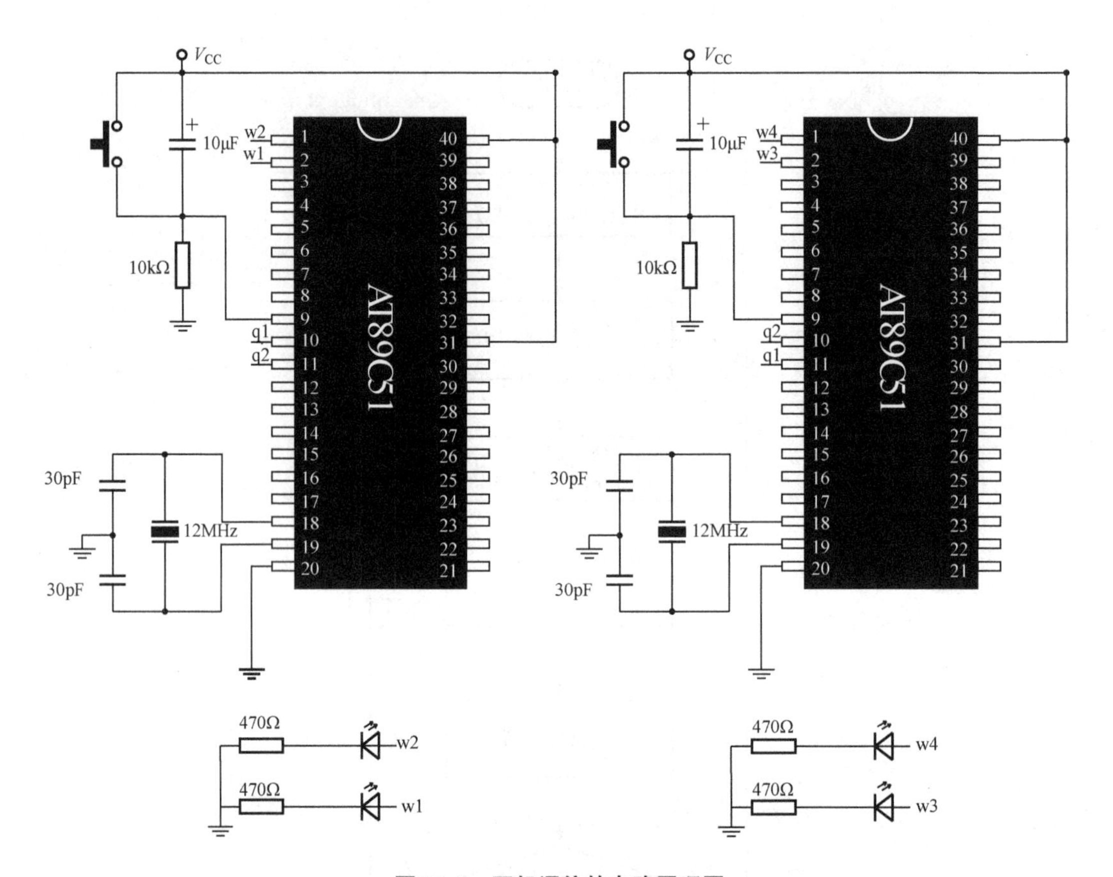

图 10.5　双机通信的电路原理图

表 10-3　双机通信电路的元器件清单

序号	元器件名称	Proteus 中的名称	规格	数量	备注
1	单片机	AT89C51	12MHz	1 个	基本电路部分
2	石英振荡晶体	CRYSTAL	12MHz	1 个	
3	电解电容	CAP-ELEC	10μF/25V	1 个	
4	陶瓷电容	CAP	30pF	2 个	
5	电阻	RES	10kΩ	1 个	
6	按钮开关	BUTTON	TACK SW	1 个	
7	电阻	RES	470Ω	4 个	功能电路部分
8	发光二极管	LED-RED		4 个	

4. 设计思路

当串行通信为方式 1 时，由工作于方式 2 的 T1 作为波特率发生器，所以定时器/计数器方式控制寄存器 TMOD＝20H，数据传送的波特率由 T1 的溢出率与 SMOD 位确定。在此处波特率不倍增，则 PCON 寄存器的 SMOD＝0，即 PCON＝00H。根据波特率与 T1 初值 X 的关系式计算出 T1 初值 X 为：

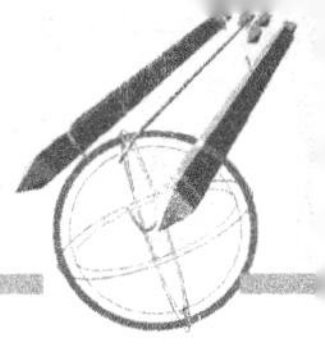

$$X = 256 - \frac{f_{osc} \times (\text{SMOD} + 1)}{384 \times \text{波特率}} = 256 - \frac{6 \times 10^6 \times 1}{384 \times 1\ 200} = 256 - 13 = 243 = \text{F3H}$$

所以，TH1 = TL1 = F3H。串行口工作于方式 1 允许接收，则 SCON = 50H。双机通信设计流程图如图 10.6 所示。

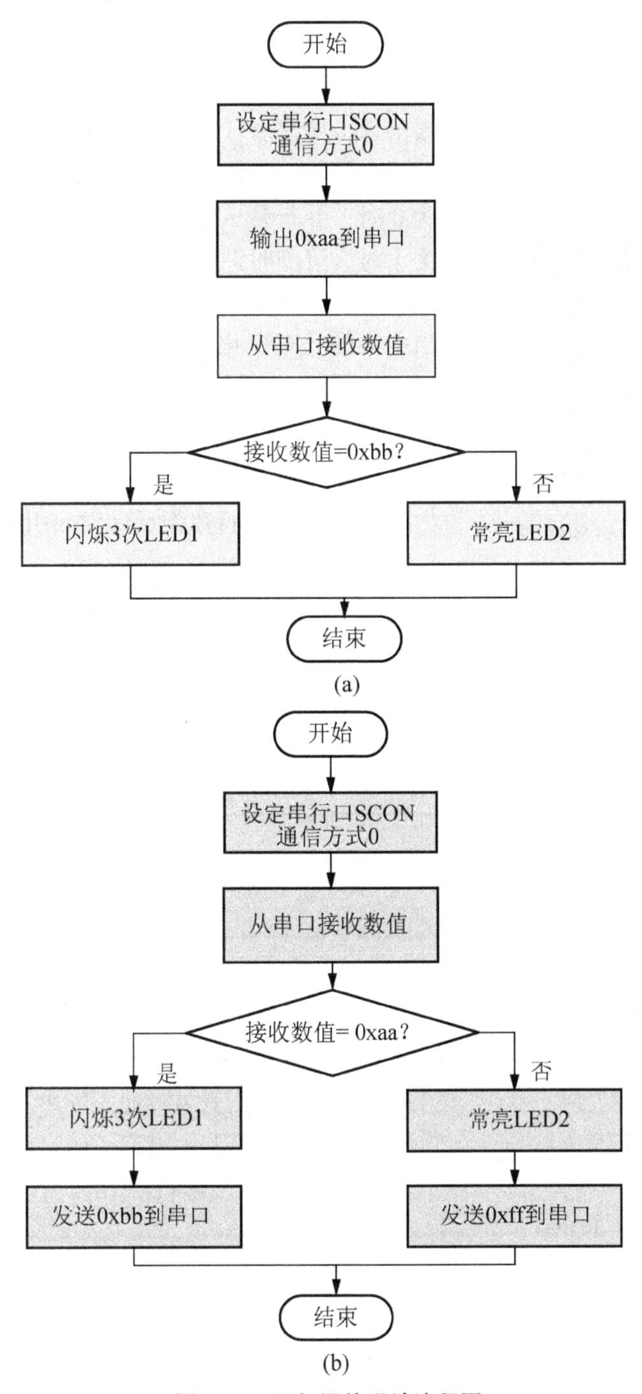

图 10.6　双机通信设计流程图

该设计的程序代码可以参见本项目结束。

10.2 相关知识

10.2.1 移位寄存器

1. 74LS165 寄存器

74LS165 是 8 位并行输入/串行输出移位寄存器，其管脚图如图 10.7 所示。

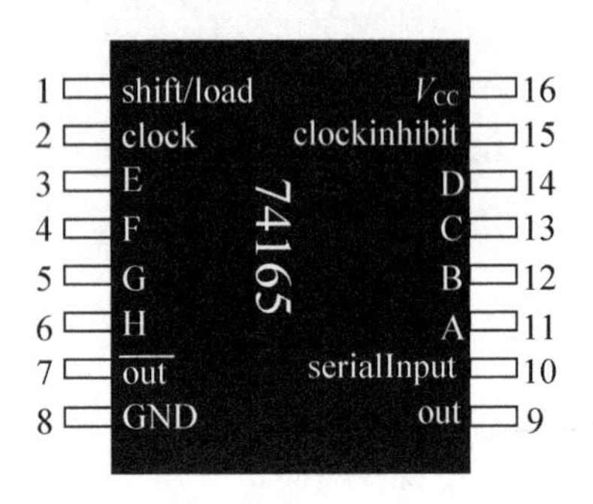

图 10.7 74LS165 管脚图

（1）shift/load：数据加载和移位控制引脚。当该脚为 0 时，并行输入引脚的状态将全部被加载，当该脚为 1 时，可随时钟脉冲进行移位式串行输出。

（2）clock：时钟脉冲引脚，为正缘触发型，即输出引脚的状态变化是在时钟脉冲由低态变为高态的时候，如图 10.8 所示。

（3）A－H：并行数据输入引脚，接到并行数据源。

（4）out：串行数据输出引脚。

（5）$\overline{\text{out}}$：串行数据反向输出引脚。

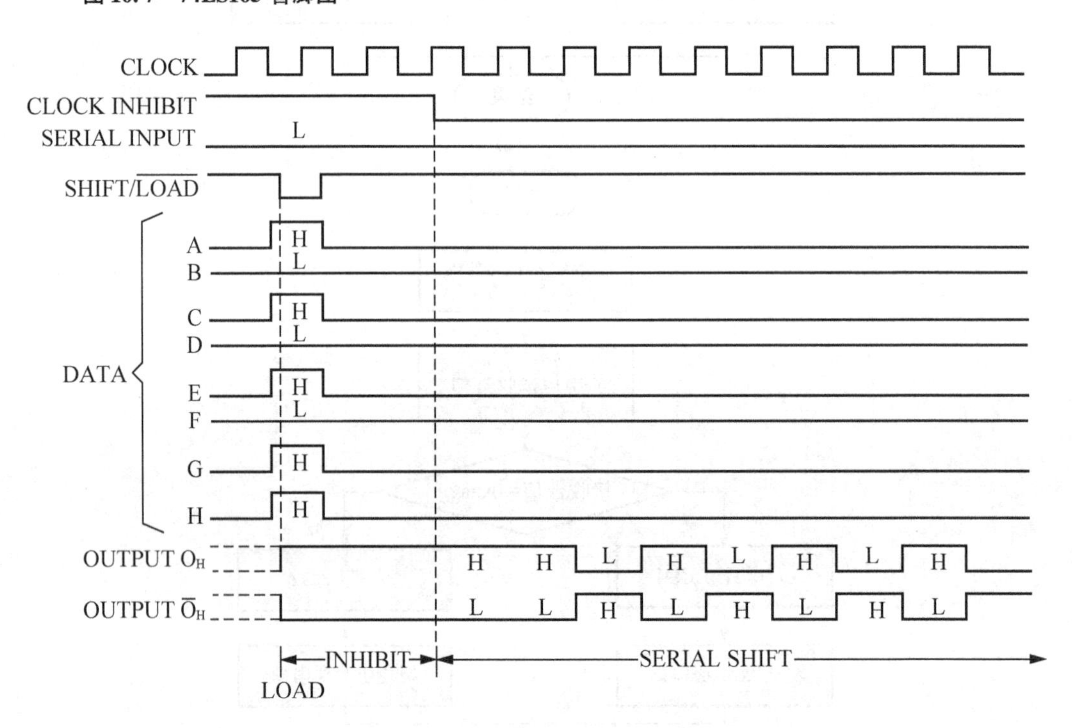

图 10.8 74LS165 时序图

（6）clock inhibit：时钟脉冲禁止引脚。该脚为 1 时，输出引脚不随时钟脉冲而变化，当该脚为 0 时，输出引脚随时钟脉冲进行变化移位式串行输出。

（7）serial Input：串行输入引脚。若要进行并行数据输入串行数据输出的转换，保持

此引脚为0即可；若要进行串行数据输入串行数据输出的转换，则此引脚连接串行数据源。

74LS165电气参数如下。

极限值：电源电压7V，输入电压5.5V。

工作环境温度：0～70℃。

储存温度：－65～150℃。

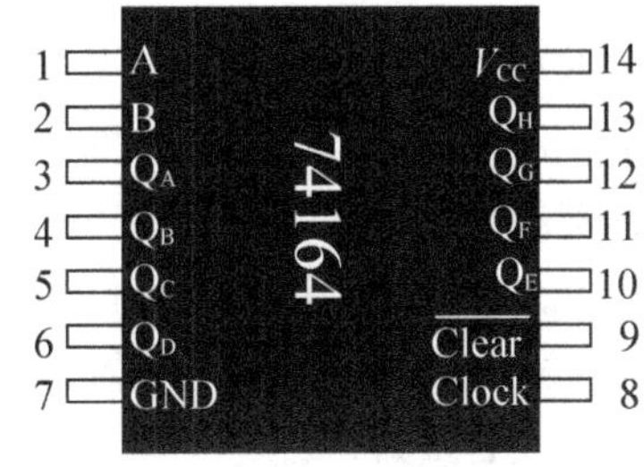

图10.9 74LS164管脚图

2. 74LS164寄存器

74LS164为8位移位寄存器，是一种串行转并行的IC，其管脚图如图10.9所示。

(1) Clock：时钟输入端，为正缘触发型，即输出引脚的状态变化是在时钟脉冲由低态变为高态的时候，如图10.10所示。

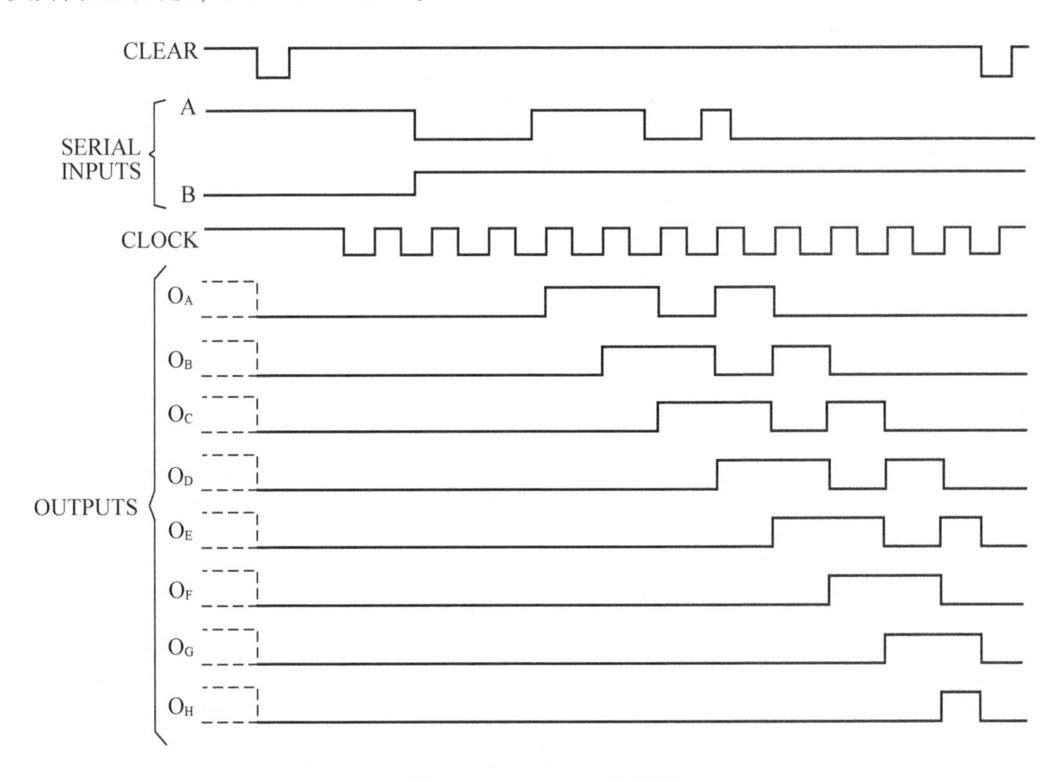

图10.10 74LS164时序图

(2) $\overline{\text{Clear}}$：同步清除输入端，该引脚为低电平时，并行输出引脚全部为0态。

(3) A、B：串行数据输入端。

(4) QA-QH：输出端，为并行数据输出引脚。

74LS164电气参数如下。

极限值：电源电压7V，输入电压5.5V。

工作环境温度：0～70℃。

储存温度：－65～150℃。

10.2.2 串行通信接口

MCS－51 单片机的串行口具有两条独立的数据线——发送端 TXD 和接收端 RXD，它允许数据同时往两个相反的方向传输。一般通信时发送数据由 TXD 端输出，接收数据由 RXD 端输入。

MCS－51 单片机的串行口既可以用于网络通信，又可实现串行异步通信，还可以用作同步移位寄存器。如果在串行口的输入输出引脚上加上电平转换器，就可方便地构成标准的 RS－232 接口。

MCS－51 单片机的串行接口是一个全双工通信接口，它有两个物理上独立的接收、发送缓冲器 SBUF，可以同时发送和接收数据。但是，发送缓冲器只能写入，不能读出；接收缓冲器只能读出，不能写入。两个缓冲器共用一个地址（99H）。

1. 控制寄存器

在完成串行口初始化后，当发送数据时，采用“MOV SBUF，A”指令，将要发送的数据写入 SBUF，则 CPU 自动启动和完成串行数据的输出；当接收数据时，采用“MOV A，SBUF”指令，CPU 就自动将接收到的数据从 SBUF 中读出。

控制 MCS－51 单片机串行接口的控制寄存器有两个——特殊功能寄存器 SCON 和 PCON，用以设置串行端口的工作方式、接收/发送的运行状态、接收/发送数据的特征、数据传输率的大小以及作为运行的中断标志等，其格式如下。

1）串行口控制寄存器 SCON

SCON 的字节地址是 98H，位地址（由低位到高位）分别是 98H～9FH。SCON 的格式见表 10－4。

表 10－4 SCON 的格式

Bit 7	Bit 6	Bit 5	Bit 4	Bit 3	Bit 2	Bit 1	Bit 0
FE/SM0	SM1	SM2	REN	TB8	RB8	T1	R1

（1）SM0、SMl：串行口工作方式控制位，见表 10－5。

表 10－5 串行口工作方式控制位

SM0 SM1 = 00	SM0 SM1 = 01	SM0 SM1 = 10	SM0 SM1 = 11
方式 0	方式 1	方式 2	方式 3

（2）SM2：仅用于方式 2 和方式 3 的多机通信控制位。发送机 SM2 = 1（要求程控设置）。当为方式 2 或方式 3 时：接收机 SM2 = 1 时，若 RB8 = 1，可引起串行接收中断；若 RB8 = 0，不引起串行接收中断。SM2 = 0 时，若 RB8 = 1，可引起串行接收中断；若 RB8 = 0，亦可引起串行接收中断。

（3）REN：串行接收允许位。0——禁止接收；1——允许接收。

（4）TB8：在方式 2、3 中，TB8 是发送机要发送的第 9 位数据。

（5）RB8：在方式 2、3 中，RB8 是接收机接收到的第 9 位数据，该数据正好来自发送机的 TB8。

（6）TI：发送中断标志位。发送前必须用软件清 0，发送过程中 TI 保持零电平；发送

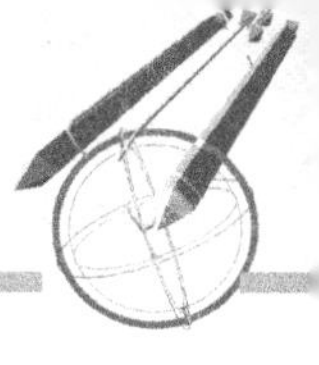

完一帧数据后，由硬件自动置1。如要再发送，必须用软件再清0。

（7）RI：接收中断标志位。接收前，必须用软件清0，接收过程中RI保持零电平；接收完一帧数据后，由片内硬件自动置1。如要再接收，必须用软件再清0。

2）电源控制寄存器PCON

PCON的字节地址为87H，无位地址，其格式见表10－6。

表10－6　PCON格式

Bit 7	Bit 6	Bit 5	Bit 4	Bit 3	Bit 2	Bit 1	Bit 0
SMOD	－	－	－	GF1	GF0	PD	IDL

PCON是为在CMOS结构的MCS－51单片机上实现电源控制而附加的，对于HMOS结构的MCS－51系列单片机，除了第7位外，其余都是虚设的。与串行通信有关的也就是第7位，称作SMOD，它的用处是使数据传输率加倍。

（1）SMOD：数据传输率加倍位。在计算串行方式1、2、3的数据传输率时，0表示不加倍，1表示加倍。

（2）其余有效位说明如下。

GF1、GF0：通用标志位。

PD：掉电控制位，0表示正常方式，1表示掉电方式。

IDL：空闲控制位，0表示正常方式，1表示空闲方式。

除了以上两个控制寄存器外，中断允许寄存器IE中的ES位也用来作为串行I/O中断允许位。当ES＝1时，允许串行I/O中断；当ES＝0时，禁止串行I/O中断。中断优先级寄存器IP的PS位则用作串行I/O中断优先级控制位。当PS＝1时，设定为高优先级；当PS＝0时，设定为低优先级。

3）串行口寄存器SBUF

SBUF是一个同地址（99H）但独立的两个8位物理寄存器，其中一个作为串行口输入缓冲器，另一个作为串行口输出缓冲器，其动作说明如下。

（1）当将数据放入SBUF时，系统自动将该数据通过串行口发送，而不必在程序上多费心思，当完成传输后，T1位设置为1，可产生中断。

（2）处理器随时会通过串行口接收数据，而接收的数据将放入SBUF，完成接收一帧数据后，R1位设置为1，可产生中断。

2. 工作方式

MCS－51单片机可以通过软件设置串行口控制寄存器SCON中SM0（SCON.7）和SM1（SCON.6）来指定串行口的4种工作方式。串行口操作模式选择表见表10－7。

表10－7　串行口操作模式选择表

SM0 SM1	模　式	功　能	波特率
0　0	方式0	同步移位寄存器	$f_{osc}/12$
0　1	方式1	8位UART	可变（T1溢出率）
1　0	方式2	9位UART	$f_{osc}/64$ 或 $f_{osc}/32$
1　1	方式3	9位UART	可变（T1溢出率）

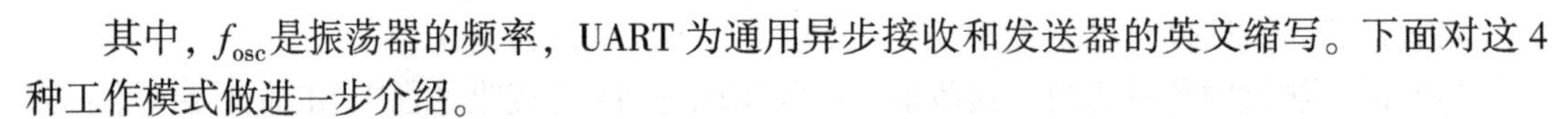

其中，f_{osc}是振荡器的频率，UART 为通用异步接收和发送器的英文缩写。下面对这 4 种工作模式做进一步介绍。

1）方式 0

当设定 SM1、SM0 为 00 时，串行口工作于方式 0，它又叫同步移位寄存器输出方式。在方式 0 下，数据从 RXD(P3.0) 端串行输出或输入，同步信号从 TXD(P3.1) 端输出，发送或接收的数据为 8 位，低位在前，高位在后，没有起始位和停止位。数据传输率固定为振荡器的频率 1/12，也就是每一机器周期传送一位数据。方式 0 可以外接移位寄存器，将串行口扩展为并行口，也可以外接同步输入/输出设备。

执行任何一条以 SBUF 为目的的寄存器指令，就开始发送。

2）方式 1

当设定 SM1、SM0 为 01 时，串行口工作于方式 1。方式 1 为数据传输率可变的 8 位异步通信方式，由 TXD 发送、RXD 接收，一帧数据为 10 位，1 位起始位（低电平），8 位数据位（低位在前）和 1 位停止位（高电平）。数据传输率取决于定时器 1 或 2 的溢出速率（1/溢出周期）和数据传输率是否加倍的选择位 SMOD。

对于有定时器/计数器 2 的单片机，当 T2CON 寄存器中 RCLK 和 TCLK 置位时，用定时器 2 作为接收和发送的数据传输率发生器；而当 RCLK = TCLK = 0 时，用定时器 1 作为接收和发送的数据传输率发生器。二者还可以交叉使用，即发送和接收采用不同的数据传输率。

类似于模式 0，发送过程是由执行任何一条以 SBUF 为目的的寄存器指令引起的。

3）方式 2

当设定 SM0、SM1 为 10 时，串行口工作于方式 2，此时串行口被定义为 9 位异步通信接口。采用这种方式可接收或发送 11 位数据，以 11 位为一帧，比方式 1 增加了一个数据位，其余相同。第 9 个数据即 D8 位用作奇偶校验或地址/数据选择，可以通过软件来控制它，再加特殊功能寄存器 SCON 中的 SM2 位的配合，可使 MCS－51 单片机串行口适用于多机通信。当发送时，第 9 位数据为 TB8；当接收时，第 9 位数据送入 RB8。方式 2 的数据传输率固定，且只有两种选择，分别为振荡率的 1/64 或 1/32，可由 PCON 的最高位选择。

4）方式 3

当设定 SM0、SM1 为 11 时，串行口工作于方式 3。方式 3 与方式 2 类似，唯一的区别是方式 3 的数据传输率是可变的，而其帧格式与方式 2 一样为 11 位一帧，所以方式 3 也适合于多机通信。

3. 数据传输率

串行口每秒钟发送（或接收）的位数就是数据传输率。

（1）对方式 0 来说，数据传输率已固定成$f_{osc}/12$，随着外部晶振的频率不同，数据传输率亦不相同。常用的f_{osc}有 12MHz 和 6MHz，所以数据传输率相应为 1 000 × 103bps 和 500 × 103bps。在此方式下，数据将自动地按固定的数据传输率发送/接收，完全不用设置。

（2）对方式 2 而言，数据传输率的计算式为 2SMOD · $f_{osc}/64$。当 SMOD = 0 时，数据传输率为$f_{osc}/64$；当 SMOD = 1 时，数据传输率为$f_{osc}/32$。在此方式下，程控设置 SMOD

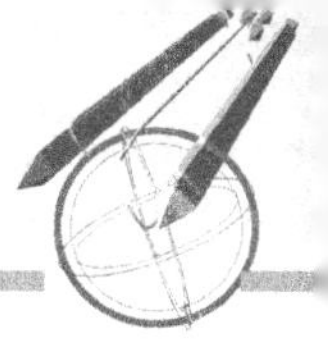

位的状态后，数据传输率就确定了，不需要再做其他设置。

（3）对方式1和方式3来说，数据传输率和定时器1的溢出率有关，定时器1的溢出率为：

定时器1的溢出率＝定时器1的溢出次数/秒

方式1和方式3的数据传输率计算式为：

2SMOD/32×T1溢出率

根据SMOD状态位的不同，数据传输率有Tl/32溢出率和T1/16溢出率两种。由于T1溢出率的设置是方便的，因而数据传输率的选择将十分灵活。

前已叙及，定时器Tl有4种工作方式，为了得到其溢出率，而又不必进入中断服务程序，往往使T1设置在工作方式2的运行状态，也就是8位自动加入时间常数的方式。

表10－8为常用数据传输率设置方法。

表10－8　常用数据传输率设置方法

数据传输率	f_{osc}	SMOD	TH1
62.5k	12MHz	1	FFH
19.2k	11.059 2MHz	1	FDH
9600	11.059 2MHz	0	FDH
4800	11.059 2MHz	0	FAH
2400	11.059 2MHz	0	F4H
1200	11.059 2MHz	0	E8H
137.5	11.059 2MHz	0	1DH

10.2.3　布尔指令

布尔指令的功能是进行一位逻辑运算，其中包括12个指令，在此将它们分为六大类。

1. 清除指令

清除指令的功能是进位标志位CY或可位寻址的某个位，使之为0。清除指令及其使用见表10－9。

表10－9　清除指令及其使用

<table>
<tr><th colspan="4">CLR　C</th></tr>
<tr><td>说　明</td><td colspan="3">清除进位标志位CY，不管CY为0或者为1，经过本命令后将变成0，即CY→CY＝0</td></tr>
<tr><td>编译后大小</td><td>1B</td><td>执行时间</td><td>12个时钟脉冲</td></tr>
<tr><td>范　例</td><td colspan="3">CLR　C</td></tr>
<tr><td>若执行前</td><td colspan="3">C＝1</td></tr>
<tr><td>执 行 后</td><td colspan="3">C＝0</td></tr>
</table>

续表

CLR bit			
说　明	清除指定的位 bit，不管 bit 为 0 或者为 1，经过本命令后将变成 0，即 bit→bit = 0		
编译后大小	2B	执行时间	12 个时钟脉冲
范　例	CLR　PSW. 0		
若执行前	PSW. 0 = 1		
执 行 后	PSW. 0 = 0		

2. 设定指令

设定指令的功能是设定操作数，使之为 1，其中操作数可为进位标志位 CY 或可位寻址的某个位。设定指令及其使用见表 10 - 10。

表 10 - 10　设定指令及其使用

SETB　C			
说　明	置 1 进位标志位 CY，不管 CY 为 0 或者为 1，经过本命令后将变成 1，即 CY→CY = 1		
编译后大小	1B	执行时间	12 个时钟脉冲
范　例	SETB　C		
若执行前	C = 0		
执 行 后	C = 1		
SETB　bit			
说　明	置 1 指定的位 bit，不管 bit 为 0 或者为 1，经过本命令后将变成 1，即 bit→bit = 1		
编译后大小	2B	执行时间	12 个时钟脉冲
范　例	CLR　RS1		
若执行前	RS1 = 0		
执 行 后	RS1 = 1		

3. 补码指令

补码指令的功能是对进位标志位 CY 取补码或可寻址的某个位取补码。补码指令及其使用见表 10 - 11。

表 10 - 11　补码指令及其使用

CPL　C			
说　明	对进位标志位 CY 取补码，也就是反相，即 CY→CY		
编译后大小	1B	执行时间	12 个时钟脉冲
范　例	CPL　C		
若执行前	C = 0		
执 行 后	C = 1		

续表

CPL　bit			
说　　明	将指定的位 bit 反相，即 bit→bit		
编译后大小	2B	执行时间	12 个时钟脉冲
范　　例	CPL　P1.2		
若执行前	P1.2 =0		
执 行 后	P1.2 =1		

4. 与运算指令

与（AND）运算指令的功能是将进位标志位 CY 与指定的位进行 AND 运算，其结果存回 CY。与运算指令及其使用见表 10－12。

表 10－12　与运算指令及其使用

ANL　C，bit			
说　　明	将进位标志位 CY 和 bit 进行 AND 运算将结果送到 CY，即 CY · bit→CY		
编译后大小	2B	执行时间	24 个时钟脉冲
范　　例	ANL　C，P2.1		
若执行前	CY =1　　P2.1 =0		
执 行 后	C =0　　P2.1 =0		
ANL　C，/bit			
说　　明	将进位标志位 CY 和 bit 的补码进行 AND 运算将结果送到 CY，即 CY · $\overline{\text{bit}}$→CY		
编译后大小	2B	执行时间	24 个时钟脉冲
范　　例	ANL　C，/P2.1		
若执行前	CY =1　　P2.1 =0		
执 行 后	C =1　　P2.1 =0		

5. 或运算指令

或运算（OR）指令的功能是将进位标志位 CY 与指定的位进行 OR 运算，其结果送回 CY。或运算指令及其使用见表 10－13。

表 10－13　或运算指令及其使用

ORL　C，bit			
说　　明	将进位标志位 CY 和 bit 进行 OR 运算将结果送到 CY，即 CY + bit→CY		
编译后大小	2B	执行时间	24 个时钟脉冲
范　　例	ORL　C，P2.1		
若执行前	CY =1　　P2.1 =0		
执 行 后	C =1　　P2.1 =0		

续表

ORL　C，/bit			
说　　明	将进位标志位 CY 和 bit 的补码进行 OR 运算将结果送到 CY，即 CY · $\overline{\text{bit}}$→CY		
编译后大小	2B	执行时间	24 个时钟脉冲
范　　例	ORL　C，/P2.1		
若执行前	CY=1　　P2.1=0		
执 行 后	C=1　　P2.1=0		

6. 位复制指令

位复制指令的功能是将指定位复制到进位标志位 CY，或将进位标志位 CY 复制到指定位。位复制指令及其使用见表 10-14。

表 10-14　位复制指令及其使用

MOV　C，bit			
说　　明	将 bit 位复制到 CY，即 bit→CY		
编译后大小	2B	执行时间	12 个时钟脉冲
范　　例	MOV　C，P1.0		
若执行前	CY=1　P1.0=0		
执 行 后	C=0　P1.0=0		
MOV　bit，C			
说　　明	将 CY 复制到 bit，即 CY→bit		
编译后大小	2B	执行时间	24 个时钟脉冲
范　　例	MOV　P1.0，C		
若执行前	CY=1　P1.0=0		
执 行 后	C=1　P1.0=1		

10.3　项目任务参考程序

1. 数据串行口的灯控显示

(1) 汇编语言。

```
        ORG     0000H           ;主程序开始
START:  MOV     SCON,#11H       ;设置为 Mode 0, REN=1, RI=1
LOOP:   CLR     P3.2            ;输出负脉冲，让 74LS165 加载数据
        NOP                     ;空指令等待
        NOP                     ;空指令等待
```

```
        SETB    P3.2            ;恢复高电平
        CLR     RI              ;清除 RI
        JNB     RI, $           ;等待 RI 串行输入中断
        MOV     P0,SBUF         ;RI =1 时(完成接收), 输出至 LED
        JMP     LOOP            ;开始循环
        END                     ;主程序结束
```

(2) C语言。

```
#include <reg51.h>              //定义 8051 寄存器的头文件
#define  LED P0                 //定义 LED 接至 P2
sbit load = P3^2;               //声明 P3^2 位置

//主程序
main()                          //主程序开始
{
  SCON = 0x11;                  //设置为 Mode 0, REN =1, RI =1
  while(1){                     //无穷循环开始
     load = 0;                  //输出负脉冲, 让 74LS165 加载数据
     load = 1;                  //恢复高电平
   RI = 0;                      //清除 RI
   while(RI == 0);              //等待 RI 串行输入中断
   LED = SBUF;                  //RI =1 时(完成接收), 输出至 LED
  }                             //while 循环结束
}                               //主程序结束
```

2. 单数字的加数循环显示

(1) 汇编语言。

```
        ORG     0000H           ;主程序开始
        MOV     SCON,#00H       ;设置为 Mode 0,REN =0,
                                          RI =0
        CLR     P1.0            ;让 74LS164 输出低电平
        SETB    P1.0            ;让 74LS165 输出数据
        MOV     DPTR,#TAB       ;DPTR 指向数字 0 -9 的 LED 码表
K2:     MOV     R0,#10          ;循环 10 次
        MOV     R1,#0           ;从 0 开始
K1:     MOV     A,R1
        MOVC    A,@A + DPTR     ;取出数字对应的 LED 码
        MOV     SBUF,A          ;发送数据到 LED
        JNB     TI, $           ;等待 TI 串行输出中断
        CLR     TI              ;TI =1 时(发送)完成, 清除 TI
        LCALL   DEL1S           ;延迟 1s
```

```
         INC     R1                             ;下一个数字
         DJNZ    R0,K1                          ;检测循环是否结束？若否，显示下个数字
         SJMP    K2                             ;若是重新从0~9开始显示
DEL1S:   MOV     R2,#02H                        ;延迟1s
LOOP1:   MOV     R3,#250
LOOP2:   MOV     R4,#250
LOOP3:   NOP                                    ;空指令等待
         NOP                                    ;空指令等待
         DJNZ    R4,LOOP3
         DJNZ    R3,LOOP2
         DJNZ    R2,
         RET                                    ;函数结束返回
TAB:     DB      0C0H,0F9H,0A4H,0B0H,99H
         DB      92H,82H,0F8H,80H,90H           ;定义0~9的LED码
         END                                    ;主程序结束
```

(2) C语言。

```
#include <reg51.h>                     //定义8051寄存器的头文件

sbit clear = P1^0;                     //声明P1^0位置
unsigned char DispTab[] = {
  0xc0, 0xf9, 0xa4, 0xb0, 0x99,
  0x92, 0x82, 0xf8, 0x80, 0x90
  };
//声明延迟函数
void
delay1ms(
 unsigned int
 );

//主程序
main()                                 //主程序开始
{
  unsigned char i;
  SCON = 0;                            //设置为Mode 0,REN = 0, RI = 0
  clear = 0;                           //让74LS164输出低电平
  clear = 1;                           //让74LS165输出数据
  while(1){                            //无穷循环开始
    for(i = 0; i < 10; i ++){
      SBUF = DispTab[i];               //发送数据到LED
     while(TI == 0);                   //等待TI串行输出中断
```

```
      TI =0;                              //TI =1 时(发送)完成，清除 TI
      delay1ms(1000);                     //延迟 1s
    }
  }                                       //while 循环结束
}                                         //主程序结束

//延迟函数
void
delay1ms(                                 //延迟函数开始
  unsigned int x                          //x =延迟次数
  )
{
   int  i,j;                              //声明整形变量 i,j
   for(i =0; i <x;i ++)                   //计数 x 次
     for(j =0; j <120;j ++);
}                                         //延迟函数结束
```

3. 双机通信

(1) 汇编语言。

```
        ORG     0000H          ;主程序开始
        CLR     P1.0           ;关闭 LED1 显示
        CLR     P1.1           ;关闭 LED2 显示
        MOV     TMOD,#20H      ;定时器 T1 工作在 MODE2
        MOV     TH1,#0F3H
        MOV     TL1,#0F3H
        SETB    TR1            ;TIMER1 开始计时
        MOV     SCON,#50H      ;Mode 1，使能多处理器通信位
        MOV     PCON,#00H
        MOV     SBUF,#0AAH     ;串行输出 0xaa
        JNB     TI, $          ;等待 TI 串行输出中断
        CLR     TI             ;TI =1 时(发送)完成，清除 TI
        JNB     RI, $          ;等待 RI 串行接收中断
        CLR     RI             ;RI =1 时(接收)完成，清除 RI
        MOV     A,SBUF         ;接收串口数据
        CJNE    A,#0BBH,ERRA   ;判断接收到的数据是否是 0xbb，若否则跳至错误处理
                                部分 ERRA
        MOV     R0,#3          ;若是，则循环 3 次打开/关闭 LED1 的输出
LPA:    SETB    P1.0           ;打开 LED1
        LCALL   DELA           ;延迟 500ms
        CLR     P1.0           ;关闭 LED1
        LCALL   DELA           ;延迟 500ms
        DJNZ    R0,LPA         ;检查循环是否结束
```

```
        SJMP    $               ;无穷等待
ERRA:   SETB    P1.1            ;打开 LED2
        SJMP    $               ;无穷等待
DELA:   MOV     R1,#0FAH        ;延迟 500ms
LOOP1:  MOV     R2,#0FAH
LOOP2:  NOP                     ;空指令等待
        NOP                     ;空指令等待
        DJNZ    R2,LOOP2
        DJNZ    R1,LOOP1
        RET                     ;函数结束返回
        END                     ;主程序结束

        ORG     0000H           ;主程序开始
        CLR     P1.0            ;关闭 LED1 显示
        CLR     P1.1            ;关闭 LED2 显示
        MOV     TMOD,#20H       ;定时器 T1 工作在 MODE2
        MOV     TH1,#0F3H
        MOV     TL1,#0F3H
        SETB    TR1             ;TIMER1 开始计时
        MOV     SCON,#50H       ;Mode 1, 使能多处理器通信位
        MOV     PCON,#00H
        JNB     RI, $           ;等待 RI 串行接收中断
        CLR     RI              ;RI =1 时(接收)完成, 清除 RI
        MOV     A,SBUF          ;接收串口数据
        CJNE    A,#0AAH,ERRA    ;判断接收到的数据是否是 0xaa? 若否则跳至错误处
                                 理部分 ERRA
        MOV     R0,#3           ;若是,则循环 3 次打开/关闭 LED1 的输出
LPA:    SETB    P1.0            ;打开 LED1
        LCALL   DELA            ;延迟 500ms
        CLR     P1.0            ;关闭 LED1
        LCALL   DELA            ;延迟 500ms
        DJNZ    R0,LPA          ;检查循环是否结束?
        MOV     SBUF,#0BBH      ;串行输出 0xbb 给 A 机作为应答信号
        JNB     TI, $           ;等待 TI 串行输出中断
        CLR TI                  ;TI =1 时(发送)完成, 清除 TI
        SJMP    $               ;无穷等待
ERRA:   SETB    P1.1            ;打开 LED2
        MOV     SBUF,#0FFH      ;串行输出 0xff 给 A 机作为应答信号
        JNB     TI, $           ;等待 TI 串行输出中断
        CLR     TI              ;TI =1 时(发送)完成, 清除 TI
        SJMP    $               ;无穷等待
DELA:   MOV     R1,#0FAH        ;延迟 500ms
LOOP1:  MOV     R2,#0FAH
```

```
LOOP2:      NOP                         ;空指令等待
            NOP                         ;空指令等待
            DJNZ     R2,LOOP2
            DJNZ     R1,LOOP1
            RET                         ;函数返回
            END                         ;主程序结束
```

(2) C 语言。

```
#include <reg51.h>                      //定义 8051 寄存器的头文件
sbit LED1 = P1^0;                       //声明 P1^0 位置
sbit LED2 = P1^1;                       //声明 P1^1 位置
//声明延迟函数
void
delay1ms(
 unsigned int
 );
//主程序
main()                                  //主程序开始
{
  unsigned char i;
  LED1 = 0;                             //关闭 LED 显示
  LED2 = 0;                             //关闭 LED 显示
  TMOD = 0x20;                          //定时器 T1 工作在 Mode2
  TH1 = 0xf3;
  TL1 = 0xf3;
  TR1 = 1;                              //TIMER1 开始计时
  SCON = 0x50;                          //Mode 1,使能多处理器通信位
  PCON = 0x00;                          //
  SBUF = 0xaa;                          //串行输出 0xaa
  while(TI == 0);                       //等待 TI 串行输出中断
  TI = 0;                               //TI = 1 时(发送)完成,清除 TI
  while(RI == 0);                       //等待 RI 串行接收中断
  RI = 0;                               //RI = 1 时(接收)完成,清除 RI
  if(SBUF == 0xbb){                     //判断接收到的数据是否是 0xbb
    for(i = 0; i < 3; i ++){            //若是,则循环 3 次打开/关闭 LED1 的输出
     LED1 = 1;                          //打开 LED1
     delay1ms(500);                     //延迟 500ms
     LED1 = 0;                          //关闭 LED1
     delay1ms(500);                     //延迟 500ms
    }                                   //for 循环结束
  } else if(SBUF == 0xff){              //if(SBUF == 0xbb)判断结束
```

```
    LED2 =1;                                   //打开 LED2
  }                                            //else 判断结束
  while(1);                                    //无穷等待
}                                              //主程序结束
//延迟函数
void
delay1ms(                                      //延迟函数开始
  unsigned int x                               //x=延迟次数
  )
{
   int  i,j;                                   //声明整形变量 i,j
   for(i=0; i<x;i++)                           //计数 x 次
     for(j=0; j<120;j++);
}                                              //延迟函数结束
#include<reg51.h>                              //定义 8051 寄存器的头文件
sbit LED1 =P1^0;                               //声明 P1^0 位置
sbit LED2 =P1^1;                               //声明 P1^1 位置

//声明延迟函数
void
delay1ms(
 unsigned int
 );
//主程序
main()                                         //主程序开始
{
  unsigned char i;
  LED1 =0;                                     //关闭 LED 显示
  LED2 =0;                                     //关闭 LED 显示
  TMOD =0x20;                                  //定时器 T1 工作在 Mode2
  TH1  =0xf3;
  TL1  =0xf3;
  TR1 =1;                                      //TIMER1 开始计时
  SCON =0x50;                                  //Mode 1,使能多处理器通信位
  PCON =0x00;
  while(RI ==0);                               //等待 RI 串行接收中断
  RI =0;                                       //RI =1 时(接收)完成,清除 RI
  if(SBUF ==0xaa){                             //判断接收到的数据是否是 0xaa
    for(i=0; i<3; i++){                        //若是,则循环 3 次打开/关闭 LED1 的输出
     LED1 =1;                                  //打开 LED1
     delay1ms(500);                            //延迟 500ms
     LED1 =0;                                  //关闭 LED1
```

```
      delay1ms(500);                    //延迟500ms
    }                                   //for 循环结束
   SBUF =0xbb;                          //串行输出0xbb给A机作为应答信号
    while(TI ==0);                      //等待TI串行输出中断
    TI =0;                              //TI =1时(发送)完成,清除TI
   } else {                             //if(SBUF =0xaa)判断结束
    LED2 =1;                            //打开LED2
    SBUF =0xff;                         //串行输出0xff给A机作为应答信号
    while(TI ==0);                      //等待TI串行输出中断
    TI =0;                              //TI =1时(发送)完成,清除TI
   }                                    //else 判断结束
   while(1);                            //无穷等待
  }                                     //主程序结束

  //延迟函数
  void
  delay1ms(                             //延迟函数开始
   unsigned int x                       //x =延迟次数
   )
  {
    int  i,j;                           //声明整形变量i,j
    for(i =0; i <x;i ++)                //计数x次
      for(j =0; j <120;j ++);
  }                                     //延迟函数结束
```

项目小结

本项目详细介绍了数据串行口的灯控显示、单数字加数循环显示和双机通信3个任务，每个任务主要针对单片机串行口的功能进行设计。根据任务需求，分别要求掌握移位寄存器74LS165和75LS164的结构和功能以及在单片机串行口设计中的运用。同时，本项目要求掌握单片机串行通信接口中的控制寄存器、工作方式和数据传输率。本项目在串行口电路设计和相关理论知识的基础上，详细地介绍了汇编语言的布尔指令，要求熟悉指令的结构功能以及它们的使用方法。

习　　题

1. 单片机AT89C51的P2口接8个指拨开关，P3.0（RXD）接74LS164的A和B脚，P3.1（TXD）接74LS164的clock引脚，74LS164的输出接8个发光二极管。要求：让8个发光二极管反应指拨开关的状态。

2. 单片机AT89C51的P2口接8个指拨开关，P0口接8个发光二极管，P3.0（RXD）和P3.1（TXD）脚短接。要求：串行口脚传出的数据来自P2口连接的指拨开关的状态，

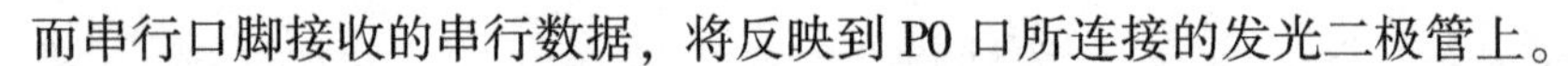

而串行口脚接收的串行数据，将反映到 P0 口所连接的发光二极管上。

3. 单片机 AT89C51 的 RXD 接 74LS164 的 A 和 B 引脚，TXD 接 clock 引脚，74LS164 的输出接 8 个发光二极管。要求：发光二极管从左到右以一定延时轮流显示，并不断循环组成节日彩灯。发光二极管为共阳极接法。

4. 两个 AT89C51 单片机，分别为 A 机和 B 机，A 机的 RXD 和 B 机的 TXD 相连，B 机的 RXD 和 A 机的 TXD 相连。要求：串行口在方式 2 下进行串行通讯，A 机将片内 40H 开始的 10 个数据发给 B 机 60H 开始的 10 个单元中，B 机接到一帧信息后进行奇偶效验，如正确，保存接收的数据，并发给 A 机 00H；如不正确，收发给 A 机 FFH，A 机重发数据。

5. 以一个主机 AT89C51 与两个从机构成多机串行通信系统。主机的 P1 口、P2 口接指拨开关 K1、K2，P0 接 LED，从机 1 和从机 2 的 P1.0 ~ P1.3 接指拨开关 K3、K4，从机 1 和从机 2 的 P2 口接 LED。指拨开关的状态由对应的 LED 显示，主频为 11.059 2MHz，要求波特率为 2 400。

指拨开关的状态和 LED 的对应关系如下：

K1——从机 1 LED；

K2——从机 2 LED；

K3——主机 P0.0 ~ P0.3 的 LED；

K4——主机 P0.4 ~ P0.7 的 LED。

项目11

显示屏的设计与调试

知识目标

(1) 掌握基于单片机LED点阵显示的设计方法。
(2) 掌握基于单片机LCD显示屏的设计方法。
(3) 熟悉LED点阵的工作原理。
(4) 熟悉LCD显示的控制原理。
(5) 掌握伪指令的使用及功能。

能力目标

能力目标	相关知识	权重	自测分数
掌握利用8×8 LED点阵显示数字、字母、简单图形	8×8 LED点阵的结构、工作原理、扫描驱动及显示方式	15%	
掌握利用16×16 LED点阵显示汉字	点阵的组合、汉字显示的扫描方式、字模编码的编写	15%	
掌握利用LCD显示字符和字符串	LCD的显示控制原理、接口电路、控制指令及时序、初始化步骤	30%	
熟悉LED点阵	认识LED点阵、LED点阵结构、LED点阵扫描驱动电路、LED点阵显示方式	10%	
熟悉LCD显示	认识LCD、字符型LCD1602、液晶接口电路、液晶控制指令及时序、LCD1602的初始化	10%	
掌握汇编伪指令	ORG伪指令、END伪指令、EQU伪指令、DB伪指令、DW伪指令、DS伪指令、BIT伪指令、SET伪指令、DATA（BYTE）伪指令、WORD伪指令、ALTNAME伪指令、INCLUDE伪指令	20%	

11.1 项目任务

11.1.1 8×8点阵显示数字和图形

1. 功能说明Ⅰ

用单片机控制8×8 LED点阵，实现静态/动态显示数字0~9。

2. 电路原理图

按图11.1所示8×8 LED点阵显示数字电路原理图连接电路。

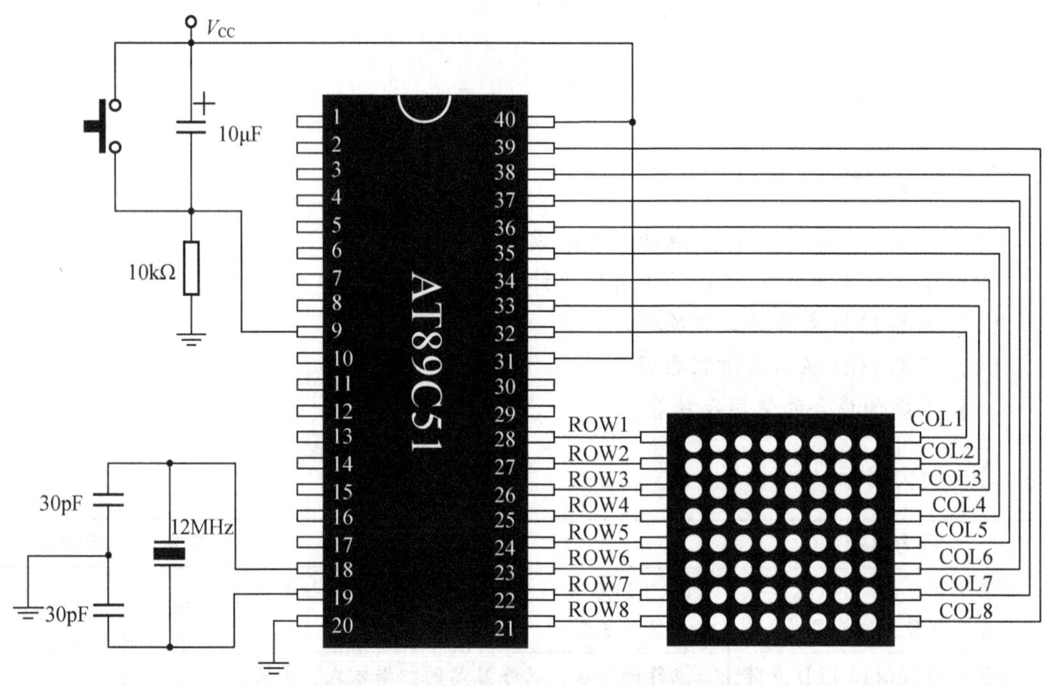

图11.1 8×8 LED点阵显示数字电路原理图

3. 元器件清单

点阵显示数字电路的元器件清单见表11-1。

表11-1 点阵显示数字电路的元器件清单

序号	元器件名称	Proteus中的名称	规格	数量	备注
1	单片机	AT89C51	12MHz	1个	基本电路部分
2	石英振荡晶体	CRYSTAL	12MHz	1个	
3	电解电容	CAP-ELEC	10μF/25V	1个	
4	陶瓷电容	CAP	30pF	2个	
5	电阻	RES	10kΩ	1个	
6	按钮开关	BUTTON	TACK SW	1个	
7	8×8LED点阵	MATRIX-8×8-GREEN	列共阴型	1个	顺时针90°

4. 设计思路

在 Proteus 软件中先对 8 ×8LED 点阵进行测试，判断并区分行和列引脚。MATRIX-8 × 8-GREEN、MATRIX-8 ×8-BLUE、MATRIX-8 ×8-ORANGE 顺时针旋转 90°，MATRIX-8 × 8-RED 逆时针旋转 90°，左边引脚表示行信号，右边引脚表示列信号。如图 11.1 所示，ROW1 ~ ROW8 表示第 1 ~8 行，COL1 ~ COL8 表示最右列至最左列。

首先来看数字 0 在点阵中是如何显示的，可以按图 11.2 所示进行设计。

01111111	P2.7	0	0	0	0	0	0	0	0
10111111	P2.6	0	0	0	0	0	0	0	0
11011111	P2.5	0	1	1	0	0	0	0	0
11101111	P2.4	1	0	0	1	0	0	0	0
11110111	P2.3	1	0	0	1	0	0	0	0
11111011	P2.2	1	0	0	1	0	0	0	0
11111101	P2.1	0	1	1	0	0	0	0	0
11111110	P2.0	0	0	0	0	0	0	0	0
		P0.0	P0.1	P0.2	P0.3	P0.4	P0.5	P0.6	P0.7

图 11.2　8 ×8LED 点阵显示数字 0

程序如下。

```
        ORG     0               ;程序开始
A0:     MOV     P0, #11111110B  ;选中最左边一列
        MOV     P2, #00011100B  ;点亮为 1,熄灭为 0
        CALL    DELAY           ;调用延时
        MOV     P0, #11111101B  ;依次选中下一列
        MOV     P2, #00100010B
        CALL    DELAY
        MOV     P0, #11111011B  ;依次选中下一列
        MOV     P2, #00100010B
        CALL    DELAY
        MOV     P0, #11100111B  ;依次选中下一列
        MOV     P2, #00011100B
        CALL    DELAY
        JMP     A0              ;跳至 A0 处
DELAY:  …                       ;延时 4ms
        END                     ;程序结束
```

特别提示

LED 点阵的显示方式是按显示数据编码的顺序，一列一列地显示。每列的显示时间约 4ms（即 DELAY 为 4ms），由于人类视觉瞬时现象，将感觉到 8 列 LED 同时显示的样子。

若显示时间太短，则亮度不够；若显示时间太长，将会感觉到闪烁。

小练习

参考图 11.3 编写 LED 点阵显示数字 1 的程序，并仿真一下吧！

		P0.0	P0.1	P0.2	P0.3	P0.4	P0.5	P0.6	P0.7
01111111	P2.7	0	0	0	0	0	0	0	0
10111111	P2.6	0	0	0	0	0	0	0	0
11011111	P2.5	0	0	1	0	0	0	0	0
11101111	P2.4	1	1	1	1	0	0	0	0
11110111	P2.3	0	0	1	1	0	0	0	0
11111011	P2.2	0	0	1	1	0	0	0	0
11111101	P2.1	0	1	1	0	0	0	0	0
11111110	P2.0	0	0	0	0	0	0	0	0

图 11.3　8×8LED 点阵显示数字 1

当然，要顺序显示 0 和 1 就不是那么简单了，可以考虑采用计次循环的方法，如图 11.4所示。

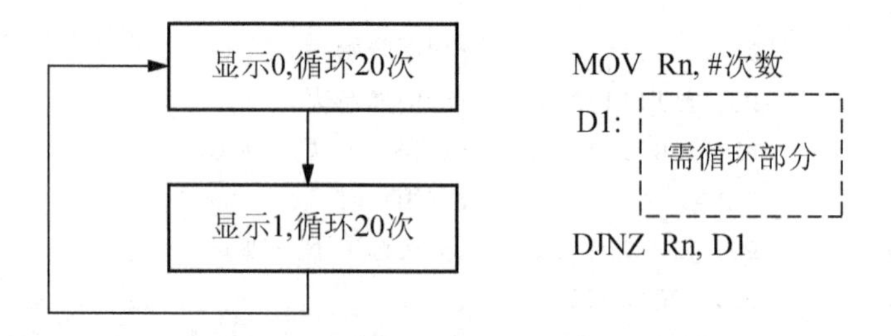

图 11.4　计次循环

其中，“需循环部分”就是指显示 0 和 1 的程序。

按照该思路进行编程，即可显示数字 0 ~ 9，只不过需要一个一个写数而已。请大家试试看！参考图 11.5 列出数字 0 ~ 9 显示编码。

数字 0 ~ 9 的编码如下：

```
1CH,22H,22H,1CH  ;"0"
10H,10H,3EH,00H  ;"1"
12H,26H,2AH,32H  ;"2"
22H,2AH,2AH,3CH  ;"3"
0CH,1CH,24H,3EH  ;"4"
1AH,2AH,2AH,2CH  ;"5"
1CH,3AH,32H,2CH  ;"6"
20H,26H,38H,20H  ;"7"
```

```
36H,2AH,2AH,36H ;"8"
1AH,26H,2EH,1CH ;"9"
```

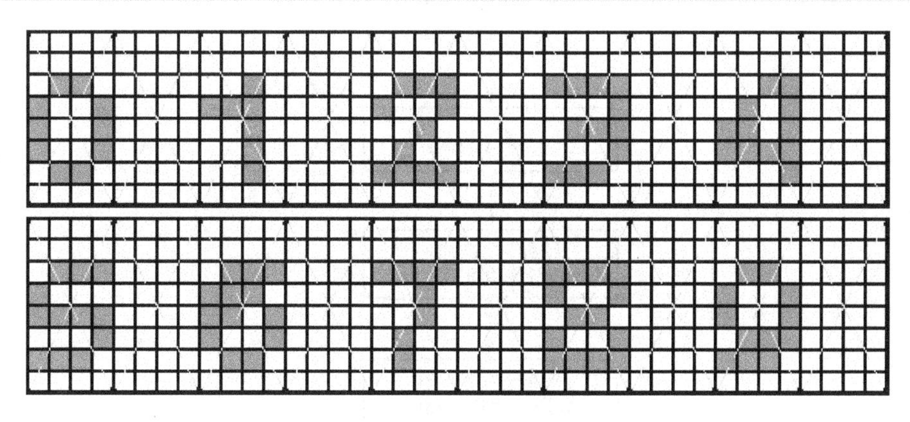

图 11.5　0 ~ 9 显示编码

将上述编码写入前面的程序中，即可完成数字 0 ~ 9 的静态显示。当然，数字在点阵中不同的写法会对应不同的编码，因此可以根据自己的需要设计数字的书写方式，然后写出相应编码。但是对于显示多个数字，可以采用查表法来编程。静态显示数字 0 ~ 9 的流程图如图 11.6 所示，具体程序参考本项目结束。

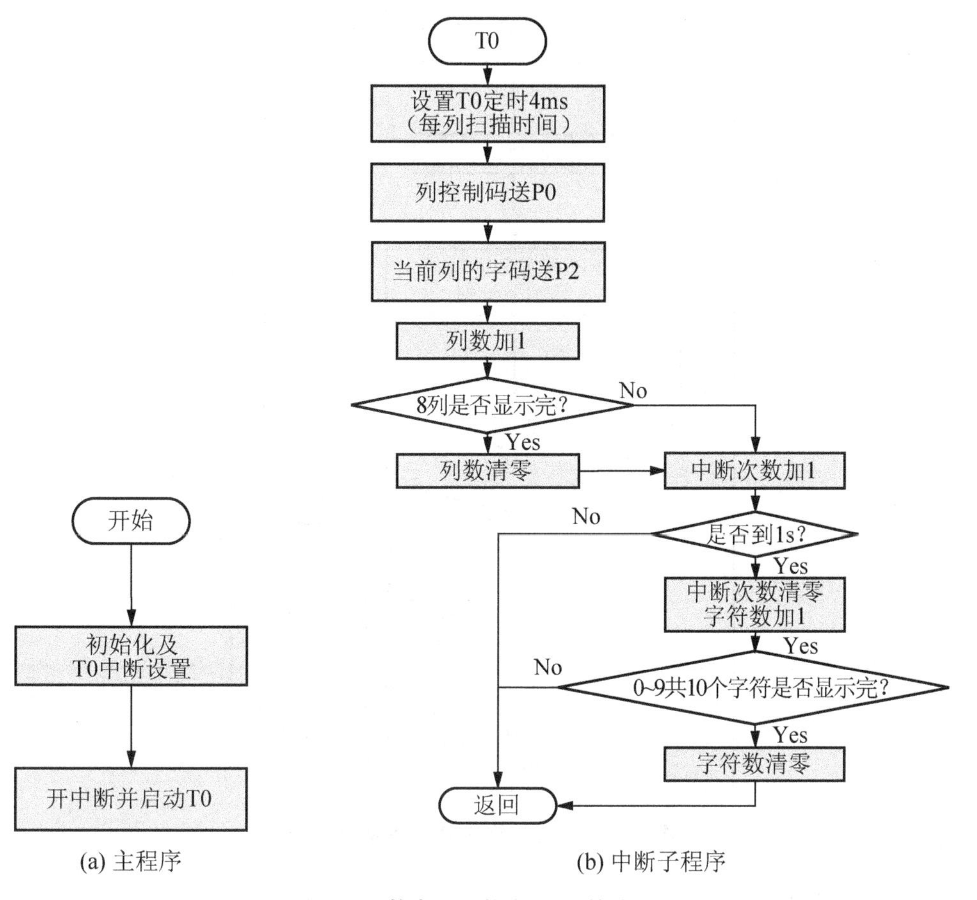

图 11.6　静态显示数字 0 ~ 9 的流程图

动态显示数字 0 ~ 9 的流程图如图 11.7 所示，具体程序参考本项目结束。

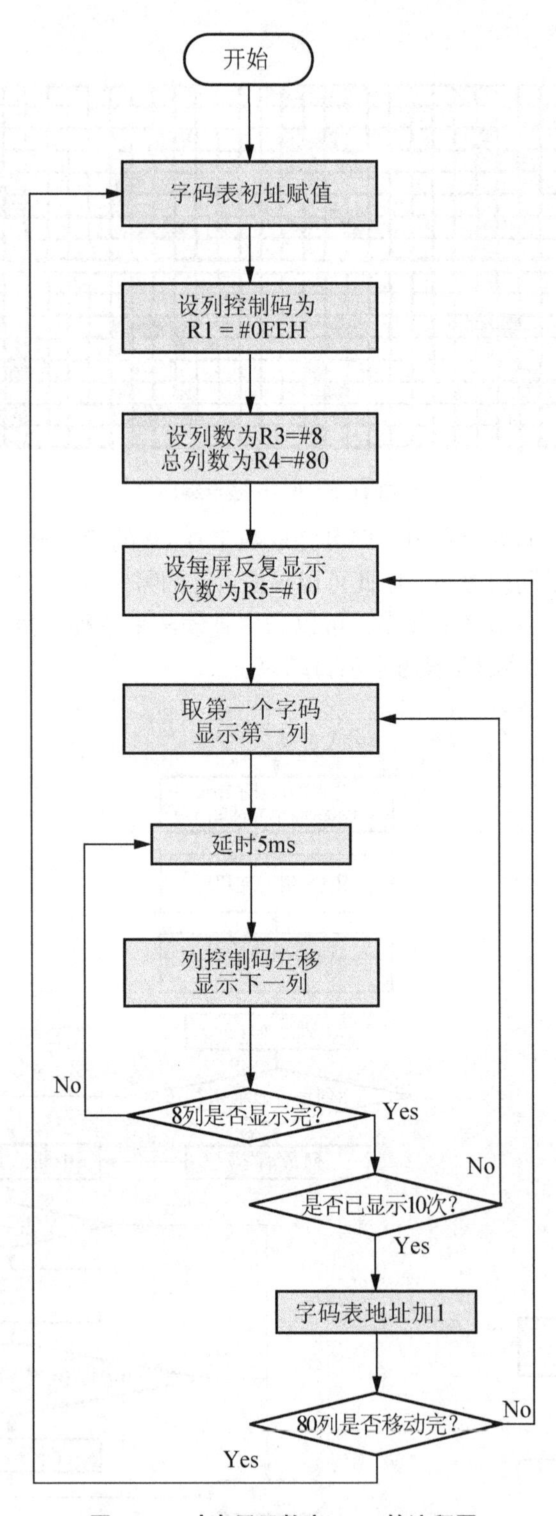

图 11.7　动态显示数字 0 ~ 9 的流程图

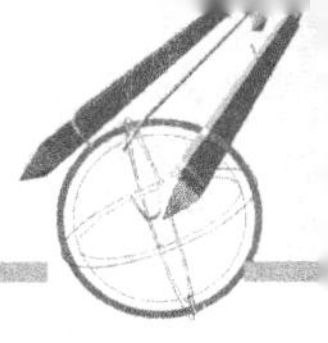

5. 功能说明Ⅱ

开关控制显示一些简单的图形，如菱形、方形、心形等。

6. 电路原理图

按图 11.8 所示 8×8LED 点阵显示图形电路原理图连接电路。

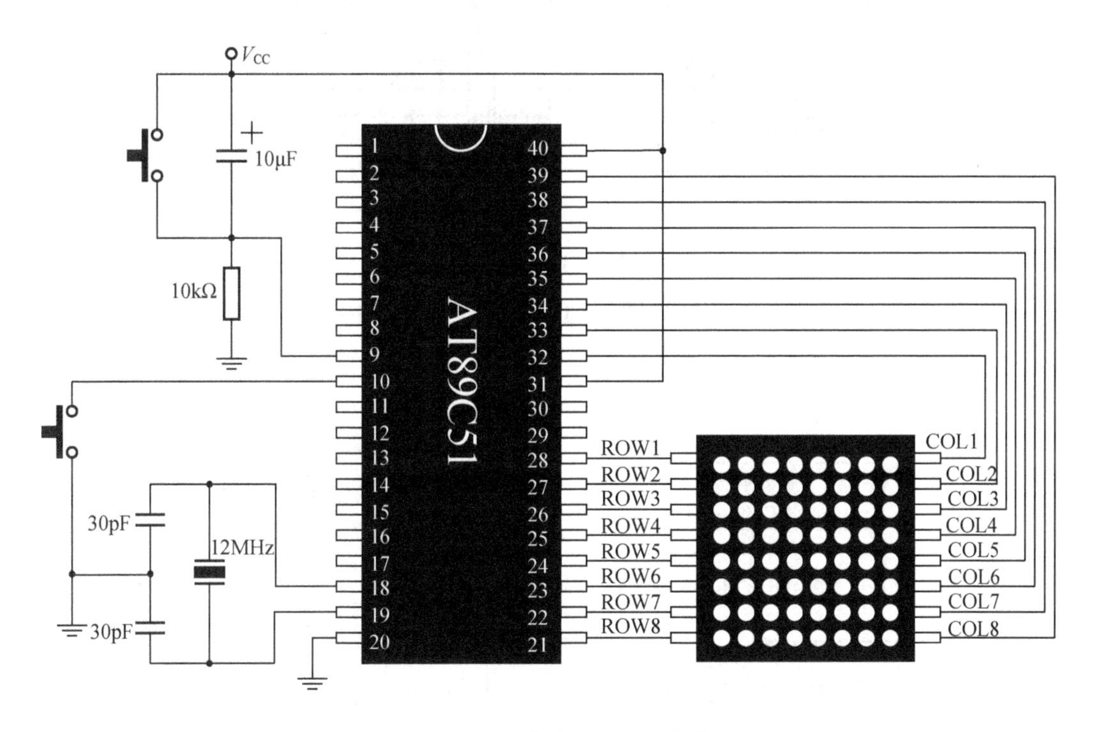

图 11.8　8×8LED 点阵显示图形电路原理图

7. 元器件清单

点阵显示图形电路的元器件清单见表 11-2。

表 11-2　点阵显示图形电路的元器件清单

序号	元器件名称	Proteus 中的名称	规格	数量	备注
1	单片机	AT89C51	12MHz	1个	基本电路部分
2	石英振荡晶体	CRYSTAL	12MHz	1个	
3	电解电容	CAP-ELEC	10μF/25V	1个	
4	陶瓷电容	CAP	30pF	2个	
5	电阻	RES	10kΩ	1个	
6	按钮开关	BUTTON	TACK SW	1个	
7	8×8LED 点阵	MATRIX-8×8-GREEN	列共阴型	1个	顺时针 90°
8	按钮开关	BUTTON	TACK SW	1个	

8. 设计思路

参考任务一和图 11.9，非常容易写出菱形、方形及心形的编码，试试看！

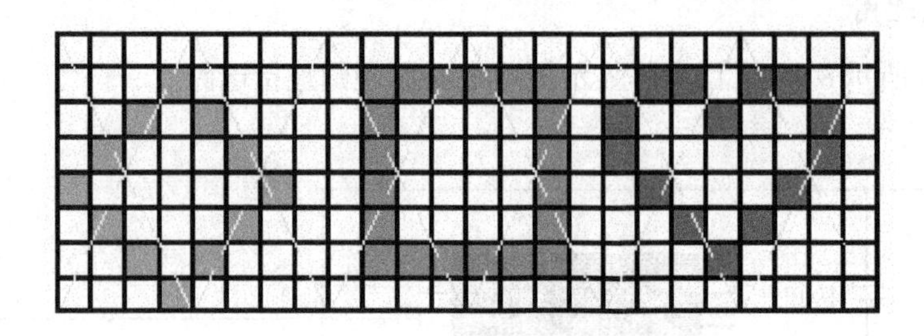

图 11.9 简单图形编码

按钮开关控制显示图形流程图如图 11.10 所示，具体程序参考本项目结束。

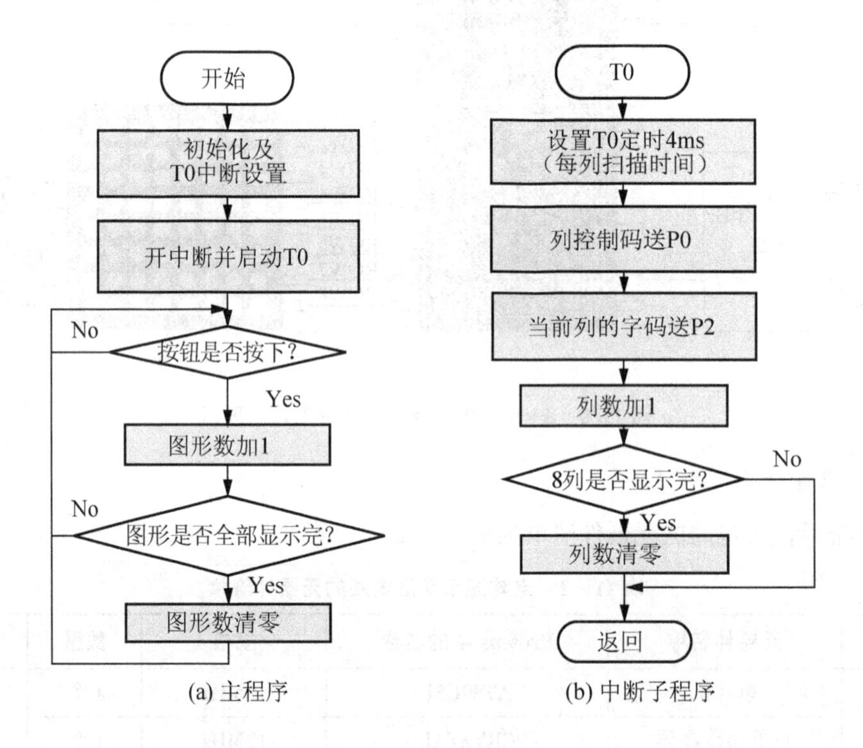

(a) 主程序 (b) 中断子程序

图 11.10 按钮开关控制显示图形流程图

11.1.2 16×16 点阵显示汉字

1. 功能说明

用 16×16LED 点阵流动显示文字“单片机仿真”。

2. 电路原理图

按图 11.11 所示 16×16 LED 点阵显示文字电路原理图连接电路。

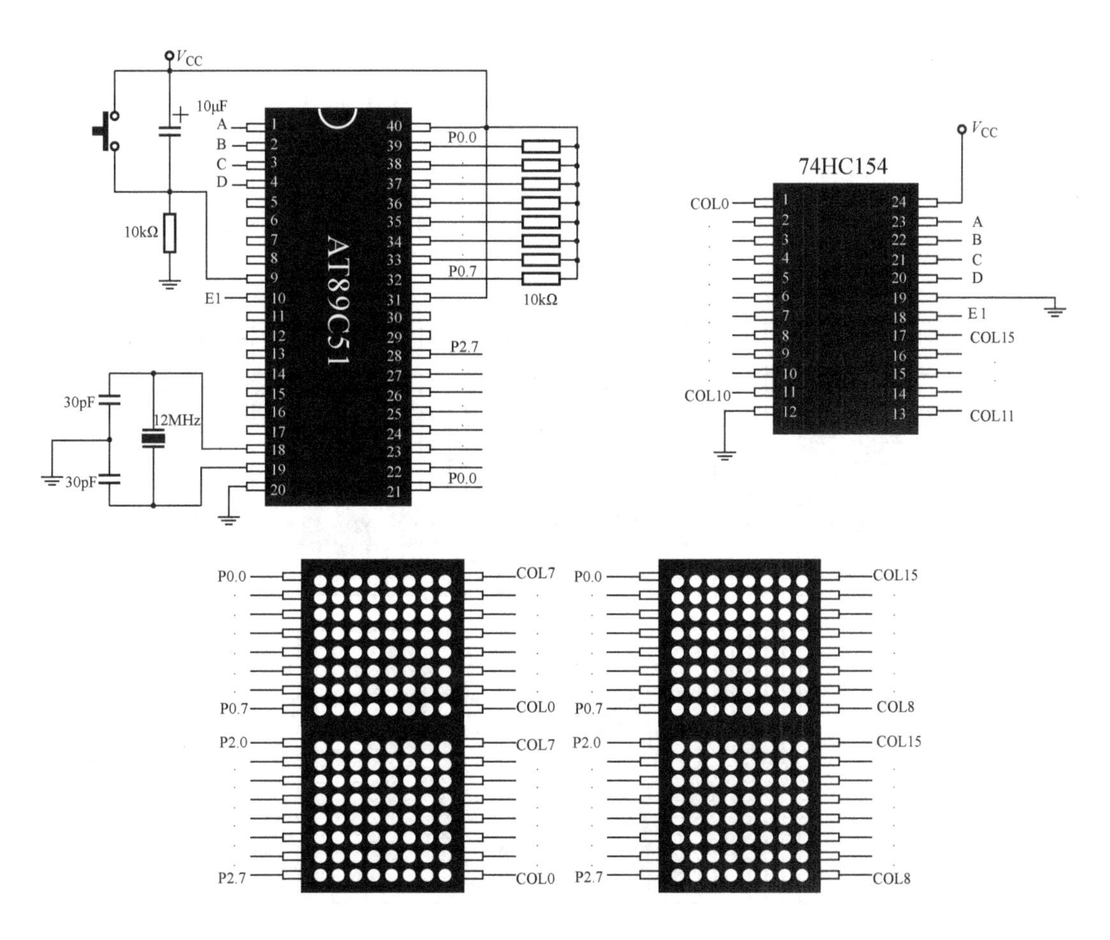

图 11.11　16×16LED 点阵显示文字电路原理图

3. 元器件清单

点阵显示文字电路的元器件清单见表 11－3。

表 11－3　点阵显示文字电路的元器件清单

序号	元器件名称	Proteus 中的名称	规格	数量	备注
1	单片机	AT89C51	12MHz	1 个	基本电路部分
2	石英振荡晶体	CRYSTAL	12MHz	1 个	
3	电解电容	CAP-ELEC	10μF/25V	1 个	
4	陶瓷电容	CAP	30pF	2 个	
5	电阻	RES	10kΩ	1 个	
6	按钮开关	BUTTON	TACK SW	1 个	
7	8×8LED 点阵	MATRIX-8×8-GREEN	列共阴型	4 个	顺时针 90°
8	4－16 译码器	74HC154		1 个	

4. 设计思路

利用 LED 点阵显示器可以方便地实现中文字符的显示，国际上通常采用 16×16 点阵来表示。在 Proteus 中没有 16×16LED 模块，所以要显示 16×16 点阵文字，就必须采用 4 块 8×8 单色 LED 来组成，这样才能完整地显示一个文字。

图 11.12 为“单片机仿真”5 个字的点阵字形图。当然，字形并不是唯一的，可以根据需要自行设定。

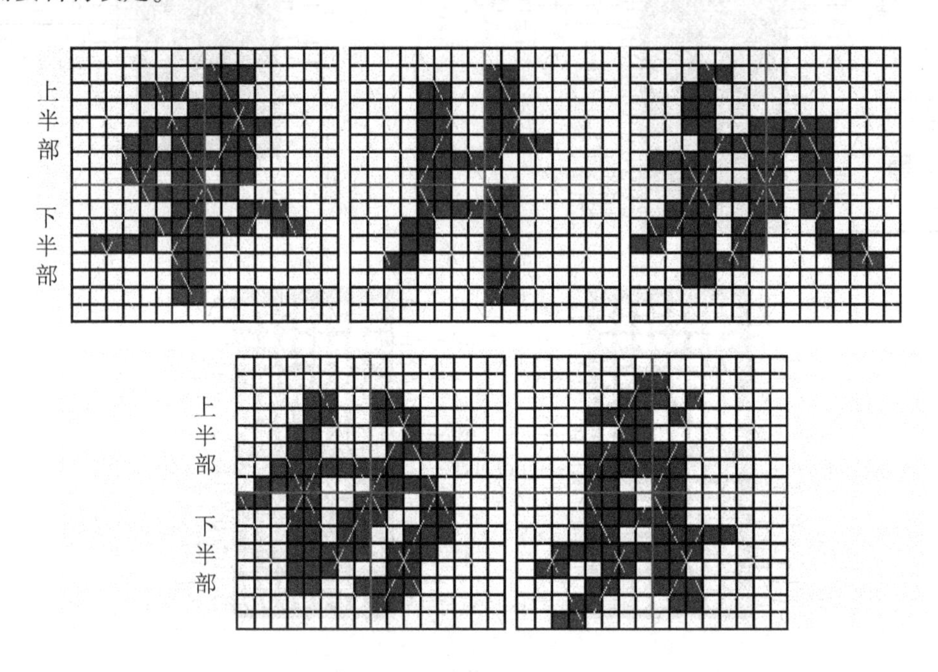

图 11.12　文字点阵字形图

特别提示

为了使用 8 位 MCS－51 系列单片机控制文字的显示，通常把一个文字分成上半部和下半部。单片机从上半部左侧开始，扫描完上半部的第 1 列后，继续扫描下半部的第 1 列；然后又从上半部的第 2 列开始扫描，扫描完上半部的第 2 列后，继续扫描下半部的第 2 列。依此类推，直到扫描下半部右侧最后一列为止。

例如，“单”字的字模编码如下：

```
000H,000H,000H,008H,000H,008H,0E0H,008H,
0F4H,00DH,054H,005H,0F4H,07FH,0F8H,07FH,
05EH,005H,0FEH,005H,0FAH,006H,010H,002H,
000H,006H,000H,004H,000H,000H,000H,000H;
```

动态显示文字流程图如图 11.13 所示，具体程序参考本项目结束。

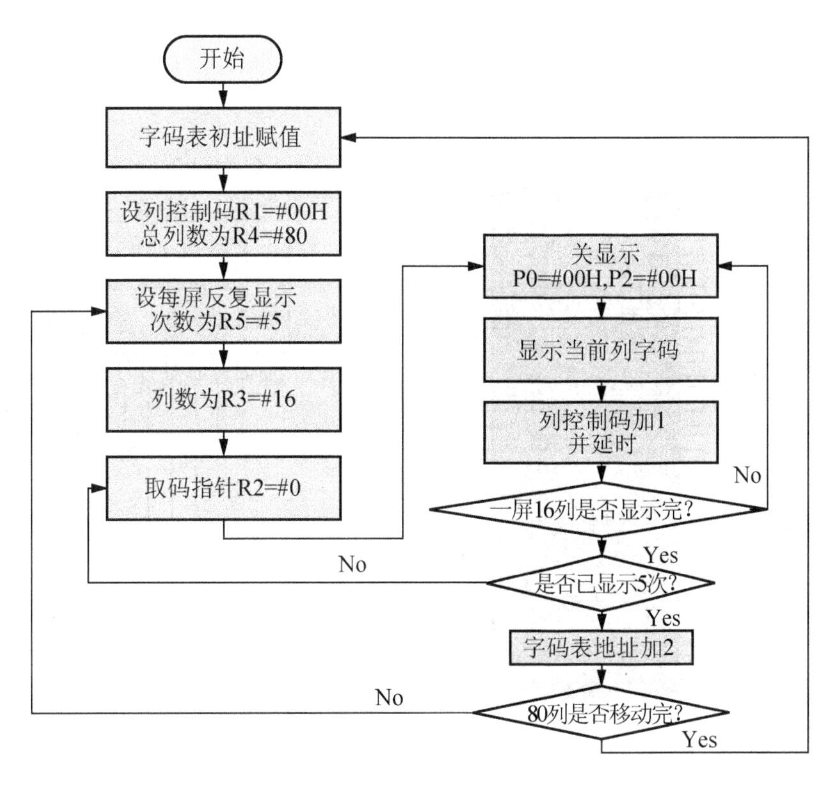

图 11.13 动态显示文字流程图

11.1.3 LCD1602 显示数字符号

1. 功能说明

用单片机控制液晶显示器 LCD1602 显示数字符号“3 + 5 = ?”。

2. 电路原理图

按图 11.14 所示液晶显示电路原理图连接电路。

3. 元器件清单

液晶显示电路的元器件清单见表 11 - 4。

表 11 - 4 液晶显示电路的元器件清单

序号	元器件名称	Proteus 中名称	规格	数量	备注
1	单片机	AT89C51	12MHz	1 个	基本电路部分
2	石英振荡晶体	CRYSTAL	12MHz	1 个	
3	电解电容	CAP-ELEC	10μF/25V	1 个	
4	陶瓷电容	CAP	30pF	2 个	
5	电阻	RES	10kΩ	1 个	
6	按钮开关	BUTTON	TACK SW	1 个	
7	液晶显示器	LM016L	16 × 2	1 个	

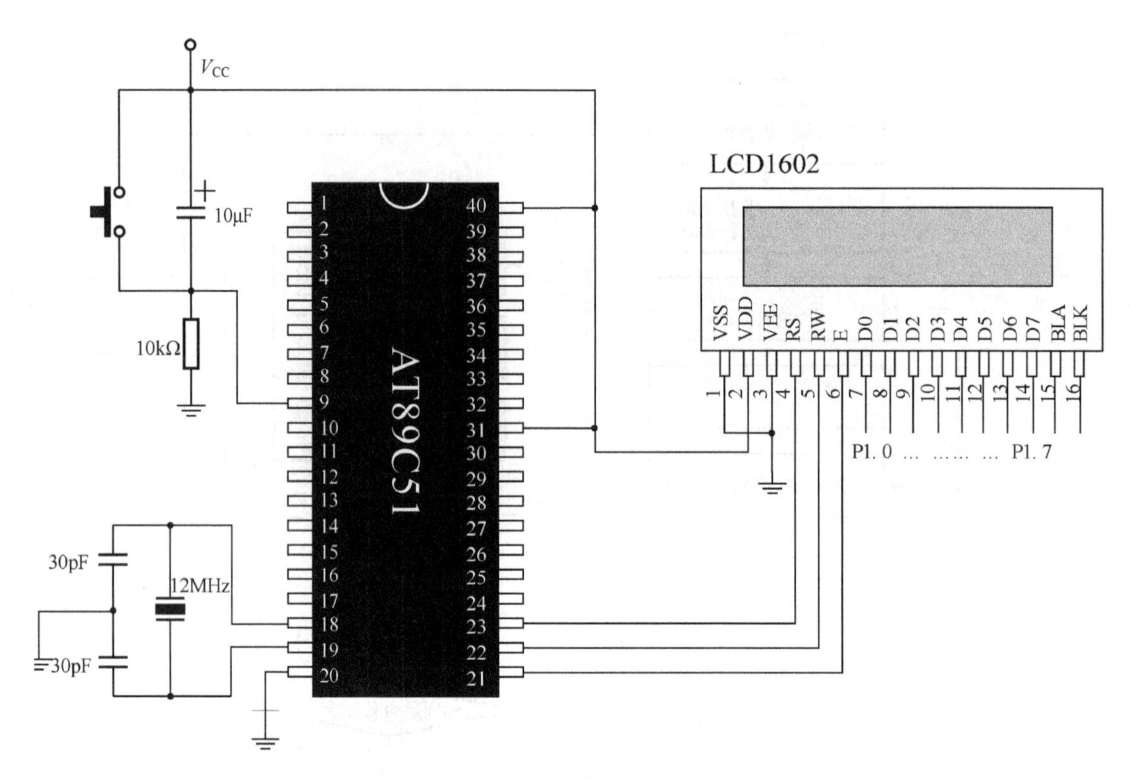

图 11.14　液晶显示电路原理图

4. 设计思路

LCD1602 液晶显示器可以显示两行，每行可以显示 16 个字符。第一行地址为 00H ~ 0FH，第二行地址为 40H ~ 4FH。每一个地址对应液晶屏的一个字符框，只要把一个字符送入一个地址，该地址对应的方框就会显示这个字符。

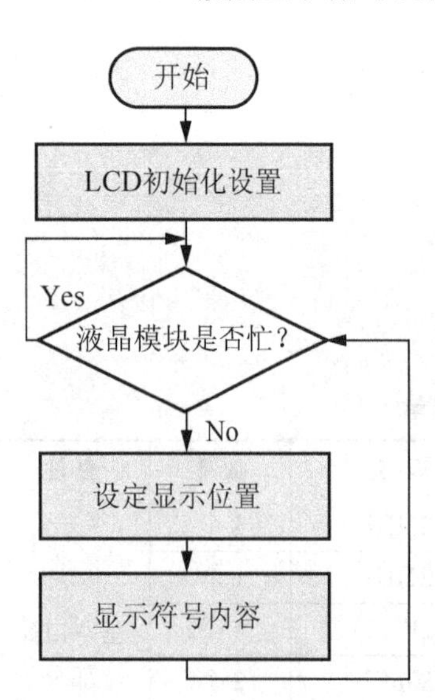

图 11.15　LCD1602 显示控制流程图

例如，第二行第一个字符的地址是 40H，那么是否直接写入 40H 就可以将光标定位在第二行第一个字符的位置呢？这样不行，因为写入显示地址时要求最高位 D7 恒定为高电平 1，所以实际写入的数据应该是

01000000B(40H) + 10000000B(80H) = 11000000B(C0H)。

本任务中要求在 LCD1602 的第一行第 6、第 8、第 10 个位置显示数字符号“3 + 5”，第二行第 6、第 8 个位置显示符号“ = ?”。首先，要找到对应位置的地址数据，即 85H、87H、89H、C5H、C7H。然后，在 LCD1602 的字符代码对应关系表中查找待显示符号的代码即可。

LCD1602 显示控制流程图如图 11.15 所示，具体程序参考本项目结束。

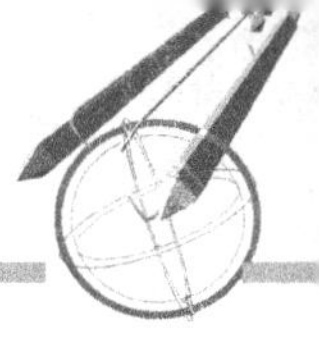

11.1.4　LCD1602 显示字符串

1. 功能说明Ⅰ

用单片机控制液晶显示器 LCD1602 静态显示字符串，第一行显示“JINKEN COLLEGE”，第二行显示“www. jku. edu. cn”。

(1) 电路原理图。

按图 11.14 所示电路原理图连接电路。

(2) 元器件清单。

液晶显示电路的元器件清单见表 11－4。

(3) 设计思路。

对 LCD1602 进行初始化，设置显示模式：8 位 2 行 5×7 点阵；显示开、光标开、光标不闪烁；文字不动，光标自动右移；清屏并光标复位等。设定第一行的起始地址为 80H，显示第一行的字符串内容“JINKEN COLLEGE”；设定第二行的起始地址为 C0H，显示第二行的字符串内容“www. jku. edu. cn”。

LCD1602 静态显示字符串流程图如图 11.16 所示，具体程序参考本项目结束。

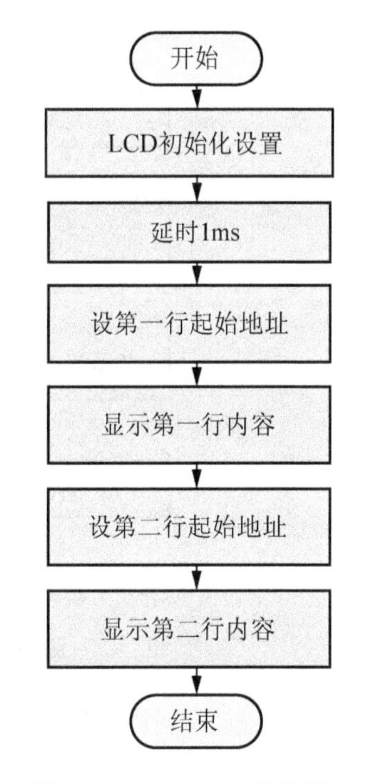

图 11.16　LCD1602 静态显示字符串流程图

2. 功能说明Ⅱ

用单片机控制液晶显示器 LCD1602 动态显示字符串，第一行显示“JINKEN COLLEGE”，延时 2s 之后第二行显示“www. jku. edu. cn”，然后，第一行显示“Jiangsu, Nanjing”，接着第二行显示“W E L C O M E !”，依次循环。

(1) 电路原理图。

按图 11.14 所示电路原理图连接电路。

(2) 元器件清单。

其所需元器件清单见表 11－4。

(3) 设计思路。

对 LCD1602 进行初始化，设置显示模式：8 位 2 行 5×7 点阵；关闭显示；清屏；显示开、光标开、光标闪烁；文字不动，光标自动右移等。设定第一行的起始地址为 80H，显示第一行的字符串内容“JINKEN COLLEGE”；延时 2s，设定第二行的起始地址为 C0H，显示第二行的字符串内容“www. jku. edu. cn”；延时 2s，设定第一行的起始地址为 80H，显示第一行的字符串内容“Jiangsu, Nanjing”；设定第二行的起始地址为 C0H，显示第二行的字符串内容“W E L C O M E !”；延时 2s，跳回形成循环。

LCD1602 动态显示字符串流程图如图 11.17 所示，具体程序参考本项目结束。

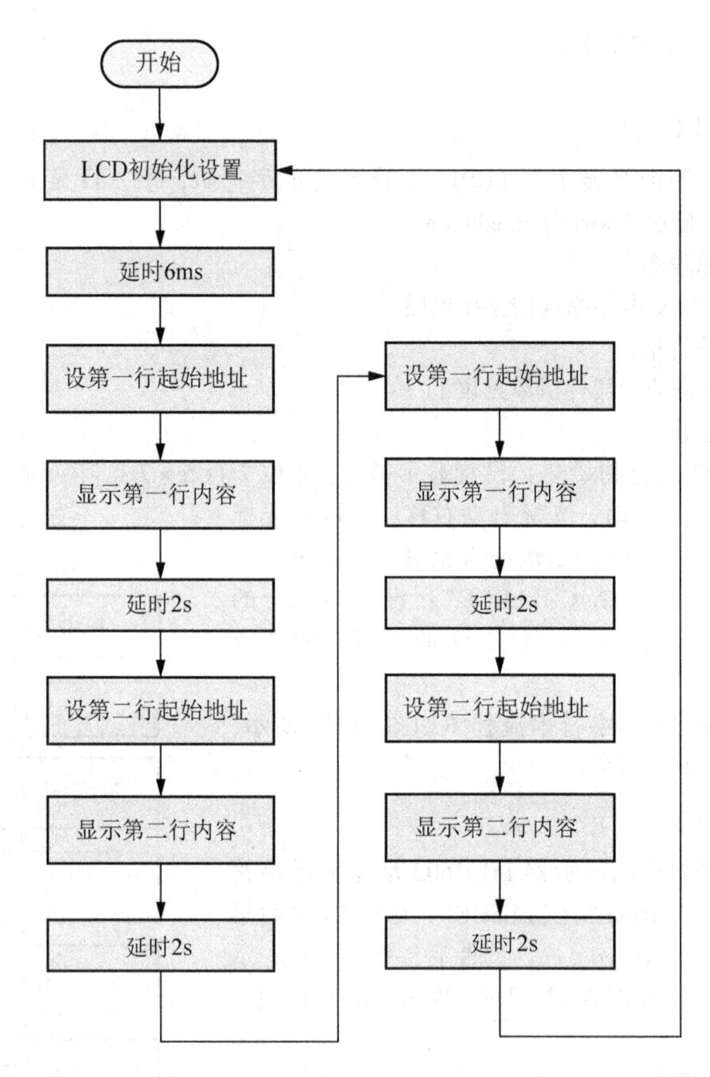

图 11.17　LCD1602 动态显示字符串流程图

11.2　相关知识

11.2.1　LED 点阵介绍

1. 认识 LED 点阵

20 世纪 80 年代以来出现了组合型 LED 点阵显示器，以发光二极管为像素。它用高亮度发光二极管芯阵列组合后，由环氧树脂和塑模封装而成。LED 点阵具有高亮度、功耗低、引脚少、视角大、寿命长、耐湿、耐冷热、耐腐蚀等特点。LED 点阵外观及引脚图如图 11.18 所示。

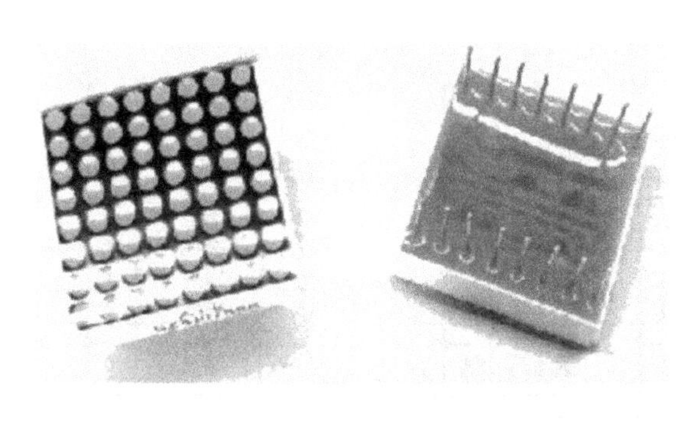

图 11.18　LED 点阵外观及引脚图

2. LED 点阵结构

LED 点阵有单色和双色两类，可显示红、黄、绿、橙等颜色。常用的 LED 点阵有 5×7、5×8 和 8×8 等多种，即 5 列 7 行、5 列 8 行和 8 列 8 行等。

从列的角度来看，可以将 LED 点阵分为共阴型和共阳型。共阴型 LED 点阵是指连接到列引脚的是 LED 的阴极，而共阳型 LED 点阵是指连接到列引脚的是 LED 的阳极。

通常把送到列引脚的信号称为扫描信号，把送到行引脚的信号称为显示信号。对于共阴型 LED 点阵而言，其列引脚必须采用低电平扫描信号，而行引脚必须为高电平显示信号，才能点亮。同样，对于共阳型 LED 点阵而言，其列引脚必须采用高电平扫描信号，而行引脚必须为低电平显示信号，才能点亮。

5×7 LED 点阵、5×8 LED 点阵和 8×8 LED 点阵的外观及单双色结构如图 11.19 ~ 图 11.25所示。

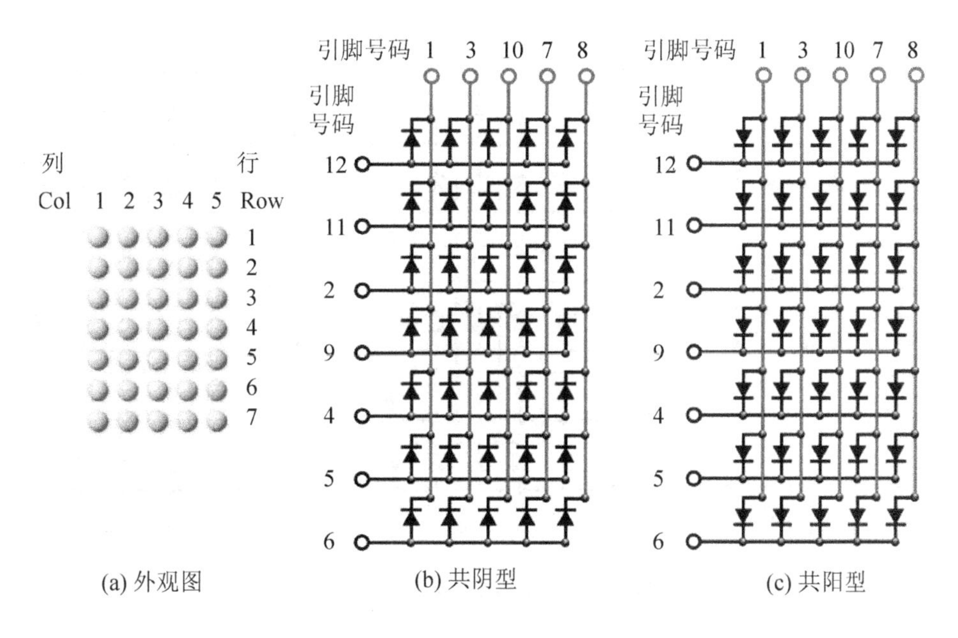

图 11.19　5×7LED 点阵（单色）

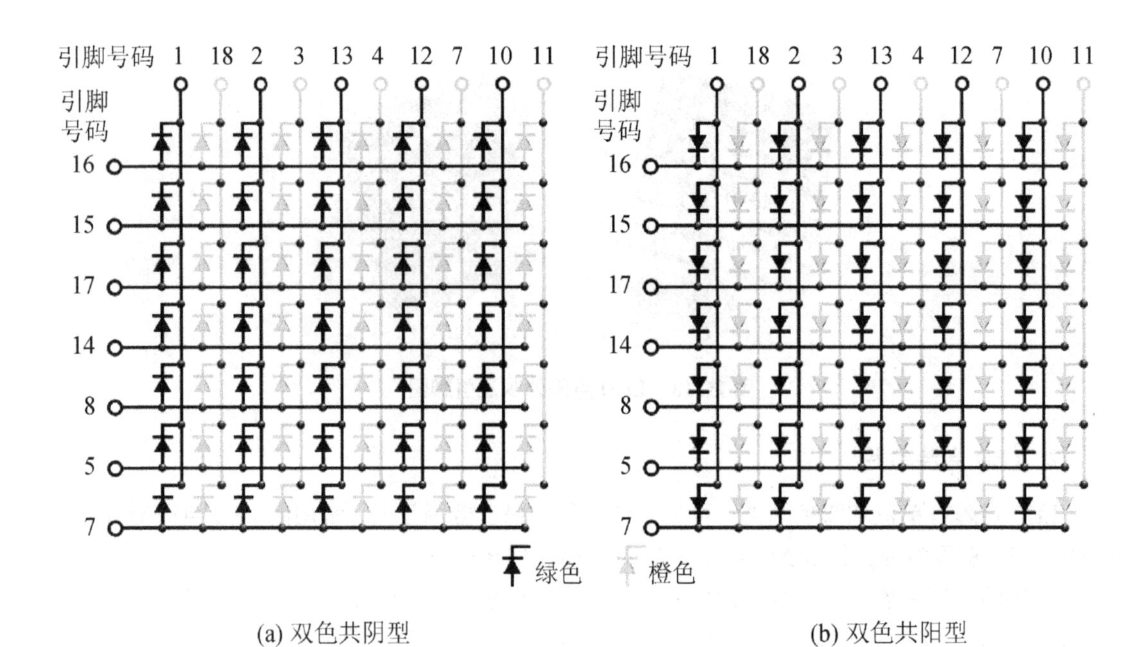

图 11.20　5×7LED 点阵（双色）

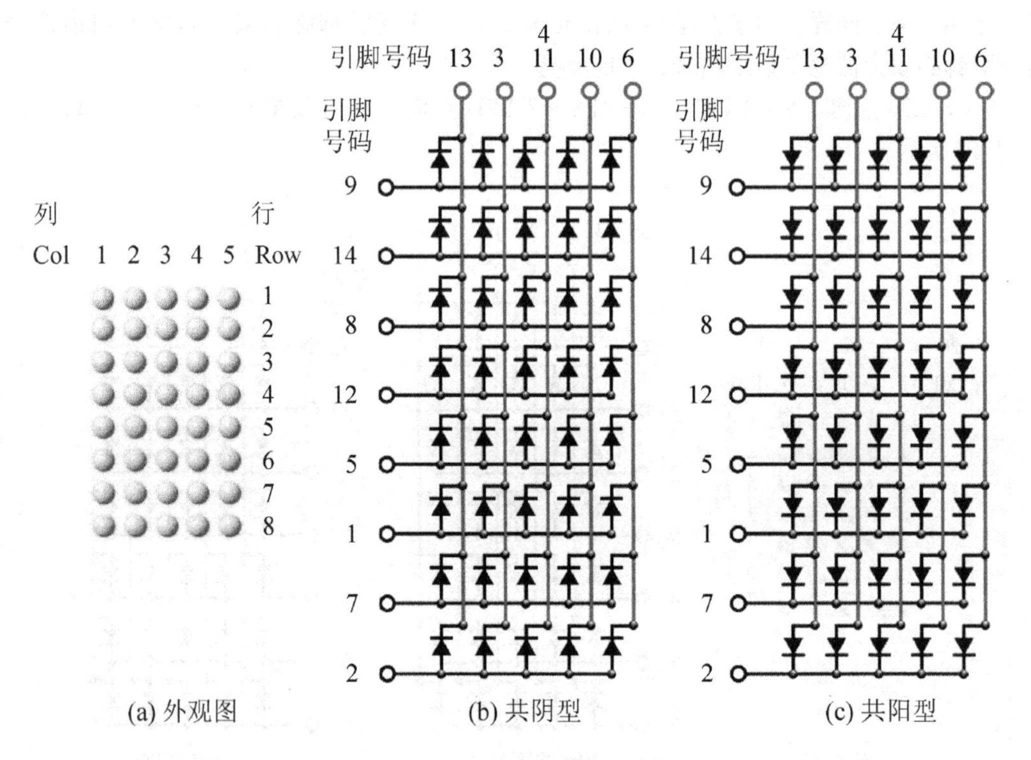

图 11.21　5×8LED 点阵（单色）

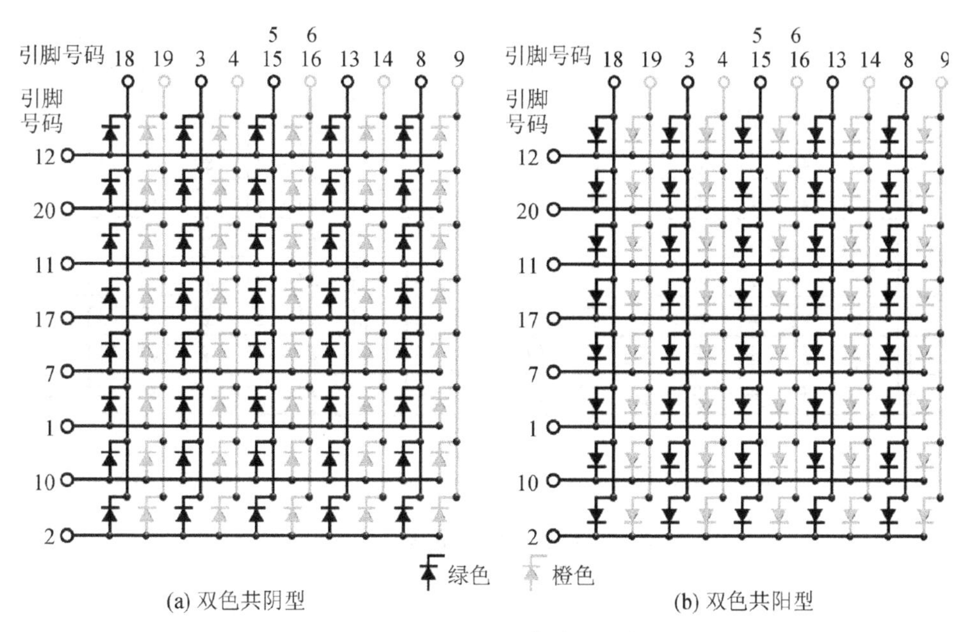

(a) 双色共阴型　　(b) 双色共阳型

图 11.22　5×8LED 点阵（双色）

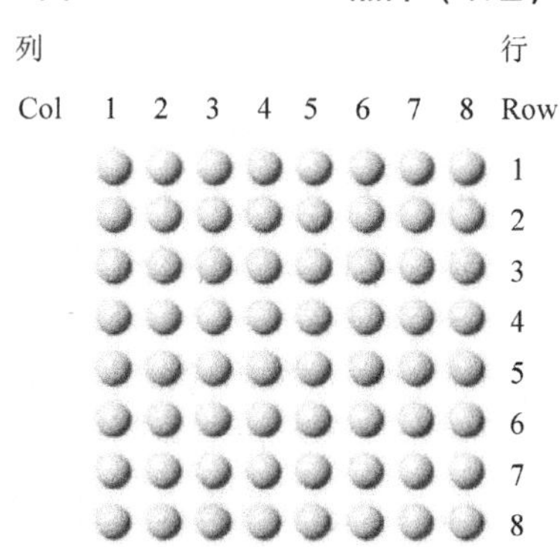

图 11.23　8×8LED 点阵外观图

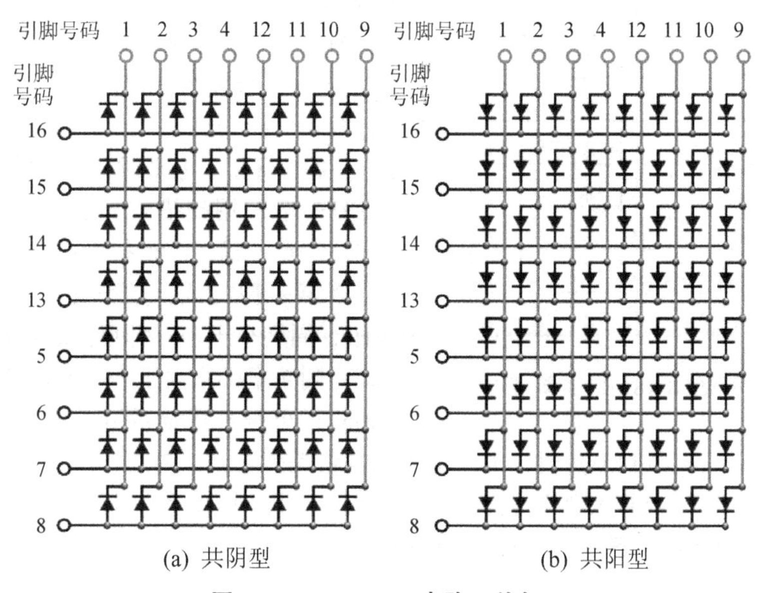

(a) 共阴型　　(b) 共阳型

图 11.24　8×8LED 点阵（单色）

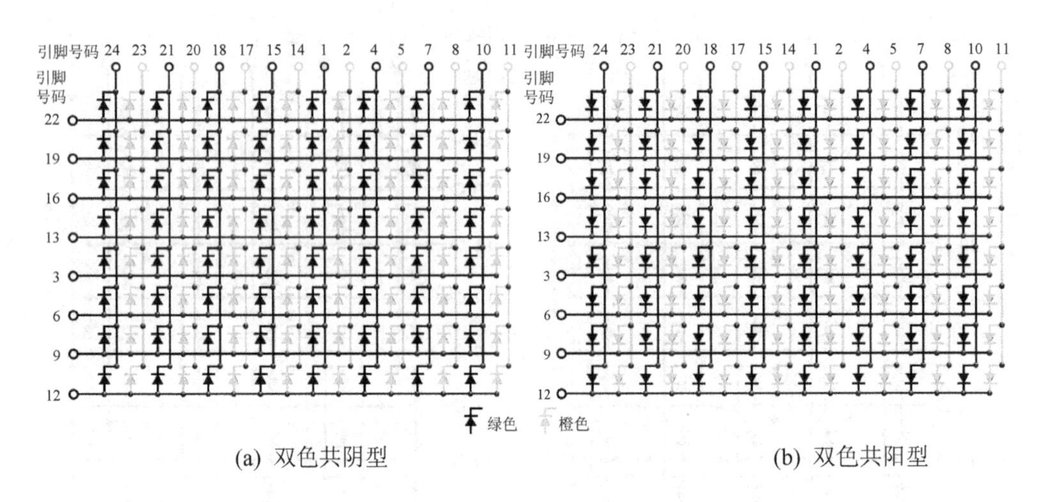

(a) 双色共阴型　　(b) 双色共阳型

图 11.25　8×8LED 点阵（双色）

11.2.2　LED 点阵工作原理

1. LED 点阵扫描驱动电路

LED 点阵显示接口可采用静态驱动和动态扫描驱动等驱动方式。但点阵式 LED 显示器通常用在大面积汉字或图形显示的场合，因为点阵数很多，所以连接线也很多，如果采用静态驱动的方式，连线将会很复杂，硬件的成本将增加。因此，通常采用的是动态扫描的驱动方式。

大屏幕显示系统一般是将由多个 LED 点阵组成的小模块以搭积木的方式组合而成的，每一个小模块都有自己独立的控制系统，组合在一起后只要引入一个总控制器控制各模块的命令和数据即可，这种方法不仅简单而且具有易展、易维修的特点。

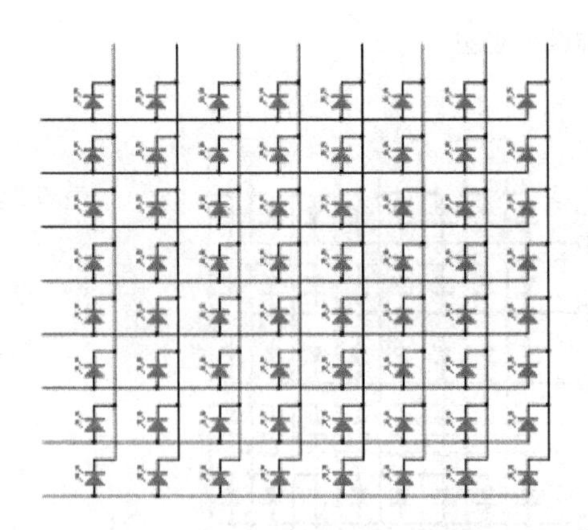

图 11.26　共阴型 8×8LED 点阵模块

以 8×8LED 点阵为例，图 11.26 所示为共阴型 8×8LED 点阵模块。

从图 11.26 中可以看出，8×8LED 点阵共需要 64 个发光二极管组成，且每个发光二极管是放置在行线和列线的交叉点上，当对应的某一列置 0 电平、某一行置 1 电平时，相应的二极管就亮。

LED 一般采用扫描式显示，实际运用分为 3 种方式：①点扫描；②行扫描；③列扫描。

使用第一种方式，频率必须大于 16×64 = 1 024Hz，周期小于 1ms 即可。若使用第二和第三种方式，则频率必须大于 16×8 = 128Hz，周期小于 7.8ms 即可符合视觉暂留要求。此外，当一次驱动一列或一行（8 颗 LED）时，需外加驱动电路提高电流，否则 LED 亮度会不足。

一般来说，LED 点阵的驱动电路包括两组信号，即扫描信号和显示信号。下面针对共阴型和共阳型 LED 点阵各介绍两种驱动电路。

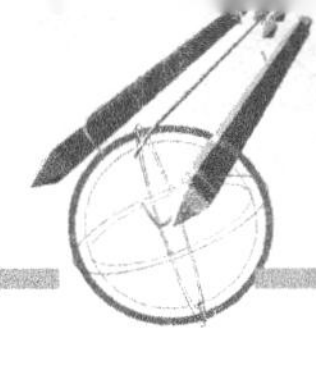

图 11.27 所示为共阴型高态扫描高态显示信号驱动电路。

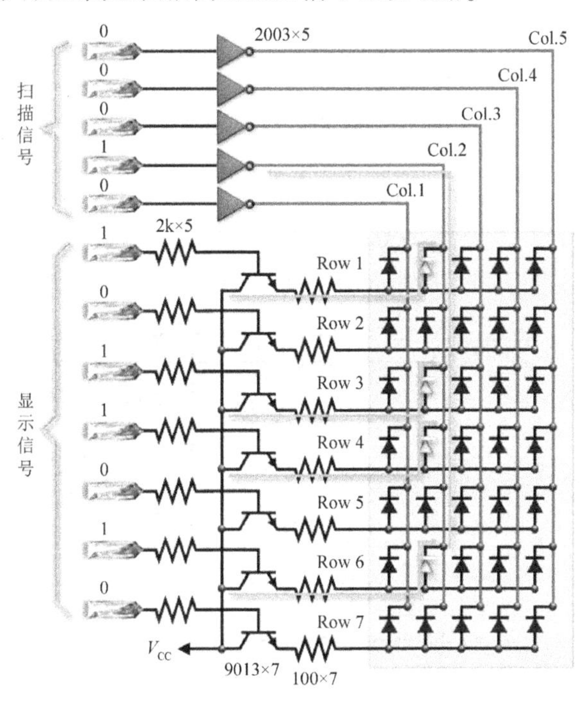

图 11.27　共阴型高态扫描高态显示信号驱动电路

图 11.28 所示为共阴型低态扫描高态显示信号驱动电路。

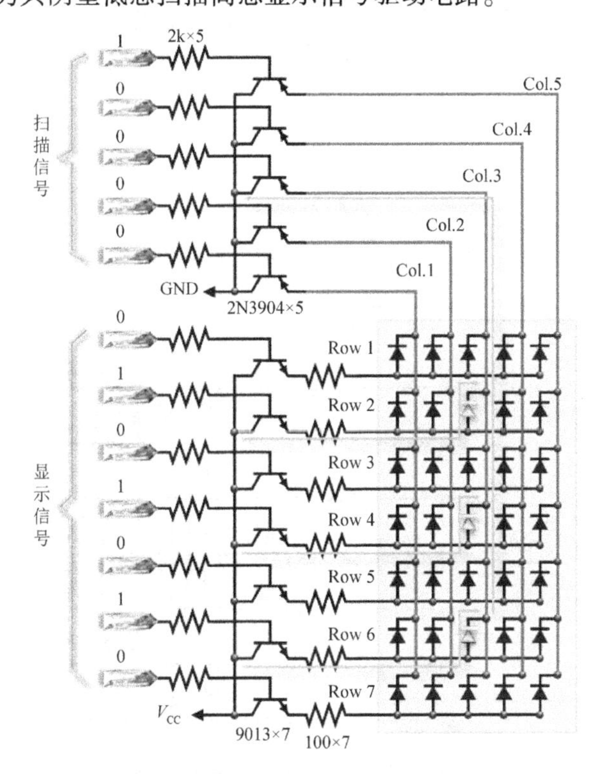

图 11.28　共阴型低态扫描高态显示信号驱动电路

图 11.29 所示为共阳型高态扫描高态显示信号驱动电路。

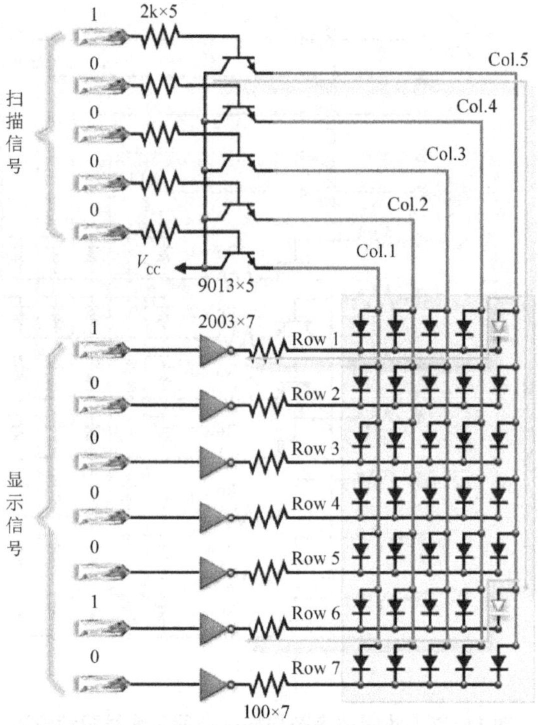

图 11.29　共阳型高态扫描高态显示信号驱动电路

图 11.30 所示为共阳型低态扫描高态显示信号驱动电路。

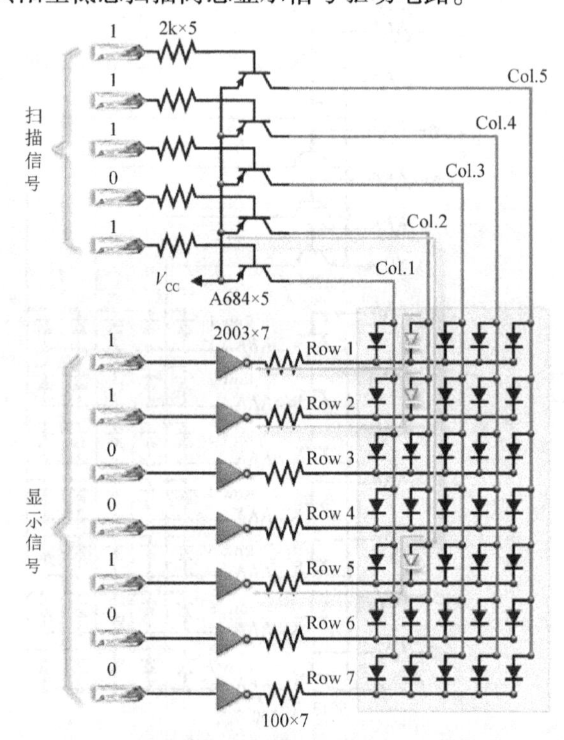

图 11.30　共阳型低态扫描高态显示信号驱动电路

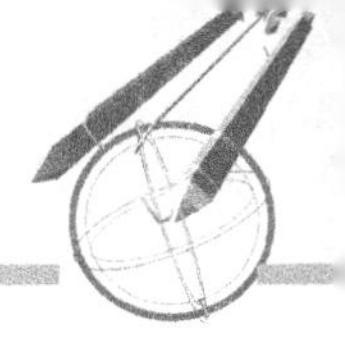

对于多个LED点阵，例如使用4个8×8LED点阵，连接称为16×16LED点阵，则一个扫描信号可以同时驱动两列LED，如图11.31所示。

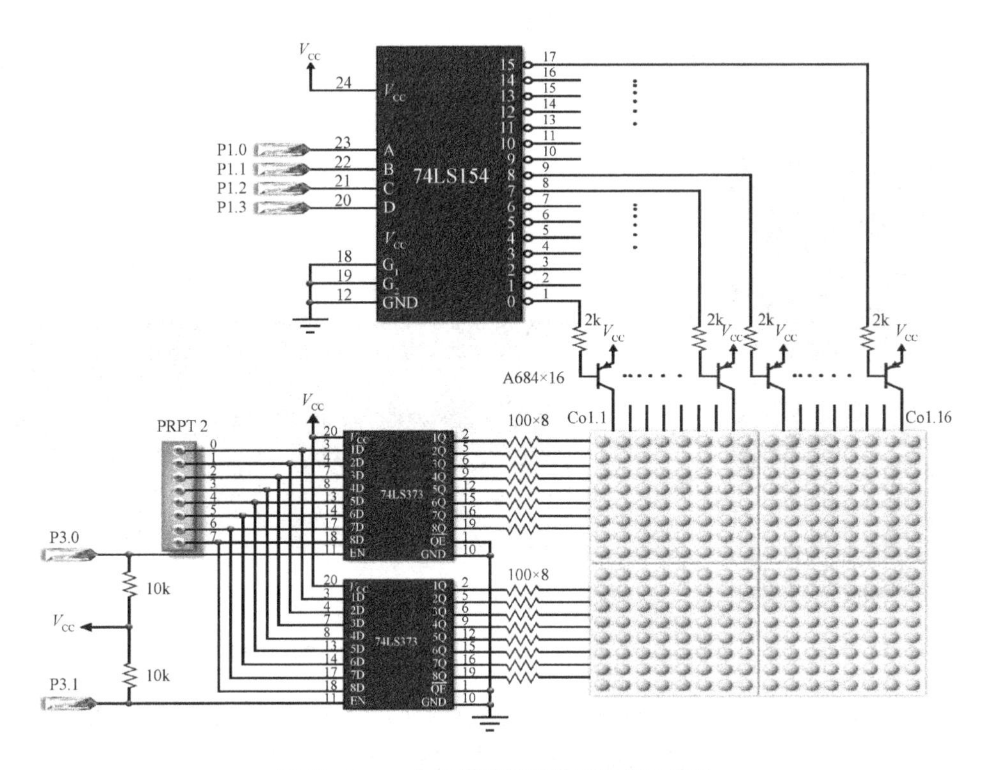

图11.31　一个扫描信号驱动两组显示信号

此时必须依靠锁存器74LS373将这两组显示信号锁住。74LS373引脚图如图11.32所示。当G脚为高电平时，数据可从输入端传输到锁存器里；当G脚为低电平时，则数据将被锁住，不会随输入端而变。$\overline{OC}$脚为输出控制引脚，当$\overline{OC}$脚为高电平时，输出呈现高阻抗；当$\overline{OC}$脚为低电平时，数据从锁存器输出。

该驱动电路的扫描信号共16条，若直接由AT80C51输出，将占用两个端口，不太理想。因此，可以使用4-16译码器74LS154，如图11.33所示。

2. LED点阵显示方式

其有静态和动态显示两种。静态显示原理简单、控制方便，但硬件接线复杂，故在实际应用中一般采用动态显示方式。动态显示采用扫描的方式工作，由峰值较大的窄脉冲驱动，从上到下逐次不断地对显示屏的各行进行选通，同时又向各列送出表示图形或文字信息的脉冲信号，反复循环以上操作，就可显示各种图形或文字信息。

当LED点阵显示器单块使用时，既可代替数码管用于显示数字，也可显示各种中西文字及符号。例如，5×7LED点阵显示器用于显示西文字母；5×8LED点阵显示器用于显示中西文；8×8LED点阵用于显示中文文字，也可用于图形显示。用多块点阵显示器组合则可构成大屏幕显示器，但这类实用装置常通过计算机或单片机控制驱动。

例如，用于发布消息、显示汉字的点阵式LED显示屏通常由若干块LED点阵显示模块组成。为了减少引脚且便于封装，各种LED显示点阵模块都采用阵列形式排布，即在行列线的交点处接有显示 LED。因此，LED 点阵显示模块的显示驱动只能采用动态驱动方式，每次最多只能点亮一行 LED（共阳型 LED 显示点阵模块）或一列 LED（共阴型 LED 显示点阵模块）。单片机通过总线操作控制来完成每一个 LED 点阵显示模块内每个 LED 显示点的亮、暗控制。以此类推，可实现整屏 LED 点阵的亮、暗控制，从而实现 LED 显示屏汉字或图像的显示控制操作。

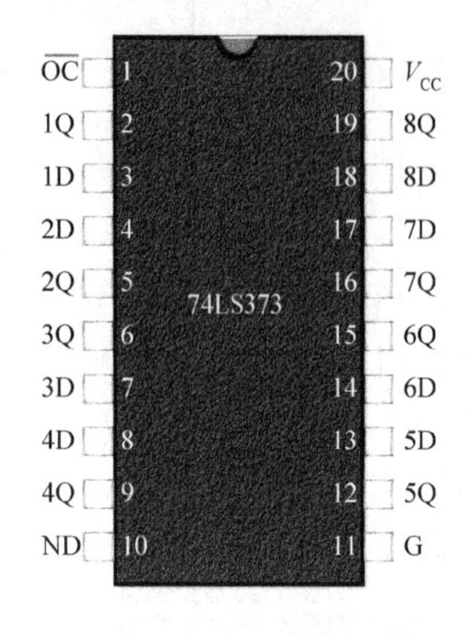

图 11.32　74LS373 引脚图

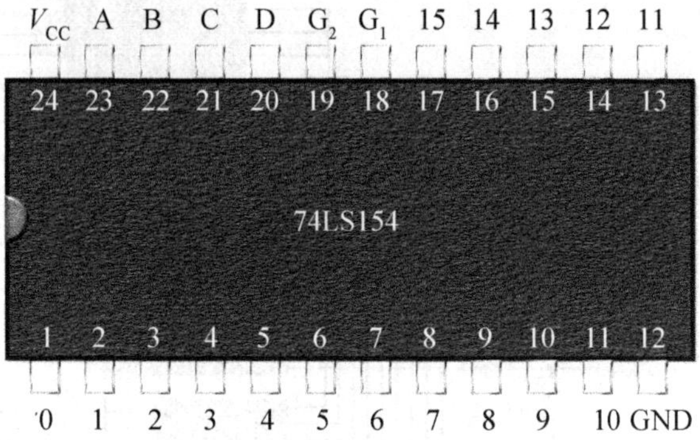

图 11.33　74LS154 引脚图

如图 11.34 所示，用一个 8×8LED 点阵来显示文字“公”，可以采用扫描的方式，将所要显示的文字按每列拆解成多组显示信号。每列的数据扫描过程如图 11.35 所示。

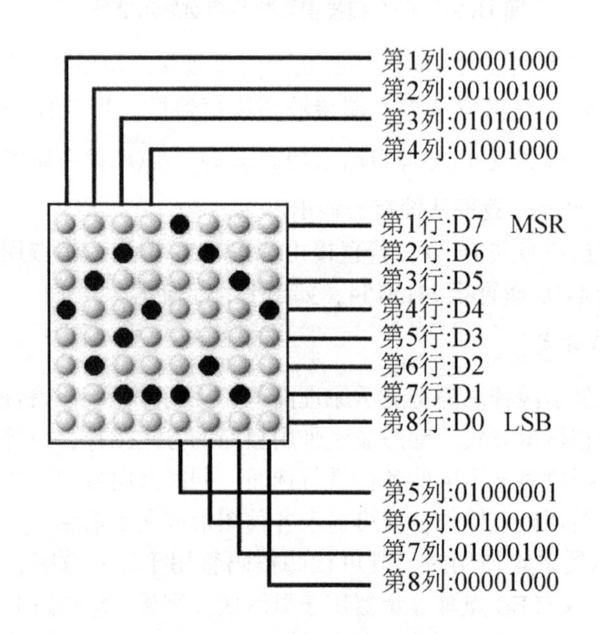

图 11.34　文字编码“公”

每列的显示时间约 4ms，由于人类视觉瞬时现象，所以将感觉到 8 列同时显示的样子。若显示时间太短，则亮度不够；若显示时间太长，就会感觉到闪烁。

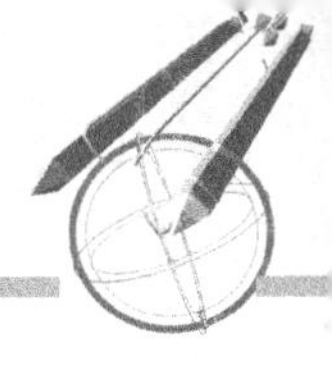

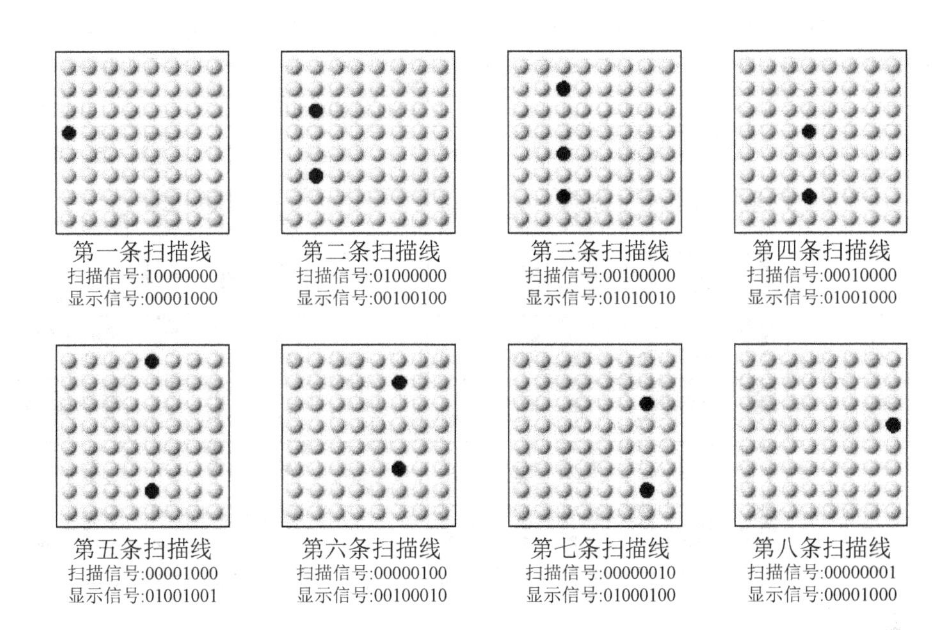

图 11.35　数据扫描

11.2.3　LCD 液晶显示器

1. 认识 LCD

液晶显示器（LCD）具有功耗低、体积小、质量轻、超薄等优点，是各种仪器、仪表、电子设备等低功耗产品的输出显示部件，自问世以来就得到了广泛的应用。如在计算器、万用表、电子表及很多家用电子产品中都可以看到。点阵式 LCD 不仅可以显示字符、数字，还可以显示图形、汉字，并能够实现多种动画显示效果，使人机界面更加友好，使用操作也更加灵活、方便。液晶显示器外观如图 11.36 所示。

图 11.36　液晶显示器外观

2. 字符型 LCD1602

字符型液晶显示模块是一种专门用于显示字母、数字、符号等的点阵式 LCD。LCD1602 是最常见的点阵字符型液晶显示模块，由液晶板、控制器 HD44780、驱动器 HD44100 及若干电阻、电容组成。其液晶板上分两行，每行排列着 16 个 5×7 的点阵，每一个点阵字符位都可以显示一个字符。它可与 8 位或 4 位微处理器连接；内建 CGROM 可提供 160 个标准字符，包括常用标点符号、大小写字母、阿拉伯数字、日文假名以及一些特殊符号等；内建 CGRAM 可根据用户需要，由用户自行设计定义 8 个字符或符号，如汉字、图形等；+5V 单电源供电，无须外接复位电路。

LCD1602 的 CGROM 和 CGRAM 中字符代码对应关系表见表 11-5。

表 11－5　LCD1602 的 CGROM 和 CGRAM 中字符代码对应关系表

低4位	高4位															
	0000	0001	0010	0011	0100	0101	0110	0111	1000	1001	1010	1011	1100	1101	1110	1111
××××0000	CG RAM (1)			0	@	P	`	p				ー	タ	ミ	α	p
××××0001	(2)		!	1	A	Q	a	q			。	ア	チ	ム	ä	q
××××0010	(3)		"	2	B	R	b	r			「	イ	ツ	メ	β	θ
××××0011	(4)		#	3	C	S	c	s			」	ウ	テ	モ	ε	∞
××××0100	(5)		$	4	D	T	d	t			、	エ	ト	ヤ	μ	Ω
××××0101	(6)		%	5	E	U	e	u			・	オ	ナ	ユ	σ	ü
××××0110	(7)		&	6	F	V	f	v			ヲ	カ	ニ	ヨ	ρ	Σ
××××0111	(8)		'	7	G	W	g	w			ァ	キ	ヌ	ラ	g	π
××××1000	(1)		(	8	H	X	h	x			ィ	ク	ネ	リ	√	x̄
××××1001	(2)		)	9	I	Y	i	y			ゥ	ケ	ノ	ル	⁻¹	y
××××1010	(3)		*	:	J	Z	j	z			ェ	コ	ハ	レ	j	千
××××1011	(4)		+	;	K	[	k	{			ォ	サ	ヒ	ロ	ˣ	万
××××1100	(5)		,	<	L	¥	l	|			ャ	シ	フ	ワ	¢	円
××××1101	(6)		-	=	M	]	m	}			ュ	ス	ヘ	ン	£	÷
××××1110	(7)		.	>	N	^	n	→			ョ	セ	ホ	゛	ñ	
××××1111	(8)		/	?	O	_	o	←			ッ	ソ	マ	゜	ö	

LCD1602 引脚图如图 11. 37 所示。各引脚的说明见表 11－6。

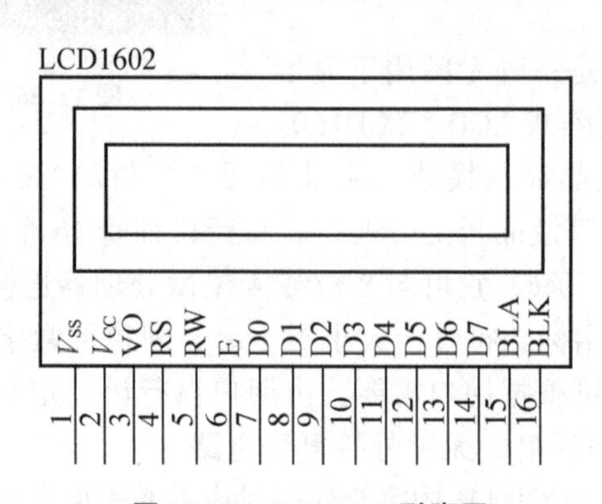

图 11. 37　LCD1602 引脚图

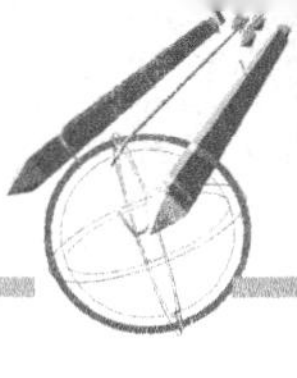

表 11－6　LCD1602 引脚说明

端口名称	功能说明
V_{SS}	电源地（接地）
V_{CC}	电源正极（接＋5V）
VO	液晶对比度调节端（通常接一个 10kΩ 电位器到地调节显示对比度）
RS	数据/命令选择端（1 为数据，0 为命令）
RW	读/写控制端（1 为读操作，0 为写操作）
E	使能控制端（读操作时↑有效，写操作时↓有效）
D0～D7	数据端（双向数据线，D7 可作为忙闲标志位使用）
BLA	背光电源正极（接＋5V）
BLK	背光电源负极（接地）

LCD1602 液晶显示器可以显示两行，每行可以显示 16 个字符，即一共可以显示 32 个字符。液晶显示屏是长方形的，将屏幕分成 32 个小块，并给每一小块编一个号码，以便识别不同的小块。每一小块对应的编号地址见表 11－7。

表 11－7　液晶模块编号地址表

列	1	2	3	4	5	6	7	8	9	10	11	12	13	14	15	16
第一行	00	01	02	03	04	05	06	07	08	09	0A	0B	0C	0D	0E	0F
第二行	40	41	42	43	44	45	46	47	48	49	4A	4B	4C	4D	4E	4F

第一行地址为 00H～0FH，第二行地址为 40H～4FH。每一个地址对应液晶屏的一个字符框，只要把一字符送入一个地址，该地址对应的方框就会显示这个字符。

11.2.4　LCD 显示控制原理

1. 液晶接口电路

LCD1602 可以和 AT89C51 直接连接，连接电路如图 11.38 所示。液晶显示模块是较慢的输出设备，所以在信息输出前应该显示模块的忙标志，当忙标志为低电平时，表示液晶显示模块空闲，显示命令才有效，否则显示命令失效。

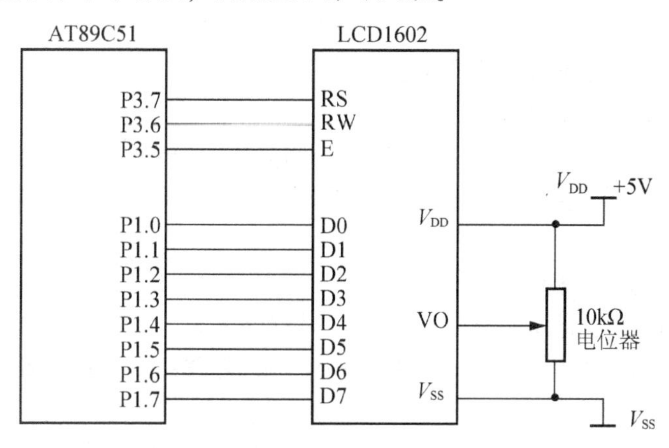

图 11.38　LCD1602 与 AT89C51 的连接电路

2. 液晶控制指令及时序

LCD1602 液晶模块内部的控制器共有 11 条控制指令，见表 11－8 所示。

表 11－8　LCD1602 控制命令表

序号	指　令	RS	RW	D7	D6	D5	D4	D3	D2	D1	D0
1	清显示	0	0	0	0	0	0	0	0	0	1
2	光标复位	0	0	0	0	0	0	0	0	1	*
3	置输入输出模式	0	0	0	0	0	0	0	1	I/D	S
4	显示开/关控制	0	0	0	0	0	0	1	D	C	B
5	光标或字符移位	0	0	0	0	0	1	S/C	R/L	*	*
6	置功能	0	0	0	0	1	DL	N	F	*	*
7	置 CGRAM 地址	0	0	0	1	字符发生存储器地址					
8	置 DDRAM 地址	0	0	1	显示数据存储器地址						
9	读忙标志或地址	0	1	BF	计数器地址						
10	写数到 CGRAM 或 DDRAM	1	0	要写的数据内容							
11	从 CGRAM 或 DDRAM 读数	1	1	读出的数据内容							

LCD1602 液晶模块的读写操作、屏幕和光标的操作都是通过指令编程来实现的。在表 11－8 中，1 为高电平，0 为低电平。每个指令的含义说明如下。

（1）指令 1：清显示。

指令码为 01H，使 DDRAM 的内容全部清除，光标回到左上角的原点，复位到地址 00H 位置，地址计数器 AC＝0。

（2）指令 2：光标复位。

本指令使光标和光标所在的字符回到原点，返回到地址 00H，但 DDRAM 单元的内容不变。

（3）指令 3：光标和显示模式设置。

I/D：光标移动方向，高电平右移，低电平左移；S：屏幕上所有文字是否左移或者右移。高电平表示有效，低电平则无效。I/D＝1、S＝0 和 I/D＝1、S＝1 是比较常用的设置，前者类似打印机，后者类似计算器。

（4）指令 4：显示开关控制。

D：控制整体显示的开与关，高电平表示开显示，低电平表示关显示；C：控制光标的开与关，高电平表示有光标，低电平表示无光标；B：控制光标是否闪烁，高电平闪烁，低电平不闪烁。

（5）指令 5：光标或显示移位。

S/C：高电平时移动显示的文字，低电平时移动光标。S/C＝0、R/L＝0：光标左移；S/C＝0、R/L＝1：光标右移；S/C＝1、R/L＝0：画面左移；S/C＝1、R/L＝1：画面右移。

（6）指令 6：功能设置命令。

DL：高电平时为 8 位总线，低电平时为 4 位总线；N：设置显示行数，低电平时为单行显示，高电平时双行显示；F：低电平时显示 5×7 的点阵字符，高电平时显示 5×10 的

点阵字符。

（7）指令7：设置字符发生器CGRAM地址。

地址：字符地址×8+字符行数。将一个字符分成5×8点阵，一次写入一行，8行就组成一个字符。

（8）指令8：设置DDRAM地址。

这也就是设置显示地址，第一行为00H～0FH，第二行为40H～4FH。

（9）指令9：读忙信号和光标地址。

BF：为忙标志位。如果为高电平表示忙，此时LCD1602模块不能接收命令或者数据；如果为低电平表示不忙，LCD1602模块可以接收命令或者数据。

（10）指令10：写数据。

向CGRAM或DDRAM写数据，写入地址由AC控制。

（11）指令11：读数据。

从CGRAM或DDRAM读数据，读出地址由AC控制。

要正确操作LCD1602，就必须满足其时序要求，内嵌HD44780控制器的液晶显示模块的读、写操作时序如图11.39和图11.40所示。

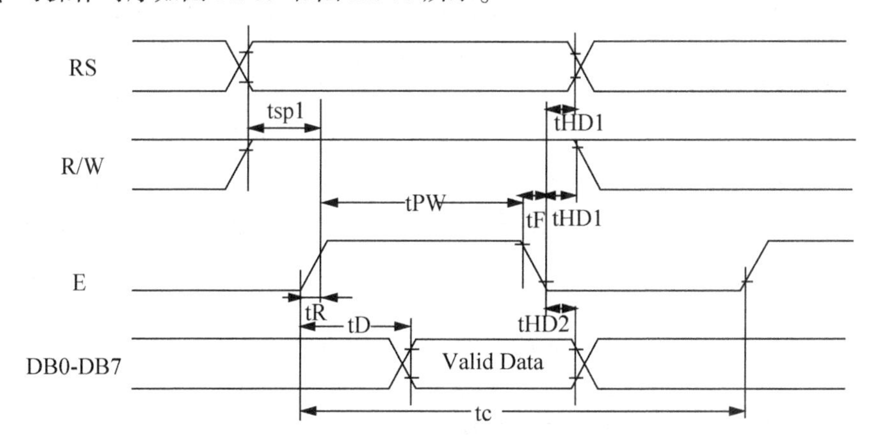

图11.39　读操作时序

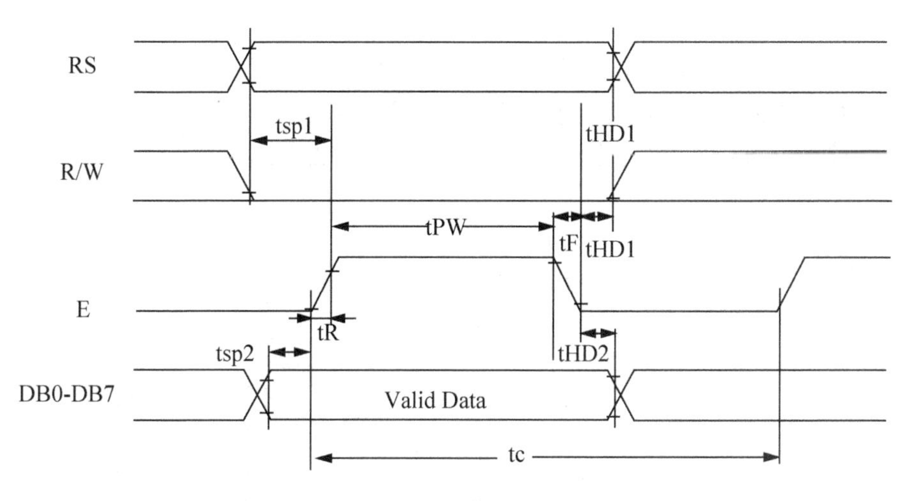

图11.40　写操作时序

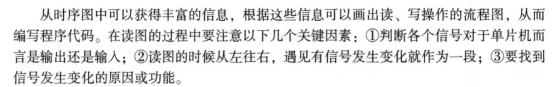

从时序图中可以获得丰富的信息，根据这些信息可以画出读、写操作的流程图，从而编写程序代码。在读图的过程中要注意以下几个关键因素：①判断各个信号对于单片机而言是输出还是输入；②读图的时候从左往右，遇见有信号发生变化就作为一段；③要找到信号发生变化的原因或功能。

3. LCD1602 的初始化

为了能够在液晶模块准确寻址，在传送字符数据给液晶之前必须先将字符的地址送给液晶。例如，向地址编号为 06H 的字符框送一个字符“F”，分两步执行。

（1）发送地址 06H（写命令）。

（2）发送字符“F”（写数据）。

地址 06H 和字符“F”都是经过 8 条数据线（D0 ~ D7）传送给液晶模块，液晶模块利用 RS 的高低电平来区分数据是地址还是字符。当 RS = 0 时，数据线为地址 06H，即为显示命令操作；当 RS = 1 时，数据线为字符“F”的字符编码。

液晶模块利用 RW 的高低电平来区分液晶模块的读/写操作。当 RW = 0 时，向液晶模块写数据；当 RW = 1 时，从液晶显示器读数据。

单片机开始运行时必须先对 LCD1602 进行初始化，否则液晶模块无法正常显示。LCD1602 有两种初始化方式，一种是模块内部硬件初始化，另一种是软件初始化。当 LCD1602 电源电压达到 4.5V 以后，自动进入初始化状态，状态维持时间为 10ms，在此期间 BF = 1。硬件初始化执行以下动作：清除显示、设置为 8 位数据接口、单行显示、5 × 7 点阵字符、关显示、关光标、关闪烁、地址自动递增、关显示移位。硬件初始化并不适合 LCD1602，而要让 LCD1602 正常工作，必须对其进行软件初始化。对液晶显示器初始化的一般操作步骤如下。

（1）延时 15ms，写指令 38H（不检测忙信号）。

（2）延时 5ms，写指令 0EH（不检测忙信号，初始化光标）。

（3）延时 5ms，写指令 06H（不检测忙信号，初始化 LCD）。

（4）写指令 38H：显示模式设置（检测忙信号）。

（5）写指令 08H：显示关闭（检测忙信号）。

（6）写指令 01H：显示清屏（检测忙信号）。

（7）写指令 06H：显示光标移动设置（检测忙信号）。

（8）写指令 0CH：显示开及光标设置（检测忙信号）。

例如，对图 11.38 所示液晶电路可以进行如下初始化过程。

```
ORG      0
RS       EQU     P3.7
RW       EQU     P3.6
E        EQU     P3.5
MOV      P1,#01H                  ;清屏并光标复位
CALL     WRITE_COMMAND            ;调用写入命令子程序
MOV      P1,  #38H                ;设置显示模式:8 位 2 行 5x7 点阵
CALL     WRITE_COMMAND            ;调用写入命令子程序
MOV      P1,#0EH                  ;显示器开、光标开、光标允许闪烁
```

```
             CALL       WRITE_COMMAND     ;调用写入命令子程序
             …
WRITE_COMMAND:CLR       E                 ;写入命令子程序
             CLR        RS
             CLR        RW
             …
```

11.2.5　汇编伪指令

伪指令是对汇编起某种控制作用的特殊命令，其格式与通常的操作指令一样，并可加在汇编程序的任何地方，但它们并不产生机器指令。

许多伪指令要求带参数，这在定义伪指令时由“表达式”域指出，任何数值与表达式均可以作为参数。

不同汇编程序允许的伪指令并不相同，以下所述的伪指令仅适用于 MCS－51 系统，但一些基本的伪指令在大部分汇编程序中都能使用，当使用其他的汇编程序版本时，只要注意一下它们之间的区别就可以了。MCS－51 中常用的伪指令如下。

1. ORG 伪指令

伪指令 ORG 用于为在它之后的程序设置起始地址。

ORG 指令的用途：指令被翻译成机器码后，将被存入系统的 ROM 中，一般情况下，机器码总是一个接一个地放在存储器中，但有一些代码，其位置有特殊要求，典型的是 5 个中断入口，它们必须被放在 0003H、000BH、0013H、001BH 和 0023H 的位置。如果编程时不做特殊处理，让机器码一个接一个地生成，不能保证这些代码正好处于这些规定的位置，执行就会出错，这时就要用到 ORG 伪指令了。ORG 伪指令及其使用见表 11－9。

表 11－9　ORG 伪指令及其使用

格　式	ORG　表达式
说　明	表达式可以是一个具体的数值，也可以包含变量名，如果包含变量名，则必须保证当第一次遇到这条伪指令时，其中的变量必须已有定义，否则无定义的值将由 0 替换，这将会造成错误
范　例	… ORG 0003H LJMP INT_ 0 …
含　义	表示外中断 0 处理程序的入口地址是 0003H

2. END 伪指令

END 语句标志源代码的结束，汇编程序遇到 END 语句即停止运行。若没有 END 语句，汇编将报错。END 伪指令及其使用见表 11－10。

表 11-10　END 伪指令及其使用

格　式	END　表达式
说　明	END 命令通知汇编程序结束汇编，在 END 之后的汇编语言指令均不予以汇编。
范　例	… END
含　义	它的值就是程序的地址并且作为一个特殊的记录写入 HEX 文件。若这个表达式省略，HEX 文件中其值就是 0

3. EQU 伪指令

EQU 以及其他一些符号定义伪指令用来给程序中出现的一些符号赋值。对这些符号名的要求与其他符号相同，即长度不限、大小写字母可互换并且必须以字母开头。

由等值指令定义的符号是汇编符号表的一部分。等值伪指令有两种形式：一种用 EQU，另一种用字符“=”。EQU 伪指令及其使用见表 11-11。

表 11-11　EQU 伪指令及其使用

格　式	符号名　EQU　表达式
说　明	效果即“符号名=表达式”，符号名在左边，其对应的值在右边。值可以是变元，其他的符号名或表达式。由等值伪指令定义的符号名不允许重名。如果经定义的符号名被重定义，则汇编将报出错，并且这个符号名按新定义的处理，最好不要在程序中出现重名
范　例	TIME　EQU　100
含　义	表示符号“TIME”=数值“100”

4. DB 伪指令

DB 伪指令用于定义一个连续的存储区，给该存储区的存储单元赋值。该伪指令的参数即为存储单元的值，在表达式中对变元个数没有限制，只要此条伪指令能容纳在源程序的一行内。DB 伪指令及其使用见表 11-12。

表 11-12　DB 伪指令及其使用

格　式	标号：DB　表达式
说　明	若表达式不是字符串，每一表达式值都被赋给一个字节。计算表达式值时按 16 位处理，但其结果只取低 8 位，若多个表达式出现在一个 DB 伪指令中，它们必须以逗号分开。当表达式中有字符串时，以单引号“'”作为分隔符，每个字符占一个字节，字符串不加改变地被存在各字节中，并不将小写字母转换成大写字母
范　例	2000H：DB　00H，01H Title：　DB　'This is a demo!'
含　义	上条表示 00H 和 01H 依次赋给两个字节单元，下条表示字符串赋值

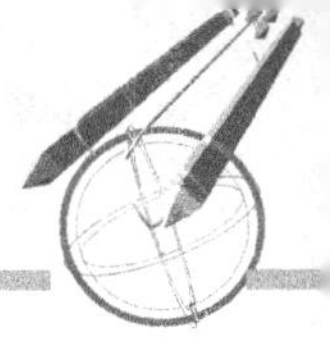

5. DW 伪指令

DW 为以字为单元（16 位二进制）来给一个存储区赋值。DW 伪指令及其使用见表 11－13。

表 11－13 DW 伪指令及其使用

格　式	标号：DW　表达式
说　明	表达式可以是具体的数值，也可以是字符串
范　例	A1：DW　12345，10110100101110B A2：DW　'ABCD'，'BC'，'A'
含　义	表示赋值信息为 16 位二进制

6. DS 伪指令

DS 为定义存储内容的伪指令，用它定义一个存储区，并用指定的参数填满该存储区。DS 伪指令及其使用见表 11－14。

表 11－14 DS 伪指令及其使用

格　式	标号：DS 表达式 1，表达式 2
说　明	表达式 1 定义了存储区的长度（以字节为单位），这个变元不能省略。表达式 2 是可选择的，它的值低 8 位用以填入所定义的存储区，若省略则这部分存储单元不处理
范　例	0001H：　DS　9，27H
含　义	表示存储区的长度为 9，将 27H 填入 0001H～0009H 这些字节单元中

7. BIT 伪指令

BIT 伪指令定义了一个字位类型的符号名。BIT 伪指令及其使用见表 11－15。

表 11－15 BIT 伪指令及其使用

格　式	符号名　BIT　表达式
说　明	表达式的值是一个位地址，这个伪指令有助于位的地址符号化
范　例	RS　BIT　P2.2
含　义	表示符号 RS 代表了 P2.2 该位地址

8. SET 伪指令

SET 伪指令有些类似于等值伪指令，它定义了一个整数类型的符号名。SET 伪指令及其使用见表 11－16。

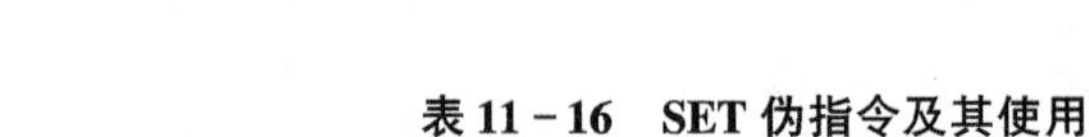

表 11-16　SET 伪指令及其使用

格　式	符号名　SET　表达式
说　明	SET 伪指令与 EQU 等值伪指令的唯一区别在于 SET 伪指令所定义的符号名可以在程序中多次定义，而不报错
范　例	K57　SET　101101B
含　义	表示在程序中符号 K57 代表了数值 101101B

9. DATA（BYTE）伪指令

DATA 与 BYTE 都是用来定义字节类型的存储单元，赋予字节类型的存储单元一个符号名，以便在程序中通过符号名来访问这个存储单元，以帮助对程序的理解。DATA（BYTE）伪指令及其使用见表 11-17。

表 11-17　DATA（BYTE）伪指令及其使用

格　式	符号名　DATA（BYTE）　表达式
说　明	BYTE 与 DATA 之间的区别类似于 EQU 和 SET，BYTE 伪指令不能定义重名。数值表达式的值应在 0～255 之间，表达式必须是一个简单再定位表达式
范　例	PORT0　DATA(BYTE) 80H
含　义	表示符号 PORT0 代表了 80H 单元

10. WORD 伪指令

WORD 伪指令类似于 DATA 伪指令，只是 WORD 伪指令定义了一个字类型的符号名。WORD 伪指令及其使用见表 11-18。

表 11-18　WORD 伪指令及其使用

格　式	符号名　WORD　表达式
说　明	一个字由两个字节组成。当然，因为 8051 汇编语言集没有字操作，所以程序执行时，只处理字节。WORD 伪指令仅仅允许用户定义一个认为是字的存储位置
范　例	VAL WORD 39
含　义	表示定义了一个字类型的符号 VAL

11. ALTNAME 伪指令

ALTNAME 伪指令提供用户一种手段，以定义一个符号名来替换一个保留字，此后这个自定义名与被替换的保留字均可等效地用于程序中。任何保留类型的自定义名均可被替换。ALTNAME 伪指令及其使用见表 11-19。

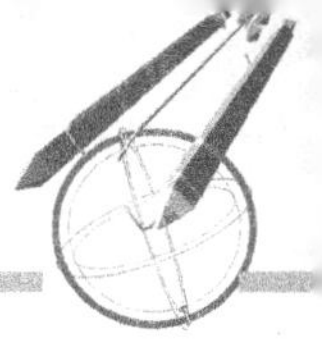

表 11－19　ALTNAME 伪指令及其使用

格　式	ALTNAME 保留字，自定义名
说　明	这一伪指令用来自定义名字，以替换源程序中原来的保留字，替换的保留字均可等效地用于子程序中
范　例	ALTNAME R2，COUNT
含　义	表示 R2 可以用 COUNT 替换

12. INCLUDE 伪指令

INCLUDE 伪指令用于链接源文件，即将一个源文件插入到另一个源文件中。它有一个参数，指出将要插入的文件名，该文件名中可包括驱动器名和路径名。若文件没有扩展名，则默认为是 ASM。但待插入的文件必须是可以打开的。若文件打开操作失败，则产生致命错误，汇编将停止运行。反之，汇编程序将文件内容读入并按源代码处理。当遇到文件结束符时，汇编程序返回到 INCLUDE 伪指令处继续向下处理源程序。被插入的文件在程序清单中以“I”开头。INCLUDE 伪指令及其使用见表 11－20。

表 11－20　INCLUDE 伪指令及其使用

格　式	INCLUDE　文件名
说　明	INCLUDE 伪指令提供了模块化程序设计手段，在汇编程序处理主程序时，模块被插入，被插入的源文件中不应该包含 END 伪指令，否则汇编就会提前停止运行，END 伪指令只能出现在主程序中。此外，在主程序进行汇编前所有附加的源文件必须通过汇编，产生相应的 HEX 及 LST 文件，由于附加的文件没有 END 伪指令，因此在附加文件汇编时，汇编程序将显示“没有结束语句”的错误，但并不影响与主程序的链接
范　例	… INCLUDE　MOD. ASM …
含　义	表示将附加的文件 MOD. ASM 链接到主程序中

11.3　项目任务参考程序

1. 8×8LED 点阵显示数字和图形

1）静态显示数字 0～9

（1）汇编语言。

```
        TIM        EQU  30H                   ;T0 中断次数
        CNTA       EQU  31H                   ;列数
        CNTB       EQU  32H                   ;字符数目
        ORG        00H                        ;程序从 0 地址开始
```

```
        LJMP    START                           ;跳至 START 处
        ORG     0BH                             ;T0 中断向量
        LJMP    T0X                             ;跳至 T0 中断子程序
        ORG     30H
START:  MOV     TIM,#00H                        ;T0 中断次数初值
        MOV     CNTA,#00H                       ;列数初值
        MOV     CNTB,#00H                       ;字符数初值
        MOV     TMOD,#01H                       ;设置 T0 为 Mode1
        MOV     TH0,#(65536-4000)/256           ;设置每列扫描时间 4ms
        MOV     TL0,#(65536-4000)MOD 256        ;
        SETB    TR0                             ;启动 T0
        SETB    ET0                             ;开 T0 中断
        SETB    EA                              ;开启中断总开关
        SJMP    $
;=====================T0 中断子程序================================
T0X:    MOV     TH0,#(65536-4000)/256           ;设置每列扫描时间 4ms
        MOV     TL0,#(65536-4000)MOD 256        ;
        MOV     DPTR,#TAB                       ;列控制码初址赋值
        MOV     A,CNTA
        MOVC    A,@A+DPTR
        MOV     P0,A                            ;送列控制码
        MOV     DPTR,#DIGIT                     ;字码表初址赋值
        MOV     A,CNTB
        MOV     B,#8
        MUL     AB
        ADD     A,CNTA
        MOV     CA,@A+DPTR                      ;取当前列的显示字码的一个字节
        MOV     P2,A                            ;送 1~8 行控制口
        INC     CNTA                            ;下一列
        MOV     A,CNTA
        CJNE    A,#8,NEXT                       ;8 列未显示完,跳至 NEXT 处
        MOV     CNTA,#00H
NEXT:   INC     TIM                             ;中断次数加 1
        MOV     A,TIM
        CJNE    A,#250,NEX                      ;未到 1s,跳至 NEX 处,继续
        MOV     TIM,#00H
        INC     CNTB                            ;字符数加 1
        MOV     A,CNTB
        CJNE    A,#10,NEX                       ;数字 0~9 未显示完,继续
        MOV     CNTB,#00H
NEX:    RETI                                    ;返回主程序
TAB:    DB      0FEH,0FDH,0FBH,0F7H,0EFH,0DFH,0BFH,07FH
```

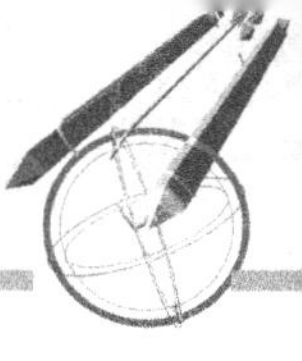

```
DIGIT:      DB      00H,00H,3EH,41H,41H,41H,3EH,00H      ;0
            DB      00H,00H,00H,00H,21H,7FH,01H,00H      ;1
            DB      00H,00H,27H,45H,45H,45H,39H,00H      ;2
            DB      00H,00H,22H,49H,49H,49H,36H,00H      ;3
            DB      00H,00H,0CH,14H,24H,7FH,04H,00H      ;4
            DB      00H,00H,72H,51H,51H,51H,4EH,00H      ;5
            DB      00H,00H,3EH,49H,49H,49H,26H,00H      ;6
            DB      00H,00H,40H,40H,40H,4FH,70H,00H      ;7
            DB      00H,00H,36H,49H,49H,49H,36H,00H      ;8
            DB      00H,00H,32H,49H,49H,49H,3EH,00H      ;9
            END                                          ;程序结束
```

(2) C 语言。

```
#include <reg51.h>                                   //定义 8051 寄存器的头
文件
#define ROWP  P2                                     //输出行接至 P2
#define COLP P0                                      //扫描接至 P0
unsigned char col;                                   //当前扫描列号
unsigned char second;                                //当前秒数
unsigned char msCount;                               //当前毫秒数(以 4ms 计)
unsigned char ScanTab[] = {                          //扫描码
  0xfe, 0xfd, 0xfb, 0xf7, 0xef, 0xdf, 0xbf, 0x7f
 };
unsigned char DigitTab[][8] = {                      //字型
 {0x00, 0x00, 0x3E, 0x41, 0x41, 0x41, 0x3E, 0x00},   //0
 {0x00, 0x00, 0x00, 0x00, 0x21, 0x7F, 0x01, 0x00},   //1
 {0x00, 0x00, 0x27, 0x45, 0x45, 0x45, 0x39, 0x00},   //2
 {0x00, 0x00, 0x22, 0x49, 0x49, 0x49, 0x36, 0x00},   //3
 {0x00, 0x00, 0x0C, 0x14, 0x24, 0x7F, 0x04, 0x00},   //4
 {0x00, 0x00, 0x72, 0x51, 0x51, 0x51, 0x4E, 0x00},   //5
 {0x00, 0x00, 0x3E, 0x49, 0x49, 0x49, 0x26, 0x00},   //6
 {0x00, 0x00, 0x40, 0x40, 0x40, 0x4F, 0x70, 0x00},   //7
 {0x00, 0x00, 0x36, 0x49, 0x49, 0x49, 0x36, 0x00},   //8
 {0x00, 0x00, 0x32, 0x49, 0x49, 0x49, 0x3E, 0x00}    //9
 };
//主程序
main(                                                //主程序开始
 )
{
  second = msCount = col = 0;                        //初始化全局变量
  TMOD = 01;                                         //模式 1
  TH0 = (65536 - 4000) / 256;                        //设置 4ms 间隔
  TL0 = (65536 - 4000) % 256;
```

```
  TR0 =1;                                         //启动定时器 0
  ET0 =1;                                         //允许定时器 0 中断
  EA =  1;                                        //允许中断
  while(1);                                       //无穷循环
}                                                 //主程序结束

void  myint(  void  )interrupt 1                  //定时器 0 中断函数
{
  TH0 = (65536 -4000)/ 256;                       //设置 4ms 间隔
  TL0 = (65536 -4000)% 256;
  if(++col==8)                                    //扫描下一列
    col =0;                                       //重新从 0 列开始扫描
  COLP = ScanTab[col];                            //输出扫描信号
  ROWP = DigitTab[second][col];                   //输出显示信号
  if(++msCount ==250){                            //判断是否计时已达到 1s
    msCount =0;                                   //是则毫秒数清零
    if(++second ==10){                            //判断秒数是否已达到 10s
        second =0;                                //是则清零
    }
  }
}
```

2）动态显示数字 0 ~9

（1）汇编语言。

```
         ORG        0000H                 ;程序开始
         AJMP       MAIN
         ORG        0030H
MAIN:    MOV        DPTR,#TAB             ;字码表初址赋值
         MOV        R1,#0FEH              ;列控制码
         MOV        R3,#8                 ;列数
         MOV        R4,#80                ;移动“0 ~ 9”10 个字符,共 80 列
CM:      MOV        R5,#10                ;每屏反复显示 10 次
         MOV        R3,#8                 ;列数
C1:      MOV        R2,#0                 ;取字指针
C8:      MOV        P0,#0FFH              ;关显示
         MOV        A,R2
         MOVC       A,@A+DPTR             ;取当前列的显示字码的一个字节
         MOV        P2,A                  ;送 1 ~ 8 行控制口
         INC        R2
         MOV        A,R1
         MOV        P0,A                  ;送列控制码
         ACALL      D5MS                  ;显示 5ms
```

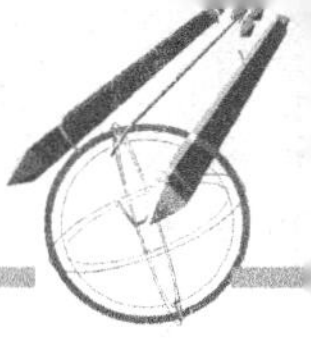

```
        RL      A                          ;列控制码左移,显示下一列
        MOV     R1,A
        DJNZ    R3,C8                      ;未显示 8 列,继续
        MOV     R3,#8
        DJNZ    R5,C1                      ;未显示 10 次,继续
        INC     DPL                        ;一屏反复显示 10 次字码表初值加 1
        DJNZ    R4,CM                      ;80 列未移动完,继续
        AJMP    MAIN                       ;80 列显示完,返回,重新开始显示
D5MS:   MOV     R6,#10                     ;5ms 延时子程序
D1:     MOV     R7,#248
D2:     DJNZ    R7,D2
        DJNZ    R6,D1
        RET                                ;返回
TAB:    DB      00H,00H,3EH,41H,41H,41H,3EH,00H    ;0
        DB      00H,00H,00H,00H,21H,7FH,01H,00H    ;1
        DB      00H,00H,27H,45H,45H,45H,39H,00H    ;2
        DB      00H,00H,22H,49H,49H,49H,36H,00H    ;3
        DB      00H,00H,0CH,14H,24H,7FH,04H,00H    ;4
        DB      00H,00H,72H,51H,51H,51H,4EH,00H    ;5
        DB      00H,00H,3EH,49H,49H,49H,26H,00H    ;6
        DB      00H,00H,40H,40H,40H,4FH,70H,00H    ;7
        DB      00H,00H,36H,49H,49H,49H,36H,00H    ;8
        DB      00H,00H,32H,49H,49H,49H,3EH,00H    ;9
        END                                        ;程序结束
```

(2) C语言。

```
#include <reg51.h>                              //定义 8051 寄存器的头文件
#define ROWP  P2                                //输出行接至 P2
#define COLP  P0                                //扫描接至 P0

//声明延迟函数
void delay1ms(unsigned int);
unsigned char DigitTab[][8] = {                 //字型
 {0x00, 0x00, 0x00, 0x00, 0x00, 0x00, 0x00, 0x00},
 {0x00, 0x00, 0x3E, 0x41, 0x41, 0x41, 0x3E, 0x00},   //0
 {0x00, 0x00, 0x00, 0x00, 0x21, 0x7F, 0x01, 0x00},   //1
 {0x00, 0x00, 0x27, 0x45, 0x45, 0x45, 0x39, 0x00},   //2
 {0x00, 0x00, 0x22, 0x49, 0x49, 0x49, 0x36, 0x00},   //3
 {0x00, 0x00, 0x0C, 0x14, 0x24, 0x7F, 0x04, 0x00},   //4
 {0x00, 0x00, 0x72, 0x51, 0x51, 0x51, 0x4E, 0x00},   //5
 {0x00, 0x00, 0x3E, 0x49, 0x49, 0x49, 0x26, 0x00},   //6
 {0x00, 0x00, 0x40, 0x40, 0x40, 0x4F, 0x70, 0x00},   //7
```

```
 {0x00, 0x00, 0x36, 0x49, 0x49, 0x49, 0x36, 0x00},     //8
 {0x00, 0x00, 0x32, 0x49, 0x49, 0x49, 0x3E, 0x00}      //9
 };
//主程序
main(       )                                          //主程序开始
{
  unsigned char i, j, k, scan;                         //声明变量
  while(1){                                            //无穷循环开始
  for(i=0; i<80; i++){                                 //88个数数据
   for(j=0; j<10; j++){                                //显示次数
    scan=1;                                            //初始化扫描信号
       for(k=0; k<8; k++){                             //扫描周期
       COLP=0xff;                                      //关闭LED
        ROWP=DigitTab[(i+k)/8][(i+k)% 8];              //输出显示信号
         COLP=~scan;                                   //输出扫描信号
         delay1ms(5);                                  //延迟5ms
         scan<<=1;                                     //下一个扫描信号
       }                                               //for循环结束(扫描周期)
    }                                                  //for循环结束(显示次数)
   }                                                   //for循环结束(显示总列数)
  }                                                    //无穷循环结束
}                                                      //主程序结束
//延迟函数
Void delay1ms(unsigned int x)                          //延迟函数开始,x=延迟次数
{
   int  i,j;                                           //声明整形变量i,j
   for(i=0; i<x;i++)                                   //计数x次
     for(j=0; j<120;j++);
}                                                      //延迟函数结束
```

3) 8×8LED点阵显示图形

(1) 汇编语言。

```
          CNTA      EQU  30H          ;列数
          COUNT     EQU  31H          ;显示图形数
          ORG       00H               ;程序从0开始
          LJMP      START             ;跳至START
          ORG       0BH               ;T0中断向量
          LJMP      T0X               ;跳至T0中断子程序
          ORG       30H
START:    MOV       CNTA,#00H
          MOV       COUNT,#00H
          MOV       TMOD,#01H         ;T0为Model
```

```
        MOV     TH0,#(65536-4000)/256      ;设置每列扫描时间4ms
        MOV     TL0,#(65536-4000)MOD 256
        SETB    TR0                        ;启动T0
        SETB    ET0                        ;开T0中断
        SETB    EA                         ;开总中断
WT:     JB      P3.0,WT                    ;判断按钮是否按下,未按下则等待
        MOV     R6,#5                      ;延时2.5ms
D1:     MOV     R7,#248
D2:     DJNZ    R7,D2
        DJNZ    R6,D1
        JB      P3.0,WT                    ;判断按钮是否按下,未按下则等待
        INC     COUNT
        MOV     A,COUNT
        CJNE    A,#3,NEXT                  ;图形是否显示完,未完,继续
        MOV     COUNT,#00H
NEXT:   JNB     P3.0, $                    ;判断按钮状态
        SJMP    WT
;=====================T0中断子程序================================
T0X:    NOP                                ;空操作
        MOV     TH0,#(65536-4000)/256      ;设置每列扫描时间4ms
        MOV     TL0,#(65536-4000)MOD 256
        MOV     DPTR,#TAB                  ;列控制码初址赋值
        MOV     A,CNTA
        MOVC    A,@A+DPTR
        MOV     P0,A                       ;送列控制码
        MOV     DPTR,#GRAPH                ;字码表初址赋值
        MOV     A,COUNT
        MOV     B,#8
        MUL     AB
        ADD     A,CNTA
        MOVC    A,@A+DPTR                  ;取当前列的显示字码的一个字节
        MOV     P2,A                       ;送1~8行控制口
        INC     CNTA                       ;下一列
        MOV     A,CNTA
        CJNE    A,#8,NEX                   ;8列未显示完,继续
        MOV     CNTA,#00H
NEX:    RETI                               ;返回主程序
TAB:    DB      0FEH,0FDH,0FBH,0F7H,0EFH,0DFH,0BFH,07FH
GRAPH:  DB      08H,14H,22H,41H,22H,14H,08H,00H    ;菱形
        DB      00H,7EH,42H,42H,42H,42H,7EH,00H    ;方形
        DB      30H,48H,44H,22H,44H,48H,30H,00H    ;心形
        END                                ;程序结束
```

(2) C语言。

```
#include <reg51.h>                          //定义8051寄存器的头文件
sbit BUTTON = P3^0;                         //开关连接至P3.0
#define ROWP  P2                            //输出行接至P2
#define COLP  P0                            //扫描接至P0

unsigned char col;                          //当前扫描列号
unsigned char count;                        //当前显示图形号
unsigned char ScanTab[] = {                 //扫描码
  0xfe, 0xfd, 0xfb, 0xf7, 0xef, 0xdf, 0xbf, 0x7f
 };
unsigned char GraphTab[][8] = {             //图像
 {0x08, 0x18, 0x28, 0x48, 0x28, 0x18, 0x08, 0x00},
 {0x00, 0x7e, 0x42, 0x42, 0x42, 0x42, 0x7e, 0x00},
 {0x30, 0x48, 0x44, 0x22, 0x44, 0x48, 0x30, 0x00},
};

//声明延迟函数
void delay1ms(unsigned int);
//主程序
main(    )                                  //主程序开始
{
  count = 0;                                //初始化全局变量
  TMOD = 01;                                //模式1
  TH0 = (65536 - 4000) / 256;               //设置4ms间隔
  TL0 = (65536 - 4000)% 256;
  TR0 = 1;                                  //启动定时器0
  ET0 = 1;                                  //允许定时器0中断
  EA = 1;                                   //允许中断
  while(1){                                 //无穷循环开始
    while(BUTTON == 1){                     //等待直到开关按下
      delay1ms(10);                         //延迟10ms
    }                                       //开关检查循环结束
    if(++count == 3)                        //判断图形号是否最大
     count = 0;                             //若是则从头开始
   while(BUTTON == 0);                      //等待直到开关释放
  }                                         //无穷循环结束
}                                           //主程序结束
void  myint(void)interrupt 1                //定时器0中断函数
{
  TH0 = (65536 - 4000) / 256;               //设置4ms间隔
  TL0 = (65536 - 4000)% 256;
```

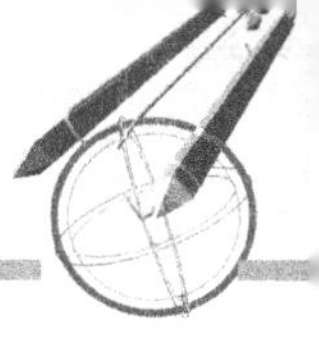

```
  COLP = ScanTab[col];                          //输出扫描信号
  ROWP = GraphTab[count][col];                  //输出显示信号
  if(++col ==8)                                 //扫描下一列
    col =0;                                     //重新从 0 列开始扫描
}
//延迟函数
Void delay1ms(unsigned int x)                   //延迟函数开始,x = 延迟次数
{  int  i,j;                                    //声明整形变量 i,j
   for(i =0; i < x;i ++)                        //计数 x 次
     for(j =0; j <120;j ++);
}                                               //延迟函数结束
```

2. 16×16LED 点阵显示文字

动态显示“单片机仿真”5 个字，逐列、逆向（低位开始）扫描。

（1）汇编语言。

```
        ORG     0000H               ;程序开始
        AJMP    MAIN
        ORG     0030H
MAIN:   MOV     DPTR,#TAB           ;字码表初址赋值
        MOV     R1,#00H             ;列控制码
        MOV     R4,#80              ;移动“单片机仿真”5 个字,共 80 列
CM:     MOV     R5,#5               ;每屏反复显示 5 次
        MOV     R3,#16              ;列数
C1:     MOV     R2,#0               ;取码指针
C16:    MOV     P0,#00H
        MOV     P2,#00H             ;关显示
        CLR     P3.0
        MOV     A,R2
        MOVC    A,@A + DPTR         ;取当前列显示字码的第一个字节
        MOV     P0,A                ;送 1 ~ 8 行控制口
        INC     R2
        MOV     A,R2
        MOVC    A,@A + DPTR         ;取当前列显示字码的第二个字节
        MOV     P2,A                ;送 9 ~ 16 行控制口
        INC     R2
        MOV     P1,R1               ;送列控制码
        INC     R1
        ACALL   D2MS                ;显示 2ms
        DJNZ    R3,C16              ;一屏 16 列是否显示完
        MOV     R3,#16
        DJNZ    R5,C1               ;未显示 5 次,继续
        INC     DPTR                ;一屏反复显示 5 次字码表初值加 2
```

```
         INC     DPTR
         DJNZ    R4,CM                  ;80 列未移动完,继续
         AJMP    MAIN                   ;80 列移动完,返回,重新开始显示
D2MS:    MOV     R6,#4                  ;2ms 延时子程序
D1:      MOV     R7,#248
D2:      DJNZ    R7,D2
         DJNZ    R6,D1
         RET                            ;返回
TAB:     DB      000H,000H,000H,008H,000H,008H,0E0H,008H,
                 0F4H,00DH,054H,005H,0F4H,07FH,0F8H,07FH;

         DB      05EH,005H,0FEH,005H,0FAH,006H,010H,002H,
                 000H,006H,000H,004H,000H,000H,000H,000H; "单"

         DB      000H,000H,000H,000H,000H,010H,000H,01CH,
                 0FCH,00FH,0FCH,003H,040H,002H,040H,002H;

         DB      07EH,07FH,03EH,07FH,020H,000H,020H,000H,
                 000H,000H,000H,000H,000H,000H,000H,000H; "片"

         DB      000H,008H,040H,00CH,040H,006H,0DCH,03FH,
                 0FEH,03FH,022H,011H,020H,01DH,0F0H,00FH;

         DB      0F0H,003H,030H,000H,0F0H,003H,0F0H,00FH,
                 000H,018H,000H,018H,000H,010H,000H,000H; "机"

         DB      000H,001H,080H,001H,0C0H,000H,0F0H,03FH,
                 0FCH,03FH,04CH,018H,040H,00EH,040H,027H;

         DB      0CCH,063H,0ECH,079H,0B8H,03CH,0A0H,00FH,
                 020H,007H,020H,000H,000H,000H,000H,000H; "仿"

         DB      000H,000H,000H,010H,000H,098H,000H,0C8H,
                 0E8H,06FH,0E8H,03FH,07CH,01BH,07EH,00AH;

         DB      0E6H,03FH,0E4H,07FH,004H,06CH,000H,004H,
                 000H,004H,000H,000H,000H,000H,000H,000H; "真"

         END                             ;程序结束
```

(2) C 语言。

```
#include <reg51.h>                       //定义 8051 寄存器的头文件
#define ROWP_LOW    P0                   //输出行接至 P2
```

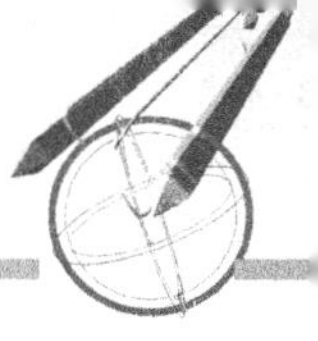

```
    #define ROWP_HIGH  P2                        //输出行接至 P2
    #define COLP  P1                             //扫描接至 P0
    sbit clear = P3^0;                           //P3.0 接地
    unsigned char code DispTab[ ] = {            //字符位表
      0x00, 0x00, 0x00, 0x00, 0x00, 0x00, 0x00, 0x00, 0x00, 0x00, 0x00, 0x00, 0x00,
0x00, 0x00, 0x00,                                //
      0x00, 0x00, 0x00, 0x00, 0x00, 0x00, 0x00, 0x00, 0x00, 0x00, 0x00, 0x00, 0x00,
0x00, 0x00, 0x00,                                //" ",
      0x00, 0x00, 0x00, 0x08, 0x00, 0x08, 0xE0, 0x08, 0xF4, 0x0D, 0x54, 0x05, 0xF4,
0x7F, 0xF8, 0x7F,                                //
      0x1E, 0x05, 0xFE, 0x05, 0xFA, 0x06, 0x10, 0x02, 0x00, 0x06, 0x00, 0x04, 0x00,
0x00, 0x00, 0x00,                                //"单",0
      0x00, 0x00, 0x00, 0x00, 0x00, 0x10, 0x00, 0x1C, 0xFC, 0x0F, 0xFC, 0x03, 0x40,
0x02, 0x40, 0x02,                                //;
      0x7E, 0x7F, 0x3E, 0x7F, 0x20, 0x00, 0x20, 0x00, 0x00, 0x00, 0x00, 0x00, 0x00,
0x00, 0x00, 0x00,                                //"片",1
      0x00, 0x08, 0x40, 0x0C, 0x40, 0x06, 0xDC, 0x3F, 0xFE, 0x3F, 0x22, 0x11, 0x20,
0x1D, 0xF0, 0x0F,                                //
      0xF0, 0x03, 0xF0, 0x0F, 0xF0, 0x1F, 0x10, 0x10, 0x00, 0x1C, 0x00, 0x1C, 0x00,
0x10, 0x00, 0x00,                                //"机",2
      0x00, 0x01, 0x80, 0x01, 0xC0, 0x00, 0xF0, 0x3F, 0xFC, 0x3F, 0x4C, 0x18, 0x40,
0x0C, 0x40, 0x27,                                //
      0xCC, 0x63, 0xEC, 0x79, 0x28, 0x1F, 0x20, 0x07, 0x20, 0x00, 0x20, 0x00, 0x00,
0x00, 0x00, 0x00,                                //“仿”,3
      0x00, 0x00, 0x00, 0x10, 0x00, 0x98, 0x00, 0xC8, 0xE8, 0x6F, 0xE8, 0x3F, 0x7C,
0x1B, 0x7E, 0x0A,                                //
      0xE6, 0x3F, 0xE4, 0x7F, 0x04, 0x6C, 0x00, 0x04, 0x00, 0x04, 0x00, 0x00, 0x00,
0x00, 0x00, 0x00,                                //“真”,4
      };
    //声明延迟函数
    void delay1ms ( unsigned int );
    //主程序
    main (        ) /                            /主程序开始
    {
      unsigned char i, j, k;
      while (1) {                                //无穷循环开始
       for(i = 0;i <= 80;i ++) {                 //循环开始, 移动“ ”及“单片机仿真”6 个
       for(j = 0; j < 5; j ++) {                 //循环开始, 每屏反复显示 5 次
       for(k = 0; k < 16; k ++) {                //循环开始, 从 0 列扫描到 16 列
       ROWP_HIGH = 0;                            //关显示
       ROWP_LOW = 0;
       clear = 0;                                //P3.0 清零
```

```
    ROWP_LOW = DispTab[ (i + k) * 2];           //输出显示字节送1~8行控制口
    ROWP_HIGH = DispTab[ (i + k) * 2 +1];       //输出显示字节到9~15行控制口
          COLP = k;                             //送列控制码
          delay1ms(2);                          //延迟2ms
        }                                       //循环结束(0到6列扫描)
     }                                          //循环结束(每屏显示5次)
   }                                            //循环结束(移动6个字符的每列)
  }                                             //while循环结束
}                                               //主程序结束

//延迟函数
Void delay1ms(  unsigned int x  )               //延迟函数开始, x = 延迟次数
{
   int  i,j;                                    //声明整形变量 i,j
   for(i =0; i <x;i ++)                         //计数 x 次
     for(j =0; j <120;j ++);
}                                               //延迟函数结束
```

3. LCD1602 显示数字符号

（1）汇编语言。

```
          ORG        0
          RS         EQU  P2.2          ;确定具体硬件的连接方式
          RW         EQU  P2.1
          E          EQU  P2.0
          MOV        P1, #01H           ;清屏并光标复位
          CALL       ENABLE             ;调用写入命令子程序
          MOV        P1, #38H           ;置显示模式: 8位2行5x7点阵
          CALL       ENABLE             ;调用写入命令子程序
          MOV        P1, #0FH           ;显示开、光标开、光标闪烁
          CALL       ENABLE             ;调用写入命令子程序
          MOV        P1, #06H           ;文字不动, 光标自动右移
          CALL       ENABLE             ;调用写入命令子程序
          MOV        P1, #85H           ;写入显示地址(第1行第6个位置)
          CALL       ENABLE             ;调用写入命令子程序
          MOV        P1,#00110011B      ;数字3的代码
          SETB       RS                 ;RS =1
          CLR        RW                 ;RW =0 准备写入数据
          CLR        E                  ;E =0 执行显示命令
          CALL       DELAY              ;判断液晶模块是否忙?
          SETB       E                  ;E =1 显示完成
          MOV        P1, #87H           ;写入显示地址(第1行第8个位置)
          CALL       ENABLE
```

```
        MOV     P1,#00101011B       ;符号+的代码
        SETB    RS
        CLR     RW
        CLR     E
        CALL    DELAY
        SETB    E
        MOV     P1, #89H            ;写入显示地址(第1行第10个位置)
        CALL    ENABLE
        MOV     P1,#00110101B       ;数字5的代码
        SETB    RS                  ;RS=1
        CLR     RW                  ;RW=0 准备写入数据
        CLR     E                   ;E=0 执行显示命令
        CALL    DELAY               ;判断液晶模块是否忙?
        SETB    E                   ;E=1 显示完成
        MOV     P1, #0C5H           ;写入显示地址(第2行第6个位置)
        CALL    ENABLE
        MOV     P1,#00111101B       ;符号=的代码
        SETB    RS
        CLR     RW
        CLR     E
        CALL    DELAY
        SETB    E
        MOV     P1, #0C7H           ;写入显示地址(第2行第8个位置)
        CALL    ENABLE
        MOV     P1,#00111111B       ;符号?的代码
        SETB    RS
        CLR     RW
        CLR     E
        CALL    DELAY
        SETB    E
        AJMP    $                   ;程序停止
ENABLE: CLR     RS                  ;写入控制命令的子程序
        CLR     RW
        CLR     E
        CALL    DELAY
        SETB    E
        RET
DELAY:  MOV     P1, #0FFH           ;判断液晶显示器是否忙的子程序
        CLR     RS
        SETB    RW
        CLR     E
        NOP
```

```
        SETB        E
        JB          P1.7, DELAY              ;如果 P1.7 为高电平表示忙就循环等待
        RET
        END                                  ;程序结束
```

(2) C 语言。

```
#include <reg51.h>                           //定义 8051 寄存器的头文件

sbit RS = P2^2;                              //确定具体硬件的连接方式
sbit RW = P2^1;                              //确定具体硬件的连接方式
sbit E = P2^0;                               //确定具体硬件的连接方式
sbit BF = P1^7;

//声明检查忙碌函数
Void check_BF(    );

//声明写入控制命令的子程序
Void enable(    );

//声明输出字符的子程序
Void displayChar(
  unsigned char addr,
  unsigned char ch
  );

//主程序
main(    )                                   //主程序开始
{
  P1 =0x01;                                  //清屏并光标复位
  enable();                                  //调用写入命令子程序
  P1 =0x38;                                  //设置显示模式：8 位 2 行 5×7 点阵
  enable();                                  /调用写入命令子程序
  P1 =0x0f;                                  //显示器开、光标开、光标允许闪烁
  enable();                                  //调用写入命令子程序
  P1 =0x06;                                  //文字不动，光标自动右移
  enable();                                  //调用写入命令子程序
  displayChar(0x85, 0x33);                   //在第一行第 6 个位置显示字母'3'
  displayChar(0x87, 0x2b);                   //在第一行第 8 个位置显示字母'+'
  displayChar(0x89, 0x35);                   //在第一行第 10 个位置显示字母'5'
  displayChar(0xc5, 0x3d);                   //在第二行第 6 个位置显示字母'='
  displayChar(0xc7, 0x3f);                   //在第一行第 8 个位置显示字母'?'
  while(1);                                  //无穷等待
```

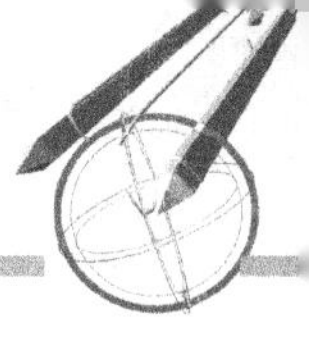

```
}                                              //主程序结束

//写入控制命令的子程序
void  enable(       )
{
  RS=0;                                        //写入指令模式
  RW=0;
  E  =0;                                       //使能
  check_BF();                                  //检查是否忙碌
  E  =1;                                       //关闭
}

//输出字符的子程序
Void  displayChar(
  unsigned char addr,
  unsigned char ch
  )
{
  P1=addr;                                     //写入显示起始地址
  enable();                                    //调用写入命令子程序
  P1=ch;                                       //字母A的代码
  RS=1;                                        //RS=1
  RW=0;                                        //RW=0 准备写入数据
  E  =0;                                       //E=0 执行显示命令
  check_BF();                                  //判断液晶模块是否忙?
  E  =1;                                       //E=1 显示完成,程序停车
}

//检查忙碌函数
Void  check_BF(       )
{
  do{
    BF=1;                                      //设置BF为输入
    RS=0;                                      //读入指令模式
    RW=1;
    E  =0;                                     //禁止读写功能
    E  =1;                                     //使能读写功能
  }while(BF==1);                               //如果BF为高电平则表示忙需要循环等待
}                                              //延迟函数结束
```

4. LCD1602 显示字符串

1）静态显示字符串

(1) 汇编语言。

```
                ORG         0
MAIN:           RS          BIT  P2.2
                RW          BIT  P2.1
                E           BIT  P2.0
                LCALL       INITIAL_LCD
                MOV         A, #80H         ;第一行
                LCALL       WRITE_COMMAND
                LCALL       WRITE_CHAR1
                MOV         A, #C0H         ;第二行
                LCALL       WRITE_COMMAND
                LCALL       WRITE_CHAR1
                SJMP        $
WRITE_CHAR1:    MOV         R2,#16
                MOV         DPTR,#DISP1
LOOP1:          MOV         A,#00H
                MOVC        A,@A+DPTR
                INC         DPTR
                LCALL       WRITE_DATA
                DJNZ        R2,LOOP1
                RET
WRITE_CHAR2:    MOV         R2,#16
                MOV         DPTR,#DISP2
LOOP2:          MOV         A,#00H
                MOVC        A,@A+DPTR
                INC         DPTR
                LCALL       WRITE_DATA
                DJNZ        R2,LOOP2
                RET
INITIAL_LCD:    MOV         A, #38H         ;初始化
                LCALL       WRITE_COMMAND
                MOV         A, #0EH
                LCALL       WRITE_COMMAND
                MOV         A, #06H
                LCALL       WRITE_COMMAND
                MOV         A, #01H
                LCALL       WRITE_COMMAND
                RET
WRITE_COMMAND:CLR           E               ;写命令
```

```
              CLR       RS
              CLR       RW
              MOV       P1,A
              SETB      E
              LCALL     DELAY
              CLR       E
              RET
WRITE_DATA:   CLR       E                      ;写数据
              SETB      RS
              CLR       RW
              MOV       P1,A
              SETB      E
              LCALL     DELAY
              CLR       E
              RET
DELAY:        MOV       R6,#10
D2:           MOV       R7,#50
D1:           DJNZ      R7,D1
              DJNZ      R6,D2
              RET
DISP1:        DB        'JINKEN COLLEGE'
DISP2:        DB        'www.jku.edu.cn'
              END                              ;程序结束
```

(2) C语言。

```
#include <reg51.h>                          //定义 8051 寄存器的头文件
sbit RS = P2^2;                             //确定具体硬件的连接方式
sbit RW = P2^1;                             //确定具体硬件的连接方式
sbit E  = P2^0;                             //确定具体硬件的连接方式
char line1[] = " JINKEN COLLEGE  ";
char line2[] = " www.jku.edu.cn ";

//声明初始化 LCD 的子程序
void init_LCD( );
//声明写入数据的子程序
Void write_data( unsigned char dat  );
//声明写入指令的子程序
Void write_command(  unsigned char command  );
//声明延迟函数
void delay1ms(unsigned int x);

//主程序
```

```
main(    )                          //主程序开始
{
  unsigned char i;
  init_LCD();                       //初始化 LCD
  write_command(0x80);              //在第一行输出
  for(i=0; i<16; i++){              //输出第一行字串
    write_data(line1[i]);
  }
  write_command(0xc0);              //在第二行输出
  for(i=0; i<16; i++){              //输出第二行字串
    write_data(line2[i]);
  }
  while(1);                         //无穷等待
}                                   //主程序结束

//写入指令的子程序
Void write_command( unsigned char command )
{
  RS=0;                             //写入指令模式
  RW=0;
  E  =0;                            //使能
  P1=command;                       //写入命令
  E  =  1;
  delay1ms(1);
  E  =0;
}

//写入数据的子程序
Void write_data( unsigned char dat )
{
  RS=1;                             //写入数据模式
  RW=0;
  E  =0;                            //使能
  P1=dat;                           //写入数据
  E  =  1;
  delay1ms(1);
  E  =0;
}

//初始化 LCD
void init_LCD(    )
{
```

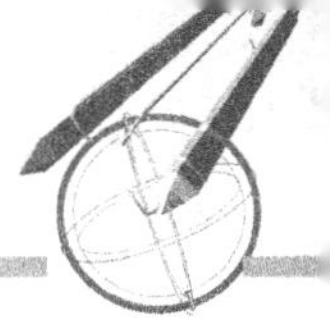

```
  write_command(0x38);
  write_command(0x0e);
  write_command(0x06);
  write_command(0x01);
}

//延迟函数
Void delay1ms(                              //延迟函数开始
  unsigned int x                            //x=延迟次数
  )
{
   int  i,j;                                //声明整形变量 i,j
   for(i=0; i<x;i++)                        //计数 x 次
     for(j=0; j<120;j++);
}                                           //延迟函数结束
```

2）动态显示字符串

（1）汇编语言。

```
            ORG       0
            RS        BIT  P2.2
            RW        BIT  P2.1
            E         BIT  P2.0
LOOP:       LCALL     INITIAL_LCD
            MOV       A, #80H           ;设定第一行起始位址
            LCALL     WRITE_COMMAND
            MOV       DPTR,#LINE1       ;指向第一行显示资料
            MOV       R0, #16
            LCALL     WRITE_STRING      ;显示第一行
            LCALL     DELAY2            ;延迟 2 秒
            MOV       A, #C0H           ;设定第二行起始位址
            LCALL     WRITE_COMMAND
            MOV       DPTR,#LINE2       ;指向第二行显示资料
            MOV       R0, #16
            LCALL     WRITE_STRING      ;显示第二行
            LCALL     DELAY2
            MOV       A, #80H           ;设定第一行起始位址
            LCALL     WRITE_COMMAND
            MOV       DPTR,#LINE3       ;指向第一行显示资料
            MOV       R0, #16
            LCALL     WRITE_STRING      ;显示第一行
            LCALL     DELAY2
            MOV       A, #C0H           ;设定第二行起始位址
```

```
                LCALL       WRITE_COMMAND
                MOV         DPTR,#LINE4             ;指向第二行显示资料
                MOV         R0, #16
                LCALL       WRITE_STRING            ;显示第二行
                LCALL       DELAY2
                JMP         LOOP
INITIAL_LCD:    MOV         A, #38H                 ;初始化
                LCALL       WRITE_COMMAND
                MOV         A, #08H                 ;关闭显示屏
                LCALL       WRITE_COMMAND
                MOV         A, #01H                 ;清除显示屏
                LCALL       WRITE_COMMAND
                MOV         A, #0FH                 ;开启显示屏、游标与闪烁
                LCALL       WRITE_COMMAND
                MOV         A, #06H                 ;设定 AC +1
                LCALL       WRITE_COMMAND
                RET
WRITE_COMMAND:CLR           E                       ;写命令
                CLR         RS
                CLR         RW
                MOV         P1,A
                SETB        E
                LCALL       DELAY
                CLR         E
                RET
WRITE_STRING:   MOV         R1,#0                   ;显示子程序
NEXT:           MOV         A, R1
                MOVC        A,@A+DPTR
                CALL        WRITE_DATA
                INC         R1
                DJNZ        R0,NEXT
                RET
WRITE_DATA:     CLR         E                       ;写数据
                SETB        RS
                CLR         RW
                MOV         P1,A
                SETB        E
                LCALL       DELAY
                CLR         E
                RET
DELAY:          MOV         R2,#15
D1:             MOV         R3,#200
```

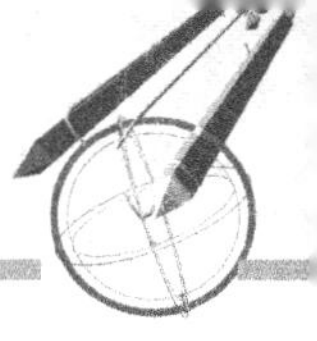


```
            DJNZ        R3, $
            DJNZ        R2,D1
            RET
DELAY2:     MOV         R5,#20
D3:         MOV         R6,#200
D2:         MOV         R7, #250
            DJNZ        R7, $
            DJNZ        R6,D2
            DJNZ        R5,D3
            RET
LINE1:      DB          ' JINKEN COLLEGE '
LINE2:      DB          ' www.jku.edu.cn '
LINE3:      DB          'Jiangsu, Nanjing'
LINE4:      DB          ' W E L C O M E ! '
            END                            ;程序结束
```

(2) C语言。

```
#include <reg51.h>                  //定义 8051 寄存器的头文件
sbit RS = P3^2;                     //确定具体硬件的连接方式
sbit RW = P3^1;                     //确定具体硬件的连接方式
sbit E  = P3^0;                     //确定具体硬件的连接方式
char * string[] = {                 //显示字串
  " JINKEN COLLEGE  ",
  " www.jku.edu.cn ",
  "Jiangsu, Nanjing",
  " W E L C O M E !"
};

//声明初始化 LCD 的子程序
void init_LCD(    );
//声明写入数据的子程序
Void write_data( unsigned char dat  );
//声明写入指令的子程序
Void write_command(  unsigned char command  );
//声明延迟函数
void delay1ms(unsigned int x);

//主程序
main(    )                          //主程序开始
{
  unsigned char i, j;               //声明临时变量
  while(1){                         //无穷循环开始
```

```
    init_LCD();                        //初始化 LCD
    for(i=0; i<4; i++){                //循环开始——依次显示 4 行字串
      if((i % 2)==0)
        write_command(0x80);           //在第一行输出字串
     else
       write_command(0xc0);            //在第二行输出字串
     for(j=0; j<16; j++){              //循环开始——依次显示 16 个字符
        write_data(string[i][j]);      //输出字符
      }                                //循环结束——依次显示 16 个字符
     delay1ms(2000);                   //延迟 2 秒
    }                                  //循环结束——依次显示 4 行字串
  }                                    //无穷循环结束
}                                      //主程序结束

//写入指令的子程序
Void write_command(  unsigned char command  )
{
  RS=0;                                //写入指令模式
  RW=0;
  E  =0;                               //使能
  P1=command;                          //写入命令
  E  =  1;
  delay1ms(5);
  E  =0;
}

//写入数据的子程序
Void write_data(  unsigned char dat  )
{
  RS=1;                                //写入数据模式
  RW=0;
  E  =0;                               //使能
  P1=dat;                              //写入数据
  E  =  1;
  delay1ms(5);
  E  =0;
}

//初始化 LCD
void init_LCD(      )
{
  write_command(0x38);                 //设定为 8BIT，2 行，5X7 字型
```

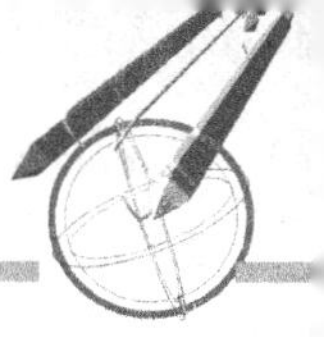

```
  write_command(0x08);                    //关闭显示屏
  write_command(0x01);                    //清除显示屏
  write_command(0x0f);                    //开启显示屏、游标与闪烁
  write_command(0x06);                    //设定 AC +1
}

//延迟函数
Void delay1ms(                            //延迟函数开始
  unsigned int x                          //x = 延迟次数
  )
{
   int  i,j;                              //声明整形变量 i,j
   for(i =0; i < x;i ++)                  //计数 x 次
     for(j =0; j <120;j ++);
}                                         //延迟函数结束
```

拓展讨论

1. 液晶显示程序编写过程中为什么需要进行控制位设定?

2. 随着国内5G、芯片等技术不断升级，我国激光投影机技术水平将不断提高，未来液晶和投影谁才是王者，请展开讨论。

项 目 小 结

本项目完成了点阵显示屏和液晶显示屏的设计，项目中所涉及的主要知识点以及完成项目所需达到的能力目标如下：掌握 LED 点阵的工作原理，能够利用 8 ×8LED 点阵显示字母、数字以及简单图形；学会利用 16 ×16LED 点阵显示汉字，能够编程实现动态显示；了解液晶显示器的工作原理，能够利用通用的液晶显示模块 LCD1602 实现各种文字符号的显示。

习　　题

1. 用 8 ×8 点阵动态显示“AT89C51”。
2. 用 8 ×8 点阵显示自己喜欢的简单图形。
3. 用 16 ×16 点阵显示自己的姓名，试试画出字形图并写出编码。
4. 尝试在 LCD1602 液晶模块上显示日文字符。
5. 在 LCD1602 液晶模块上显示自己的英文名和手机号码。

项目12

综合项目训练

知识目标

(1) 掌握基于单片机的多路抢答器的设计方法。
(2) 掌握基于单片机的数字电压表的设计方法。
(3) 掌握基于单片机的步进电动机控制系统的设计方法。
(4) 掌握基于单片机的交通灯的设计方法。
(5) 掌握基于单片机的频率计的设计方法。
(6) 掌握基于单片机的电话拨盘模拟的设计方法。
(7) 掌握单片机产品的开发流程。
(8) 熟悉单片机的A/D、D/A接口。
(9) 熟悉步进电动机的工作原理。
(10) 熟悉单片机系统的扩展。

能力目标

能力目标	相关知识	权重	自测分数
掌握多路抢答器的设计	单片机系统仿真设计的步骤、电路的设计、程序的编写及调试	15%	
掌握数字电压表的设计	单片机的A/D和D/A接口、A/D转换器ADC0808/ ADC0809	15%	
掌握步进电动机控制系统的设计	步进电动机的结构特点、工作原理	15%	
掌握交通灯的设计	单片机I/O口的扩展、并行I/O扩展方法、可编程并行接口芯片8255	15%	
掌握单片机产品的开发过程	总体设计、硬件设计、软件设计、应用系统的安装调试	10%	
熟悉单片机与A/D、D/A接口	ADC0809的接口、DAC0832的接口	10%	
熟悉步进电动机控制	认识步进电动机、ULN2003A驱动器	10%	
熟悉单片机系统的扩展	51系列单片机扩展、并行I/O口扩展	10%	

12.1　项 目 任 务

12.1.1　多路抢答器的设计与调试

1. 任务要求

设计一个竞赛抢答器，可同时供8名选手或8个代表队参加比赛，编号为1、2、3、4、5、6、7、8，各用一个按钮。给节目主持人设置一个控制开关，用来控制系统的清零和抢答的开始。抢答成功后，编号立即锁存，并在LED数码管上显示选手编号，同时伴随声音提示。此时禁止其他选手抢答，直到主持人将系统清零。

2. 参考电路

多路抢答器参考电路图如图12.1所示。

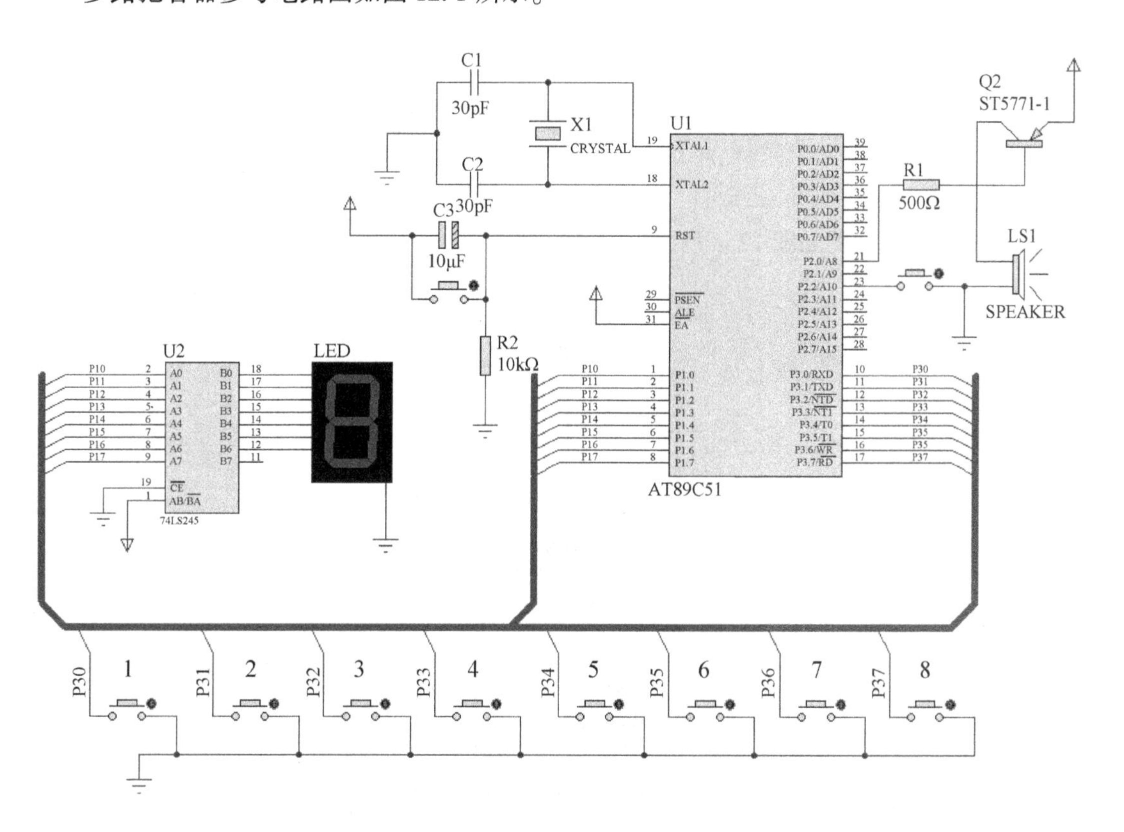

图12.1　多路抢答器参考电路图

3. 元器件清单

多路抢答器的元器件清单见表12－1。

表 12-1　多路抢答器的元器件清单

编　　号	元器件名称	元器件规格	数　　量
1	51 单片机	AT89C51	1 个
2	晶振	12MHz 立式	1 个
3	起振电容	30pF 瓷片电容	2 个
4	复位电容	10μF/10V 电解电容	1 个
5	复位电阻	10kΩ	1 个
6	限流电阻	500Ω	1 个
7	集成电路	74LS245（8 总线接收/发送器）	1 个
8	七段数码管	1 位共阴极	1 个
9	三极管	9015	1 个
10	喇叭	8Ω/0.5W	1 个
11	按键	TACK · SW	10 个
12	电源	5V/0.5A	1 个

4. 流程图

多路抢答器流程图如图 12.2 所示。

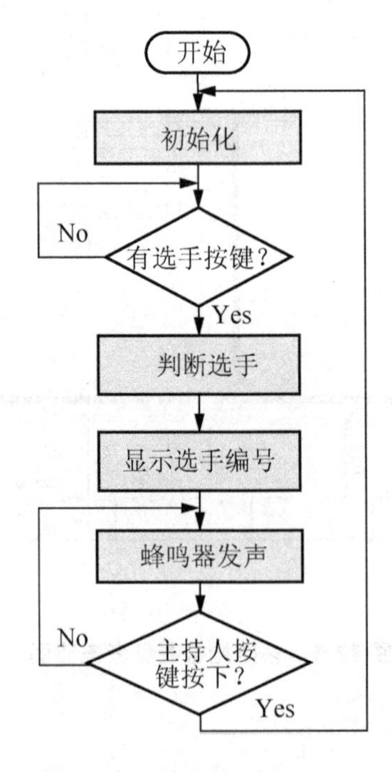

图 12.2　多路抢答器流程图

12.1.2　数字电压表的设计与调试

1. 任务要求

设计一个简易数字电压表，要求能够测量0～5V的直流电压值，并通过4位数码管实时显示该电压值。

2. 参考电路

数字电压表参考电路图如图12.3所示。

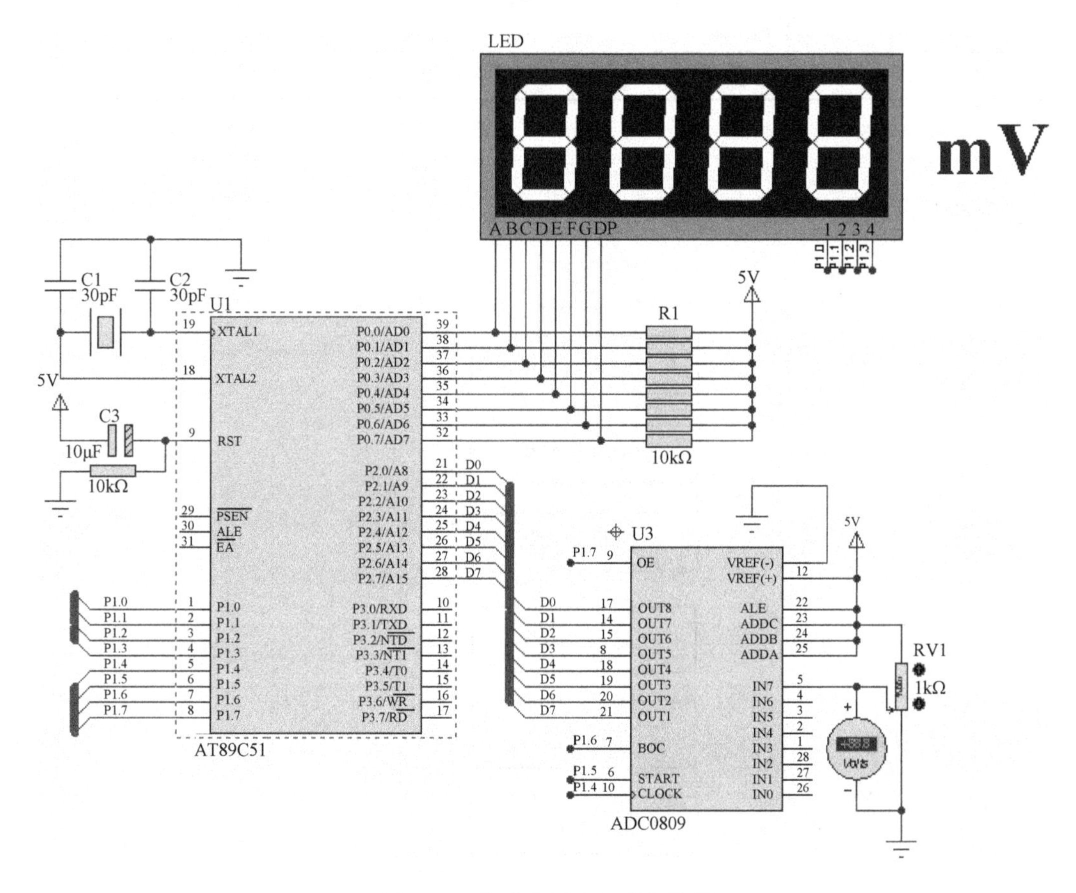

图12.3　数字电压表参考电路图

3. 元器件清单

数字电压表的元器件清单见表12－2。

表12－2　数字电压表的元器件清单

编　号	元器件名称	元器件规格	数　量
1	51单片机	AT89C51	1个
2	晶振	12MHz立式	1个
3	起振电容	30pF瓷片电容	2个

续表

编　　号	元器件名称	元器件规格	数　　量
4	复位电容	10μF/10V 电解电容	1 个
5	复位电阻	10kΩ	1 个
6	上拉电阻	10kΩ	8 个
7	七段数码管	共阴极 4 位一体	1 个
8	A/D 转换器	ADC0809	1 个
9	可调电阻	1kΩ	1 个
10	电源	5V/0.5A	1 个

4. 流程图

数字电压表流程图如图 12.4 所示。

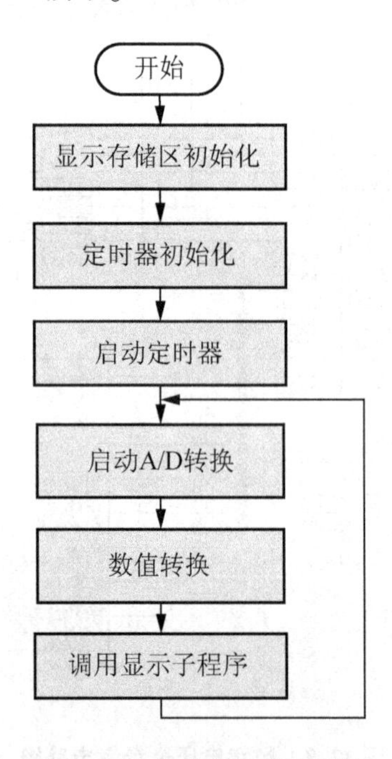

图 12.4　数字电压表流程图

12.1.3　步进电动机控制系统的设计与调试

1. 任务要求

利用单片机及按键控制步进电动机运行，设计两个按键，一个按键控制步进电动机正转，另一个按键控制步进电动机反转，初始角度为 0°，步进角为 45°。

2. 参考电路

步进电动机控制系统的参考电路图如图 12.5 所示。

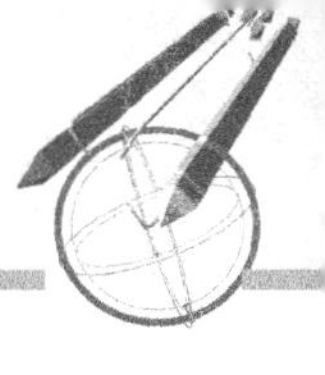

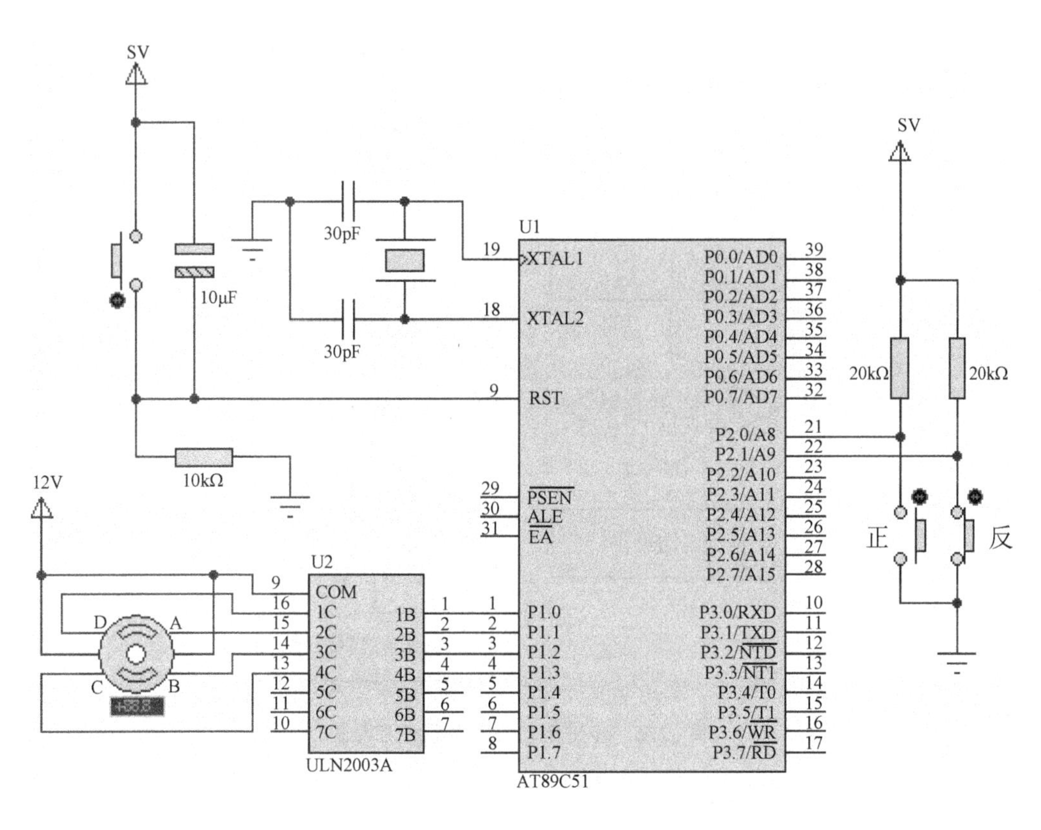

图 12.5　步进电动机控制系统的参考电路图

3. 元器件清单

步进电动机控制系统的元器件清单见表 12－3。

表 12－3　步进电动机控制系统的元器件清单

编　号	元器件名称	元器件规格	数　量
1	51 单片机	AT89C51	1 个
2	晶振	12MHz 立式	1 个
3	起振电容	30pF 瓷片电容	2 个
4	复位电容	10μF/10V 电解电容	1 个
5	复位电阻	10kΩ	1 个
6	按键		3 个
7	电阻	20kΩ	2 个
8	集成电路	驱动器 ULN2003A	1 个
9	步进电动机		1 个
10	电源	5V/05A	1 个

4. 流程图

步进电动机控制系统流程图如图 12.6 所示。

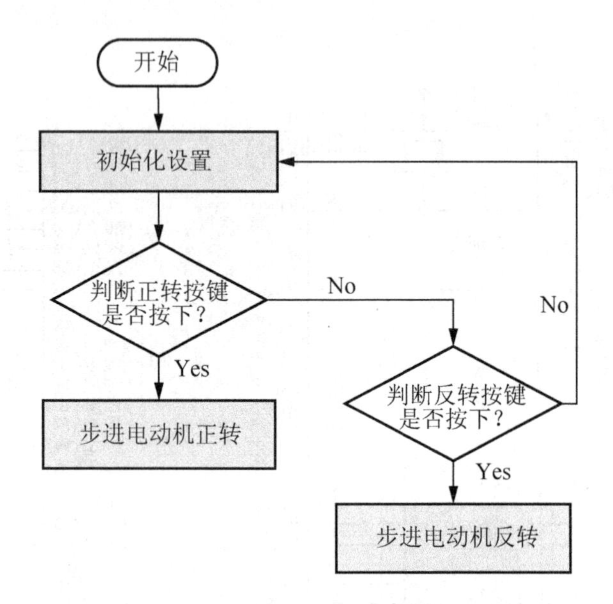

图 12.6　步进电动机控制系统流程图

12.1.4　8255A 控制交通灯的设计与调试

1. 任务要求

设计一个交通灯控制电路，利用 MCS－51 单片机外接 8255A 进行控制。假设一个十字路口为东西南北走向。初始状态 1 为东西红灯，南北绿灯；然后黄灯闪烁 3 次，转状态 2 东西绿灯通车，南北红灯；再东西绿灯灭，黄灯闪烁 3 次，南北绿灯，回到状态 1，依次循环。东西红、南北绿以及东西绿、南北红的时间均为 4s，黄灯时间为 0.1s。

2. 参考电路

交通灯的参考电路图如图 12.7 所示。

3. 元器件清单

交通灯的元器件清单见表 12－4。

表 12－4　交通灯的元器件清单

编　号	元器件名称	元器件规格	数　量
1	51 单片机	AT89C51	1 个
2	晶振	12MHz 立式	1 个
3	起振电容	30pF 瓷片电容	2 个
4	复位电容	10μF/10V 电解电容	1 个
5	复位电阻	10kΩ	1 个

续表

编　　号	元器件名称	元器件规格	数　　量
6	按键		1个
7	集成电路	8255A	1个
8	集成电路	74LS373	1个
9	交通灯	发光二极管红、黄、绿色	各4个
10	电源	5V/0.5A	1个

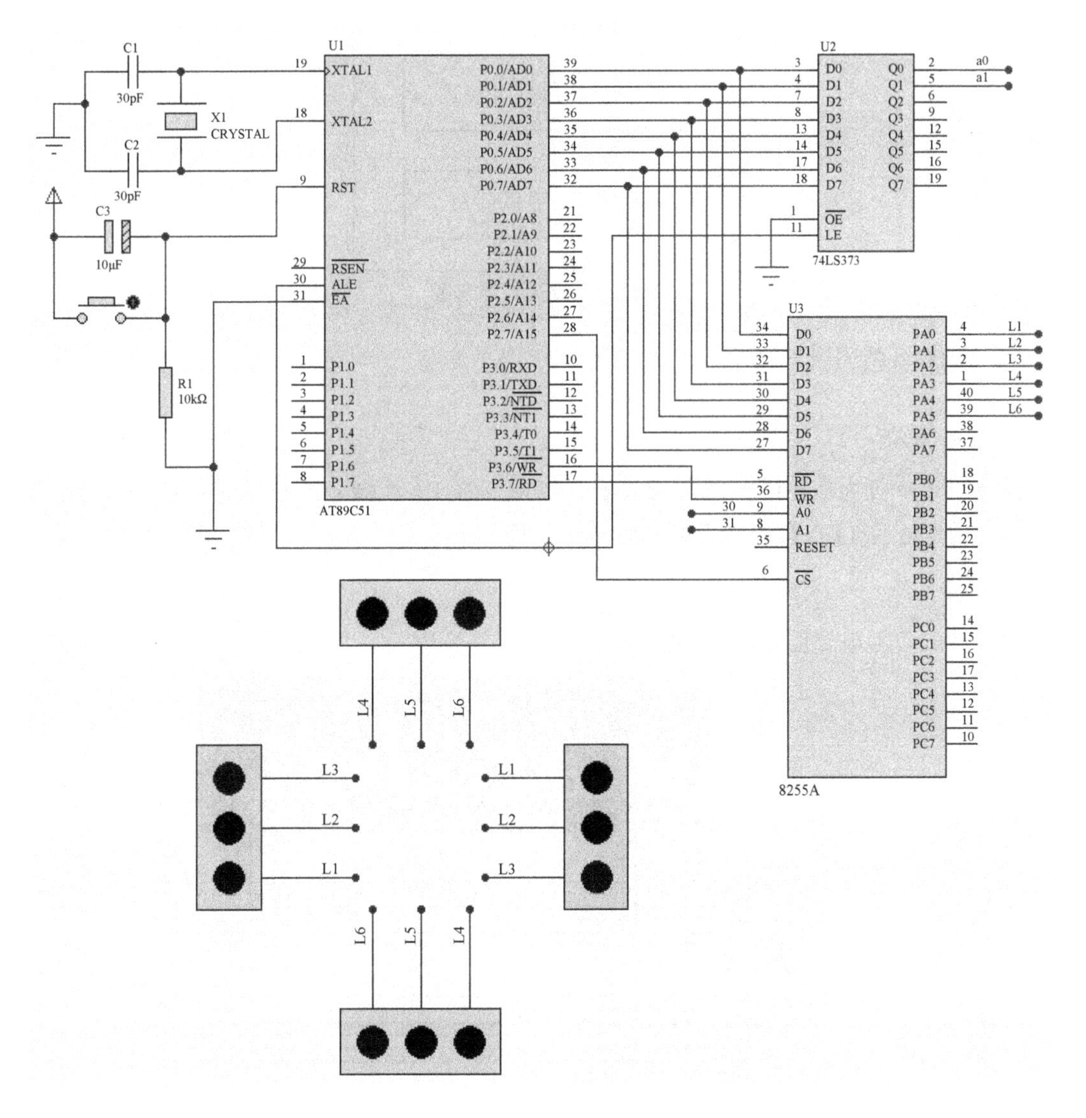

图12.7　交通灯的参考电路图

4. 流程图

交通灯流程图如图12.8所示。

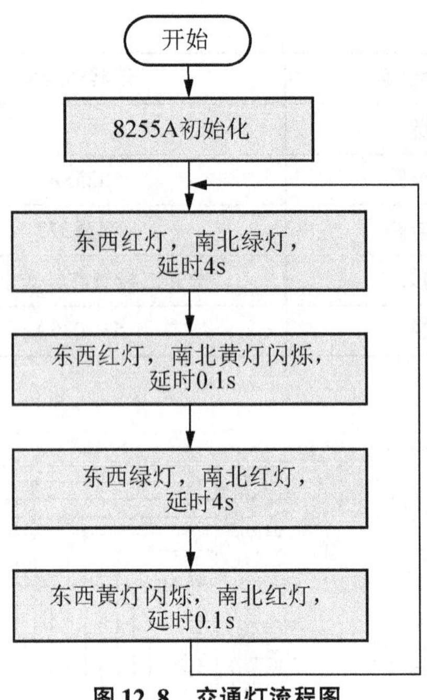

图 12.8　交通灯流程图

12.1.5　频率计的设计与调试

1. 任务要求

设计以单片机为核心的频率测量装置，测量加在 P3.4 脚上的数字时钟信号频率，并在外部扩展的 6 位 LED 数码管上显示测量频率值。

2. 参考电路

频率计的参考电路图如图 12.9 所示。

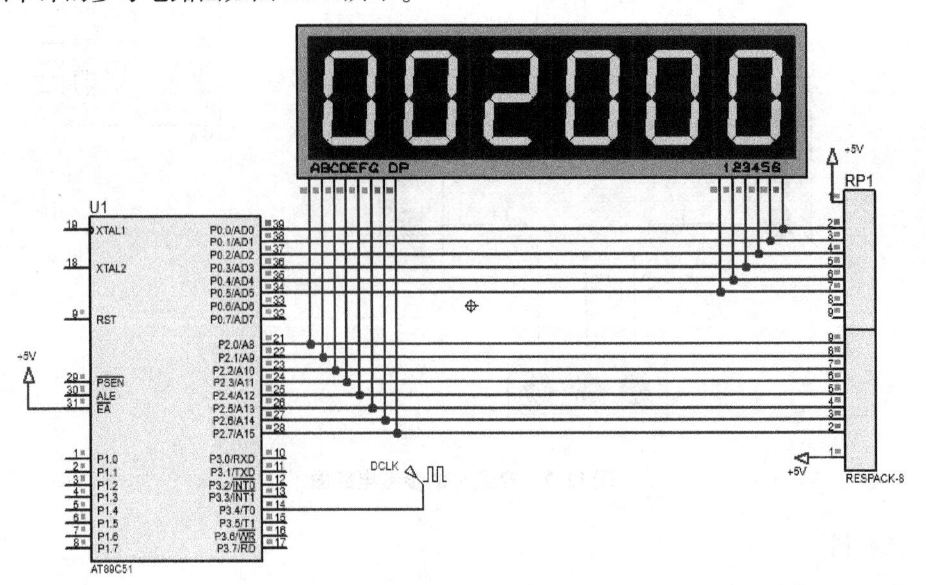

图 12.9　频率计的参考电路图

3. 元器件清单

频率计的元器件清单见表 12－5。

表 12－5　频率计的元器件清单

编　号	元器件名称	元器件规格	数　量
1	51 单片机	AT89C51	1 个
2	电源	5V/0.5A	3 个
3	排阻	RESPACK-8	2 个
4	7 段 LED 数码管	7SEG-MPX6-CC-BLUE	1 个
5	激励源	DCLOCK	1 个

4. 流程图

频率计流程图如图 12.10 所示。

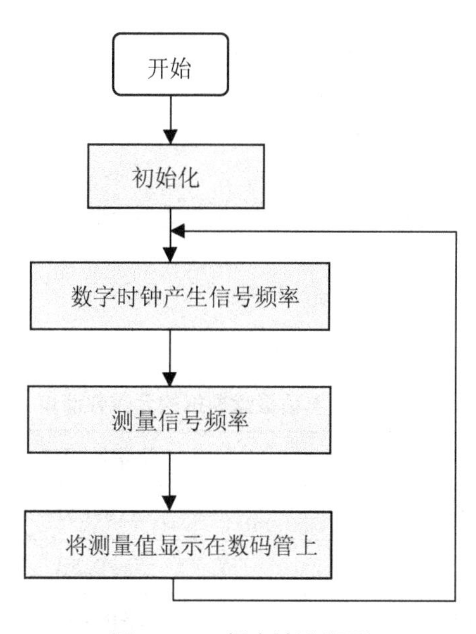

图 12.10　频率计流程图

12.1.6　电话拨盘模拟的设计与调试

1. 任务要求

设计一个单片机监控的电话拨号键盘，将电话键盘中拨出的某一电话号码，显示在 LCD 显示屏上。电话键盘共有 12 个键，除了“0～9”10 个数字键外，还有“＊”键用于实现退格功能，即清除输入的号码；“#”键用于清除显示屏上所有的数字显示。还要求每按下一个键要发出声响，以表示按下该键。

要求用 P1 口扩展 12 个键盘，其中每个键盘所代表的含义在 Proteus 下用文本注出。

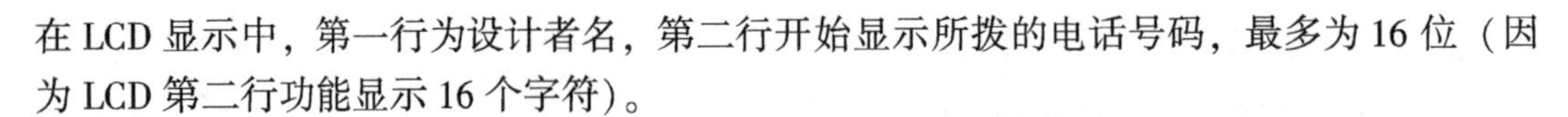

在 LCD 显示中，第一行为设计者名，第二行开始显示所拨的电话号码，最多为 16 位（因为 LCD 第二行功能显示 16 个字符）。

2. 参考电路

电话拨盘模拟的参考电路图如图 12.11 所示。

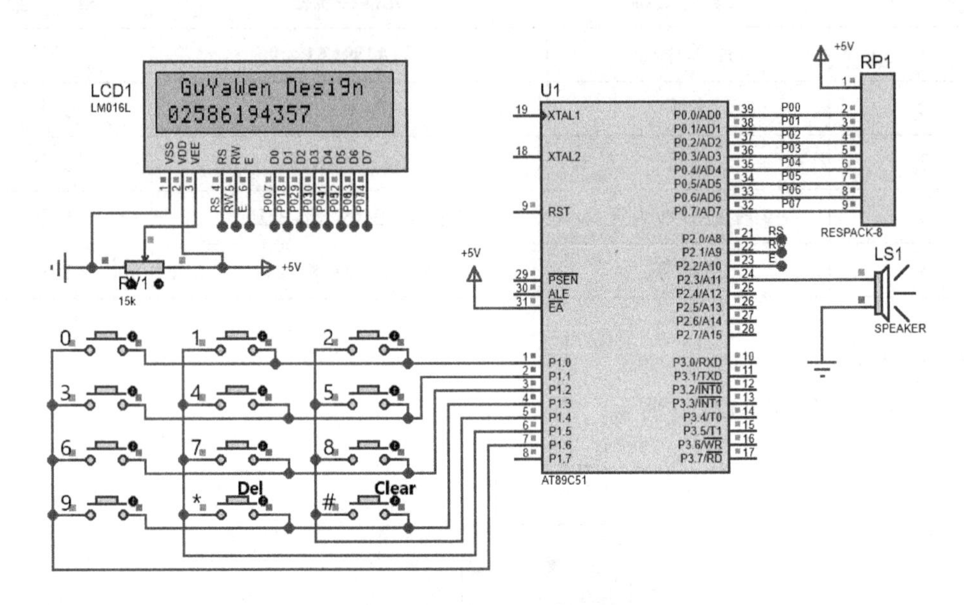

图 12.11 电话拨盘模拟的参考电路图

3. 元器件清单

电话拨盘模拟的元器件清单见表 12－6。

表 12－6 电话拨盘模拟的元器件清单

编　　号	元器件名称	元器件规格	数　　量
1	51 单片机	AT89C51	1 个
2	电源	5V/0.5A	2 个
3	排阻	RESPACK-8	1 个
4	LED	LM016L	1 个
5	可变电阻器	POT-LIN	1 个
6	按键	BUTTON	12 个
7	蜂鸣器	SPEAKER	1 个

4. 流程图

电话拨盘模拟流程图如图 12.12 所示。

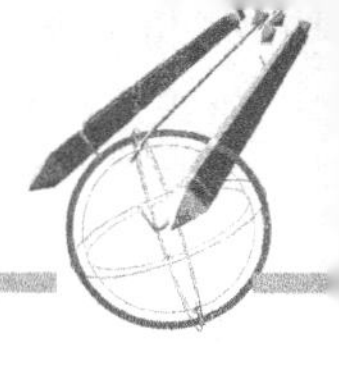

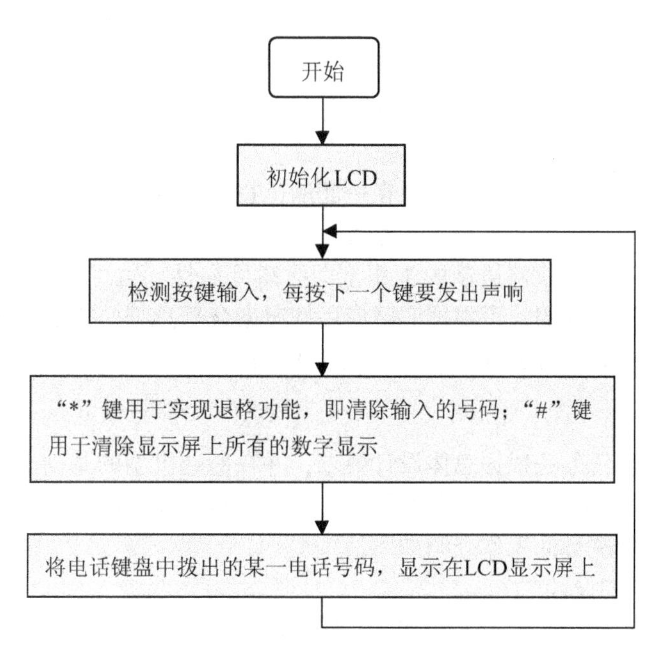

图12.12　电话拨盘模拟流程图

12.2　相关知识

12.2.1　单片机产品的开发

单片机的应用系统和一般的计算机应用系统一样，也是由硬件和软件所组成。硬件指单片机、扩展的存储器、输入/输出设备、控制设备、执行部件等组成的系统，软件是各种控制程序的总称。硬件和软件只有紧密相结合，协调一致，才能组成高性能的单片机应用系统。在系统的研制过程中，软硬件的功能总是在不断地调整，以便相互适应，相互配合，以达到最佳性能价格比。

单片机应用系统的研制过程包括总体设计、硬件设计、软件设件、在线仿真调试、程序固化等几个阶段。

1. 总体设计

1）确定技术指标

在开始设计前，必须明确应用系统的功能和技术要求，综合考虑系统的先进性、可靠性、可维护性、成本及经济效益等。再参考国内外同类产品的资料，提出合理可行的技术指标，以达到最高的性能/价格比。

2）机型选择

对于机型选择的出发点及依据，可根据市场情况，挑选成熟、稳定、货源充足的机型产品。同时还应根据应用系统的要求考虑所选的单片机应具有较高的性能/价格之比。另一方面为提高经济效益，缩短研制周期，最好选用最熟悉的机种和器件。采用性能优良的单片机开发工具也能加快系统的研制过程。

3）器件选择

应用系统除单片机以外，通常还有传感器、模拟电路、输入/输出电路等器件和设备。这些部件的选择应符合系统的精度、速度和可靠性等方面的要求。

4）软、硬件功能划分

系统硬件和软件的设计是紧密联系在一起的，在某些场合硬件和软件具有一定的互换性。为了降低成本、简化硬件结构，某些可由软件来完成的工作尽量采用软件：若为了提高工作速度、精度，减少软件研制的工作量，提高可靠性，也可采用硬件来完成。总之，硬、软件二者是相辅相成的，可根据实际应用情况来合理选择。当总体设计完成，软、硬件所承担的任务确定后，可分别进行软、硬件的设计。

2. 硬件设计

硬件设计的主要任务是根据总体设计要求，并在所选机型的基础上，确定系统扩展所要用的存储器、I/O 电路、A/D 及有关外围电路等，然后设计出系统的电路原理图。在硬件设计的各个环节所进行的工作介绍如下。

1）程序存储器的设计

可作为程序存储器的芯片有 EPROM 和 E^2PROM 两种，从它们的价格和性能特点上考虑，对于大批量生产的已成熟的应用系统宜选用 EPROM。而 EPROM 芯片的容量不同其价格相差并不大，一般宜选用速度高、容量较大的芯片，这样可使译码电路简单，且为软件扩展留有一定的余地。

2）数据存储器和输入/输出接口的设计

对于数据存储器的容量要求，各个系统之间差别比较大。若要求的容量不大可以选用多功能的 RAM、I/O 扩展芯片如 8155 等，若要求较大容量的 RAM，原则上应选用芯片容量较大的片子以减少 RAM 芯片数量而简化硬件线路。在选择 I/O 接口电路时应从体积、价格、功能、负载等几个方面来考虑。标准的可编程接口电路 8255、8155 接口简单、使用方便、功能强、对总线负载小，因而应用很广泛。但对于有些要求接口线很少的应用系统而言，则可采用 TTL 电路，这样可提高口线的利用率，且驱动能力较大。总之，应根据应用系统总的输入输出要求来合理选择接口电路。对于 A/D、D/A 电路芯片的选择原则，应根据系统对它的速度、精度和价格的要求而确定。除此之外，还应考虑和系统中的传感器、放大器相匹配问题。

3）地址译码电路的设计

MCS－51 系统有充足的存储器空间，包括 64KB 程序存储器和 64KB 数据存储器，在应用系统中一般不需要这么大的容量。为了简化硬件线路，还要使所用到的存储器空间地址连续，通常采用译码器和线选法相结合的办法。

4）总线驱动器的设计

MCS－51 系列单片机扩展功能比较强，但扩展总线负载能力有限。若所扩展的电路负载超过总线负载能力，系统便不能可靠地工作。在此情况下，必须在总线上加驱动器。总线驱动器不仅能提高端口总线的驱动能力，而且可提高系统抗干扰性。常用的总线驱动器为双向 8 路三态缓冲器 74LS245、单向 8 路三态缓冲器 74LS244 等。

5）其他外围电路的设计

单片机主要用于实时控制，应用系统具有一般计算机控制系统的典型特征，系统硬件

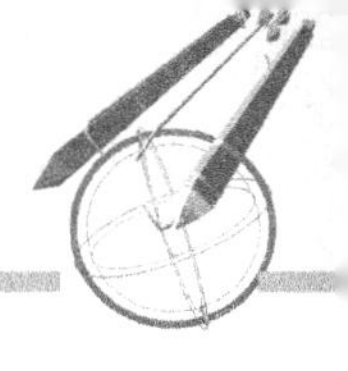

设计包括与测量、控制有关的外围电路。例如键盘、显示器、打印机、开关量输入/输出设备、模拟量/数字量的转换设备、采样、放大等外围电路。

6）可靠性设计

单片机应用系统的可靠性是一项最重要最基本的技术指标，这是硬件设计时必须考虑的一个指标。

可靠性是指在规定的条件下、规定的时间内完规定功能的能力。规定的条件包括环境条件（如温度、湿度、振动等）、供电条件等；规定的时间一般指平均故障时间、平均无故障时间、连续正常运转时间等；规定的功能随单片机的应用系统不同而不同。

3. 软件设计

在应用系统研制中，软件设计是工作量最大而也是最重要的一环，其设计的一般方法和步骤如下。

1）系统定义

系统定义是指在软件设计前，首先要进一步明确软件所要完成的任务，然后结合硬件结构，确定软件承担的任务细节。其软件定义内容如下。

（1）定义各输入/输出的功能，包括信号的类别、电平范围、与系统接口方式、占用口地址、读取的输入方式等。

（2）定义分配存储器空间，包括系统主程序、常数表格、功能子程序块的划分、入口地址表等。

（3）若有断电保护措施，应定义数据暂存区标志单元等。

（4）面板开关、按键等控制输入量的定义与软件编制密切相关，而系统运行过程的显示、运算结果的显示、正常运行和出错显示等也是由软件完成的，所以事先要给予定义。

2）软件结构设计

合理的软件结构是设计出一个性能优良的单片机应用系统软件的基础，必须充分重视。依据系统的定义，可把整个工作分解为若干相对独立的操作，再考虑各操作之间的相互联系及时间关系而设计出一个合理的软件结构。

对于简单的单片机应用系统而言，可采用顺序结构设计方法，其系统软件由主程序和若干个中断服务程序构成，明确主程序和中断服务程序完成的操作并指定各中断的优先级。

对于复杂的实时控制系统而言，可采用实时多任务操作系统，此操作系统应具备任务调度、实时控制、实时时钟、输入输出和中断控制、系统调用、多个任务并行运行等功能，以提高系统的实时性和并行性。

在程序设计方法上，模块程序设计是单片机应用中最常用的程序设计方法。这种模块化程序具有便于设计和调试、容易完成并可供多个程序共享等优点，但各模块之间的连接有一定的难度。根据需要也可采用自上而下的程序设计方法，此方法是先从主程序开始设计，然后再编制各从属的程序和子程序。这种方法比较符合人们的日常思维。其缺点是上一级的程序错误会对整个程序产生影响。软件结构设计和程序设计方法确定后，根据系统功能定义，可先画出程序粗框图，再对粗框图进行扩充和具体化，即对存储器、寄存器、标志位等工作单元做具体的分配和说明，再绘制出详细的程序流程图。

在程序流程图设计出来以后，便可着手编写程序，再经编译、调试，待正常运行后，

固化到 EPROM 中去，从而完成整个应用系统的设计。

4. 应用系统的安装调试

在单片机应用系统设计完成后，依据硬件的设计试制和组装样机及软件设计完成后，便进入系统的调试阶段。单片机应用系统的硬件和软件调试是分不开的，许多硬件故障是在软件调试时才发现的。但通常是应先排除系统中明显的硬件故障，然后才和软件结合起来调试。

1）常见的硬件故障

（1）逻辑错误：样机硬件的逻辑错误是由于设计错误或加工过程中的工艺性错误所造成的。这类错误包括错线、开路、短路、相位错等。

（2）元器件失效：有两方面原因，一是器件本身已损坏或性能不符合要求；二是由于组装错误造成元器件失效，如电解电容、二极管的极性以及集成电路安装方向错误等。

（3）可靠性差：引起可靠性差的原因很多，如金属过孔、接插件接触不良会造成系统时好时坏，经不起振动；内部和外部的干扰、电源纹波系数大、器件负载过大等造成逻辑电平不稳，走线和布局不合理等也会引起系统可靠性差。

（4）电源故障：若样机存在电源故障，则加电后将造成元器件损坏。符合设计要求，但电源引线和插座不对、功率不足、负载能力差等都会引起电源的故障。

2）调试方法

（1）脱机调试：在样机加电之前，先用万用表等工具，根据硬件电气原理图和装配图仔细检查样机线路的正确性，并核对元器件的型号、规格和安装是否符合要求。应特别注意电源的走线，防止电源线之间的短路和极性错误，并重点检查扩展系统总线是否存在相互间的短路或与其他信号线的短路。

对于样机所用电源事先必须单独调试，在调试好后，检查并使其电压值、负载能力、极性等均符合要求，才能加到系统的各个部件上。在不插片子的情况下，加电检查各插件上引脚的电位，仔细测量各点电位是否正常，尤其应注意单片机插座上各点电位是否正常，若有高压，联机时将会损坏开发装置。

（2）联机调试：通过脱机调试可排除一些明显的硬件故障，但有些故障还是要通过联机调试才可发现和排除。联机前先断电，将单片机开发系统的仿真头插到样机的单片机插座上，检查一下开发机与样机之间的电源、接地是否良好。

通电后执行开发机的读写指令，对用户样机的存储器、I/O 端口进行读写操作、逻辑检查，若有故障，可用示波器观察有关波形（如选中的译码器输出波形、读写控制信号、地址数据波形以及有关控制电平）。通过对波形的观察分析，寻找故障原因，并进一步排除故障。可能的故障有线路连接上有逻辑错误、开路或短路现象、集成电路失效等。

在用户系统的样机（主机部分）调试好后，可以插上用户系统的其他外围部件，如键盘、显示器、输出驱动板、A/D、D/A 板等，再将这些电路进行初步调试。

在调试过程中若发现用户系统工作不稳定，可能有下列情况：电源系统供电电流不足，联机时公共地线接触不良；用户系统主板负载过大；用户的各级电源滤波不完善等。对这些问题一定要认真查出原因，加以排除。

软件调试与所选用的软件结构和程序设计技术有关。如果采用模块程序设计技术，则逐个模块分别调试。调试各子程序时一定要符合现场环境，即入口条件和出口条件。调试

的手段可采用单步或设断点运行方式，通过检查用户系统CPU的现场、RAM的内容和I/O口的状态，检查程序执行结果是否符合设计要求。通过检测可以发现程序中的死循环错误、机器码错误及转移地址的错误，同时也可以发现用户系统中的硬件故障、软件算法及硬件设计错误。在调试过程中不断调整用户系统的软件和硬件，逐步通过一个一个程序模块。

各模块通过以后，可以把有关的功能模块联合起来一起进行综合调试。在这个阶段中若发生故障，可以考虑各子程序在运行时是否破坏现场、缓冲单元是否发生冲突、标志位的建立和清除在设计上有没有失误、堆栈区域有无溢出、输入设备的状态是否正常等。若用户系统是在开发机的监控程序下运行，还要考虑用户缓冲单元是否和监控程序的工作单元发生冲突。

在单步和断点调试后，还应进行连续调试，这是因为单步运行只能验证程序的正确与否，而不能确定定时精度、CPU的实时响应等问题。待全部调试完成后，应反复运行多次，除了观察稳定性之外，还要观察用户系统的操作是否符合原始设计要求、安排的用户操作是否合理等，必要时再做适当的修正。

如果采用实时多任务操作系统，一般是逐个任务进行调试。调试方法与上述基本相似，只是实时多任务操作系统的应用程序是由若干个任务程序组成的，一般是逐个任务进行调试，在调试某一个任务时，同时也调试相关的子程序、中断服务程序和一些操作系统的程序。调试好以后，再使各个任务程序同时运行，如果操作系统无错误，一般情况下系统就能正常运转。

软件和硬件联调完成以后，反复运行正常则可将用户系统程序固化到EPROM中，在插入用户样机后，用户系统即能脱离开发系统独立工作，至此系统研制完成。

12.2.2　单片机与A/D、D/A接口

1. 单片机与ADC0809的接口

ADC0809是COMS工艺、采用逐次逼近法的8位A/D转换芯片，共有28个引脚，双列直插式封装，片内除A/D转换部分外，还有多路模拟开关部分。ADC0809的引脚图如图12.13所示。

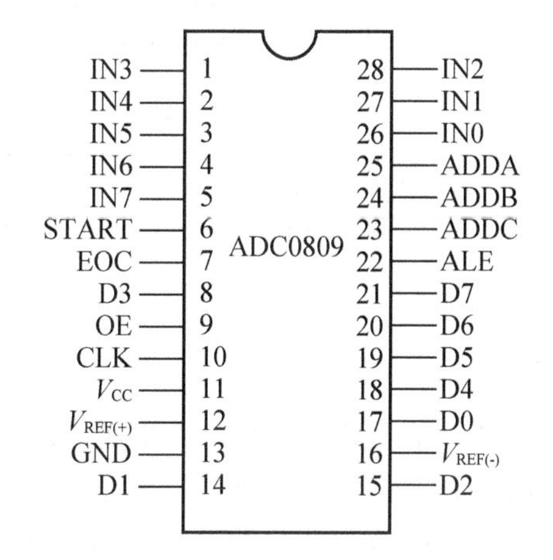

图12.13　ADC0809的引脚图

1）ADC0809的特点

它采用了8路模拟量的分时输入（模拟开关），最多允许8路模拟量分时输入；共用一个A/D转换器进行模/数转换；内部主要有四大部分组成，即8路模拟开关、8位A/D转换器、三态输出锁存器、地址锁存译码器。

MCS-51单片机与ADC0809芯片的接口电路如图12.14所示。

2）ADC0809的工作时序

ADC0809的时钟由51单片机输出的ALE信

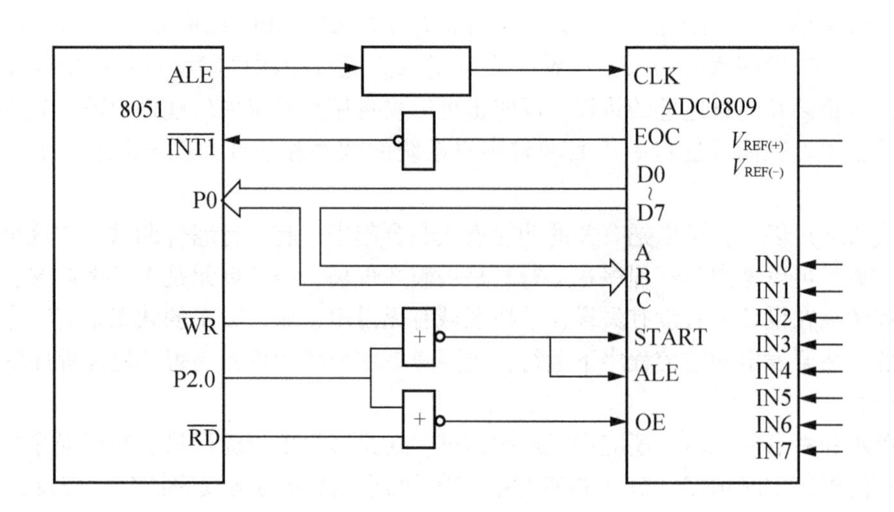

图 12.14　MCS－51 单片机与 ADC0809 芯片的接口电路

号二分频后提供。ADC0809 的通道地址 A、B、C 由单片机 P0 口的低 3 位直接提供。启动 ADC0809 的工作时序如下。

（1）先由 P0 口的低 3 位给出模拟通道的地址给 A、B、C。

（2）再由 P2.0 和$\overline{WR}$联合（逻辑或）提供一个信号给 ADC0809 芯片的 START 端和 ALE 地址锁存端。

（3）假定选中 ADC0809 的 IN0 通道，可知此时的通道地址由 P2 和 P0（P2 = 1111 1110，P0 = 1111 1000）组成，即 0FEF8H。

（4）A/D 转换完毕后，再由 EOC 发出一个正脉冲通知 8051。ADC089 芯片的写时序图如图 12.15 所示。

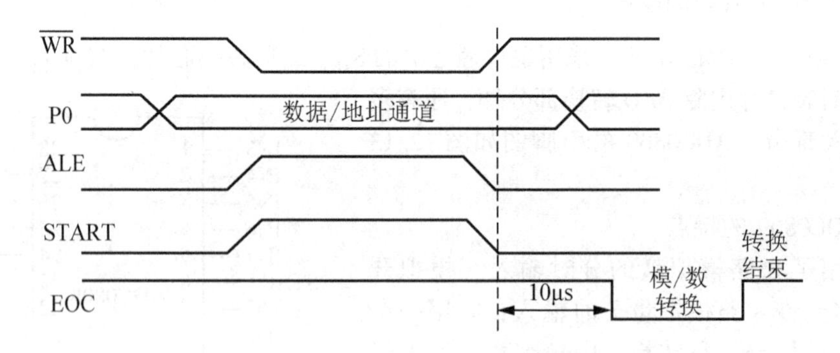

图 12.15　ADC0809 芯片的写时序图

（5）单片机在收到 EOC 的正脉冲信号后，产生一个$\overline{RD}$信号并与 P2.0 联合（逻辑或）提供一个信号给 ADC0809 芯片的 OE 端。

（6）在 OE 端有效后，打开输出锁存器三态门，8 位数字信息就被读入 CPU。ADC0809 芯片的读时序图如图 12.16 所示。

以上所有的动作都是在程序的导引下，一步一步地完成的。

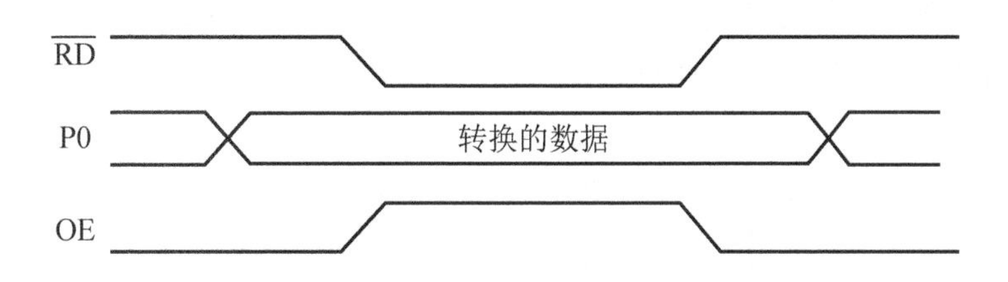

图 12.16　ADC0809 芯片的读时序图

2. 单片机与 DAC0832 的接口

DAC0832 是 CMOS 工艺制造的 8 位单片 D/A 转换器，芯片采用的是双列直插封装结构。DAC0832 的引脚图如图 12.17 所示。

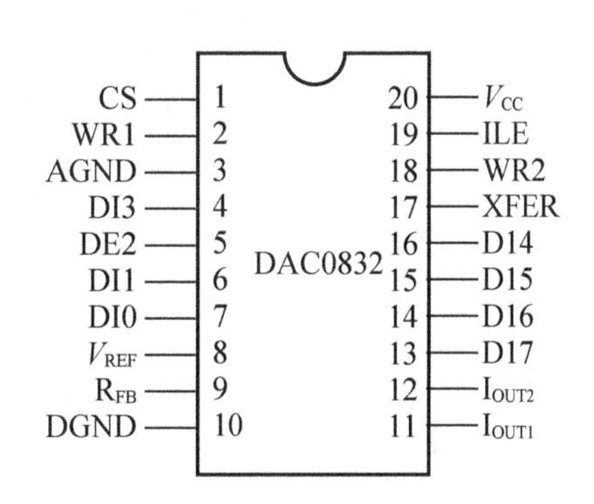

图 12.17　DAC0832 的引脚图

DAC0832 具有如下功能特点：分辨率为 8 位；只需在满量程下调整其线性度；可与所有的单片机或微处理器直接接口，也可单独使用；电流稳定时间 1ms；可以双缓冲（速度快），单缓冲可直通数据输入；低功耗，200mW；逻辑电平输入与 TTL 兼容；单电源供电（+5V 或 +15V）。

DAC0832 是电流型 D/A 转换电路，输入数字量，输出模拟量，通过运算放大器将电流信号转换成单端电压信号输出。由于输出的模拟信号，极易受到电源和数字信号的干扰而发生波动，因此为提高模拟信号的精度，一方面将“数地”和“模地”分开（各自独立），另一方面采用了高精度的 V_{REF} 基准电源与“模地”配合使用。

MCS-51 单片机与 DAC0832 的接口电路一般有两种接口方式：单缓冲器连接方式和双缓冲器连接方式。

DAC0832 内部的两个寄存器（输入/DAC）中的任一个都是处于常通状态的（即共用一个地址，如图 12.18 所示，用 P2.7 同时做输入/DAC 寄存器的地址——7FFFH——0111 1111 1111 1111B），相当于是一个寄存器。当数据进入了输入寄存器后，同时也写入了 DAC 寄存器，故称单缓冲器连接方式。

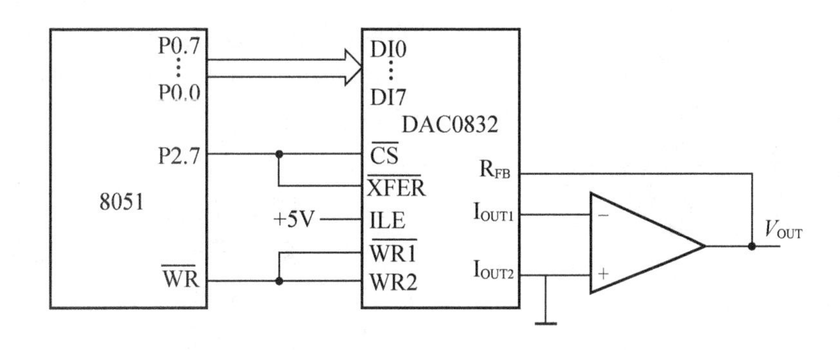

图 12.18　单缓冲器连接方式

双缓冲器连接方式如图 12.19 所示，以两片 DAC0832 为例，输入寄存器和 DAC 寄存器各占用一个 I/O 地址，所以每片 DAC0832 芯片工作在双缓冲方式时需要两个地址。其工作特点：先将要转换的数字量保存在输入寄存器中，在适当的时候，再由输入寄存器送至 DAC 寄存器锁存并进行 D/A 转换输出。

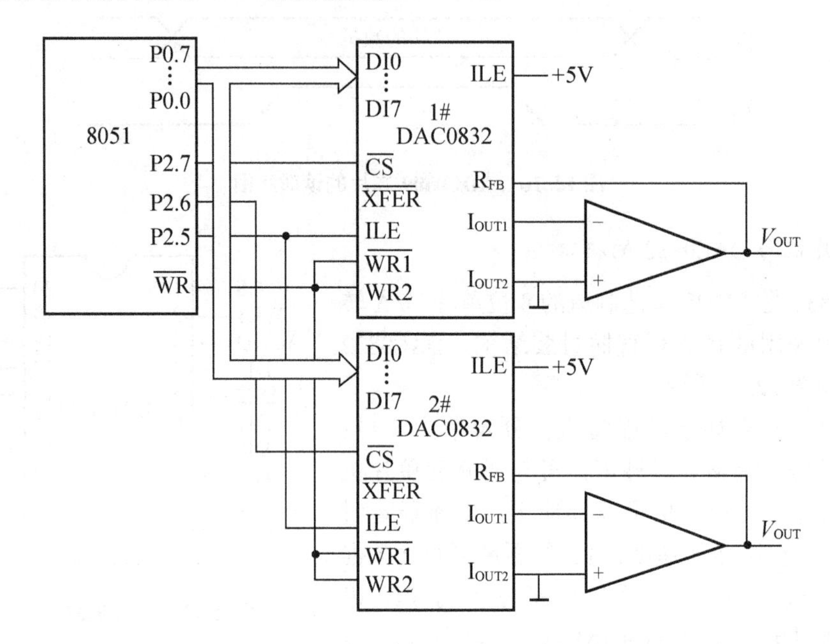

图 12. 19　双缓冲器连接方式

12. 2. 3　步进电动机控制

1. 认识步进电动机

1）什么是步进电动机

步进电动机是将电脉冲信号转变为角位移或线位移的开环控制电动机。在非超载的情况下，电动机的转速、停止的位置只取决于脉冲信号的频率和脉冲数，而不受负载变化的影响。当步进驱动器接收到一个脉冲信号，它就驱动步进电动机按设定的方向转动一个固定的角度，称为“步距角”，它的旋转是以固定的角度一步一步运行的。它可以通过控制脉冲个数来控制角位移量，从而达到准确定位的目的；同时可以通过控制脉冲频率来控制电动机转动的速度和加速度，从而达到调速的目的。图 12. 20 所示为 28BYJ－48 型的 4 相 8 拍永磁型步进电动机。

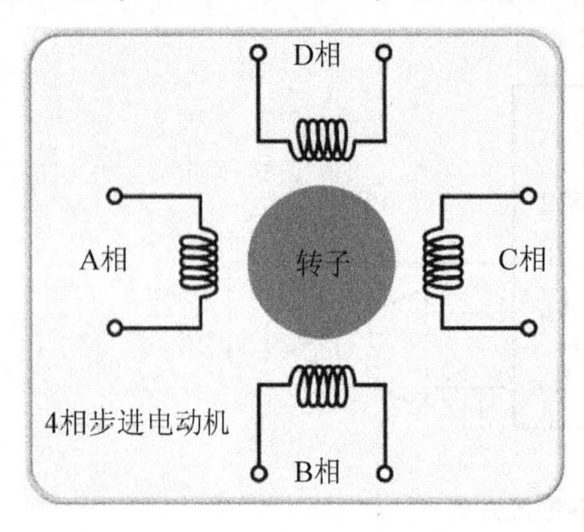

图 12. 20　28BYJ－48 型的 4 相 8 拍永磁型步进电机

2）步进电动机的特点

（1）一般步进电动机的精度为步进角的 3% ~5%，且不累积。

（2）步进电动机外表允许的温度高。步进电动机温度过高首先会使电动机的磁性材料退磁，从而导致力矩下降乃至于失步，因此电动机外表允许的最高温度应取决于不同电动机磁

性材料的退磁点；一般来讲，磁性材料的退磁点都在130℃以上，有的甚至高达200℃以上，所以步进电动机外表温度在80～90℃完全正常。

(3) 步进电动机的力矩会随转速的升高而下降。当步进电动机转动时，电动机各相绕组的电感将形成一个反向电动势；频率越高，反向电动势越大。在它的作用下，电动机随频率（或速度）的增大而相电流减小，从而导致力矩下降。

(4) 步进电动机低速时可以正常运转，但若高于一定速度就无法启动，并伴有啸叫声。步进电动机有一个技术参数为空载启动频率，即步进电动机在空载情况下能够正常启动的脉冲频率。如果脉冲频率高于该值，电动机不能正常启动，可能发生丢步或堵转。在有负载的情况下，启动频率应更低。如果要使电动机达到高速转动，脉冲频率应该有加速过程，即启动频率较低，然后按一定加速度升到所希望的高频（电动机转速从低速升到高速）。

2. ULN2003A 驱动器

在自动化密集的场合会有很多被控元器件，如继电器、微型电动机、风机、电磁阀、空调、水处理等元器件及设备，这些设备通常由CPU所集中控制。由于控制系统不能直接驱动被控元件，所以需要由功率电路来扩展输出电流以满足被控元器件的电流、电压。高压大电流达林顿晶体管阵列系列产品就属于这类可控大功率元器件。由于这类器件功能强、应用范围广，因此许多公司都生产高压大电流达林顿晶体管阵列产品，从而形成了各种系列产品。

常用的小型步进电动机驱动电路可以用ULN2003或ULN2803。ULN2003是高压大电流达林顿晶体管阵列系列产品，具有电流增益高、工作电压高、温度范围宽、带负载能力强等特点，适应于各类要求高速大功率驱动的系统。ULN2003A由7组达林顿晶体管阵列和相应的电阻网络以及钳位二极管网络构成，具有同时驱动7组负载的能力，为单片双极型大功率高速集成电路。ULN2003A的引脚图如图12.21所示。

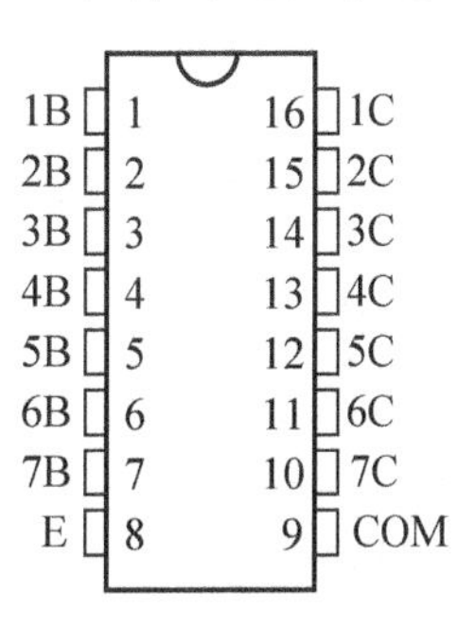

图12.21 ULN2003A的引脚图

ULN2003是大电流驱动阵列，多用于单片机、智能仪表、PLC、数字量输出卡等控制电路中，可直接驱动继电器等负载，输入5V TTL电平，输出可达500mA/50V。

ULN2003是高耐压、大电流达林顿阵列，由7个硅NPN达林顿管组成。该电路的特点如下：ULN2003的每一对达林顿都串联一个2.7kΩ的基极电阻，在5V的工作电压下它能与TTL和CMOS电路直接相连，可以直接处理原先需要标准逻辑缓冲器来处理的数据。它经常用作显示驱动、继电器驱动、照明灯驱动、电磁阀驱动、伺服电动机和步进电动机驱动等电路中。

12.2.4 单片机扩展I/O接口的设计

1. 51系列单片机扩展

51系列单片机内部有4个双向的并行I/O端口：P0～P3共占32根引脚、P0口的每一位可以驱动8个TTL负载、P1～P3口的负载能力为3个TTL负载。

在无片外存储器扩展的系统中，这4个端口都可以作为准双向通用I/O口使用。在具有片外扩展存储器的系统中，P0口分时地作为低8位地址线和数据线，P2口作为高8位地址线。这时，P0 口和部分或全部的 P2 口无法再作通用 I/O 口。P3 口具有第二功能，在应用系统中也常被使用。因此，在大多数的应用系统中，真正能够提供给用户使用的只有 P1 和部分 P2、P3 口。综上所述，51 系列单片机的 I/O 端口通常需要扩充，以便和更多的外设（例如显示器、键盘）进行联系。

在 51 单片机中扩展的 I/O 口，采用与片外数据存储器相同的寻址方法，所有扩展的 I/O 口以及通过扩展 I/O 口连接的外设都与片外 RAM 统一编址，因此对片外 I/O 口的输入/输出指令就是访问片外 RAM 的指令。

在实际中，扩展 I/O 口的方法有 3 种：简单的 I/O 口扩展、采用可编程的并行 I/O 接口芯片扩展以及利用串行口进行 I/O 口的扩展。

2. 简单的 I/O 扩展

1）简单输入口扩展

（1）两个输入口扩展。简单输入口扩展使用的集成芯片，比较典型的如 74LS244 缓冲驱动芯片。图 12.22 为 74LS244 芯片的引脚及扩展电路。

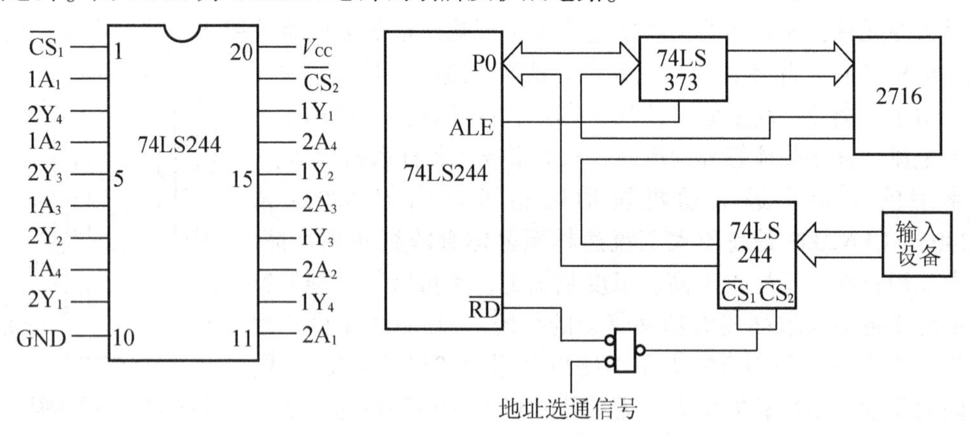

图 12.22　74LS244 芯片的引脚及扩展电路

（2）多个输入口扩展。使用多片 74LS244 实现多个（例如 5 个）输入口扩展的电路连接，如图 12.23 所示。

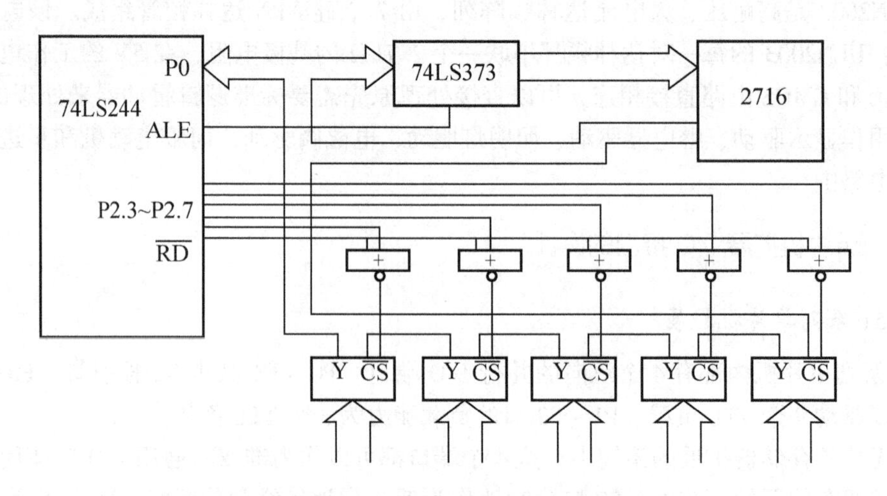

图 12.23　多个输入口扩展的电路

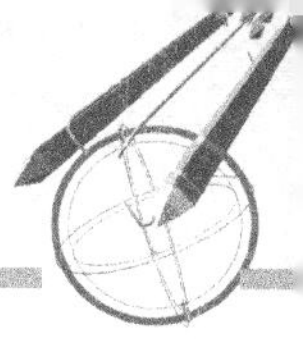

2）简单输出口扩展

简单输出口扩展通常使用74LS377芯片，该芯片是一个具有“使能”控制端的锁存器。其引脚图及逻辑电路如图12.24所示。其中，1D～8D为8位数据输入线；1Q～8Q为8位数据输出线；CK为时钟信号上升沿数据锁存，为使能控制信号，低电平有效；V_{CC}为+5V电源。

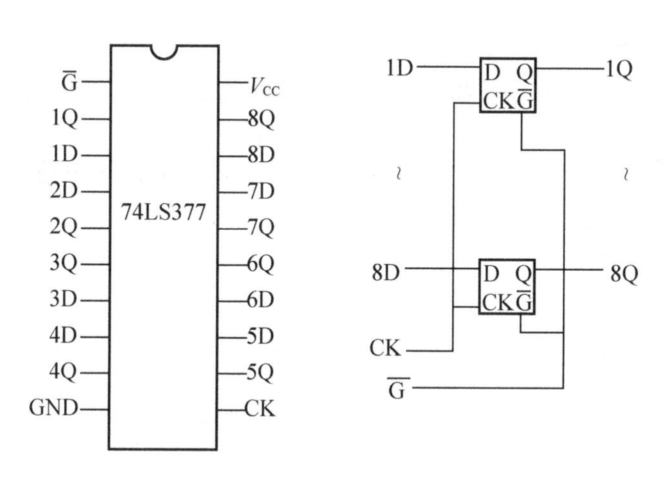

图12.24　74LS377引脚图及逻辑电路

由逻辑电路可知，74LS377是由D触发器组成的，D触发器在上升沿输入数据，即在时钟信号（CK）由低电平跳变为高电平时，数据进入锁存器。其功能表见表12－7。

表12－7　74LS377功能表

电　平	CK	D	Q
1	X	X	Q0
0	↑	1	1
0	↑	0	0
X	0	X	Q0

扩展单输出口只需要一片74LS377，其连接电路如图12.25所示。

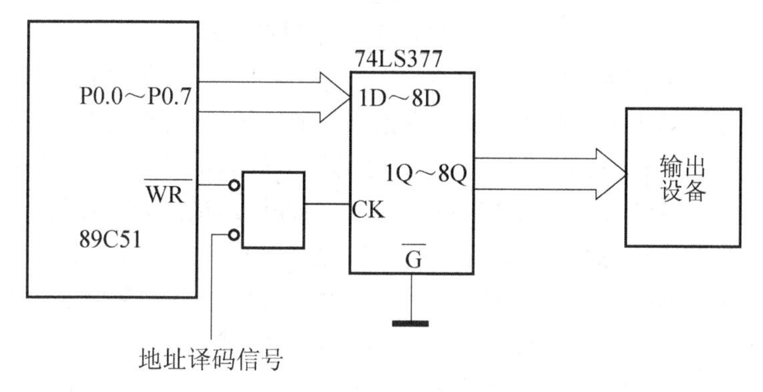

图12.25　74LS377作输出口扩展

3. 并行I/O口扩展

单片机扩展时常采用可编程的并行接口芯片8255A扩展I/O。8255A是Intel公司生产的可编程输入输出接口芯片，它具有3个8位的并行I/O口，具有3种工作方式，可通过程序改变其功能，因而使用灵活方便，通用性强，可作为单片机与多种外围设备连接时的中间接口电路。

1）8255的外部引脚和内部结构

（1）外部引脚。8255是一个40引脚的双列直插式芯片，其引脚图如图12.26所示。

引脚	名称	8255	名称	引脚
1	PA3		PA4	40
2	PA2		PA5	39
3	PA1		PA6	38
4	PA0		PA7	37
5	$\overline{RD}$		$\overline{WR}$	36
6	$\overline{CS}$		RESET	35
7	GND		C0	34
8	A1		D1	33
9	A0		D2	32
10	PC7		D3	31
11	PC6		D4	30
12	PC5		D5	29
13	PC4		D6	28
14	PC0		D7	27
15	PC1		V_{CC}	26
16	PC2		PB7	25
17	PC3		PB6	24
18	PB0		PB5	23
19	PB1		PB4	22
20	PB2		PB3	21

图12.26　8255引脚图

具体说明如下。

PA0～PA7：A口的输入输出信号线。该口是输入还是输出或双向，由软件决定。

PB0～PB7：B口的输入输出信号线。该口是输入还是输出，由软件决定。

PC0～PC7：C口信号线。该口可作输入、输出、控制和状态线使用，由软件决定。

D0～D7：双向数据信号线，用来传送数据和控制字。

$\overline{RD}$：读信号线。

$\overline{WR}$：写信号线。

$\overline{CS}$：片选信号线。当低电平有效时，$\overline{CS}$才选中该芯片，才能对8255进行操作。

RESET：复位输入信号。当高电平有效时，复位8255。复位后8255的A口、B口和C口均被定为输入。

A0A1：口地址选择信号线。8255内部共有3个口，即A口、B口、C口并和一个控制寄存器供用户编程。A1A0取00～11值，可选择A、B、C口与控制寄存器，选择方法如下。

$$A1\ A0=\begin{cases}00\text{：选择 A 口}\\01\text{：选择 B 口}\\10\text{：选择 C 口}\\11\text{：选择控制寄存器}\end{cases}$$

（2）内部结构。8255内部结构图如图12.27所示。8255作为主机与外设的连接芯片，必须提供与主机相连的3个总线接口，即数据线、地址线、控制线接口。同时，必须具有与外设连接的接口A、B、C口。由于8255可编程，所以必须具有逻辑控制部分，因而8255内部结构分为3个部分：与CPU连接部分、与外设连接部分、控制部分。从图12.27中可以看到，左边的信号与系统总线相连，而右边是与外设相连接的3个口，且3个口均为8位。其中，A口输出有锁存能力，输入亦有锁存能力；B口输入输出均有锁存能力；C口输出有锁存能力，输入没有锁存能力，在使用上要注意到这一点。

为了控制方便，将8255的3个口分成A、B两组。其中，A组包括A口的8条口线和C口的高4位PC4～PC7；B组包括B口的8条口线和C口的低4位PC0～PC3。A组和B

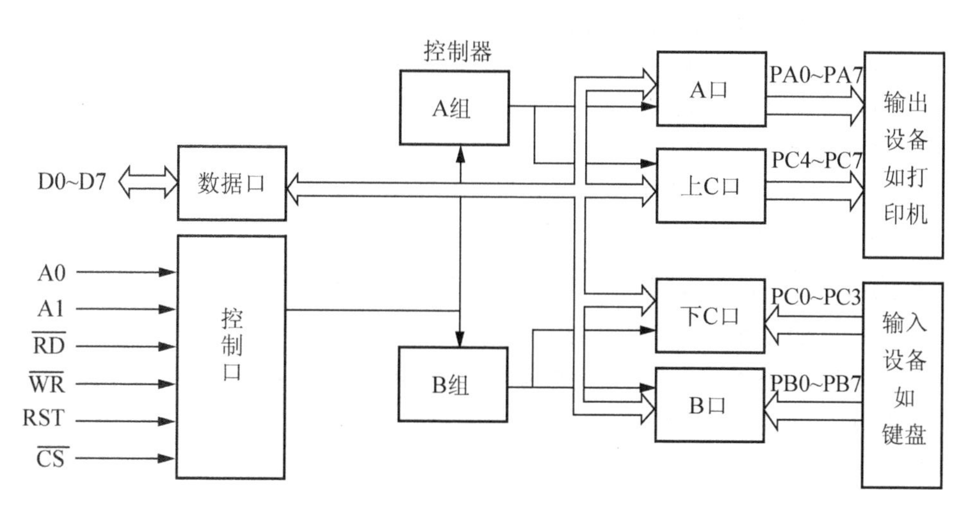

图 12.27　8255 内部结构图

组分别由软件编程来加以控制。

2）8255 的扩展逻辑电路

MCS－51 单片机可以和 8255 直接连接，图 12.28 给出了一种扩展电路。89C51 与 8255 的连接就是三总线的连接。

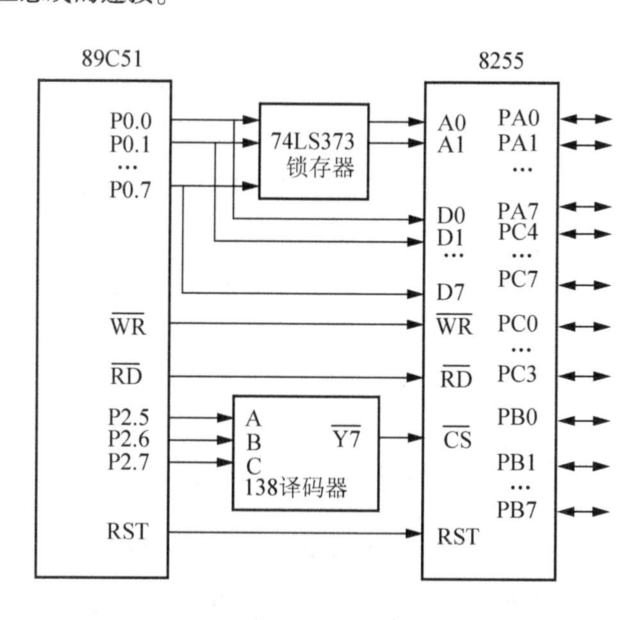

图 12.28　8255 的扩展逻辑电路

8255 数据总线 DB 有 8 根：D0～D7。因为 89C51 是用其 P0 口作为数据总线口，所以 89C51 与 8255 数据线连接为 89C51 的 P0.0～P0.7 与 8255 的 D0～D7 连接。

8255 地址线 AB 有两根：A0、A1。A0、A1 通过 74LS373 锁存器与 89C51 的 P0.0、P0.1 连接。

（1）片选信号 $\overline{CS}$：由 P2.5～P2.7 经 138 译码器 $\overline{Y7}$ 产生。若要选中 8255，则 $\overline{Y7}$ 必须

有效，此时 P2.5 P2.6 P2.7 = 111。由此可推知各口地址如下。

A 口：111 x ~ x 00 = E000H（当 x ~ x = 0 ~ 0 时）。

B 口：111 x ~ x 01 = E001H（当 x ~ x = 0 ~ 0 时）。

C 口：111 x ~ x 10 = E002H（当 x ~ x = 0 ~ 0 时）。

控制口：111 x ~ x 11 = E003H（当 x ~ x = 0 ~ 0 时）。

其中，x ~ x 表示取值可任意，所以各口地址不是唯一。

（2）读信号 $\overline{RD}$：8255 的读信号 $\overline{RD}$ 与 89C51 的 $\overline{RD}$ 相连。

（3）写信号 $\overline{WR}$：8255 的写信号 $\overline{WR}$ 与 89C51 的 $\overline{WR}$ 相连。

（4）复位信号 RST：8255 的复位信号 RST 与 89C51 的 RST 相连。

3）8255 的工作方式

由 8255 的定义可知，8255 有 3 种工作方式，见表 12－8。这些工作方式可用软件编程来指定。

表 12－8 8255 的工作方式

接 口	方 式		
	A	B	C
方式 0	基本 I/O 方式	基本 I/O 方式	基本 I/O 方式
方式 1	应答 I/O 方式	应答 I/O 方式	通信线
方式 2	应答 I/O 双向方式	无	通信线

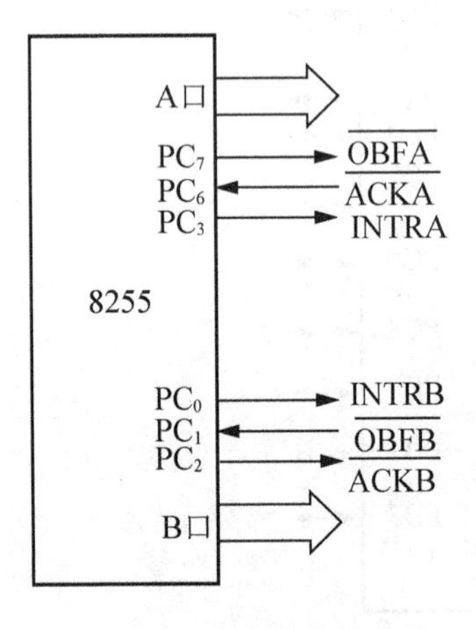

图 12.29 各条控制引线的定义（A 口和 B 口作输出口时 C 口提供的控制引线）

（1）在方式 1 下，A 口和 B 口均为输出。各条控制引线的定义如图 12.29 所示。

各控制信号的含义如下。

$\overline{OBF}$：输出缓冲器满信号，低电平有效。它用来告诉外设，在规定的接口上 CPU 已输出一个有效的数据，外设可以从该口取走此数据。

$\overline{ACK}$：外设响应信号，低电平有效。它用来通知接口外设已经将数据接收，并使 $\overline{OBF}$ = 1。

INTR：中断请求信号，高电平有效。当外设已从接口取走数据，接口的缓冲器变空，且接口允许中断时，INTR 有效，即 $\overline{ACK}$ = $\overline{OBF}$ = 1 且允许中断，则 INTR = 1。

（2）在方式 1 下，A 口和 B 口均为输入。这种情况和两口均为输出类似，各条控制引线的定义如图 12.30 所示。

各控制信号的含义如下。

$\overline{STB}$：输入选通信号，低电平有效。它由外设提供，利用该信号可以将外设数据锁存于 8255 的口锁存器中。

IBF：输入缓冲器满信号，高电平有效。当它有效时，表示已有一个有效的外设数据

锁存于8255的口锁存器中。可用此信号通知外设数据已锁存于接口中，尚未被CPU读走，暂不能向接口输入数据。

INTR：中断请求信号，高电平有效。当外设将数据锁存于接口之中，且又允许中断请求发生时，就会产生中断请求。

（3）方式2，又称双向输入输出方式I/O操作。只有A口才能工作在方式2。当A口工作在方式2时，要利用C口的5条线才能实现。此时，B口只能工作在方式0或者方式1下，而C口剩余的3条线可作为输入线、输出线或B口方式1之下的控制线。方式2下C口提供的控制线如图12.31所示。

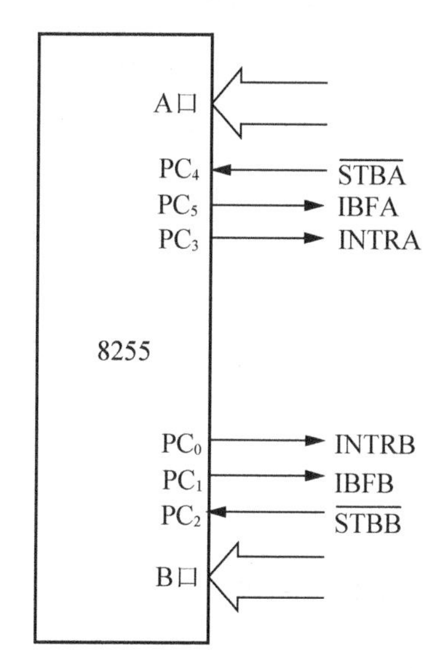

图12.30 各条控制引线的定义（A口和B口作输入口时C口提供的控制引线）

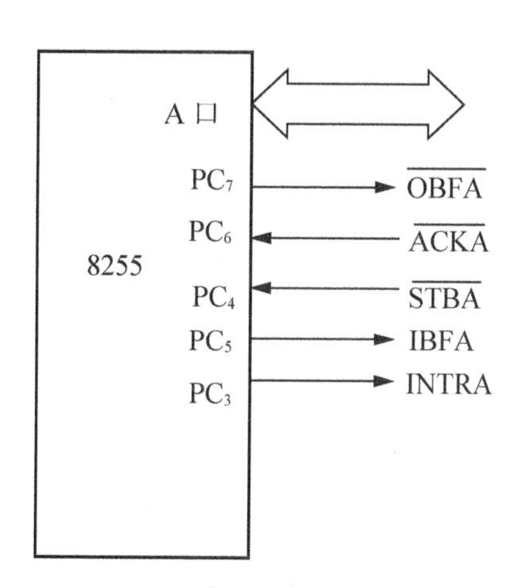

图12.31 方式2下C口提供的控制线

4）8255的控制字及初始化程序

8255是编程接口芯片，通过控制字（控制寄存器）对其端口的工作方式和C口各位的状态进行设置。8255共有两个控制字，一个是工作方式控制字，另一个是C口置位/复位控制字。这两个控制字共用一个地址，通过最高位来选择使用那个控制字。

（1）工作方式控制字。主要功能：确定8255接口的工作方式及数据的传送方向。

其各位的控制功能如图12.32所示。

对工作方式控制字做如下说明。

① A口可工作在方式0、方式1和方式2，B口可工作在方式0和方式1。

② 在方式1或方式2下，对C口的定义（输入或输出）不影响作为控制信号使用的C口各位功能。

③ 最高位是标志位，当作为方式控制字使用时，其值固定为1。

（2）置位/复位控制字。在某些情况下，C口用来定义控制信号和状态信号，因此C口的每一位都可以进行置位或复位。对C口的置位或复位是由置位/复位控制字进行的。其各位的功能如图12.33所示。其中，最高位必须固定为“0”。

（3）8255初始化。8255初始化就是向控制寄存器写入工作方式控制字和C口置位/复

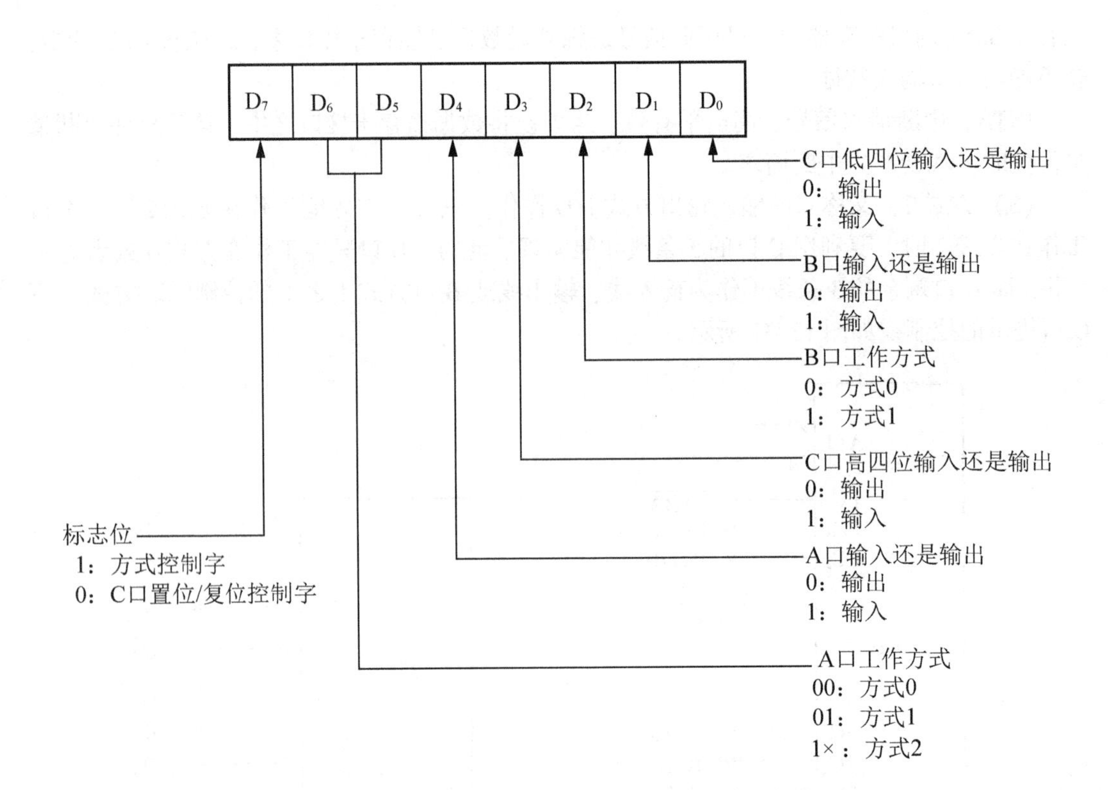

图 12.32　8255 工作方式控制字各位的控制功能

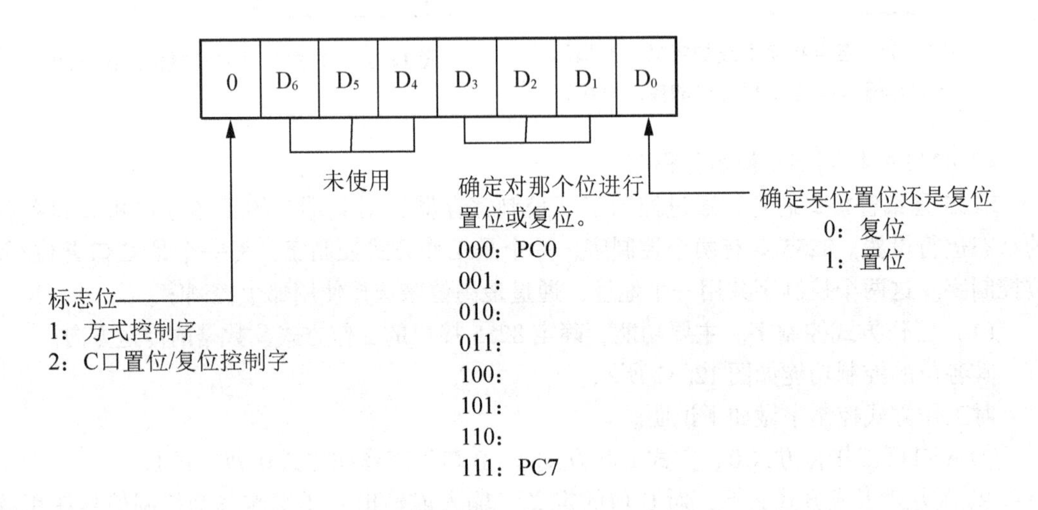

图 12.33　8255 置位/复位控制字各位的功能

位控制字。例如，对 8255 各口做如下设置：A 口方式 0 输入，B 口方式 1 输出，C 口高位部分为输出，低位部分为输入。设 8255 的扩展逻辑电路如图 7.24 所示，则控制寄存器的地址为 7FFFH。按各口的设置要求，工作方式控制字为 10010101，即 95H。所以，初始化程序如下。

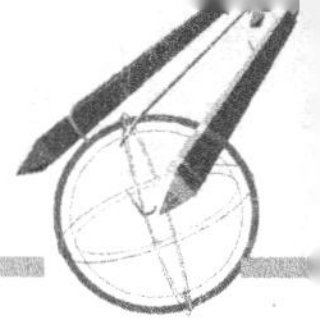


```
MOV   DPTR, #7FFFH
MOV   A,  #95H
MOVX  @DPTR,  A
```

例如，对8255初始化编程如下。

① A、B、C口均为基本I/O输出方式。

② A口与上C口为基本I/O输出方式。

B口与下C口为基本I/O输入方式。

③ A口为应答I/O输入方式，B口为应答I/O输出方式。

对应汇编程序代码如下。

```
①      MOV     DPTR,#0E003H              ;DPTR指向8255控制口地址E003H
        MOV     A,#10000000B=#80H         ;设置A、B、C口为基本I/O输出方式
        MOVX    @DPTR,A                   ;工作方式选择字送入8255控制寄存器
②      MOV     DPTR,#0E003H
        MOV     A,#10000011B=#83H         ;设置A口与上C口为基本I/O输出方式
                                          ;B口与下C口为基本I/O输入方式
        MOVX    @DPTR,A                   ;工作方式选择字送入8255控制寄存器
③      MOV     DPTR,#0E003H
        MOV     A,#10110100B=#B4H         ;设置A口应答输入、B口应答输出方式
        MOVX    @DPTR,A                   ;工作方式选择字送入8255控制寄存器
```

由于8255的工作方式选择字与C口置/复位字共用一个控制寄存器，故特设置D7为标志位，D7=0表示控制字为C口置/复位字，D7=1表示控制字为8255工作方式选择字。D6、D5、D4不用，故常取000。

例如，用8255的C口的PC3引脚向外输出连续的正脉冲信号，频率=1 000Hz。

首先将C口设置为基本I/O输出方式，先从PC3引脚输出高电平1，间隔0.5ms后向PC3输出低电平0，再间隔0.5ms后向PC3输出高电平1，周而复始，则可实现从PC3输出频率为1 000Hz的正脉冲的目的。汇编指令代码如下。

```
        MOV     A,#80H          ;设置A、B、C口为基本I/O输出方式
        MOV     DPTR,#0E003H
        MOVX    @DPTR,A
LOOP:   MOV     A,#07H          ;C口置位控制字=00000111B=07H
        MOVX    @DPTR,A         ;PC3引脚输出高电平
        LCALL   DELAY0.5        ;延时05ms
        MOV     A,#06H          ;复位控制字=00000110B=06H
        MOVX    @DPTR,A         ;PC3引脚输出低电平
        LCALL   DELAY0.5        ;延时05ms
        SJMP    LOOP            ;继续循环
```

12.3 项目任务参考程序

1. 多路抢答器的设计与调试

(1) 汇编语言。

```
        ORG     0000H
        JMP     BEGIN
TABLE:                                  ;共阴极数码管显示代码表
        DB      3FH,06H,5BH,4FH,66H     ;01234
        DB      6DH,7DH,07H,7FH         ;6789
DELAY:  MOV     R5,#20                  ;延时子程序
LOOP4:  MOV     R6,#50H
LOOP5:  MOV     R7,#100
        DJNZ    R7,$
        DJNZ    R6,LOOP5
        DJNZ    R5,LOOP4
        RET
BEGIN:  MOV     P2,#0FFH                ;P2 口置高电平,准备接收信号
        MOV     R4,#0
        MOV     A,R4
AGAIN:  MOV     DPTR,#TABLE
        MOVC    A,@A+DPTR
        MOV     P1,A
LOOP1:  MOV     A,P3                    ;接收 P3 口的抢答信号
        CPL     A
        JZ      LOOP1
LOOP2:  RRC     A
        INC     R4
        JNC     LOOP2
        MOV     A,R4
        MOVC    A,@A+DPTR               ;找到相应位显示代码
        MOV     P1,A
LOOP3:  JNB     P2.2,BEGIN              ;若主持人按下复位键,则转向主程序
        CPL     P2.0                    ;若没按,则通过 P2.2 口给出高低信号驱动蜂
鸣器
        LCALL   DELAY                   ;调用延时子程序
        SJMP    LOOP3
        END
```

(2) C 语言。

```
#include <reg51.h>                  //定义 8051 寄存器的头文件
#define LED P1                      //LED 输出接至 P1
sbit BUTTON = P2^2;                 //复位开关接至 P2.2
```

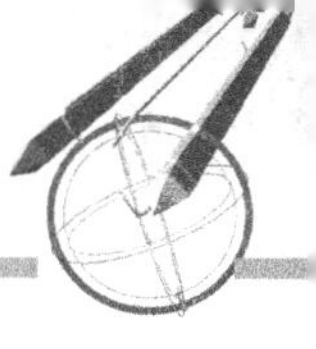


```
sbit CLEAR   =P2^0;                        //接至喇叭输入

unsigned char DigTbl[]={                   //'0'-'8'
  0x3f, 0x06, 0x5b, 0x4f, 0x66, 0x6d, 0x7d, 0x07, 0x7f
  };                                       //声明延迟函数
void
delay1ms(unsigned int x);

//主程序
main(        )                             //主程序开始
{
  unsigned char answer, i;                 //声明临时变量
  while(1){                                //无穷循环
    P2=0xff;                               //P2 置高电平
   LED=DigTbl[0];                          //LED 显示'0'
    while((answer=~P3)==0);                //循环检查1~8号开关中有无按下
    for(i=0; i<7; i++){                    //若有开关按下,检测1~8号中那个被按下
      if((answer&(1<<i))!=0)
       break;
   }
    LED=DigTbl[i+1];                       //LED 显示按下开关的号码
   while(BUTTON==1){                       //循环检测复位有没按下?
     CLEAR=~CLEAR;                         //若按下,反响喇叭输入
     delay1ms(1000);                       //延迟1s
   }                                       //循环结束(检查复位开关)
  }                                        //while 循环结束
}                                          //主程序结束

//延迟函数
Void delay1ms(                             //延迟函数开始
 unsigned int x                            //x=延迟次数
 )
{
 int i, j;                                 //声明整形变量 i
 for(i=0; i<x;i++)                         //计数 x 次
   for(j=0; j<120;j++);                    //计数120次,延迟约1ms
}                                          //延迟函数结束
```

2. 数字电压表的设计与调试

(1) 汇编语言。

```
LED_0        EQU        30H
LED_1        EQU        31H
```

```
LED_2    EQU    32H
LED_3    EQU    33H          ;存放段码
ADC      EQU    35H          ;A/D 转换数值存储单元
CLOCK    BIT    P1.4         ;定义 ADC0809 时钟位
ST       BIT    P1.5
EOC      BIT    P1.6
OE       BIT    P1.7
         ORG    00H
         SJMP   START
         ORG    0BH
         LJMP   INT_T0
         ORG    30H
START:   MOV    LED_0,#00H
         MOV    LED_1,#00H
         MOV    LED_2,#00H
         MOV    DPTR,#TABLE  ;共阳型字型码表首地址
         MOV    TMOD,#02H    ;定时器工作在方式 2
         MOV    TH0,#245     ;设定时钟频率为 50kHz
         MOV    TL0,#00H
         MOV    IE,#82H      ;开定时器 0 中断
         SETB   TR0          ;启动定时器
WAIT:    CLR    ST
         SETB   ST
         CLR    ST           ;启动 AD 转换
         JNB    EOC,$        ;等待转换结果
         SETB   OE
         MOV    ADC,P2
         CLR    OE
         MOV    A,ADC
         MOV    R7,A
         MOV    LED_3,#00H
         MOV    LED_2,#00H
         MOV    A,#00H
LOOP1:   ADD    A,#20H
         DA     A            ;十进制调整
         JNC    LOOP2
         MOV    R4,A
         INC    LED_2
         MOV    A,LED_2
         CJNE   A,#0AH,LOOP4
         MOV    LED_2,#00H
         INC    LED_3
```

```
LOOP4:      MOV     A,R4
LOOP2:      DJNZ    R7,LOOP1
            ACALL   BTOD1
            LCALL   DISP           ;调用显示子程序
            SJMP    WAIT
            ORG     200H
BTOD1:      MOV     R6,A
            ANL     A,#0F0H
            MOV     R5,#4
LOOP3:      RR      A
            DJNZ    R5,LOOP3
            MOV     LED_1,A
            MOV     A,R6
            ANL     A,#0FH
            MOV     LED_0,A
            RET
INT_T0:     CPL     CLOCK          ;提供 ADC0808 时钟信号
            RETI
DISP:       MOV     A,LED_0        ;显示子程序
            MOVC    A,@A+DPTR
            CLR     P1.3
            MOV     P0,A
            LCALL   DELAY
            SETB    P1.3
            MOV     A,LED_1
            MOVC    A,@A+DPTR
            CLR     P1.2
            MOV     P0,A
            LCALL   DELAY
            SETB    P1.2
            MOV     A,LED_2
            MOVC    A,@A+DPTR
            CLR     P1.1
            MOV     P0,A
            LCALL   DELAY
            SETB    P1.1
            MOV     A,LED_3
            MOVC    A,@A+DPTR
            CLR     P1.0
            MOV     P0,A
            LCALL   DELAY
            SETB    P1.0
```

```
            RET
DELAY:      MOV         R6,#10              ;延时 5ms
D1:         MOV         R7,#250
            DJNZ        R7, $
            DJNZ        R6,D1
            RET
TABLE:      DB          3FH,06H,5BH,4FH,66H
            DB          6DH,7DH,07H,7FH,6FH
            END
```

(2) C语言。

```
#include <reg51.h>                          //定义 8051 寄存器的头文件
#include <String.h>
#define LED    P0                           //定义 LED 输出接至 P0
sbit CLOCK = P1^4;                          //定义 P1.4 接至时钟输入
sbit ST    = P1^5;                          //定义 P1.5 接至 A/D 转换启动输入端
sbit EOC   = P1^6;                          //定义 P1.6 接至 A/D 转换结束信号输出端
sbit OE    = P1^7;                          //定义 P1.7 接至数据输出允许信号
sbit LED0  = P1^3;                          //个位数
sbit LED1  = P1^2;                          //十位数
sbit LED2  = P1^1;                          //百位数
sbit LED3  = P1^0;                          //千位数
unsigned char DigTbl[] = {                  //'0' - '9'
  0x3f, 0x06, 0x5b, 0x4f, 0x66, 0x6d, 0x7d, 0x07, 0x7f, 0x6f
  };

unsigned char Led[4];                       //电压值
unsigned int Adc;

//声明延迟函数
void delay1ms(unsigned int x);

//主程序
main(        )                              //主程序开始
{
  memset(&Led, 0, sizeof(Led));             //初始化电压值

  TMOD = 2;                                 //模式 2
  TH0  = 245;                               //定时中断
  TL0  = 0;
  IE   = 0x82;                              //允许中断
  TR0  = 1;                                 //启动定时器 0
```

```
  while(1){
    ST=0;                                       //开始 A/D 转换
    ST=1;
    ST=0;
    while(EOC==0);                              //等待转换完成
    OE=1;                                       //允许输出数据
    Adc=P2*20;                                  //获取 A/D 转换数据，每1位代表20mv
    OE=0;                                       //禁止输出数据
    Led[3]=Adc / 1000;                          //计算千位
    Led[2]=(Adc-Led[3]*1000)/100;               //计算百位
    Led[1]=(Adc-Led[3]*1000-Led[2]*100)/10;              //计算十位
    Led[0]=Adc-Led[3]*1000-Led[2]*100-Led[1]*10;  //计算个位
    LED3=0;                                     //输出电压的千位数
    LED=DigTbl[Led[3]];
    delay1ms(5);                                //延迟 5ms
   LED3=1;
   LED2=0;                                      //输出电压的百位数
    LED=DigTbl[Led[2]];
    delay1ms(5);                                //延迟 5ms
   LED2=1;
   LED1=0;                                      //输出电压的十位数
    LED=DigTbl[Led[1]];
    delay1ms(5);                                //延迟 5ms
   LED1=1;
   LED0=0;                                      //输出电压的个位数
    LED=DigTbl[Led[0]];
    delay1ms(5);                                //延迟 5ms
   LED0=1;
  }                                             //while 循环结束
}                                               //主程序结束

//定时器中断处理
void TimerHandler(   void   )interrupt 1
{
  CLOCK= ~CLOCK;
}

//延迟函数
void
delay1ms(                                       //延迟函数开始
 unsigned int x                                 //x=延迟次数
 )
```

```
{
 int i, j;                                 //声明整形变量 i
 for(i=0; i<x;i++)                         //计数 x 次
   for(j=0; j<120;j++);                    //计数 120 次，延迟约 1ms
}                                          //延迟函数结束
```

3. 步进电动机控制系统的设计与调试

(1) 汇编语言。

```
        ORG     0000H         ;主程序开始
        AJMP    START
        ORG     100H
START:  MOV     DPTR,#TAB1    ;电动机初始角度为 0°
        MOV     R0,#03H
        MOV     R4,#0
WAIT:   MOV     P1,R0
        MOV     P2,#0FFH      ;判断正向旋转开关是否按下？若是，则跳至 POS
        JNB     P2.0,POS      ;判断反向旋转开关是否按下？若是，则跳至 NEG
        JNB     P2.1,NEG
        SJMP    WAIT          ;正转
POS:    MOV     A,R4
        MOVC    A,@A+DPTR
        MOV     P1,A
        ACALL   DELAY
        INC     R4
        AJMP    KEY           ;反转
NEG:    MOV     R4,#6
        MOV     A,R4
        MOVC    A,@A+DPTR
        MOV     P1,A
        ACALL   DELAY
        AJMP    KEY
KEY:    MOV     P2,#3H
        JB      P2.0,FZ1
        CJNE    R4,#7,LOOPZ
        MOV     R4,#0FFH      ;正转 45°
LOOPZ:  INC     R4
        MOV     A,R4
        MOVC    A,@A+DPTR
        MOV     P1,A
        ACALL   DELAY
        AJMP    KEY
FZ1:    JB      P2.1,KEY
```

```
        CJNE    R4,#0,LOOPF
        MOV     R4,#08H             ;反转45°
LOOPF:  DEC     RE
        MOV     A,R4
        MOVC    A,@A+DPTR
        MOV     P1,A
        ACALL   DELAY
        AJMP    KEY                 ;延时子程序
DELAY:  MOV     R5,#5
D1:     MOV     R6,#80H
D2:     MOV     R7, #0
D3:     DJNZ    R7,D3
        DJNZ    R6,D2
        DJNZ    R5,D1
        RET
TAB1:   DB      02H,06H,04H,0CH
        DB      08H,09H,01H,03H
        END
```

(2) C语言。

```
#include <reg51.h>                   //定义 8051 寄存器的头文件
#define MOTOR    P1                  //定义步进电动机输入接至 P1
sbit POS_BUTTON = P2^0;              //定义 P2.0 接至正向旋转开关
sbit NEG_BUTTON = P2^1;              //定义 P2.1 接至正向旋转开关
unsigned char MotorTbl[] = {         //正转模型
  0x02, 0x06, 0x04, 0x0c, 0x08, 0x09, 0x01, 0x03
  };

  //声明延迟函数
void delay1ms(unsigned int x);

//主程序
main(          )                     //主程序开始
{
  unsigned char i;                   //定义临时变量
  MOTOR = 3;                         //电动机初始角度为 0°
  i = 0;                             //初始化变量为 0
  while(1){                          //while 循环开始
    if(POS_BUTTON == 0){             //判断正向旋转开关是否按下?
     if(i ++== 7)                    //若是,则正转 45°
       i = 0;
   } else if(NEG_BUTTON == 0){       //判断反向旋转开关是否按下?
```

```
    if(i--==0)                          //若是,则反转45°
      i=7;
   }
   MOTOR=MotorTbl[i];                   //输出控制脉冲
    delay1ms(100);                      //延迟0.1s
  }                                     //while循环结束
}                                       //主程序结束

//延迟函数
void
delay1ms(                               //延迟函数开始
 unsigned int x                         //x=延迟次数
 )
{
 int i, j;                              //声明整形变量i
 for(i=0; i<x;i++)                      //计数x次
   for(j=0; j<120;j++);                 //计数120次, 延迟约1ms
}                                       //延迟函数结束
```

4. 8255A控制交通灯的设计与调试

(1) 汇编语言。

```
CONTROL     EQU     7FFFH
PORTA       EQU     7FFCH
            ORG     0
START:      MOV     DPTR,#7FFFH         ;初始化状态
            MOV     A,#80H
            MOVX    @DPTR,A
            MOV     DPTR,#7FFCH
            MOV     A,#0FFH
            MOVX    @DPTR,A
LOOP:       MOV     A,#21H
            MOV     DPTR,#7FFCH
            MOVX    @DPTR,A             ;东西红, 南北绿
            CALL    DELAYLONG           ;延时4s
            MOV     A,#11H
            MOV     DPTR,#7FFCH
            MOVX    @DPTR,A             ;黄灯闪烁3次
            CALL    DELAYSHORT          ;延时0.1s
            MOV     A,#01H
            MOV     DPTR,#7FFCH
            MOVX    @DPTR,A
            CALL    DELAYSHORT
```

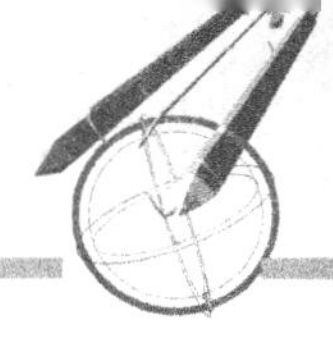


```
        MOV     A,#11H
        MOV     DPTR,#7FFCH
        MOVX    @DPTR,A
        CALL    DELAYSHORT
        MOV     A,#01H
        MOV     DPTR,#7FFCH
        MOVX    @DPTR,A
        CALL    DELAYSHORT
        MOV     A,#11H
        MOV     DPTR,#7FFCH
        MOVX    @DPTR,A
        CALL    DELAYSHORT
        MOV     A,#01H
        MOV     DPTR,#7FFCH
        MOVX    @DPTR,A
        CALL    DELAYSHORT
        MOV     A,#0CH
        MOV     DPTR,#7FFCH
        MOVX    @DPTR,A                 ;东西绿,南北红
        CALL    DELAYLONG               ;延时4s
        MOV     A,#0AH
        MOV     DPTR,#7FFCH
        MOVX    @DPTR,A                 ;黄灯闪烁3次
        CALL    DELAYSHORT              ;延时0.1s
        MOV     A,#08H
        MOV     DPTR,#7FFCH
        MOVX    @DPTR,A
        CALL    DELAYSHORT
        MOV     A,#0AH
        MOV     DPTR,#7FFCH
        MOVX    @DPTR,A
        CALL    DELAYSHORT
        MOV     A,#08H
        MOV     DPTR,#7FFCH
        MOVX    @DPTR,A
        CALL    DELAYSHORT
        MOV     A,#0AH
        MOV     DPTR,#7FFCH
        MOVX    @DPTR,A
        CALL    DELAYSHORT
        MOV     A,#08H
        MOV     DPTR,#7FFCH
        MOVX    @DPTR,A
```

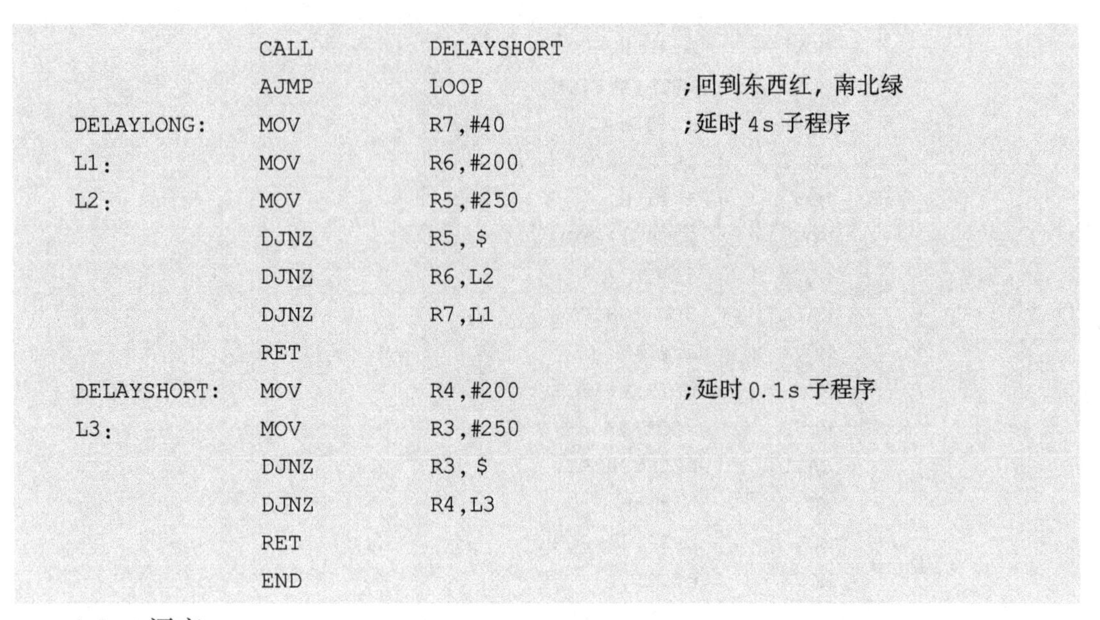

```
                CALL        DELAYSHORT
                AJMP        LOOP                ;回到东西红，南北绿
DELAYLONG:      MOV         R7,#40              ;延时 4s 子程序
L1:             MOV         R6,#200
L2:             MOV         R5,#250
                DJNZ        R5, $
                DJNZ        R6,L2
                DJNZ        R7,L1
                RET
DELAYSHORT:     MOV         R4,#200             ;延时 0.1s 子程序
L3:             MOV         R3,#250
                DJNZ        R3, $
                DJNZ        R4,L3
                RET
                END
```

(2) C 语言。

```
#include <reg51.h>                       //定义 8051 寄存器的头文件
char xdata CONTROL _at_ 0x7fff;
char xdata PORTA _at_ 0x7ffc;

//声明延迟函数
void delay1ms(unsigned int x);

//主程序
main(       )                             //主程序开始
{
  unsigned char i=0;                      //声明临时变量
  CONTROL=0x80;                           //初始化交通灯控制
  PORTA   =0xff;

  while(1){                               //while 循环开始
    PORTA=0x21;                           //东西红，南北绿
                                          delay1ms(4000);      //延迟 4s

                                          for(i=0; i<3; i++){
      PORTA=0x11;                         //关闭黄灯
      delay1ms(100);                      //延迟 1s
      PORTA=0x01;                         //开启黄灯
      delay1ms(100);                      //延迟 0.1s
                                          }
   PORTA=0x0c;                            //东西绿，南北红
```

```
    delay1ms(4000);                         //延迟 4s
                                            for(i=0; i<3; i++){
      PORTA=0x0a;                           //关闭黄灯
      delay1ms(100);                        //延迟 0.1s
      PORTA=0x08;                           //开启黄灯
      delay1ms(100);                        //延迟 0.1s
                                            }
  }                                         //while 循环结束
}                                           //主程序结束

//延迟函数
void
delay1ms(                                   //延迟函数开始
 unsigned int x                             //x=延迟次数
 )
{
 int i, j;                                  //声明整形变量 i
 for(i=0; i<x;i++)                          //计数 x 次
   for(j=0; j<120;j++);                     //计数 120 次，延迟约 1ms
}                                           //延迟函数结束
```

5. 频率计的设计与调试

(1) 汇编语言。

```
$NOMOD51
NAME        PINLVJI
P0          DATA        080H
P1          DATA        090H
P2          DATA        0A0H
P3          DATA        0B0H
T0          BIT         0B0H.4
AC          BIT         0D0H.6
T1          BIT         0B0H.5
EA          BIT         0A8H.7
IE          DATA        0A8H
RD          BIT         0B0H.7
ES          BIT         0A8H.4
IP          DATA        0B8H
RI          BIT         098H.0
INT0        BIT         0B0H.2
CY          BIT         0D0H.7
TI          BIT         098H.1
INT1        BIT         0B0H.3
```

```
PS          BIT         0B8H.4
SP          DATA        081H
OV          BIT         0D0H.2
WR          BIT         0B0H.6
SBUF        DATA        099H
PCON        DATA        087H
SCON        DATA        098H
TMOD        DATA        089H
TCON        DATA        088H
DPTR        DATA        082H
IE0         BIT         088H.1
IE1         BIT         088H.3
B           DATA        0F0H
ACC         DATA        0E0H
ET0         BIT         0A8H.1
ET1         BIT         0A8H.3
TF0         BIT         088H.5
TF1         BIT         088H.7
RB8         BIT         098H.2
TH0         DATA        08CH
EX0         BIT         0A8H.0
IT0         BIT         088H.0
TH1         DATA        08DH
TB8         BIT         098H.3
EX1         BIT         0A8H.2
IT1         BIT         088H.2
P           BIT         0D0H.0
SM0         BIT         098H.7
TL0         DATA        08AH
SM1         BIT         098H.6
TL1         DATA        08BH
SM2         BIT         098H.5
PT0         BIT         0B8H.1
PT1         BIT         0B8H.3
RS0         BIT         0D0H.3
TR0         BIT         088H.4
RS1         BIT         0D0H.4
TR1         BIT         088H.6
PX0         BIT         0B8H.0
PX1         BIT         0B8H.2
DPH         DATA        083H
DPL         DATA        082H
```

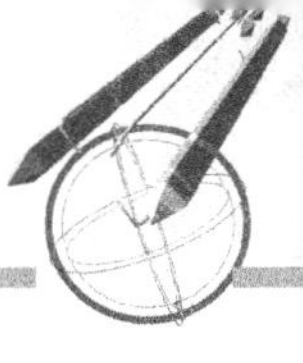

```
REN          BIT      098H.4
RXD          BIT      0B0H.0
TXD          BIT      0B0H.1
F0           BIT      0D0H.5
PSW          DATA     0D0H
JKPRJK_delay_1msJKPINLVJI                    SEGMENT CODE
JKPRJKinitJKPINLVJI     SEGMENT CODE
JKPRJK_displayJKPINLVJI   SEGMENT CODE
JKDTJK_displayJKPINLVJI   SEGMENT DATA OVERLAYABLE
JKPRJKmainJKPINLVJI     SEGMENT CODE
JKPRJKt1_funcJKPINLVJI   SEGMENT CODE
JKPRJKt0_funcJKPINLVJI   SEGMENT CODE
JKCOJKPINLVJI           SEGMENT CODE
JKDTJKPINLVJI           SEGMENT DATA
            EXTRN    CODE(JKCJKULDIV)
            EXTRN    CODE(JKC_STARTUP)
            EXTRN    CODE(JKCJKLMUL)
            PUBLIC   cnt_t1
            PUBLIC   geJK
            PUBLIC   cnt_t0
            PUBLIC   wan
            PUBLIC   shi
            PUBLIC   bb
            PUBLIC   freq
            PUBLIC   bai
            PUBLIC   qian
            PUBLIC   shiwan
            PUBLIC   table
            PUBLIC   t0_func
            PUBLIC   t1_func
            PUBLIC   main
            PUBLIC   _display
            PUBLIC   init
            PUBLIC   _delay_1ms
            RSEG  JKDTJK_displayJKPINLVJI
JK_displayJKBYTE:
   freq_numJK243:   DS   4
            RSEG  JKDTJKPINLVJI
      shiwan:   DS   1
        qian:   DS   1
         bai:   DS   1
        freq:   DS   4
```

```
          bb:   DS   1
         shi:   DS   1
         wan:   DS   1
      cnt_t0:   DS   1
        geJK:   DS   1
      cnt_t1:   DS   1
        RSEG  JKCOJKPINLVJI
table:
        DB       03FH
        DB       006H
        DB       05BH
        DB       04FH
        DB       066H
        DB       06DH
        DB       07DH
        DB       007H
        DB       07FH
        DB       06FH
        DB       077H
        DB       07CH
        DB       039H
        DB       05EH
        DB       079H
        DB       071H
        RSEG  JKPRJK_delay_1msJKPINLVJI
LJK0016:
        USING    0
LJK0017:
        MOVC     A,@A+DPTR
        MOV      P2,A
        MOV      R7,#03H
_delay_1ms:
        USING    0
        CLR      A
        MOV      R5,A
JKC0001:
        MOV      A,R5
        CLR      C
        SUBB     A,R7
        CLR      A
        SUBB     A,R6
        JNC      JKC0007
```

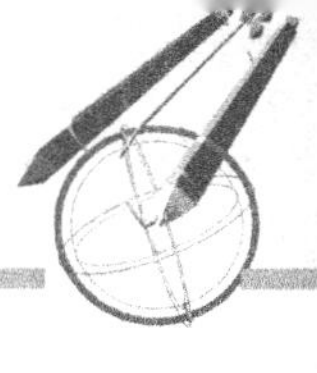


```
            CLR         A
            MOV         R4,A
JKC0004:
            INC         R4
            CJNE        R4,#06EH,JKC0004
JKC0003:
            INC         R5
            SJMP        JKC0001
JKC0007:
            RET
            RSEG        JKPRJKinitJKPINLVJI
init:
            CLR         A
            MOV         freq+03H,A
            MOV         freq+02H,A
            MOV         freq+01H,A
            MOV         freq,A
            MOV         cnt_t1,A
            MOV         cnt_t0,A
            MOV         IE,#08AH
            MOV         TMOD,#015H
            MOV         TH1,#03CH
            MOV         TL1,#0B0H
            SETB        TR1
            MOV         TH0,A
            MOV         TL0,A
            SETB TR0
            RET
            RSEG        JKPRJK_displayJKPINLVJI
_display:
            USING       0
            MOV         freq_numJK243+03H,R7
            MOV         freq_numJK243+02H,R6
            MOV         freq_numJK243+01H,R5
            MOV         freq_numJK243,R4
            MOV         R3,#040H
            MOV         R2,#042H
            MOV         R1,#0FH
            MOV         R0,#00H
            LCALL       JKCJKULDIV
            MOV         R4,AR0
            MOV         R5,AR1
```

```
        MOV     R6,AR2
        MOV     R7,AR3
        MOV     R3,#0A0H
        MOV     R2,#086H
        MOV     R1,#01H
        MOV     R0,#00H
        LCALL   JKCJKULDIV
        MOV     shiwan,R7
        MOV     R3,#0A0H
        MOV     R2,#086H
        MOV     R1,#01H
        MOV     R0,#00H
        MOV     R7,freq_numJK243+03H
        MOV     R6,freq_numJK243+02H
        MOV     R5,freq_numJK243+01H
        MOV     R4,freq_numJK243
        LCALL   JKCJKULDIV
        MOV     R4,AR0
        MOV     R5,AR1
        MOV     R6,AR2
        MOV     R7,AR3
        CLR     A
        MOV     R3,#010H
        MOV     R2,#027H
        MOV     R1,A
        MOV     R0,A
        LCALL   JKCJKULDIV
        MOV     wan,R7
        CLR     A
        MOV     R3,#010H
        MOV     R2,#027H
        MOV     R1,A
        MOV     R0,A
        MOV     R7,freq_numJK243+03H
        MOV     R6,freq_numJK243+02H
        MOV     R5,freq_numJK243+01H
        MOV     R4,freq_numJK243
        LCALL   JKCJKULDIV
        MOV     R4,AR0
        MOV     R5,AR1
        MOV     R6,AR2
        MOV     R7,AR3
        CLR     A
```

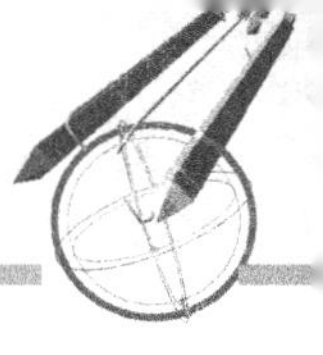

```
        MOV     R3,#0E8H
        MOV     R2,#03H
        MOV     R1,A
        MOV     R0,A
        LCALL   JKCJKULDIV
        MOV     qian,R7
        CLR     A
        MOV     R3,#0E8H
        MOV     R2,#03H
        MOV     R1,A
        MOV     R0,A
        MOV     R7,freq_numJK243+03H
        MOV     R6,freq_numJK243+02H
        MOV     R5,freq_numJK243+01H
        MOV     R4,freq_numJK243
        LCALL   JKCJKULDIV
        MOV     R4,AR0
        MOV     R5,AR1
        MOV     R6,AR2
        MOV     R7,AR3
        CLR     A
        MOV     R3,#064H
        MOV     R2,A
        MOV     R1,A
        MOV     R0,A
        LCALL   JKCJKULDIV
        MOV     bai,R7
        CLR     A
        MOV     R3,#064H
        MOV     R2,A
        MOV     R1,A
        MOV     R0,A
        MOV     R7,freq_numJK243+03H
        MOV     R6,freq_numJK243+02H
        MOV     R5,freq_numJK243+01H
        MOV     R4,freq_numJK243
        LCALL   JKCJKULDIV
        MOV     R4,AR0
        MOV     R5,AR1
        MOV     R6,AR2
        MOV     R7,AR3
        CLR     A
```

```
        MOV         R3,#0AH
        MOV         R2,A
        MOV         R1,A
        MOV         R0,A
        LCALL       JKCJKULDIV
        MOV         shi,R7
        CLR         A
        MOV         R3,#0AH
        MOV         R2,A
        MOV         R1,A
        MOV         R0,A
        MOV         R7,freq_numJK243 +03H
        MOV         R6,freq_numJK243 +02H
        MOV         R5,freq_numJK243 +01H
        MOV         R4,freq_numJK243
        LCALL       JKCJKULDIV
        MOV         R7,AR3
        MOV         geJK,R7
        MOV         P0,#0DFH
        MOV         A,shiwan
        MOV         DPTR,#table
        MOVC        A,@A+DPTR
        MOV         P2,A
        MOV         R7,#05H
        MOV         R6,#00H
        LCALL       _delay_1ms
        MOV         P0,#0EFH
        MOV         A,wan
        LCALL       LJK0016
        MOV         P0,#0F7H
        MOV         A,qian
        LCALL       LJK0016
        MOV         P0,#0FBH
        MOV         A,bai
        LCALL       LJK0017
        MOV         P0,#0FDH
        MOV         A,shi
        LCALL       LJK0017
        MOV         P0,#0FEH
        MOV         A,geJK
        MOVC        A,@A+DPTR
        MOV         P2,A
```

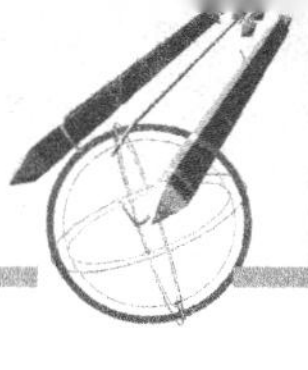

```
            MOV       R7,#03H
            LJMP      _delay_1ms
            RSEG      JKPRJKmainJKPINLVJI
main:
            USING     0
            MOV       P0,#0FFH
            LCALL     init
JKC0010:
            MOV       A,cnt_t1
            XRL       A,#013H
            JNZ       JKC0012
            MOV       cnt_t1,A
            CLR       TR1
            MOV       R7,#08DH
            MOV       R6,A
            LCALL     _delay_1ms
            CLR       TR0
            MOV       DPL,TL0
            MOV       DPH,TH0
            MOV       R7,cnt_t0
            CLR       A
            MOV       R4,A
            MOV       R5,A
            MOV       R3,#0FFH
            MOV       R2,#0FFH
            MOV       R1,A
            MOV       R0,A
            LCALL     JKCJKLMUL
            MOV       freq+03H,R7
            MOV       freq+02H,R6
            MOV       freq+01H,R5
            MOV       freq,R4
            MOV       R7,DPL
            MOV       R6,DPH
            CLR       A
            MOV       R4,A
            MOV       R5,A
            MOV       A,freq+03H
            ADD       A,R7
            MOV       freq+03H,A
            MOV       A,freq+02H
            ADDC      A,R6
```

```
              MOV        freq+02H,A
              MOV        A,R5
              ADDC       A,freq+01H
              MOV        freq+01H,A
              MOV        A,R4
              ADDC       A,freq
              MOV        freq,A
JKC0012:
              MOV        R7,freq+03H
              MOV        R6,freq+02H
              MOV        R5,freq+01H
              MOV        R4,freq
              LCALL      _display
              SJMP       JKC0010
CSEG          AT         0001BH
              LJMP       t1_func
              RSEG       JKPRJKt1_funcJKPINLVJI
              USING      0
t1_func:
              MOV        TH1,#03CH
              MOV        TL1,#0B0H
              INC        cnt_t1
              RETI
CSEG          AT         0000BH
              LJMP       t0_func
              RSEG    JKPRJKt0_funcJKPINLVJI
              USING      0
t0_func:
              INC        cnt_t0
              INC        cnt_t0
              RETI
              END
```

(2) C语言。

```
#include <reg51.h>
sfr16 DPTR=0x82;                    //定义寄存器 DPTR
unsigned char cnt_t0,cnt_t1,qian,bai,shi,ge,bb,wan,shiwan;
unsigned long freq;                 //定义频率
unsigned char code table[]={0x3f,0x06,0x5b,0x4f, 0x66,0x6d, 0x7d,
                 0x07, 0x7f,0x6f,0x77,0x7c, 0x39,0x5e,0x79,0x71};
                                    //共阴数码管段码表
void  delay_1ms(unsigned int z)     //函数功能:延时约 1ms
```

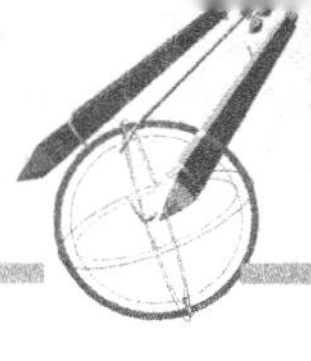

```
{
   unsigned char i,j;
   for(i=0;i<z;i++)
       for(j=0;j<110;j++);
}

void  init()                              //定时器,计数器初始化
{
   freq=0;                                //频率赋初值
   cnt_t1=0;
   cnt_t0=0;
   IE=0x8a;                               //开中断,T0,T1 中断
   TMOD=0x15;                             //T0 为定时器工作于方式1, T1 为计数器工作于方式1
   TH1=0x3c;                              //定时器 1 定时 50ms
   TL1=0xb0;
   TR1=1;                                 //开定时器 1
   TH0=0;                                 //计数器 0 清零
   TL0=0;
   TR0=1;                                 //开计数器 0
}
//显示子函数
void  display(unsigned long freq_num)
{
    shiwan=freq_num%1000000/100000;
    wan=freq_num%100000/10000;
    qian=freq_num%10000/1000;             //显示千位
    bai=freq_num%1000/100;                //显示百位
    shi=freq_num%100/10;                  //显示十位
    ge=freq_num%10;                       //显示个位
    P0=0xdf;                              //P0 口是位选
    P2=table[shiwan];                     //显示十万位
    delay_1ms(5);
    P0=0xef;
    P2=table[wan];                        //显示万位
    delay_1ms(3);
    P0=0xf7;
    P2=table[qian];                       //显示千位
    delay_1ms(3);
    P0=0xfb;
    P2=table[bai];                        //显示百位
    delay_1ms(3);
    P0=0xfd;
```

```
    P2 = table[shi];                //显示十位
    delay_1ms(3);
    P0 = 0xfe;
    P2 = table[ge];                 //显示个位
    delay_1ms(3);

}

void  main()
{
   P0 = 0xff;                       //初始化 P0 口
   init();                          //计数器初始化
 while(1)
{
   if(cnt_t1 == 19)                 //定时 1s
  {
   cnt_t1 = 0;                      //定时完成后清 0
   TR1 = 0;                         //关闭 T1 定时器，定时 1S 完成
   delay_1ms(141);                  //延时较正误差，通过实验获得
   TR0 = 0;                         //关闭 T0
   DPL = TL0;                       //利用 DPTR 读入其值
   DPH = TH0;
   freq = cnt_t0* 65535;
   freq = freq + DPTR;              //计数值放入变量
   }
  display(freq);                    //调用显示函数
}

}

void  t1_func()  interrupt 3        //定时 T1 中断子函数
{
   TH1 = 0x3c;
   TL1 = 0xb0;
   cnt_t1 ++;
}

void  t0_func()  interrupt 1        //计数器 T0 中断子函数
{
{
cnt_t0 ++;
}
```

```
{
cnt_t0 ++;
}
}
}                                        //延迟函数结束
```

6. 电话拨盘模拟的设计与调试

(1) 汇编语言。

```
$NOMOD51
NAME        DAINHUABOPAN
P0          DATA        080H
P1          DATA        090H
P2          DATA        0A0H
P3          DATA        0B0H
T0          BIT         0B0H.4
AC          BIT         0D0H.6
T1          BIT         0B0H.5
EA          BIT         0A8H.7
IE          DATA        0A8H
RD          BIT         0B0H.7
ES          BIT         0A8H.4
IP          DATA        0B8H
RI          BIT         098H.0
INT0        BIT         0B0H.2
CY          BIT         0D0H.7
TI          BIT         098H.1
INT1        BIT         0B0H.3
PS          BIT         0B8H.4
SP          DATA        081H
OV          BIT         0D0H.2
WR          BIT         0B0H.6
SBUF        DATA        099H
PCON        DATA        087H
SCON        DATA        098H
TMOD        DATA        089H
TCON        DATA        088H
IE0         BIT         088H.1
IE1         BIT         088H.3
B           DATA        0F0H
ACC         DATA        0E0H
ET0         BIT         0A8H.1
ET1         BIT         0A8H.3
```

```
TF0         BIT        088H.5
TF1         BIT        088H.7
RB8         BIT        098H.2
TH0         DATA       08CH
EX0         BIT        0A8H.0
IT0         BIT        088H.0
TH1         DATA       08DH
TB8         BIT        098H.3
EX1         BIT        0A8H.2
IT1         BIT        088H.2
P           BIT        0D0H.0
SM0         BIT        098H.7
TL0         DATA       08AH
SM1         BIT        098H.6
TL1         DATA       08BH
SM2         BIT        098H.5
PT0         BIT        0B8H.1
PT1         BIT        0B8H.3
RS0         BIT        0D0H.3
TR0         BIT        088H.4
RS1         BIT        0D0H.4
TR1         BIT        088H.6
PX0         BIT        0B8H.0
PX1         BIT        0B8H.2
DPH         DATA       083H
DPL         DATA       082H
e           BIT        0A0H.2
rs          BIT        0A0H.0
REN         BIT        098H.4
rw          BIT        0A0H.1
RXD         BIT        0B0H.0
speaker     BIT        0A0H.3
TXD         BIT        0B0H.1
F0          BIT        0D0H.5
PSW         DATA       0D0H
JKPRJKmainJKDAINHUABOPAN                    SEGMENT CODE
JKDTJKmainJKDAINHUABOPAN                    SEGMENT DATA OVERLAYABLE
JKPRJKlcd_delayJKDAINHUABOPAN               SEGMENT CODE
JKPRJKlcd_initJKDAINHUABOPAN                SEGMENT CODE
JKPRJKlcd_busyJKDAINHUABOPAN                SEGMENT CODE
JKPRJK_lcd_wr_conJKDAINHUABOPAN             SEGMENT CODE
JKPRJK_lcd_wr_dataJKDAINHUABOPAN            SEGMENT CODE
JKPRJK_delayJKDAINHUABOPAN                  SEGMENT CODE
```

```
JKPRJKcheckkeyJKDAINHUABOPAN              SEGMENT CODE
JKPRJKkeyscanJKDAINHUABOPAN               SEGMENT CODE
JKDTJKkeyscanJKDAINHUABOPAN               SEGMENT DATA OVERLAYABLE
JKC_INITSEG          SEGMENT CODE
JKCOJKDAINHUABOPAN     SEGMENT CODE
JKDTJKDAINHUABOPAN     SEGMENT DATA
          EXTRN    CODE(JKC_STARTUP)
          PUBLIC   keycode
          PUBLIC   DDram_value
          PUBLIC   table_designer
          PUBLIC   table
          PUBLIC   keyscan
          PUBLIC   checkkey
          PUBLIC   _delay
          PUBLIC   _lcd_wr_data
          PUBLIC   _lcd_wr_con
          PUBLIC   lcd_busy
          PUBLIC   lcd_init
          PUBLIC   lcd_delay
          PUBLIC   main
          RSEG  JKDTJKmainJKDAINHUABOPAN
JKmainJKBYTE:
          ORG  1
        iJK040:  DS   1
        jJK041:  DS   1
          ORG  0
      numJK042:  DS   1
          RSEG  JKDTJKkeyscanJKDAINHUABOPAN
JKkeyscanJKBYTE:
     soundJK850:  DS   1
          RSEG  JKDTJKDAINHUABOPAN
   DDram_value:  DS   1
       keycode:  DS   1
          RSEG  JKCOJKDAINHUABOPAN
table:
          DB       030H
          DB       031H
          DB       032H
          DB       033H
          DB       034H
          DB       035H
          DB       036H
```

```
            DB      037H
            DB      038H
            DB      039H
            DB      020H
table_designer:
            DB  ' ','G','u','Y','a','W','e','n',' ','D'
            DB  'e','s','i','g','n',000H
            RSEG  JKC_INITSEG
            DB      001H
            DB      DDram_value
            DB      0C0H
            RSEG  JKPRJKmainJKDAINHUABOPAN
main:
            USING   0
            LCALL   lcd_init
            MOV     R7,#080H
            LCALL   _lcd_wr_con
            CLR     A
            MOV     numJK042,A
JKC0001:
            MOV     A,numJK042
            MOV     DPTR,#table_designer
            MOVC    A,@A+DPTR
            MOV     R7,A
            LCALL   _lcd_wr_data
            INC     numJK042
            MOV     A,numJK042
            SETB    C
            SUBB    A,#0EH
            JC      JKC0001
JKC0004:
            LCALL   keyscan
            MOV     keycode,R7
            MOV     A,keycode
            CLR     C
            SUBB    A,#00H
            JC      JKC0006
            MOV     A,keycode
            SETB    C
            SUBB    A,#09H
            JNC     JKC0006
            MOV     R7,#06H
            LCALL   _lcd_wr_con
```

```
        MOV     R7,DDram_value
        LCALL   _lcd_wr_con
        MOV     A,keycode
        MOV     DPTR,#table
        MOVC    A,@A+DPTR
        MOV     R7,A
        LCALL   _lcd_wr_data
        INC     DDram_value
        SJMP    JKC0004
JKC0006:
        MOV     A,keycode
        XRL     A,#0AH
        JNZ     JKC0008
        MOV     R7,#04H
        LCALL   _lcd_wr_con
        DEC     DDram_value
        MOV     A,DDram_value
        SETB    C
        SUBB    A,#0C0H
        JNC     JKC0009
        MOV     DDram_value,#0C0H
        SJMP    JKC0010
JKC0009:
        MOV     A,DDram_value
        CLR     C
        SUBB    A,#0CFH
        JC      JKC0010
        MOV     DDram_value,#0CFH
JKC0010:
        MOV     R7,DDram_value
        LCALL   _lcd_wr_con
        LCALL   LJK0059
        SJMP    JKC0004
JKC0008:
        MOV     A,keycode
        XRL     A,#0BH
        JNZ     JKC0004
        MOV     jJK041,#0C0H
        MOV     iJK040,A
JKC0014:
        MOV     R7,jJK041
        LCALL   _lcd_wr_con
        LCALL   LJK0059
```

```
            INC      jJK041
            INC      iJK040
            MOV      A,iJK040
            SETB     C
            SUBB     A,#0FH
            JC       JKC0014
JKC0015:
            MOV      DDram_value,#0C0H
            LJMP     JKC0004
            RSEG  JKPRJKlcd_delayJKDAINHUABOPAN
lcd_delay:
            USING    0
            CLR      A
            MOV      R7,A
JKC0018:
            INC      R7
            CJNE     R7,#0FFH,JKC0018
JKC0021:
            RET
            RSEG  JKPRJKlcd_initJKDAINHUABOPAN
lcd_init:
            USING    0
            MOV      R7,#01H
            LCALL    _lcd_wr_con
            MOV      R7,#038H
            LCALL    _lcd_wr_con
            MOV      R7,#0CH
            LCALL    _lcd_wr_con
            MOV      R7,#06H
            LJMP     _lcd_wr_con
            RSEG  JKPRJKlcd_busyJKDAINHUABOPAN
lcd_busy:
            USING    0
            MOV      P0,#0FFH
            CLR      rs
            SETB     rw
            SETB     e
            CLR      e
JKC0023:
            MOV      A,P0
            JNB      ACC.7,JKC0024
            CLR      e
```

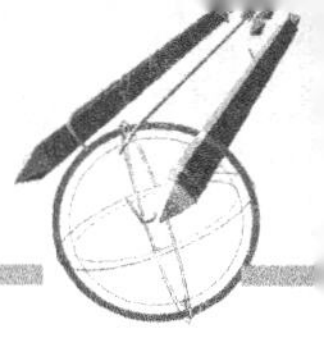

```
            SETB        e
            SJMP        JKC0023
JKC0024:
            LJMP        lcd_delay
            RSEG   JKPRJK_lcd_wr_conJKDAINHUABOPAN
_lcd_wr_con:
            USING       0
            MOV         R6,AR7
            LCALL       lcd_busy
            CLR         e
            CLR         rs
            CLR         rw
            SETB        e
            MOV         P0,R6
            CLR         e
            LJMP        lcd_delay
            RSEG   JKPRJK_lcd_wr_dataJKDAINHUABOPAN
LJK0059:
            USING       0
            MOV         DPTR,#table+0AH
            CLR         A
            MOVC        A,@A+DPTR
            MOV         R7,A
_lcd_wr_data:
            USING       0
            MOV         R6,AR7
            LCALL       lcd_busy
            CLR         e
            SETB        rs
            CLR         rw
            SETB        e
            MOV         P0,R6
            CLR         e
            LJMP        lcd_delay
            RSEG   JKPRJK_delayJKDAINHUABOPAN
_delay:
            USING       0
            MOV         R5,#032H
JKC0028:
            MOV         R3,AR7
            MOV         R2,AR6
JKC0031:
            SETB        C
```

```
            MOV        A,R3
            SUBB       A,#00H
            MOV        A,R2
            SUBB       A,#00H
            JC         JKC0030
            MOV        A,R3
            DEC        R3
            JNZ        JKC0031
            DEC        R2
JKC0058:
            SJMP       JKC0031
JKC0030:
            DJNZ       R5,JKC0028
JKC0034:
            RET
            RSEG       JKPRJKcheckkeyJKDAINHUABOPAN
checkkey:
            USING      0
            MOV        P1,#0F0H
            MOV        R7,P1
            ANL        AR7,#0F0H
            CJNE       R7,#0F0H,JKC0035
            MOV        R7,#00H
            RET
JKC0035:
            MOV        R7,#01H
JKC0036:
            RET
            RSEG       JKPRJKkeyscanJKDAINHUABOPAN
keyscan:
            USING      0
            LCALL      checkkey
            MOV        A,R7
            JNZ        JKC0038
            MOV        R7,#0FFH
            RET
JKC0038:
            MOV        soundJK850,#032H
JKC0041:
            CLR        speaker
            MOV        R7,#01H
            MOV        R6,#00H
```

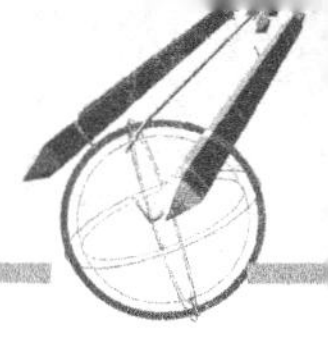

```
            LCALL       _delay
            SETB        speaker
            LCALL       _delay
            DEC         soundJK850
            MOV         A,soundJK850
            SETB        C
            SUBB        A,#00H
            JNC         JKC0041
JKC0042:
            MOV         P1,#0FH
            MOV         R7,P1
            CJNE        R7,#0EH,JKC0044
            CLR         A
            MOV         R4,A
            SJMP        JKC0045
JKC0044:
            CJNE        R7,#0DH,JKC0046
            MOV         R4,#03H
            SJMP        JKC0045
JKC0046:
            CJNE        R7,#0BH,JKC0048
            MOV         R4,#06H
            SJMP        JKC0045
JKC0048:
            CJNE        R7,#07H,JKC0045
            MOV         R4,#09H
JKC0045:
            MOV         P1,#0F0H
            MOV         R7,P1
            CJNE        R7,#0E0H,JKC0051
            MOV         R1,#02H
            SJMP        JKC0052
JKC0051:
            CJNE        R7,#0D0H,JKC0053
            MOV         R1,#01H
            SJMP        JKC0052
JKC0053:
            CJNE        R7,#0B0H,JKC0052
            CLR         A
            MOV         R1,A
JKC0052:
            MOV         A,R4
```

```
            ADD         A,R1
            MOV         R7,A
JKC0056:
            MOV         A,P1
            CJNE        A,#0F0H,JKC0056
JKC0057:
JKC0039:
            RET
            END
```

(2) C语言。

```
#include <reg51.h>
#define uint unsigned int
#define uchar unsigned char
uchar keycode,DDram_value=0xc0;
sbit rs=P2^0;
sbit rw=P2^1;
sbit e=P2^2;
sbit speaker=P2^3;
uchar code table[]={0x30,0x31,0x32,0x33,0x34,
                    0x35,0x36,0x37,0x38,0x39,0x20};
uchar code table_designer[]=" GuYaWen Design";
void lcd_delay();
void delay(uint n);
void lcd_init(void);
void lcd_busy(void);
void lcd_wr_con(uchar c);
void lcd_wr_data(uchar d);
uchar checkkey(void);
uchar keyscan(void);
void main()
{
    uchar num;
        lcd_init();
        lcd_wr_con(0x80);
        for(num=0;num<=14;num++)
        {
          lcd_wr_data(table_designer[num]);
        }
        while(1)
        {
        keycode=keyscan();
```

```
        if((keycode >=0)&&(keycode <=9))
        {
        lcd_wr_con(0x06);
        lcd_wr_con(DDram_value);
        lcd_wr_data(table[keycode]);
        DDram_value ++;
        }
        else if(keycode ==0x0a)
        {
        lcd_wr_con(0x04);
        DDram_value --;
        if(DDram_value <=0xc0)
        {
         DDram_value =0xc0;
        }
        else if(DDram_value >=0xcf)
        {
        DDram_value =0xcf;
        }
        lcd_wr_con(DDram_value);
        lcd_wr_data(table[10]);
        }
        else if(keycode ==0x0b)
        {
        uchar i,j;
        j =0xc0;
        for(i =0;i <=15;i ++)
          {
          lcd_wr_con(j);
          lcd_wr_data(table[10]);
          j ++;
          }
         DDram_value =0xc0;
        }
        }
}
//液晶工作时的延时函数
void lcd_delay()
{
  uchar y;
  for(y =0;y <0xff;y ++)
  {
                        ;
```

```
  }
}
//液晶初始化
void lcd_init(void)
{
   lcd_wr_con(0x01);
   lcd_wr_con(0x38);
   lcd_wr_con(0x0c);
   lcd_wr_con(0x06);
}
// 判断液晶忙或闲的程序
void lcd_busy(void)
{
  P0 =0xff;
  rs =0;
  rw =1;
  e =1;
  e =0;
  while(P0&0x80)
  {
      e =0;
      e =1;
  }
  lcd_delay();
}
//向液晶控制口输入命令的调用函数
void lcd_wr_con(uchar c)
{
   lcd_busy();
   e =0;
   rs =0;
   rw =0;
   e =1;
   P0 =c;
   e =0;
   lcd_delay();
}
//向液晶写数据的调用函数
void lcd_wr_data(uchar d)
{
   lcd_busy();
   e =0;
```

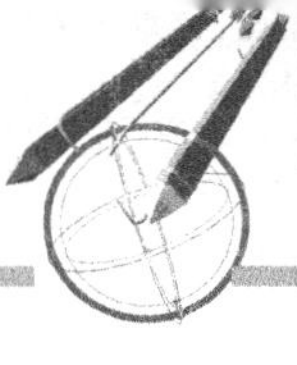

```
    rs=1;
    rw=0;
    e=1;
    P0=d;
    e=0;
    lcd_delay();
}
void delay(uint n)
{
    uchar i;
    uint j;
    for(i=50;i>0;i--)
      for(j=n;j>0;j--);
}
uchar checkkey(void)           //函数功能：检测键有无按下
{
    uchar temp;
    P1=0xf0;
    temp=P1;
    temp=temp&0xf0;
    if(temp==0xf0)
    {
       return(0);
    }
    else{
       return(1);
    }
}

//键盘扫描函数，返回所按下的键盘号
uchar keyscan(void)
{
    uchar hanghao,liehao,keyvalue,buff;
    if(checkkey()==0)
    {
     return(0xff);             //无键按下，返回0xff
    }
    else
    {
    uchar sound;
    for(sound=50;sound>0;sound--)
    {
```

```
        speaker = 0;
        delay(1);
        speaker = 1;
        delay(1);
       }
        P1 = 0x0f;
        buff = P1;
        if(buff == 0x0e)
        {
            hanghao = 0;
        }
        else if(buff == 0x0d)
        {
            hanghao = 3;
        }
        else if(buff == 0x0b)
        {
            hanghao = 6;
        }
        else if(buff == 0x07)
        {
            hanghao = 9;
        }
        P1 = 0xf0;
        buff = P1;
        if(buff == 0xe0)
        {
          liehao = 2;
        }
        else if(buff == 0xd0)
        {
          liehao = 1;
        }
        else if(buff == 0xb0)
        {
          liehao = 0;
        }
        keyvalue = hanghao + liehao;
        while(P1! = 0xf0);
        return(keyvalue);
       }
   }
```

12.4 设计要求

（1）设计时间：电路设计、焊接电路、电路调试、撰写报告等不超过两周。

（2）分组要求：按班级人数进行分组，每组3~5人，原则上不超过10组。各组在项目12中任意选择一个任务，根据教师的要求领取器材，组长负责主要元器件的领取和归还，并填写设计任务分配表（表12-9）和设计所需器材表（表12-10）。单片机所用端口及电路布局等各组自行设定。

（3）考核内容：各组按要求提交焊接电路模块、任务报告或论文（需有Proteus仿真的电路图、Protel绘制的原理图、Visio绘制的流程图、Keil编写的程序等），最后两节课进行小组答辩。

表12-9　设计任务分配表

第______组　设计任务分配表		
设计题目		
姓　名	学　号	各　自　任　务

表12-10　设计所需器材表

第______组　设计所需器材表				
设计题目				
编号	元器件名称	Proteus中名称	元器件型号	数量
1				
2				
3				
4				
5				
6				
7				
8				
9				
10				
11				
12				

续表

编号	元器件名称	Proteus 中名称	元器件型号	数量
13				
14				
15				
16				
17				
18				
19				
20				
21				
22				
23				
24				
25				

项目小结

本项目完成了6个综合性的单片机系统设计，项目中所涉及的主要知识点以及完成项目所需达到的能力目标如下：掌握单片机产品的开发流程，能够利用Proteus和Keil软件进行联合仿真设计单片机系统；熟悉单片机的A/D、D/A接口；熟悉步进电动机的工作原理；熟悉单片机系统的扩展，了解可编程并行接口芯片8255A及其扩展单片机I/O口的方法。

习　题

1. 基于AT89C51单片机设计一个比赛记分牌，要求启动时显示两队初始状态0分，当得分时按相应按键就能加分，计分范围是每队可记0～99分。

2. 利用单片机、8位LED数码管和4×3矩阵式键盘设计一个密码锁电路，键盘中有0～9数字键及确认件和删除键，数码管显示提示信息。当输入密码时，只显示“－”，当密码位数输入完毕后按下确认键时，对输入的密码与设定的密码进行比较，若密码正确，则锁开；若密码不正确，禁止按键输入3s，同时报警。

3. 设计一个单片机双机通信系统，单片机A接8个指拨开关，单片机B接8个发光二极管，通过串口通信实现由A机开关控制B机发光二极管的亮灭。

4. 用温度传感器设计一个数字温度计，测量范围－55～125℃，精确到小数点后1位，温度值可在LCD1602或LED数码管上显示。

附录

MCS－51 指令速查表

附表 1　MCS－51 指令速查表

类别	指令格式	功能简述	字节数	周期
数据传送类指令	MOV　A, Rn	寄存器送累加器	1	1
	MOV　Rn, A	累加器送寄存器	1	1
	MOV　A, @Ri	内部 RAM 单元送累加器	1	1
	MOV　@Ri, A	累加器送内部 RAM 单元	1	1
	MOV　A, #data	立即数送累加器	2	1
	MOV　A, direct	直接寻址单元送累加器	2	1
	MOV　direct, A	累加器送直接寻址单元	2	1
	MOV　Rn, #data	立即数送寄存器	2	1
	MOV　direct, #data	立即数送直接寻址单元	3	2
	MOV　@Ri, #data	立即数送内部 RAM 单元	2	1
	MOV　direct, Rn	寄存器送直接寻址单元	2	2
	MOV　Rn, direct	直接寻址单元送寄存器	2	2
	MOV　direct, @Ri	内部 RAM 单元送直接寻址单元	2	2
	MOV　@Ri, direct	直接寻址单元送内部 RAM 单元	2	2
	MOV　direct2, direct1	直接寻址单元送直接寻址单元	3	2
	MOV　DPTR, #data16	16 位立即数送数据指针	3	2
	MOVX　A, @Ri	外部 RAM 单元送累加器（8 位地址）	1	2
	MOVX　@Ri, A	累加器送外部 RAM 单元（8 位地址）	1	2
	MOVX　A, @DPTR	外部 RAM 单元送累加器（16 位地址）	1	2
	MOVX　@DPTR, A	累加器送外部 RAM 单元（16 位地址）	1	2
	MOVC　A, @A+DPTR	查表数据送累加器（DPTR 为基址）	1	2
	MOVC　A, @A+PC	查表数据送累加器（PC 为基址）	1	2

续表

类别	指令格式	功能简述	字节数	周期
算术运算类指令	XCH A, Rn	累加器与寄存器交换	1	1
	XCH A, @ Ri	累加器与内部 RAM 单元交换	1	1
	XCHD A, direct	累加器与直接寻址单元交换	2	1
	XCHD A, @ Ri	累加器与内部 RAM 单元低 4 位交换	1	1
	SWAP A	累加器高 4 位与低 4 位交换	1	1
	POP direct	栈顶弹出指令直接寻址单元	2	2
	PUSH direct	直接寻址单元压入栈顶	2	2
	ADD A, Rn	累加器加寄存器	1	1
	ADD A, @ Ri	累加器加内部 RAM 单元	1	1
	ADD A, direct	累加器加直接寻址单元	2	1
	ADD A, #data	累加器加立即数	2	1
	ADDC A, Rn	累加器加寄存器和进位标志	1	1
	ADDC A, @ Ri	累加器加内部 RAM 单元和进位标志	1	1
	ADDC A, #data	累加器加立即数和进位标志	2	1
	ADDC A, direct	累加器加直接寻址单元和进位标志	2	1
	INC A	累加器加 1	1	1
	INC Rn	寄存器加 1	1	1
	INC direct	直接寻址单元加 1	2	1
	INC @ Ri	内部 RAM 单元加 1	1	1
	INC DPTR	数据指针加 1	1	2
	DA A	十进制调整	1	1
	SUBB A, Rn	累加器减寄存器和进位标志	1	1
	SUBB A, @ Ri	累加器减内部 RAM 单元和进位标志	1	1
	SUBB A, #data	累加器减立即数和进位标志	2	1
	SUBB A, direct	累加器减直接寻址单元和进位标志	2	1
	DEC A	累加器减 1	1	1
	DEC Rn	寄存器减 1	1	1
	DEC @ Ri	内部 RAM 单元减 1	1	1
	DEC direct	直接寻址单元减 1	2	1
	MUL AB	累加器乘寄存器 B	1	4
	DIV AB	累加器除以寄存器 B	1	4

续表

类别	指令格式	功能简述	字节数	周期
逻辑运算类指令	ANL　A, Rn	累加器与寄存器	1	1
	ANL　A, @Ri	累加器与内部 RAM 单元	1	1
	ANL　A, #data	累加器与立即数	2	1
	ANL　A, direct	累加器与直接寻址单元	2	1
	ANL　direct, A	直接寻址单元与累加器	2	1
	ANL　direct, #data	直接寻址单元与立即数	3	1
	ORL　A, Rn	累加器或寄存器	1	1
	ORL　A, @Ri	累加器或内部 RAM 单元	1	1
	ORL　A, #data	累加器或立即数	2	1
	ORL　A, direct	累加器或直接寻址单元	2	1
	ORL　direct, A	直接寻址单元或累加器	2	1
	ORL　direct, #data	直接寻址单元或立即数	3	1
	XRL　A, Rn	累加器异或寄存器	1	1
	XRL　A, @Ri	累加器异或内部 RAM 单元	1	1
	XRL　A, #data	累加器异或立即数	2	1
	XRL　A, direct	累加器异或直接寻址单元	2	1
	XRL　direct, A	直接寻址单元异或累加器	2	1
	XRL　direct, #data	直接寻址单元异或立即数	3	2
	RL　A	累加器左循环移位	1	1
	RLC　A	累加器连进位标志左循环移位	1	1
	RR　A	累加器右循环移位	1	1
	RRC　A	累加器连进位标志右循环移位	1	1
	CPL　A	累加器取反	1	1
	CLR　A	累加器清零	1	1
控制转移类指令	ACCALL addr11	2KB 范围内绝对调用	2	2
	AJMP　addr11	2KB 范围内绝对转移	2	2
	LCALL　addr16	2KB 范围内长调用	3	2
	LJMP　addr16	2KB 范围内长转移	3	2
	SJMP　rel	相对短转移	2	2
	JMP　@A + DPTR	相对长转移	1	2
	RET	子程序返回	1	2
	RET1	中断返回	1	2

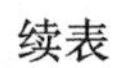

续表

类别	指令格式	功能简述	字节数	周期
控制转移类指令	JZ rel	累加器为零转移	2	2
	JNZ rel	累加器非零转移	2	2
	CJNE A, #data, rel	累加器与立即数不等转移	3	2
	CJNE A, direct, rel	累加器与直接寻址单元不等转移	3	2
	CJNE Rn, #data, rel	寄存器与立即数不等转移	3	2
	CJNE @Ri, #data, rel	RAM 单元与立即数不等转移	3	2
	DJNZ Rn, rel	寄存器减 1 不为零转移	2	2
	DJNZ direct , rel	直接寻址单元减 1 不为零转移	3	2
布尔操作类指令	NOP	空操作	1	1
	MOV C, bit	直接寻址位送 C	2	1
	MOV bit, C	C 送直接寻址位	2	1
	CLR C	C 清零	1	1
	CLR bit	直接寻址位清零	2	1
	CPL C	C 取反	1	1
	CPL bit	直接寻址位取反	2	1
	SETB C	C 置位	1	1
	SETB bit	直接寻址位置位	2	1
	ANL C, bit	C 逻辑与直接寻址位	2	2
	ANL C, /bit	C 逻辑与直接寻址位的反	2	2
	ORL C, bit	C 逻辑或直接寻址位	2	2
	ORL C, /bit	C 逻辑或直接寻址位的反	2	2
	JC rel	C 为 1 转移	2	2
	JNC rel	C 为零转移	2	2
	JB bit, rel	直接寻址位为 1 转移	3	2
	JNB bit, rel	直接寻址为 0 转移	3	2
	JBC bit, rel	直接寻址位为 1 转移并清该位	3	2

参考文献

方彦军．嵌入式系统原理与设计［M］．北京：国防工业出版社，2009.
郭志勇．单片机应用技术项目教程（C语言版）［M］．北京：中国水利水电出版社，2011.
李朝青，卢晋，王志勇，袁其平．单片机原理及接口技术［M］. 5版．北京：北京航空航天出版社，2017.
李全利．单片机原理及应用教程［M］．3版．北京：机械工业出版社，2009.
林立，张俊亮．单片机原理及应用——基于Proteus和Keil C［M］. 4版．北京：电子工业出版社，2018.
毛谦敏．单片机原理及应用系统设计［M］．北京：国防工业出版社，2010.
倪志莲．单片机应用技术［M］．北京：北京理工大学出版社，2010.
彭伟．单片机C语言程序设计实训100例［M］．北京：电子工业出版社，2009.
桑胜举．单片机原理与接口技术．北京：电子工业出版社，2018.
石长华．51系列单片机项目实践［M］．北京：机械工业出版社，2010.
徐爱钧．单片机原理实用教程——基于Proteus虚拟仿真［M］. 4版．北京：电子工业出版社，2018.
尹毅峰，刘龙江．单片机原理及应用［M］．北京：北京理工大学出版社，2010.
张景璐．51单片机项目教程［M］．北京：人民邮电出版社，2010.
张兰红，邹华．单片机原理及应用［M］．2版．北京：机械工业出版社，2017.
张晓乡．89C51单片机实用教程［M］．北京：电子工业出版社，2010.
张义和．例说51单片机（C语言版）［M］．3版．北京：人民邮电出版社，2010.
张毅刚．单片机原理与应用设计（C51编程+Proteus仿真）［M］. 3版．北京：电子工业出版社，2020.
郑亚红．单片机原理与实训［M］．北京：机械工业出版社，2010.
邹显圣．单片机原理与应用项目式教程［M］．北京：机械工业出版社，2010.

参考文献